21世纪普通高等教育规划教材·公共基础课系列

线性代数

周　琳　刘丁酉　主编

上海财经大学出版社

图书在版编目(CIP)数据

线性代数/周琳,刘丁酉主编. —上海:上海财经大学出版社,2018.8
(21世纪普通高等教育规划教材·公共基础课系列)
ISBN 978-7-5642-3035-7/F.3035

Ⅰ.①线…　Ⅱ.①周…②刘…　Ⅲ.①线性代数-高等学校-教材
Ⅳ.①O151.2

中国版本图书馆CIP数据核字(2018)第131713号

□责任编辑　袁　敏
□封面设计　晨　宇

线性代数
周　琳　刘丁酉　主编

上海财经大学出版社出版发行
(上海市中山北一路369号　邮编200083)
网　　址:http://www.sufep.com
电子邮箱:webmaster@sufep.com
全国新华书店经销
江苏省句容市排印厂印刷装订
2018年8月第1版　2022年1月第3次印刷

787mm×1092mm　1/16　12.25印张　314千字
印数:6 001—8 000　定价:36.00元

21世纪普通高等教育规划教材

21 SHI JI PU TONG GAO DENG JIAO YU GUI HUA JIAO CAI

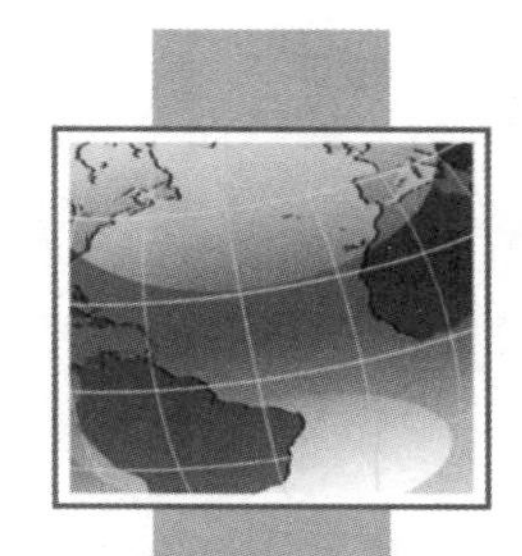

编委会

BIAN WEI HUI

前　言

随着我国科学技术和经济的飞速发展,部分普通本科高校从适应和引领经济发展新常态、服务创新驱动发展的大局出发,以改革创新的精神,正逐步向应用型转型发展.应用型人才的培养目标是以社会需求为导向,线性代数是高校理工类和经济类各专业学生的一门必修的学科基础课,其所讨论的线性问题广泛存在于科技和经济的各个领域,而某些非线性问题在一定条件下又可以转化为线性问题,因此本课程所介绍的方法广泛应用于各个学科,它是为培养各专业所需要的应用型人才服务的.

通过本课程的学习,要使学生掌握应用科学中常用的行列式,矩阵,线性方程组和向量组,相似矩阵和二次型等方面的基本概念、基本理论和基本运算技能,为学生学习后继课程和进一步获取专业知识奠定必要的数学基础,进而让学生理解一些基本的数学思想,了解一些基本的数学方法,提高学生的数学素养.结合教学的各个环节,努力培养学生具备抽象思维能力、逻辑推理能力、空间想象能力、运算能力和自学能力,还要特别注意培养学生具备综合运用所学知识去分析问题和解决问题的能力,逐步培养学生的创新精神和创新能力.

为了达到应用型人才培养的目标和教学需要,为了有效地提高数学教育教学质量,更好地为社会培养高素质应用型人才,充分发挥线性代数的经典基础课、重要工具课和素质教育课的重要作用,编者结合自身多年在高校教学的实践经验,在认真分析了学生对数学的需求后,编写了这本《线性代数》教材.

本书有以下特点:

(1)注重课程自身的体系和科学性,在基本保持传统教学内容的同时,力求创新,在问题的引入方面更加突出了线性方程组的概念引入、模型刻画以及与其他知识的呼应.

(2)注意数学知识的深度和广度,考虑到教学时数的限制,基础知识和基本理论以“必需、够用”为度,把重点放在基本概念、方法和计算的应用上.同时在讲清基本方法的前提下,适当加入了一些典型例题和扩展例题,以适应不同专业、不同类别、不同层次的学生自学或教师进行有针对性的选讲.

(3)注重理论联系实际,加强了概念和理论的背景介绍,特别突出了行列式和矩阵这两个工具的计算能力的培养,增加了实例和习题量,减小了习题难度.

(4)注重内容的循序渐进,低起点、坡度高,注重基本概念的准确理解和常用方法的熟练掌握,弱化了较难结论的证明,加强了应用能力的培养.

(5)文字表述尽量深入浅出、通俗易懂,力求做到“讲起来好讲,学起来好学”.

由于编者水平有限,书中的错误和疏漏之处恳请专家、学者不吝赐教,欢迎使用本教材的教师和学生批评、指正,提出宝贵意见.

编者

2018年3月

目 录

第三章 向量组与线性方程组

*第五章 线性空间与线性变换

习题参考答案

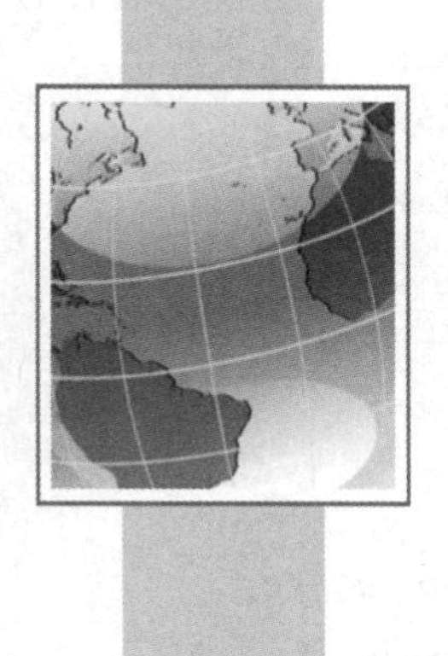

第一章 行列式

在线性代数中，行列式作为一个基本的数学工具，主要用于求解线性方程组以及矩阵、向量组的线性相关性等方面的讨论，而且在科技领域的许多分支中都有广泛的应用.

本章先介绍二阶、三阶行列式的定义，然后给出 n 阶行列式的定义及其性质，再进一步讨论行列式的计算方法，最后给出用行列式求解方程个数与未知量个数相同的线性方程组的克拉姆(Cramer)法则.

1.1 n 阶行列式的定义

为了容易地递推出 n 阶行列式定义，先从二元一次方程组和三元一次方程组(即线性方程组)的求解过程中归纳出二阶及三阶行列式的定义.

1.1.1 二阶与三阶行列式

行列式的概念首先是在求解方程个数与未知量个数相同的一次方程组时提出来的. 在初等数学中，对于一个二元一次方程组

$$\begin{cases} a_{11}x_1+a_{12}x_2=b_1, \\ a_{21}x_1+a_{22}x_2=b_2, \end{cases} \tag{1.1}$$

我们可以用 a_{22}，$-a_{12}$ 分别乘以式(1.1)中的一、二式，再将得到的两式相加，可得

$$(a_{11}a_{22}-a_{12}a_{21})x_1=a_{22}b_1-a_{12}b_2,$$

当 $a_{11}a_{22}-a_{12}a_{21}\neq 0$ 时，得其解为

$$x_1=\frac{b_1a_{22}-a_{12}b_2}{a_{11}a_{22}-a_{12}a_{21}}. \tag{1.2}$$

采取类似的方法，由式(1.1)解得

$$x_2=\frac{a_{11}b_2-b_1a_{21}}{a_{11}a_{22}-a_{12}a_{21}}. \tag{1.3}$$

通常称上述解法为加减消元法.

如果记

$$D=a_{11}a_{22}-a_{12}a_{21}=\begin{vmatrix} a_{11} & a_{12} \\ a_{21} & a_{22} \end{vmatrix}, \tag{1.4}$$

$$D_1=b_1a_{22}-b_2a_{12}=\begin{vmatrix} b_1 & a_{12} \\ b_2 & a_{22} \end{vmatrix},\ D_2=a_{11}b_2-a_{21}b_1=\begin{vmatrix} a_{11} & b_1 \\ a_{21} & b_2 \end{vmatrix},$$

则式(1.2)及式(1.3)可以表示为

$$x_1=\frac{D_1}{D},\ x_2=\frac{D_2}{D},\tag{1.5}$$

这意味着当 $a_{11}a_{22}-a_{12}a_{21}\neq 0$ 时,二元一次方程组(1.1)有唯一解(1.5).

我们把形如式(1.4)中 D 的右端形式称为二阶行列式.

同理,对于三元一次方程组

$$\begin{cases}a_{11}x_1+a_{12}x_2+a_{13}x_3=b_1,\\ a_{21}x_1+a_{22}x_2+a_{23}x_3=b_2,\\ a_{31}x_1+a_{32}x_2+a_{33}x_3=b_3,\end{cases}\tag{1.6}$$

我们也可利用加减消元法消去 x_2,x_3,得到同解方程

$$(a_{11}a_{22}a_{33}+a_{12}a_{23}a_{31}+a_{13}a_{21}a_{32}-a_{11}a_{23}a_{32}-a_{12}a_{21}a_{33}-a_{13}a_{22}a_{31})x_1$$
$$=b_1a_{22}a_{33}+a_{12}a_{23}b_3+a_{13}b_2a_{32}-b_1a_{23}a_{32}-a_{12}b_2a_{33}-a_{13}a_{22}b_3,$$

并将 x_1 的系数记为

$$D=\begin{vmatrix}a_{11}&a_{12}&a_{13}\\a_{21}&a_{22}&a_{23}\\a_{31}&a_{32}&a_{33}\end{vmatrix}=a_{11}a_{22}a_{33}+a_{12}a_{23}a_{31}+a_{13}a_{21}a_{32}$$
$$-a_{11}a_{23}a_{32}-a_{12}a_{21}a_{33}-a_{13}a_{22}a_{31},\tag{1.7}$$

称式(1.7)为三阶行列式(其中横为行,竖为列).

式(1.7)右端项中的 6 项可以按下面所示的方法(称为沙路法)得到

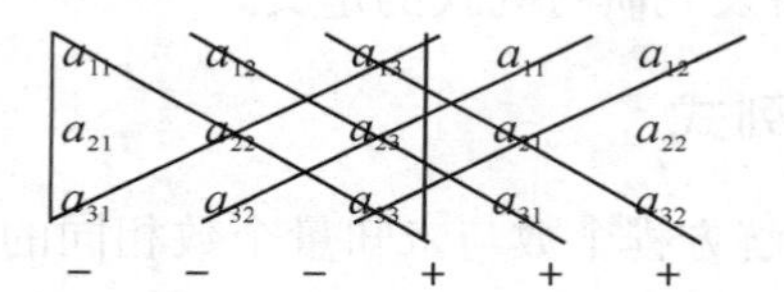

此时,若三元一次方程组(1.6)的系数行列式 $D\neq 0$,则由消元法可求得这个方程组的唯一解为

$$x_1=\frac{D_1}{D},\ x_2=\frac{D_2}{D},\ x_3=\frac{D_3}{D},\tag{1.8}$$

其中 $D_j\,(j=1,2,3)$ 是用常数项 b_1,b_2,b_3 分别替换 D 中各列所得三个三阶行列式,即

$$D_1=\begin{vmatrix}b_1&a_{12}&a_{13}\\b_2&a_{22}&a_{23}\\b_3&a_{32}&a_{33}\end{vmatrix},\ D_2=\begin{vmatrix}a_{11}&b_1&a_{13}\\a_{21}&b_2&a_{23}\\a_{31}&b_3&a_{33}\end{vmatrix},\ D_3=\begin{vmatrix}a_{11}&a_{12}&b_1\\a_{21}&a_{22}&b_2\\a_{31}&a_{32}&b_3\end{vmatrix}.$$

【例 1.1】 解三元一次方程组

$$\begin{cases}x_1+2x_2+4x_3=31,\\ 5x_1+x_2+2x_3=29,\\ 3x_1-x_2+x_3=10.\end{cases}$$

解 因为该三元一次方程组的系数行列式为

$$D=\begin{vmatrix}1&2&4\\5&1&2\\3&-1&1\end{vmatrix}=-27\neq 0,$$

且

$$D_1=\begin{vmatrix} b_1 & a_{12} & a_{13} \\ b_2 & a_{22} & a_{23} \\ b_3 & a_{32} & a_{33} \end{vmatrix}=\begin{vmatrix} 31 & 2 & 4 \\ 29 & 1 & 2 \\ 10 & -1 & 1 \end{vmatrix}=-81,$$

$$D_2=\begin{vmatrix} a_{11} & b_1 & a_{13} \\ a_{21} & b_2 & a_{23} \\ a_{31} & b_3 & a_{33} \end{vmatrix}=\begin{vmatrix} 1 & 31 & 4 \\ 5 & 29 & 2 \\ 3 & 10 & 1 \end{vmatrix}=-108,$$

$$D_3=\begin{vmatrix} a_{11} & a_{12} & b_1 \\ a_{21} & a_{22} & b_2 \\ a_{31} & a_{32} & b_3 \end{vmatrix}=\begin{vmatrix} 1 & 2 & 31 \\ 5 & 1 & 29 \\ 3 & -1 & 10 \end{vmatrix}=-135,$$

从而由式(1.8)可得

$$x_1=\frac{D_1}{D}=3,\quad x_2=\frac{D_2}{D}=4,\quad x_3=\frac{D_3}{D}=5.$$

由上述讨论可知：利用二阶与三阶行列式，可以把二元一次方程组和三元一次方程组的解表示为一种简洁的公式形式．那么我们自然要考虑的是：n 元一次方程组是否也有这种形式的结果呢？

细心的读者可以从四元一次方程组的消元过程中发现：对于 n 阶行列式($n>3$)，我们不可能如式(1.7)的沙路法那样给出其定义（展开项的项数就不对！）．因此，对一般的 n 阶行列式要用另外的方法来定义．在代数中，它可以用不同的方法给出．

1.1.2　全排列及其逆序数

观察三阶行列式(1.7)，我们发现它有以下特点：

(1) 三阶行列式由 3！项的代数和构成．

(2) 三阶行列式的每项都是该行列式中不同行不同列的三个元素的乘积．

(3) 三阶行列式的每项都有确定的符号规律．

为了进一步弄清这些符号的内在规律，我们先给出以下有关概念．

定义 1.1　我们把自然数 $1,2,\cdots,n$（或 n 个不同的元素）排成的每一种有确定次序的数组，称为一个全排列，或 n 元排列（简称排列），并记为 $i_1i_2\cdots i_n$．显然不同的 n 元排列共有 n！个．

例如，自然数 1,2,3,4 共有 24 个 4 元排列，其中 1234 和 3142 等都是 4 元排列，而 43152 则是一个 5 元排列．特别，$12\cdots n$ 称为自然排列．

定义 1.2　在一个 n 元排列 $i_1\cdots i_s\cdots i_t\cdots i_n$ 中，如果元素 $i_s>i_t$，就称元素 i_s 与 i_t 构成一个逆序．一个 n 元排列中所有逆序的总数称为该排列的逆序数，记为 $\tau(i_1i_2\cdots i_n)$．

根据该定义，我们可以按下述方法来计算排列的逆序数：首先，设在一个 n 元排列 $i_1i_2\cdots i_n$ 中，比 $i_k(k=1,2,\cdots,n)$ 小且排在 i_k 后面的元素共有 t_k 个，则该排列中所有逆序的个数（即 t_k 之和）就是这个排列的逆序数．于是

$$\tau(i_1i_2\cdots i_n)=t_1+t_2+\cdots+t_n=\sum_{k=1}^{n}t_k.$$

【例 1.2】　求排列 3712456 及 $n(n-1)\cdots 21$ 的逆序数．

解　(1) $\tau(3712456)=2+5+0+0+0+0=7$；

(2) $\tau[n(n-1)\cdots 21]=(n-1)+(n-2)+\cdots+2+1=\dfrac{n(n-1)}{2}$.

定义 1.3 逆序数为奇数的排列称为奇排列,逆序数为偶数的排列称为偶排列.

由定义,排列 3712456 是一个奇排列,自然排列 $12\cdots n$ 是一个偶排列.

有了逆序数的概念,我们就可以根据二、三阶行列式的特点,将式(1.4)和式(1.7)的定义改写为

$$D=\begin{vmatrix} a_{11} & a_{12} \\ a_{21} & a_{22} \end{vmatrix}=\sum_{(j_1j_2)}(-1)^{\tau(j_1j_2)}a_{1j_1}a_{2j_2},$$

$$D=\begin{vmatrix} a_{11} & a_{12} & a_{13} \\ a_{21} & a_{22} & a_{23} \\ a_{31} & a_{32} & a_{33} \end{vmatrix}=\sum_{(j_1j_2j_3)}(-1)^{\tau(j_1j_2j_3)}a_{1j_1}a_{2j_2}a_{3j_3}.$$

这里 $\sum\limits_{(j_1j_2)}$, $\sum\limits_{(j_1j_2j_3)}$ 分别为对自然数 1,2 及 1,2,3 的所有排列求和. 有了二、三阶行列式的这种形式定义,就可以推广地给出 n 阶行列式的定义了.

1.1.3 n 阶行列式

定义 1.4 我们把由 n^2 个元素 $a_{ij}(i,j=1,2,\cdots,n)$ 组成的记号

$$\begin{vmatrix} a_{11} & a_{12} & \cdots & a_{1n} \\ a_{21} & a_{22} & \cdots & a_{2n} \\ \vdots & \vdots & & \vdots \\ a_{n1} & a_{n2} & \cdots & a_{nn} \end{vmatrix}$$

称为 n 阶行列式,简记为 $D=\det(a_{ij})_{n\times n}$ 或 $|a_{ij}|_{n\times n}$,其中横排称为行,竖排称为列,它表示所有可能取自不同行不同列的 n 个元素乘积 $a_{1j_1}a_{2j_2}\cdots a_{nj_n}$ 的代数和,各项的符号是:当该项中每一个元素的行标按自然顺序排列后,若对应的列标所成排列是偶排列则取正号,奇排列则取负号. 于是有

$$D=\begin{vmatrix} a_{11} & a_{12} & \cdots & a_{1n} \\ a_{21} & a_{22} & \cdots & a_{2n} \\ \vdots & \vdots & & \vdots \\ a_{n1} & a_{n2} & \cdots & a_{nn} \end{vmatrix}=\sum_{(j_1j_2\cdots j_n)}(-1)^{\tau(j_1j_2\cdots j_n)}a_{1j_1}a_{2j_2}\cdots a_{nj_n}, \tag{1.9}$$

其中 $\sum\limits_{(j_1j_2\cdots j_n)}$ 表示对自然数 $1,2,\cdots,n$ 的所有 n 元排列 $j_1j_2\cdots j_n$ 求和. 这里数 a_{ij} 称为行列式的 (i,j) 元,$(-1)^{\tau(j_1j_2\cdots j_n)}a_{1j_1}a_{2j_2}\cdots a_{nj_n}$ 称为行列式的一般项.

由定义可以看出:

(1) 与二、三阶行列式类似,n 阶行列式是 $n!$ 项的代数和,且带正号的项数和带负号的项数各占一半,其中展开项 $a_{1j_1}a_{2j_2}\cdots a_{nj_n}$ 的符号为 $(-1)^{\tau(j_1j_2\cdots j_n)}$.

(2) 当 $n=1$ 时,一阶行列式 $|a|=a$,不要与普通数的绝对值记号混淆了.

【例 1.3】 用行列式定义计算行列式

$$\begin{vmatrix} a_{11} & 0 & 0 & 0 \\ a_{21} & a_{22} & 0 & 0 \\ a_{31} & a_{32} & a_{33} & 0 \\ a_{41} & a_{42} & a_{43} & a_{44} \end{vmatrix}.$$

解　这是一个四阶的下三角行列式，其展开项共有 24 项，因为行列式的一般项为 $(-1)^{\tau(j_1j_2j_3j_4)}a_{1j_1}a_{2j_2}a_{3j_3}a_{4j_4}$，若某一项的四个元素乘积中只要有一个元素为零，则该展开项为零. 例如，先考虑零元最多的第一行，其中只有 $a_{11}\neq 0$，所以只能取 $j_1=1$，同理，$j_2=2$，$j_3=3$，$j_4=4$，即不为零的项只有 $a_{11}a_{22}a_{33}a_{44}$ 一项，且该项的符号为 $(-1)^{\tau(1234)}$，其中 1234 为偶排列. 故

$$\begin{vmatrix} a_{11} & & & \\ a_{21} & a_{22} & & \\ a_{31} & a_{32} & a_{33} & \\ a_{41} & a_{42} & a_{43} & a_{44} \end{vmatrix}=(-1)^{\tau(1234)}a_{11}a_{22}a_{33}a_{44}=a_{11}a_{22}a_{33}a_{44},$$

其中，凡未列出的元素都是零元，下同.

一般地，n 阶下三角行列式

$$\begin{vmatrix} a_{11} & & & \\ a_{21} & a_{22} & & \\ \vdots & \vdots & \ddots & \\ a_{n1} & a_{n2} & \cdots & a_{nn} \end{vmatrix}=a_{11}a_{22}\cdots a_{nn},$$

即下三角形行列式等于它的主对角线元素的乘积(行列式中从左上角到右下角的对角线上元素称为主对角线元).

同理，n 阶上三角行列式

$$\begin{vmatrix} a_{11} & a_{12} & \cdots & a_{1n} \\ & a_{22} & \cdots & a_{2n} \\ & & \ddots & \vdots \\ & & & a_{nn} \end{vmatrix}=a_{11}a_{22}\cdots a_{nn},$$

即上三角行列式也等于它的主对角线元素的乘积. 特别地，n 阶对角形行列式

$$\begin{vmatrix} a_{11} & & & \\ & a_{22} & & \\ & & \ddots & \\ & & & a_{nn} \end{vmatrix}=a_{11}a_{22}\cdots a_{nn}.$$

即它也等于其主对角线元素的乘积.

【例 1.4】　用行列式定义计算行列式

$$D=\begin{vmatrix} & & & 1 \\ & & 2 & \\ & \iddots & & \\ & n-1 & & \\ n & & & \end{vmatrix}.$$

解　行列式的一般项为

$$(-1)^{\tau(j_1j_2\cdots j_n)}a_{1j_1}a_{2j_2}\cdots a_{nj_n},$$

在一般项中，已知

$$a_{1n}=1,\ a_{1j_1}=0,\ (j_1=1,2,\cdots,n-1),$$

$$a_{2,n-1}=2,\ a_{2j_2}=0,\ (j_2=1,2,\cdots,n-2,n),$$

$$\cdots\cdots$$

$$a_{n-1,2}=n-1,\ a_{n-1,j_{n-1}}=0,\ (j_{n-1}=1,3,\cdots,n),$$

$$a_{n1}=n,\ a_{nj_n}=0\ (j_n=2,3,\cdots,n).$$

因此,在该行列中只有 $a_{1n}a_{2,n-1}\cdots a_{n-1,2}a_{n1}$ 这一项不为零,其他项均为零. 由于

$$\tau(n(n-1)\cdots 21)=(n-1)+(n-2)+\cdots+2+1=\frac{(n-1)n}{2},$$

于是 $D=(-1)^{\frac{(n-1)n}{2}}n!$.

1.1.4 对换

为进一步研究 n 阶行列式的性质,我们还需要引入对换的概念,并给出对换与排列奇偶性的关系.

定义 1.5 在 n 元排列 $j_1\cdots j_s\cdots j_t\cdots j_n$ 中,将元素 j_s 与 j_t 对调,其余的元素仍保持原来位置不变,得到一个新的排列 $j_1\cdots j_t\cdots j_s\cdots j_n$,这样的变换就称为一个对换. 特别地,将两个相邻元素作对换,称为一个邻换.

定理 1.1 任意一个排列经过一个对换后,改变该排列的奇偶性.

证明 (1) 先证明邻换情形. 设 n 元排列为 $j_1\cdots j_k j_{k+1}\cdots j_n$,邻换 j_k,j_{k+1} 后的排列为 $j_1\cdots j_{k+1}j_k\cdots j_n$,由于新排列中除 j_k,j_{k+1} 两元素外,其余元素的相对位置不变,因而这些元素的逆序数经过邻换后也不改变,当 $j_k<j_{k+1}$ 时,邻换使排列的逆序数相对于 j_k 增加 1 个而相对于 j_{k+1} 不变;当 $j_k>j_{k+1}$ 时,邻换使排列的逆序数相对于 j_k 不变而相对于 j_{k+1} 减少 1 个. 总之,邻换后的新旧两个排列的奇偶性改变.

(2) 再证明对换情形. 设 n 元排列为 $j_1\cdots j_k i_1\cdots i_s j_{k+s+1}\cdots j_n$(此时 j_k 与 j_{k+s+1} 之间恰有 s 个元素),对换 j_k,j_{k+s+1},相当于在原来排列中先将元素 j_k 作 s 次邻换变为新的排列 $j_1\cdots i_1\cdots i_s j_k j_{k+s+1}\cdots j_n$,再将元素 j_{k+s+1} 作 $s+1$ 次邻换变为 $j_1\cdots j_{k+s+1}i_1\cdots i_s j_k\cdots j_n$,于是对换后的新排列相当于由原排列经过 $2s+1$ 次邻换得到. 由上面的证明(1)知它改变了奇数次奇偶性. 总之,对换后的新旧两个排列的奇偶性改变.

推论 1 任一 n 元排列皆可经过对换变成自然排列,且对换次数与该排列的奇偶性相同.

证明 不妨设 n 元排列 $j_1j_2\cdots j_n$ 为奇排列,由定理 1.1 知,可将该排列顺序地对换成自然排列,且所作对换的次数就是该排列奇偶性变化的次数. 又因为自然排列是偶排列,所以只能经过奇数次对换才能将奇排列对换变成自然排列.

由推论 1 易见:n 个自然数($n>1$)所形成不同 n 级排列共有 $n!$ 个,且其中的奇偶排列各占一半.

由上述对换的性质,利用数的乘积具有交换性,可将行列式中的展开项各因子换序,使其相应的两个下标所成排列进行适当的同步对换. 可得 n 阶行列式的等价定义如下:

定理 1.2 n 阶行列式

$$D=\begin{vmatrix} a_{11} & a_{12} & \cdots & a_{1n} \\ a_{21} & a_{22} & \cdots & a_{2n} \\ \vdots & \vdots & & \vdots \\ a_{n1} & a_{n2} & \cdots & a_{nn} \end{vmatrix}=\sum_{(i_1i_2\cdots i_n)}(-1)^{\tau(i_1i_2\cdots i_n)}a_{i_11}a_{i_22}\cdots a_{i_nn}. \tag{1.10}$$

证明　由 n 阶行列式的定义知，行列式展开项中的一般项为

$$(-1)^{\tau(j_1j_2\cdots j_n)}a_{1j_1}a_{2j_2}\cdots a_{nj_n},$$

利用数的乘积具有交换性，当调整 $a_{1j_1}a_{2j_2}\cdots a_{nj_n}$ 中各因子的顺序，将列标的排列 $j_1j_2\cdots j_n$ 经 s 次对换化为自然排列时，相应地，其列标的自然排列也经同步的 s 次对换化为排列 $i_1i_2\cdots i_n$，且有

$$a_{1j_1}a_{2j_2}\cdots a_{nj_n}=a_{i_11}a_{i_22}\cdots a_{i_nn}.$$

由定理 1.1 及其推论知，所作对换次数 s 与 $\tau(j_1j_2\cdots j_n)$ 具有相同的奇偶性，也与 $\tau(i_1i_2\cdots i_n)$ 具有相同的奇偶性，从而

$$(-1)^{\tau(j_1j_2\cdots j_n)}a_{1j_1}a_{2j_2}\cdots a_{nj_n}=(-1)^{\tau(i_1i_2\cdots i_n)}a_{i_11}a_{i_22}\cdots a_{i_n}n,$$

即 n 阶行列式 D 中的任意一项皆与式(1.10)右端有且仅有一项完全对应(包括符号)，结论成立.

推论 2　n 阶行列式也可定义为

$$D=\sum(-1)^s a_{i_1j_1}a_{i_2j_2}\cdots a_{i_nj_n},$$

其中 s 为行标与列标排列的逆序数之和. 即 $s=\tau(i_1i_2\cdots i_n)+\tau(j_1j_2\cdots j_n)$.

【例 1.5】　在 6 阶行列式中，$a_{23}a_{31}a_{42}a_{56}a_{14}a_{65}$；$a_{32}a_{43}a_{14}a_{51}a_{66}a_{25}$ 这两项应带什么符号?

解　在 6 阶行列式中，项 $a_{23}a_{31}a_{42}a_{56}a_{14}a_{65}$ 前面的符号为

$$(-1)^{\tau(234516)+\tau(312645)}=(-1)^{4+4}=1,$$

同理，项 $a_{32}a_{43}a_{14}a_{51}a_{66}a_{25}$ 前面的符号为

$$(-1)^{\tau(341562)+\tau(234165)}=(-1)^{6+4}=1,$$

所以这两项都应带正号.

【例 1.6】　按定义计算行列式

$$D_n=\begin{vmatrix}0&1&0&\cdots&0\\0&0&2&\cdots&0\\\vdots&\vdots&\vdots&&\vdots\\0&0&0&\cdots&n-1\\n&0&0&\cdots&0\end{vmatrix}.$$

解　所给行列式的展开项中只含有一个非零项 $a_{12}a_{23}\cdots a_{n-1,n}a_{n1}$，它前面所带的符号应为

$$(-1)^{\tau(23\cdots n1)}=(-1)^{n-1},$$

所以 $D_n=(-1)^{n-1}n!$.

习题 1.1

1. 求下列排列的逆序数，并判别其奇偶性：

(1) 4132；　　(2) 3214765；

(3) 36715284；　　(4) $13\cdots(2n-1)(2n)(2n-2)\cdots42$.

2. 选择 $i,k(1<i,k<9)$，使

(1) $1274i56k9$ 成偶排列；　　(2) $1i25k4897$ 成奇排列.

3. 计算下列三阶行列式：

(1) $\begin{vmatrix} 1 & 2 & 3 \\ 3 & 1 & 2 \\ 2 & 3 & 1 \end{vmatrix}$； (2) $\begin{vmatrix} x & y & z \\ z & x & y \\ y & z & x \end{vmatrix}$.

4. 证明等式

$$\begin{vmatrix} a_1 & b_1 & c_1 \\ a_2 & b_2 & c_2 \\ a_3 & b_3 & c_3 \end{vmatrix} = a_1 \begin{vmatrix} b_2 & c_2 \\ b_3 & c_3 \end{vmatrix} - b_1 \begin{vmatrix} a_2 & c_2 \\ a_3 & c_3 \end{vmatrix} + c_1 \begin{vmatrix} a_2 & b_2 \\ a_3 & b_3 \end{vmatrix}.$$

5. 设 n 阶行列式中有 n^2-n 个以上的元素为零，证明该行列式为零.

6. 用行列式的定义计算下列行列式：

$$D_n = \begin{vmatrix} a_{11} & \cdots & a_{1n-1} & a_{1n} \\ a_{21} & \cdots & a_{2n-1} & 0 \\ \vdots & & \vdots & \vdots \\ a_{n1} & \cdots & 0 & 0 \end{vmatrix}.$$

1.2 n 阶行列式的性质

直接用行列式的定义计算行列式，只有在行列式的阶数较低或其元素特殊(如零元较多)时可行，高阶行列式的计算一般是较烦琐的. 为此，我们要给出行列式的一些基本性质，以便简化行列式的计算.

1.2.1 行列式的性质

将行列式

$$D = \begin{vmatrix} a_{11} & a_{12} & \cdots & a_{1n} \\ a_{21} & a_{22} & \cdots & a_{2n} \\ \vdots & \vdots & & \vdots \\ a_{n1} & a_{n2} & \cdots & a_{nn} \end{vmatrix}$$

的行与列互换后得到的新行列式为

$$D^{\mathrm{T}} = \begin{vmatrix} a_{11} & a_{21} & \cdots & a_{n1} \\ a_{12} & a_{22} & \cdots & a_{n2} \\ \vdots & \vdots & & \vdots \\ a_{1n} & a_{2n} & \cdots & a_{nn} \end{vmatrix},$$

称为 D 的转置行列式，记为 D^{T} 或 D'. 显然 D 也是 D^{T} 的转置行列式，即 $(D^{\mathrm{T}})^{\mathrm{T}}=D$.

性质 1 行列式与它的转置行列式相等，即

$$D = \begin{vmatrix} a_{11} & a_{12} & \cdots & a_{1n} \\ a_{21} & a_{22} & \cdots & a_{2n} \\ \vdots & \vdots & & \vdots \\ a_{n1} & a_{n2} & \cdots & a_{nn} \end{vmatrix} = \begin{vmatrix} a_{11} & a_{21} & \cdots & a_{n1} \\ a_{12} & a_{22} & \cdots & a_{n2} \\ \vdots & \vdots & & \vdots \\ a_{1n} & a_{2n} & \cdots & a_{nn} \end{vmatrix} = D^{\mathrm{T}}. \tag{1.11}$$

证明 记行列式 D 与其转置 D^{T} 的 (i,j) 元分别为 a_{ij} 和 b_{ij}，则由转置行列式的定义有

$b_{ij}=a_{ji}(i,j=1,2,\cdots,n)$，于是按行列式的定义与定理 1.2 展开可得

$$\begin{aligned}D^{\mathrm{T}}&=\sum_{(j_1j_2\cdots j_n)}(-1)^{\tau(j_1j_2\cdots j_n)}b_{1j_1}b_{2j_2}\cdots b_{nj_n}\\&=\sum_{(j_1j_2\cdots j_n)}(-1)^{\tau(j_1j_2\cdots j_n)}a_{j_11}a_{j_22}\cdots a_{j_nn}\\&=D.\end{aligned}$$

性质 1 表明，行列式中行与列的地位是相等的，对行成立的性质对列也适用. 以下我们仅对行讨论行列式的性质(对列的相应性质作为习题).

【例 1.7】 对于上三角行列式(当 $i>j$ 时，$a_{ij}=0$)，由性质 1 及下三角行列式，可得

$$D=\begin{vmatrix}a_{11}&a_{12}&\cdots&a_{1n}\\0&a_{22}&\cdots&a_{2n}\\\vdots&\vdots&&\vdots\\0&0&\cdots&a_{nn}\end{vmatrix}=a_{11}a_{22}\cdots a_{nn}.$$

即 $D=D^{\mathrm{T}}=a_{11}a_{22}\cdots a_{nn}$.

性质 2 互换行列式的两行，行列式变号.

证明 设行列式 D 与互换它的 s,t 两行后所得行列式 D_1 分别为

$$D=\begin{vmatrix}a_{11}&a_{12}&\cdots&a_{1n}\\\vdots&\vdots&&\vdots\\a_{s1}&a_{s2}&\cdots&a_{sn}\\\vdots&\vdots&&\vdots\\a_{t1}&a_{t2}&\cdots&a_{tn}\\\vdots&\vdots&&\vdots\\a_{n1}&a_{n2}&\cdots&a_{nn}\end{vmatrix},\quad D_1=\begin{vmatrix}a_{11}&a_{12}&\cdots&a_{1n}\\\vdots&\vdots&&\vdots\\a_{t1}&a_{t2}&\cdots&a_{tn}\\\vdots&\vdots&&\vdots\\a_{s1}&a_{s2}&\cdots&a_{sn}\\\vdots&\vdots&&\vdots\\a_{n1}&a_{n2}&\cdots&a_{nn}\end{vmatrix}\ (1\leqslant s<t\leqslant n).$$

由行列式的定义与 1.1 节的定理 1.1 展开可得

$$\begin{aligned}D_1&=\sum_{(j_1j_2\cdots j_n)}(-1)^{\tau(j_1\cdots j_s\cdots j_t\cdots j_n)}a_{1j_1}\cdots a_{tj_s}\cdots a_{sj_t}\cdots a_{nj_n}\\&=\sum_{(j_1j_2\cdots j_n)}(-1)^{\tau(j_1\cdots j_s\cdots j_t\cdots j_n)}a_{1j_1}\cdots a_{sj_t}\cdots a_{tj_s}\cdots a_{nj_n}\\&=-\sum_{(j_1j_2\cdots j_n)}(-1)^{\tau(j_1\cdots j_t\cdots j_s\cdots j_n)}a_{1j_1}\cdots a_{sj_t}\cdots a_{tj_s}\cdots a_{nj_n}\\&=-D.\end{aligned}$$

若以 r_i 表示行列式的第 i 行，以 c_i 表示行列式的第 i 列，则互换行列式的 i,j 两行可记为 $r_i\leftrightarrow r_j$，互换行列式的 i,j 两列可记为 $c_i\leftrightarrow c_j$.

推论 1 若行列式中有两行的对应元素相同，则此行列式为零.

证明 由性质 2，将相同的两行互换，有 $D=-D$，所以 $D=0$.

性质 3 用数 k 乘行列式某一行的全部元素，等于用数 k 乘该行列式，即

$$D_1=\begin{vmatrix}a_{11}&a_{12}&\cdots&a_{1n}\\\vdots&\vdots&&\vdots\\ka_{i1}&ka_{i2}&\cdots&ka_{in}\\\vdots&\vdots&&\vdots\\a_{n1}&a_{n2}&\cdots&a_{nn}\end{vmatrix}=k\begin{vmatrix}a_{11}&a_{12}&\cdots&a_{1n}\\\vdots&\vdots&&\vdots\\a_{i1}&a_{i2}&\cdots&a_{in}\\\vdots&\vdots&&\vdots\\a_{n1}&a_{n2}&\cdots&a_{nn}\end{vmatrix}=kD.\tag{1.12}$$

证明 由行列式的定义展开可得结论.

第 i 行乘以 k,记为 $r_i\times k$,第 i 列乘以 k,记为 $c_i\times k$.

推论 2 行列式中某行的所有元素的公因子可以提到行列式符号外面.

第 i 行(或列)提出公因子 k,记作 $r_i\div k$(或 $c_i\div k$).

推论 3 某行元素全为零的行列式其值为零.

推论 4 行列式中若有两行元素成比例,则此行列式为零.

性质 4 若行列式 D 的某一行的元素都是两数之和,即

$$\begin{vmatrix} a_{11} & a_{12} & \cdots & a_{1n} \\ \vdots & \vdots & & \vdots \\ a_{i1}+b_{i1} & a_{i2}+b_{i2} & \cdots & a_{in}+b_{in} \\ \vdots & \vdots & & \vdots \\ a_{n1} & a_{n2} & \cdots & a_{nn} \end{vmatrix}, \tag{1.13}$$

则 D 等于以下两个行列式之和:

$$D=\begin{vmatrix} a_{11} & a_{12} & \cdots & a_{1n} \\ \vdots & \vdots & & \vdots \\ a_{i1} & a_{i2} & \cdots & a_{in} \\ \vdots & \vdots & & \vdots \\ a_{n1} & a_{n2} & \cdots & a_{nn} \end{vmatrix}+\begin{vmatrix} a_{11} & a_{12} & \cdots & a_{1n} \\ \vdots & \vdots & & \vdots \\ b_{i1} & b_{i2} & \cdots & b_{in} \\ \vdots & \vdots & & \vdots \\ a_{n1} & a_{n2} & \cdots & a_{nn} \end{vmatrix}.$$

证明留作习题.

性质 5 将行列式某一行的所有元素都乘以数 k 后加到另一行对应位置的元素上,行列式的值不变.例如:

$$\begin{vmatrix} a_{11} & a_{12} & \cdots & a_{1n} \\ \vdots & \vdots & & \vdots \\ a_{i1} & a_{i2} & \cdots & a_{in} \\ \vdots & \vdots & & \vdots \\ a_{j1} & a_{j2} & \cdots & a_{jn} \\ \vdots & \vdots & & \vdots \\ a_{n1} & a_{n2} & \cdots & a_{nn} \end{vmatrix}=\begin{vmatrix} a_{11} & a_{12} & \cdots & a_{1n} \\ \vdots & \vdots & & \vdots \\ a_{i1} & a_{i2} & \cdots & a_{in} \\ \vdots & \vdots & & \vdots \\ ka_{i1}+a_{j1} & ka_{i2}+a_{j2} & \cdots & ka_{in}+a_{jn} \\ \vdots & \vdots & & \vdots \\ a_{n1} & a_{n2} & \cdots & a_{nn} \end{vmatrix}. \tag{1.14}$$

证明 由性质 4,等式右端行列式等于两个行列式的和,其中一个与左端行列式相同,另一个行列式为零,即证.

以数 k 乘第 j 行加到第 i 行上,记作 r_i+kr_j;以数 k 乘第 j 列加到第 i 列上,记作 c_i+kc_j.

1.2.2 行列式的计算(一)

这一节,我们利用行列式的定义和性质来建立计算 n 阶行列式的常用方法.

【例 1.8】 设 $\begin{vmatrix} a_{11} & a_{12} & a_{13} \\ a_{21} & a_{22} & a_{23} \\ a_{31} & a_{32} & a_{33} \end{vmatrix}=d$,求 $D=\begin{vmatrix} -aa_{11} & a_{12} & ca_{13} \\ aba_{21} & -ba_{22} & -bca_{23} \\ -aa_{31} & a_{32} & ca_{33} \end{vmatrix}$.

解 利用行列式性质,先提取第 1 列的公因式 $(-a)$,再提取第 2 行的公因式 $(-b)$,然后

提取第 3 列的公因式 c，可得

$$D=\begin{vmatrix} -aa_{11} & a_{12} & ca_{13} \\ aba_{21} & -ba_{22} & -bca_{23} \\ -aa_{31} & a_{32} & ca_{33} \end{vmatrix}=(-a)(-b)c\begin{vmatrix} a_{11} & a_{12} & a_{13} \\ a_{21} & a_{22} & a_{23} \\ a_{31} & a_{32} & a_{33} \end{vmatrix}=abcd.$$

一般地，利用行列式性质，顺序地将行列式从左到右逐列化简，直到化为一个上三角形行列式. 这种方法称为化三角形方法.

【例 1.9】 计算四阶行列式

$$D=\begin{vmatrix} 1 & 1 & -1 & 2 \\ -1 & -1 & -4 & 1 \\ 2 & 4 & -6 & 1 \\ 1 & 2 & 4 & 2 \end{vmatrix}.$$

解 先利用性质 5，把第 1 行分别乘 1，−2，−1 加到第 2、3、4 行上去，再利用性质 2 互换第 2、4 两行，然后类似地做倍加变换，可得

$$D=\begin{vmatrix} 1 & 1 & -1 & 2 \\ 0 & 0 & -5 & 3 \\ 0 & 2 & -4 & -3 \\ 0 & 1 & 5 & 0 \end{vmatrix}=-\begin{vmatrix} 1 & 1 & -1 & 2 \\ 0 & 1 & 5 & 0 \\ 0 & 2 & -4 & -3 \\ 0 & 0 & -5 & 3 \end{vmatrix}=-\begin{vmatrix} 1 & 1 & -1 & 2 \\ 0 & 1 & 5 & 0 \\ 0 & 0 & -14 & -3 \\ 0 & 0 & -5 & 3 \end{vmatrix}$$

$$=-\begin{vmatrix} 1 & 1 & -1 & 2 \\ 0 & 1 & 5 & 0 \\ 0 & 0 & -14 & -3 \\ 0 & 0 & 0 & 57/14 \end{vmatrix}=57.$$

【例 1.10】 如果 $xyz\neq0$，计算三阶行列式

$$D=\begin{vmatrix} 1+x & 2 & 3 \\ 1 & 2+y & 3 \\ 1 & 2 & 3+z \end{vmatrix}.$$

解 将第 1 行乘(−1) 加到第 2 行、第 3 行，再将第 2 列乘$\frac{x}{y}$、第 3 列乘$\frac{x}{z}$并各加到第 1 列，化为上三角行列式，得

$$D=\begin{vmatrix} 1+x & 2 & 3 \\ -x & y & 0 \\ -x & 0 & z \end{vmatrix}=\begin{vmatrix} 1+x+\frac{2x}{y}+\frac{3x}{z} & 2 & 3 \\ 0 & y & 0 \\ 0 & 0 & z \end{vmatrix}$$

$$=\left(1+x+\frac{2x}{y}+\frac{3x}{z}\right)yz=yz+2xy+3xy+xyz.$$

【例 1.11】 计算四阶行列式

$$D=\begin{vmatrix} 3 & 1 & 1 & 1 \\ 1 & 3 & 1 & 1 \\ 1 & 1 & 3 & 1 \\ 1 & 1 & 1 & 3 \end{vmatrix}.$$

解 注意到行列式的各列 4 个数之和都是 6. 故把第 2、3、4 行同时加到第 1 行,可提出公因子 6,再由各行减去第一行化为上三角形行列式. 即

$$D=\begin{vmatrix}6&6&6&6\\1&3&1&1\\1&1&3&1\\1&1&1&3\end{vmatrix}=6\begin{vmatrix}1&1&1&1\\1&3&1&1\\1&1&3&1\\1&1&1&3\end{vmatrix}=6\begin{vmatrix}1&1&1&1\\0&2&0&0\\0&0&2&0\\0&0&0&2\end{vmatrix}=6\times 8=48.$$

值得指出的是,在计算过程中,用到两个基本步骤,这在计算行列式中会经常用到:其中一个是将其他各行(或列)统统加到某一行(或列)上去;另一个则是将某一行(或列)的倍数,分别加到其他各行(或列)上.

进而,与这种行列式对应的 n 阶行列式为

$$D_n=\begin{vmatrix}a&b&\cdots&b\\b&a&\cdots&b\\\vdots&\vdots&&\vdots\\b&b&\cdots&a\end{vmatrix},$$

通常称之为 ab -型行列式. 可仿照上面例 1.11 的方法得到更一般的结果:

$$D_n=\begin{vmatrix}a&b&\cdots&b\\b&a&\cdots&b\\\vdots&\vdots&&\vdots\\b&b&\cdots&a\end{vmatrix}=[a+(n-1)b](a-b)^{n-1}. \tag{1.15}$$

【例 1.12】 计算 n 阶行列式

$$D_n=\begin{vmatrix}x-b&a&a&\cdots&a\\a&x-b&a&\cdots&a\\a&a&x-b&\cdots&a\\\vdots&\vdots&\vdots&&\vdots\\a&a&a&\cdots&x-b\end{vmatrix}.$$

解 这也是一个 ab -型行列式. 于是由上面的公式(1.15),将 a 替换为 $x-b$,再将 b 替换为 a,可得

$$D_n=[(x-b)+(n-1)a](x-b-a)^{n-1}.$$

D_n 的计算结果[即公式(1.5)]读者应当熟记,尤其在 n 阶行列式的计算中会经常遇到它.

【例 1.13】 设有$(k+n)$阶行列式

$$D=\begin{vmatrix}a_{11}&\cdots&a_{1k}&0&\cdots&0\\\vdots&&\vdots&\vdots&&\vdots\\a_{k1}&\cdots&a_{kk}&0&\cdots&0\\c_{11}&\cdots&c_{1k}&b_{11}&\cdots&b_{1n}\\\vdots&&\vdots&\vdots&&\vdots\\c_{n1}&\cdots&c_{nk}&b_{n1}&\cdots&b_{nn}\end{vmatrix},$$

并记

$$D_1=\det(a_{ij})=\begin{vmatrix} a_{11} & \cdots & a_{1k} \\ \vdots & \ddots & \vdots \\ a_{k1} & \cdots & a_{kk} \end{vmatrix}, \quad D_2=\det(b_{ij})=\begin{vmatrix} b_{11} & \cdots & b_{1n} \\ \vdots & \ddots & \vdots \\ b_{n1} & \cdots & b_{nn} \end{vmatrix},$$

证明 $D=D_1D_2$.

证明 对 D_1 做适当的倍加行变换 r_i+sr_j，可将 D_1 化为下三角行列式，记

$$D_1=\begin{vmatrix} p_{11} & & \\ \vdots & \ddots & \\ p_{k1} & \cdots & p_{kk} \end{vmatrix}=p_{11}\cdots p_{kk}.$$

同理，对 D_2 做适当的倍加列变换 c_l+tc_m，也可将 D_2 化为下三角行列式，记

$$D_2=\begin{vmatrix} q_{11} & & \\ \vdots & \ddots & \\ q_{n1} & \cdots & q_{nn} \end{vmatrix}=q_{11}\cdots q_{nn}.$$

对应地，若同时对 D 的前 k 行做与对 D_1 相同的倍加行变换 r_i+sr_j，对 D 的后 n 列做与对 D_2 相同的倍加列变换 c_l+tc_m，即可将 D 化为下三角行列式，且有

$$D=\begin{vmatrix} p_{11} & & & & & \\ \vdots & \ddots & & & & \\ p_{k1} & \cdots & p_{kk} & & & \\ c_{11} & \cdots & c_{1k} & q_{11} & & \\ \vdots & & \vdots & \vdots & \ddots & \\ c_{n1} & \cdots & c_{nk} & q_{n1} & \cdots & q_{nn} \end{vmatrix}=p_{11}\cdots p_{kk}\cdot q_{11}\cdots q_{nn}=D_1D_2.$$

证毕.

习题 1.2

1. 证明行列式性质 4.
2. 证明行列式对列的相应性质.
3. 用行列式的性质计算下列行列式：

(1) $\begin{vmatrix} 1 & 2 & 3 & 4 \\ 2 & 3 & 4 & 1 \\ 3 & 4 & 1 & 2 \\ 4 & 1 & 2 & 3 \end{vmatrix}$；　　(2) $\begin{vmatrix} ab & -ac & ae \\ -bd & cd & de \\ bf & cf & -ef \end{vmatrix}$；

(3) $\begin{vmatrix} 1 & 1 & 1 & 1 \\ -1 & 1 & 1 & 1 \\ -1 & -1 & 1 & 1 \\ -1 & -1 & -1 & 1 \end{vmatrix}$；　　(4) $\begin{vmatrix} 1 & 1 & 1 & 1 \\ 2 & 1 & 1 & -3 \\ 1 & 2 & 2 & 5 \\ 4 & 3 & 2 & 1 \end{vmatrix}$；

(5) $\begin{vmatrix} a_1+b_1 & a_1+b_2 & \cdots & a_1+b_n \\ a_2+b_1 & a_2+b_2 & \cdots & a_2+b_n \\ \vdots & \vdots & & \vdots \\ a_n+b_1 & a_n+b_2 & \cdots & a_n+b_n \end{vmatrix}$.

4. 证明：

(1) $\begin{vmatrix} a^2 & 2a & 1 \\ ab & a+b & 1 \\ b^2 & 2b & 1 \end{vmatrix}=(a-b)^3$； (2) $\begin{vmatrix} y+z & z+x & x+y \\ x+y & y+z & z+x \\ z+x & x+y & y+z \end{vmatrix}=2\begin{vmatrix} x & y & z \\ z & x & y \\ y & z & x \end{vmatrix}$.

5. 计算下列行列式：

(1) $\begin{vmatrix} 1 & a_1 & a_2 & \cdots & a_n \\ 1 & a_1+b_1 & a_2 & \cdots & a_n \\ 1 & a_1 & a_2+b_2 & \cdots & a_n \\ \vdots & \vdots & \vdots & & \vdots \\ 1 & a_1 & a_2 & \cdots & a_n+b_n \end{vmatrix}$； (2) $\begin{vmatrix} a_0 & 1 & 1 & \cdots & 1 \\ 1 & a_1 & 0 & \cdots & 0 \\ 1 & 0 & a_2 & \cdots & 0 \\ \vdots & \vdots & \vdots & & \vdots \\ 1 & 0 & 0 & \cdots & a_n \end{vmatrix}$.

6. 解下列方程：

(1) $\begin{vmatrix} 1 & 1 & 2 & 3 \\ 1 & 2-x^2 & 2 & 3 \\ 2 & 3 & 1 & 5 \\ 2 & 3 & 1 & 9-x^2 \end{vmatrix}=0$；

(2) $\begin{vmatrix} 1 & 1 & 1 & \cdots & 1 & 1 \\ 1 & 1-x & 1 & \cdots & 1 & 1 \\ 1 & 1 & 2-x & \cdots & 1 & 1 \\ \vdots & \vdots & \vdots & & \vdots & \vdots \\ 1 & 1 & 1 & \cdots & (n-2)-x & 1 \\ 1 & 1 & 1 & \cdots & 1 & (n-1)-x \end{vmatrix}=0$.

1.3 n 阶行列式的展开

由于低阶行列式的计算通常比高阶行列式简便，因此，在计算中常常希望利用行列式的性质将高阶行列式的某行或某列的一些元素变为零，再将此高阶行列式化为低阶行列式的代数和进行计算，以减少计算工作量.

1.3.1 行列式的展开定理

首先回顾一下三阶行列式的展开式，我们有

$$D=\begin{vmatrix} a_{11} & a_{12} & a_{13} \\ a_{21} & a_{22} & a_{23} \\ a_{31} & a_{32} & a_{33} \end{vmatrix}=a_{11}\begin{vmatrix} a_{22} & a_{23} \\ a_{32} & a_{33} \end{vmatrix}-a_{12}\begin{vmatrix} a_{21} & a_{23} \\ a_{31} & a_{33} \end{vmatrix}+a_{13}\begin{vmatrix} a_{21} & a_{22} \\ a_{31} & a_{32} \end{vmatrix}.$$

上式表明：一个三阶行列式可以按它的第一行的元素展开成一组特殊的二阶行列式的代数和. 这一性质可以推广到 n 阶行列式的计算中去.

定义 1.6 在 n 阶行列式 D 中，将 (i,j) 元 a_{ij} 所在的第 i 行和第 j 列元素划去后，余下的元素按其原来的相对顺序组成一个 $n-1$ 阶行列式，称为 D 中元 a_{ij} 的余子式，记为 M_{ij}，称 $A_{ij}=(-1)^{i+j}M_{ij}$ 为 a_{ij} 的代数余子式.

【例 1.14】 求四阶行列式

$$D=\begin{vmatrix} a_{11} & a_{12} & a_{13} & a_{14} \\ a_{21} & a_{22} & a_{23} & a_{24} \\ a_{31} & a_{32} & a_{33} & a_{34} \\ a_{41} & a_{42} & a_{43} & a_{44} \end{vmatrix}$$

中元 a_{23} 的余子式与代数余子式.

解　由定义 1.6 知:行列式 D 中元 a_{23} 的余子式和代数余子式分别为

$$M_{23}=\begin{vmatrix} a_{11} & a_{12} & a_{14} \\ a_{31} & a_{32} & a_{34} \\ a_{41} & a_{42} & a_{44} \end{vmatrix}, \quad A_{23}=(-1)^{2+3}M_{23}=-M_{23}.$$

【例 1.15】 将三阶行列式

$$D=\begin{vmatrix} a_{11} & a_{12} & a_{13} \\ a_{21} & a_{22} & a_{23} \\ a_{31} & a_{32} & a_{33} \end{vmatrix}$$

展开为它的第一行元素的代数和形式.

解　由三阶行列式的展开式及代数余子式的定义知,行列式 D 可表示为

$$D=\begin{vmatrix} a_{11} & a_{12} & a_{13} \\ a_{21} & a_{22} & a_{23} \\ a_{31} & a_{32} & a_{33} \end{vmatrix}=a_{11}A_{11}+a_{12}A_{12}+a_{13}A_{13}.$$

一般地,我们有:

定理 1.3　设 n 阶行列式

$$D=\begin{vmatrix} a_{11} & a_{12} & \cdots & a_{1n} \\ a_{21} & a_{22} & \cdots & a_{2n} \\ \vdots & \vdots & & \vdots \\ a_{n1} & a_{n2} & \cdots & a_{nn} \end{vmatrix},$$

则有

$$D=a_{i1}A_{i1}+a_{i2}A_{i2}+\cdots+a_{in}A_{in}=\sum_{k=1}^{n}a_{ik}A_{ik} \quad (i=1,2,\cdots,n). \tag{1.16}$$

定理 1.3 表明:行列式 D 等于它的任一行的各元素与其对应的代数余子式乘积之和,称式(1.16)为行列式的按行展开法则.

证明　第 1 步　先证明结论对 n 阶行列式

$$D_1=\begin{vmatrix} a_{11} & 0 & \cdots & 0 \\ a_{21} & a_{22} & \cdots & a_{2n} \\ \vdots & \vdots & & \vdots \\ a_{n1} & a_{n2} & \cdots & a_{nn} \end{vmatrix}$$

成立.事实上,由本章 1.2 节的例 1.13 即知

$$D_1=a_{11}M_{11}=a_{11}A_{11}=a_{11}A_{11}+a_{12}A_{12}+\cdots+a_{1n}A_{1n}=\sum_{k=1}^{n}a_{1k}A_{1k}.$$

第 2 步　证明结论对 n 阶行列式 D_2 成立,这里 D_2 的第 i 行元素中除 $a_{ij}\neq 0$ 外,其余的元素都为零,即

$$D_2=\begin{vmatrix} a_{11} & \cdots & a_{1,j-1} & a_{1j} & a_{1,j+1} & \cdots & a_{1n} \\ \vdots & & \vdots & \vdots & \vdots & & \vdots \\ a_{i-1,1} & \cdots & a_{i-1,j-1} & a_{i-1,j} & a_{i-1,j+1} & \cdots & a_{i-1,n} \\ 0 & \cdots & 0 & a_{ij} & 0 & \cdots & 0 \\ a_{i+1,1} & \cdots & a_{i+1,j-1} & a_{i+1,j} & a_{i+1,j+1} & \cdots & a_{i+1,n} \\ \vdots & & \vdots & \vdots & \vdots & & \vdots \\ a_{n1} & \cdots & a_{n,j-1} & a_{nj} & a_{n,j+1} & \cdots & a_{nn} \end{vmatrix},$$

将 D_2 的第 i 行依次与其第 $i-1,\cdots,2,1$ 各行对换后换至第 1 行，再将所得新行列式的第 j 列依次与其第 $j-1,\cdots,2,1$ 各列对换后换至第 1 列，则总共经过了 $i+j-2$ 次对换，使得 (i,j) 元 a_{ij} 位于 D_2 的左上角并成为上面 D_1 的形式. 于是有

$$D_2=(-1)^{i+j-2}\begin{vmatrix} a_{ij} & 0 & \cdots & 0 & 0 & \cdots & 0 \\ a_{1j} & a_{11} & \cdots & a_{1,j-1} & a_{1,j+1} & \cdots & a_{1n} \\ \vdots & \vdots & & \vdots & \vdots & & \vdots \\ a_{i-1,j} & a_{i-1,1} & \cdots & a_{i-1,j-1} & a_{i-1,j+1} & \cdots & a_{i-1,n} \\ a_{i+1,j} & a_{i+1,1} & \cdots & a_{i+1,j-1} & a_{i+1,j+1} & \cdots & a_{i+1,n} \\ \vdots & \vdots & & \vdots & \vdots & & \vdots \\ a_{nj} & a_{n1} & \cdots & a_{n,j-1} & a_{n,j+1} & \cdots & a_{nn} \end{vmatrix}.$$

$$=(-1)^{i+j-2}a_{ij}M_{ij}=a_{ij}A_{ij}.$$

第 3 步　再证明结论对 n 阶行列式 D 成立. 事实上

$$D=\begin{vmatrix} a_{11} & a_{1j} & \cdots & a_{1n} \\ \vdots & \vdots & & \vdots \\ a_{i1}+0+\cdots+0 & 0+a_{i2}+\cdots+0 & \cdots & 0+0+\cdots+a_{in} \\ \vdots & \vdots & & \vdots \\ a_{n1} & a_{nj} & \cdots & a_{nn} \end{vmatrix}$$

$$=\begin{vmatrix} a_{11} & a_{12} & \cdots & a_{1n} \\ \vdots & \vdots & & \vdots \\ a_{i1} & 0 & \cdots & 0 \\ \vdots & \vdots & & \vdots \\ a_{n1} & a_{n2} & \cdots & a_{nn} \end{vmatrix}+\begin{vmatrix} a_{11} & a_{12} & \cdots & a_{1n} \\ \vdots & \vdots & & \vdots \\ 0 & a_{i2} & \cdots & 0 \\ \vdots & \vdots & & \vdots \\ a_{n1} & a_{n2} & \cdots & a_{nn} \end{vmatrix}+\cdots+\begin{vmatrix} a_{11} & a_{12} & \cdots & a_{1n} \\ \vdots & \vdots & & \vdots \\ 0 & 0 & \cdots & a_{in} \\ \vdots & \vdots & & \vdots \\ a_{n1} & a_{n2} & \cdots & a_{nn} \end{vmatrix}$$

$$=a_{i1}A_{i1}+a_{i2}A_{i2}+\cdots+a_{in}A_{in}=\sum_{k=1}^{n}a_{ik}A_{ik}\quad(i=1,2,\cdots,n).$$

即证定理 1.3 成立.

由转置行列式的性质知，定理 1.3 对列也有同样的结论：

推论 1　n 阶行列式 D 等于它的任一列的各元素与其对应的代数余子式乘积之和，即

$$D=a_{1j}A_{1j}+a_{2j}A_{2j}+\cdots+a_{nj}A_{nj}=\sum_{k=1}^{n}a_{kj}A_{kj}\quad(j=1,2,\cdots,n).\tag{1.17}$$

推论 2　n 阶行列式某一行(列)的元素与另一行(列)的对应元素的代数余子式乘积之和等于零，即

$$a_{i1}A_{j1}+a_{i2}A_{j2}+\cdots+a_{in}A_{jn}=0,\quad i\neq j,\tag{1.18}$$

或

$$a_{1i}A_{1j}+a_{2i}A_{2j}+\cdots+a_{ni}A_{nj}=0,\quad i\neq j. \tag{1.19}$$

综上所述，可得到有关代数余子式的展开定理如下：

$$\sum_{k=1}^{n}a_{ki}A_{kj}=\begin{cases}D, & 当\ i=j,\\ 0, & 当\ i\neq j;\end{cases}\quad 或\quad \sum_{k=1}^{n}a_{ik}A_{jk}=\begin{cases}D, & 当\ i=j,\\ 0, & 当\ i\neq j.\end{cases} \tag{1.20}$$

1.3.2　行列式的计算(二)

如果直接应用展开定理计算行列式，计算工作量没有减少，一般将展开定理与其他性质结合起来，将行列式某一行(或列)变得只剩一个非零元，再对此行(或列)应用展开定理化简计算.

【例 1.16】　计算四阶行列式

$$D=\begin{vmatrix}3&1&1&2\\-1&2&2&2\\1&2&-1&1\\-3&2&0&1\end{vmatrix}.$$

解　$$D=\begin{vmatrix}3&1&1&2\\-1&2&2&2\\1&2&-1&1\\-3&2&0&1\end{vmatrix}=\begin{vmatrix}4&3&0&3\\1&6&0&4\\1&2&-1&1\\-3&2&0&1\end{vmatrix}=(-1)^{3+3}(-1)\begin{vmatrix}4&3&3\\1&6&4\\-3&2&1\end{vmatrix}$$

$$=-\begin{vmatrix}4&-21&-13\\1&0&0\\-3&20&13\end{vmatrix}=-(-1)^{2+1}\begin{vmatrix}-21&-13\\20&13\end{vmatrix}=-13.$$

例 1.16 说明，对于这种三阶以上且给出了数字元素的具体行列式面言，我们利用 1.2 节的性质 5，把行列式某行(列)元素化为只剩一个非零元(最好是选择值为 1 的(i,j)元)，再利用本节的定理 1.3 把行列式按该行(列)展开，从而降阶计算. 这也是展开行列式的基本方法.

【例 1.17】　计算四阶行列式

$$D=\begin{vmatrix}1&4&-1&4\\2&1&4&3\\4&2&3&11\\3&0&9&2\end{vmatrix}.$$

解　注意到 D 中第 2 列有一个 $a_{22}=1$，且 $a_{42}=0$，我们把第 2 行乘以(-4)和(-2)分别加到第 1 行和第 3 行上去，将第 2 列化为只剩一个非零元 1，然后按第 2 列展开，得

$$D=\begin{vmatrix}-7&0&-17&-8\\2&1&4&3\\0&0&-5&5\\3&0&9&2\end{vmatrix}=(-1)^{2+2}\begin{vmatrix}-7&-17&-8\\0&-5&5\\3&9&2\end{vmatrix}=\begin{vmatrix}-7&-17&-8\\0&-5&5\\3&9&2\end{vmatrix}.$$

同理，再把第 3 列加到第 2 列上，并按第 2 行展开可得

$$D=\begin{vmatrix}-7&-25&-8\\0&0&5\\3&11&2\end{vmatrix}=(-1)^{2+3}\cdot5\cdot\begin{vmatrix}-7&-25\\3&11\end{vmatrix}=10.$$

【例 1.18】 证明范德蒙(Vandermonde)行列式

$$V_n=\begin{vmatrix}1&1&1&\cdots&1\\x_1&x_2&x_3&\cdots&x_n\\x_1^2&x_2^2&x_3^2&\cdots&x_n^2\\\vdots&\vdots&\vdots&\ddots&\vdots\\x_1^{n-1}&x_2^{n-1}&x_3^{n-1}&\cdots&x_n^{n-1}\end{vmatrix}=\prod_{1\leqslant j<i\leqslant n}(x_i-x_j),\tag{1.21}$$

其中连乘积

$$\prod_{1\leqslant j<i\leqslant n}(x_i-x_j)=(x_2-x_1)\cdots(x_n-x_1)(x_3-x_2)\cdots(x_n-x_2)\cdots(x_{n-1}-x_{n-2})(x_n-x_{n-2})(x_n-x_{n-1})$$

是满足条件 $1\leqslant j<i\leqslant n$ 的所有因子 (x_i-x_j) 的乘积.

证明 采用数学归纳法. 当 $n=2$ 时,有

$$V_2=\begin{vmatrix}1&1\\x_1&x_2\end{vmatrix}=x_2-x_1=\prod_{1\leqslant j<i\leqslant 2}(x_i-x_j),$$

等式(1.21) 成立.

假设所证等式(1.21)对 $n-1$ 阶的范德蒙行列式成立,下面证明它对 n 阶范德蒙行列式也成立.

为此,考虑将 V_n 降阶. 即在 V_n 中,从第 n 行起,依次将前一行乘以 $(-x_1)$ 后加到后一行,得

$$V_n=\begin{vmatrix}1&1&1&\cdots&1\\0&x_2-x_1&x_3-x_1&\cdots&x_n-x_1\\0&x_2(x_2-x_1)&x_3(x_3-x_1)&\cdots&x_n(x_n-x_1)\\\vdots&\vdots&\vdots&&\vdots\\0&x_2^{n-2}(x_2-x_1)&x_3^{n-2}(x_3-x_1)&\cdots&x_n^{n-2}(x_n-x_1)\end{vmatrix}.$$

按第 1 列展开,并分别将每一列的公因子提出,得

$$V_n=(x_2-x_1)(x_3-x_1)\cdots(x_n-x_1)\begin{vmatrix}1&1&\cdots&1\\x_2&x_3&\cdots&x_n\\x_2^2&x_3^2&\cdots&x_n^2\\\vdots&\vdots&&\vdots\\x_2^{n-2}&x_3^{n-2}&\cdots&x_n^{n-2}\end{vmatrix}.$$

上式右端的行列式恰为一个 $n-1$ 阶的范德蒙行列式,于是由归纳假设可得

$$\begin{aligned}V_n&=(x_2-x_1)(x_3-x_1)\cdots(x_n-x_1)\prod_{2\leqslant j<i\leqslant n}(x_i-x_j)\\&=\prod_{1\leqslant j<i\leqslant n}(x_i-x_j).\end{aligned}$$

即证结论(1.21)成立.

*1.3.3 拉普拉斯定理

n 阶行列式的按行展开定理只是将行列式按一行展开,它还可以推广到按任意 k 行 $(2\leqslant k\leqslant n-1)$ 展开的情形,即拉普拉斯定理. 为此,需要把行列式的元素的余子式和代数余子式的概念加以推广.

定义 1.7　在 n 阶行列式 D 中,任意选定 k 行和 k 列 $(1\leqslant k\leqslant n-1)$,位于这 k 行和 k 列交叉处的 k^2 个元素,按原来顺序构成一个 k 阶行列式 M,称为 D 的一个 k 阶子式;在 D 中划去 M 所在的行与列,余下的元素按原来顺序构成一个 $n-k$ 阶行列式 N,称为 M 的余子式;若 $i_1,\cdots,i_k$ 为 k 阶子式 M 在 D 中的行标,$j_1,j_2,\cdots,j_k$ 为 M 在 D 中的列标,则称 $n-k$ 阶的行列式

$$A=(-1)^{(i_1+\cdots+i_k)+(j_1+\cdots+j_k)}N \tag{1.22}$$

为 M 的代数余子式.

【例 1.19】　在四阶行列式

$$D=\begin{vmatrix}3&1&1&2\\-1&2&2&2\\1&2&-1&1\\-3&2&0&1\end{vmatrix}$$

中选取第 1,4 两行和第 2,3 两列,则 D 的二阶子式为

$$M=\begin{vmatrix}1&1\\2&0\end{vmatrix}=-2,$$

且 M 的余子式为

$$N=\begin{vmatrix}-1&2\\1&1\end{vmatrix}=-3,$$

M 的代数余子式为

$$A=(-1)^{(1+4)+(2+3)}N=\begin{vmatrix}-1&2\\1&1\end{vmatrix}=-3.$$

值得指出的是:一个 n 阶行列式 D 共有 $C_n^k\cdot C_n^k$ 个 k 阶子式,每一个 k 阶子式 M 都唯一地决定了它的余子式 N 和代数余子式 A.

定理 1.4(Laplace 定理)　在 n 阶行列式 D 中任意取定 k 行(或 k 列)$(1\leqslant k\leqslant n-1)$,则由这 k 行(或 k 列)的元素组成的一切 k 阶子式 $M_i(i=1,2,\cdots,C_n^k)$ 与它们的代数余子式的乘积之和等于这个行列式 D.

证明略去.易见定理 1.3 是定理 1.4 的特例.

拉普拉斯定理还表明:若 n 阶行列式 D 的某 k 行(或列)中的零元较多时,可用拉普拉斯定理简化该 n 阶行列式的计算.

【例 1.20】　用拉普拉斯定理证明

$$D=\begin{vmatrix}a_1&a_2&a_3&a_4&a_5\\b_1&b_2&b_3&b_4&b_5\\c_1&c_2&0&0&0\\d_1&d_2&0&0&0\\e_1&e_2&0&0&0\end{vmatrix}=0.$$

证明　取定 D 中的第 3,4,5 行,则由这三行的全部元素所组成的所有三阶子式中必有一列元素全为零,从而 $D=0$.

习题 1.3

1. 计算行列式

$$\begin{vmatrix} 1 & -1 & 2 \\ 3 & 2 & 1 \\ 0 & 1 & 4 \end{vmatrix}$$

各元素的代数余子式.

*2. 用拉普拉斯定理计算下列行列式：

(1) $\begin{vmatrix} 1 & 0 & 0 & 0 \\ 0 & 1 & 0 & 0 \\ -1 & 1 & a & c \\ 1 & 1 & d & b \end{vmatrix}$；　(2) $\begin{vmatrix} a_{11} & a_{12} & a_{13} & a_{14} & a_{15} \\ a_{21} & a_{22} & a_{23} & a_{24} & a_{25} \\ a_{31} & 0 & 0 & a_{34} & 0 \\ a_{41} & 0 & 0 & a_{44} & 0 \\ a_{51} & 0 & 0 & a_{54} & 0 \end{vmatrix}$.

3. 计算下列行列式：

(1) $\begin{vmatrix} 1+x & 1 & 1 & 1 \\ 1 & 1-x & 1 & 1 \\ 1 & 1 & 1+y & 1 \\ 1 & 1 & 1 & 1-y \end{vmatrix}$；　(2) $\begin{vmatrix} 1 & 1 & 1 & 1 \\ a & b & c & d \\ a^2 & b^2 & c^2 & d^2 \\ a^3 & b^3 & c^3 & d^3 \end{vmatrix}$；

(3) $\begin{vmatrix} x & y & 0 & \cdots & 0 & 0 \\ 0 & x & y & \cdots & 0 & 0 \\ 0 & 0 & x & \cdots & 0 & 0 \\ \vdots & \vdots & \vdots & & \vdots & \vdots \\ 0 & 0 & 0 & \cdots & x & y \\ y & 0 & 0 & \cdots & 0 & x \end{vmatrix}$；　(4) $\begin{vmatrix} -a_1 & a_1 & 0 & \cdots & 0 & 0 \\ 0 & -a_2 & a_2 & \cdots & 0 & 0 \\ \vdots & \vdots & \vdots & & \vdots & \vdots \\ 0 & 0 & 0 & \cdots & -a_n & a_n \\ 1 & 1 & 1 & \cdots & 1 & 1 \end{vmatrix}$；

(5) $\begin{vmatrix} a^n & (a-1)^n & \cdots & (a-n)^n \\ a^{n-1} & (a-1)^{n-1} & \cdots & (a-n)^{n-1} \\ \vdots & \vdots & & \vdots \\ a & a-1 & \cdots & a-n \\ 1 & 1 & \cdots & 1 \end{vmatrix}$.

4. 已知行列式

$$D=\begin{vmatrix} 2 & 3 & 2 & 3 \\ -5 & 1 & 3 & -4 \\ 2 & 0 & 1 & -1 \\ 1 & -5 & 3 & -3 \end{vmatrix},$$

求 $3A_{11}+A_{12}-A_{13}+2A_{14}$.

1.4　用行列式解线性方程组的克拉姆法则

1.4.1　克拉姆法则

在这一节里,我们把用低阶行列式求解二元一次和三元一次方程组的方法推广到求解 n 元一次方程组上来,并主要讨论 n 个未知量 n 个方程的线性方程组在系数行列式不等于零时的行列式解法,这一方法通常称为克拉姆(Cramer)法则.

设 n 个未知量 n 个方程的非齐次线性方程组为

$$\begin{cases} a_{11}x_1+a_{12}x_2+\cdots+a_{1n}x_n=b_1, \\ a_{21}x_1+a_{22}x_2+\cdots+a_{2n}x_n=b_2, \\ \cdots\cdots \\ a_{n1}x_1+a_{n2}x_2+\cdots+a_{nn}x_n=b_n, \end{cases} \tag{1.23}$$

且 n 阶行列式

$$D=\begin{vmatrix} a_{11} & a_{12} & \cdots & a_{1n} \\ a_{21} & a_{22} & \cdots & a_{2n} \\ \vdots & \vdots & & \vdots \\ a_{n1} & a_{n2} & \cdots & a_{nn} \end{vmatrix},$$

称为方程组(1.23)的系数行列式.我们有:

定理 1.5(Cramer 法则)　设 n 元线性方程组(1.23)的系数行列式 $D\neq 0$,则方程组(1.23)有唯一解

$$x_j=\frac{D_j}{D}\quad (j=1,2,\cdots,n), \tag{1.24}$$

其中 D_j 是用常数项 $b_1,b_2,\cdots,b_n$ 替换 D 中的第 j 列所成的行列式,即

$$D_j=\begin{vmatrix} a_{11} & \cdots & a_{1,j-1} & b_1 & a_{1,j+1} & \cdots & a_{1n} \\ a_{21} & \cdots & a_{2,j-1} & b_2 & a_{2,j+1} & \cdots & a_{2n} \\ \vdots & & \vdots & \vdots & \vdots & & \vdots \\ a_{n1} & \cdots & a_{n,j-1} & b_n & a_{n,j+1} & \cdots & a_{nn} \end{vmatrix}. \tag{1.25}$$

定理 1.5 实际上包含有三个结论:

(1) n 元线性方程组(1.23)有解.

(2) n 元线性方程组(1.23)的解唯一.

(3) n 元线性方程组(1.23)的解由式(1.24)给出.

证明　将线性方程组(1.23)简记为

$$\sum_{j=1}^{n}a_{ij}x_j=b_i\quad (i=1,2,\cdots,n), \tag{1.26}$$

下面分两步证明结论.

第 1 步:验证式(1.24) 是线性方程组(1.23) 的解.

将式(1.24) 代入式(1.23) 中,有

$$\sum_{j=1}^{n} a_{ij} \frac{D_j}{D} = a_{i1}\frac{D_1}{D} + a_{i2}\frac{D_2}{D} + \cdots + a_{in}\frac{D_n}{D} = \frac{1}{D}(a_{i1}D_1 + a_{i2}D_2 + \cdots + a_{in}D_n)$$
$$= \frac{1}{D}\sum_{j=1}^{n} a_{ij}D_j,$$

将 D_j 按第 j 列展开,得

$$D_j = b_1A_{1j} + b_2A_{2j} + \cdots + b_nA_{nj} = \sum_{k=1}^{n} b_kA_{kj} \quad (j=1,2,\cdots,n).$$

这里 $A_{1j},A_{2j},\cdots,A_{nj}$ 分别是系数行列式 D 中第 j 列各元素的代数余子式. 所以

$$\frac{1}{D}\sum_{j=1}^{n} a_{ij}d_j = \frac{1}{D}\sum_{j=1}^{n} a_{ij}\sum_{k=1}^{n} b_kA_{kj} = \frac{1}{D}\sum_{j=1}^{n}\sum_{k=1}^{n} a_{ij}A_{kj}b_k$$
$$= \frac{1}{D}\sum_{k=1}^{n}(\sum_{j=1}^{n} a_{ij}A_{kj})b_k = \frac{1}{D}\sum_{k=1}^{n}\sum_{j=1}^{n} a_{ij}A_{kj}b_k.$$

再利用按行展开定理,可得

$$\frac{1}{D}\sum_{k=1}^{n}(\sum_{j=1}^{n} a_{ij}A_{kj})b_k = \frac{1}{D}db_i = b_i \quad (i=1,2,\cdots,n).$$

由 i 的任意性,即证 $D \neq 0$ 时,式(1.24) 是线性方程组(1.23) 的一组解. 从而也证明了线性方程组(1.23) 有解.

第 2 步:证明 n 元线性方程组(1.23) 的解唯一,即若方程组(1.23) 有解,则这个解必然由式(1.24) 给出.

设

$$x_j = c_j \quad (j=1,2,\cdots,n)$$

为线性方程组(1.23) 的任意一组解,则

$$\sum_{j=1}^{n} a_{ij}c_j = b_i \quad (i=1,2,\cdots,n). \tag{1.27}$$

分别用 $A_{1k},A_{2k},\cdots,A_{nk}$ 依次乘以式(1.27) 中各等式两边并相加,左端之和为

$$\sum_{i=1}^{n} A_{ik}(\sum_{j=1}^{n} a_{ij}c_j) = \sum_{i=1}^{n}\sum_{j=1}^{n} a_{ij}A_{ik}c_j = \sum_{j=1}^{n}(\sum_{i=1}^{n} a_{ij}A_{ik})c_j = Dc_k,$$

右端之和为

$$\sum_{i=1}^{n} b_iA_{ik} = D_k \quad (k=1,2,\cdots,n),$$

于是有

$$Dc_k = D_k \Leftrightarrow c_k = \frac{D_k}{D} \quad (k=1,2,\cdots,n),$$

即证结论成立.

【例 1.21】 用克拉姆法则求解线性方程组

$$\begin{cases} 2x_1 + 2x_2 - x_3 + x_4 = 4, \\ 4x_1 + 3x_2 - x_3 + 2x_4 = 6, \\ 8x_1 + 3x_2 - 3x_3 + 4x_4 = 12, \\ 3x_1 + 3x_2 - 2x_3 - 2x_4 = 6. \end{cases}$$

解　因为系数行列式

$$D=\begin{vmatrix}2&2&-1&1\\4&3&-1&2\\8&3&-3&4\\3&3&-2&-2\end{vmatrix}=-28\neq0,$$

所以由克拉姆法则知:所给线性方程组有唯一解,且由

$$D_1=\begin{vmatrix}4&2&-1&1\\6&3&-1&2\\12&3&-3&4\\6&3&-2&-2\end{vmatrix}=-18,\quad D_2=\begin{vmatrix}2&4&-1&1\\4&6&-1&2\\8&12&-3&4\\3&6&-2&-2\end{vmatrix}=-14,$$

$$D_3=\begin{vmatrix}2&2&4&1\\4&3&6&2\\8&3&12&4\\3&3&6&-2\end{vmatrix}=42,\quad D_4=\begin{vmatrix}2&2&-1&4\\4&3&-1&6\\8&3&-3&12\\3&3&-2&6\end{vmatrix}=-6.$$

所以

$$x_1=\frac{D_1}{D}=\frac{9}{14},\ x_2=\frac{D_2}{D}=\frac{1}{2},\ x_3=\frac{D_3}{D}=-\frac{3}{2},\ x_4=\frac{D_4}{D}=\frac{3}{14}$$

为所给方程组的解.

【例 1.22】　设曲线 $y=f(x)$经过平面上四点 $P(1,3)$、$Q(2,4)$、$R(3,3)$、$S(4,-3)$,试确定该曲线的方程.

解　设所求曲线的方程为

$$y=a_0+a_1x+a_2x^2+a_3x^3,$$

将四个已知点的坐标分别代入曲线方程,可得线性方程组为

$$\begin{cases}a_0+a_1+a_2+a_3=3,\\a_0+2a_1+4a_2+8a_3=4,\\a_0+3a_1+9a_2+27a_3=3,\\a_0+4a_1+16a_2+64a_3=-3.\end{cases}$$

由于其系数行列式

$$D=\begin{vmatrix}1&1&1&1\\1&2&4&8\\1&3&9&27\\1&4&16&64\end{vmatrix}=12\neq0,$$

因而由克拉姆法则知,所求线性方程组有唯一解. 而

$$D_1=36,\ D_2=-18,\ D_3=24,\ D_4=-6,$$

从而解得

$$a_0=3,\ a_1=-3/2,\ a_2=2,\ a_3=-1/2,$$

即所求曲线方程为

$$y=3-\frac{3}{2}x+2x^2-\frac{1}{2}x^3.$$

值得指出的是:用克拉姆法则求解线性方程组时,其计算工作量一般是比较大的.但由于克拉姆法则给出了线性方程组有唯一解的条件,并指出了方程组的唯一解与系数行列式及右端常数项之间的关系(即解的表达式),因此具有重要的理论意义.我们在以后的学习中还将会看到它进一步的作用.

另一方面,克拉姆法则还告诉我们一个等价的结论,即若线性方程组(1.23)无解或有两个及以上的不同解,则它的系数行列式 $D=0$.

1.4.2 线性方程组解的讨论

一般地,我们把 n 个未知量 n 个方程的线性方程组

$$\begin{cases}a_{11}x_1+a_{12}x_2+\cdots+a_{1n}x_n=b_1,\\a_{21}x_1+a_{22}x_2+\cdots+a_{2n}x_n=b_2,\\\cdots\cdots\\a_{n1}x_1+a_{n2}x_2+\cdots+a_{nn}x_n=b_n\end{cases}\tag{1.28}$$

称为 n 元线性方程组.

特别地,当方程组(1.28)右端的常数项 $b_1,b_2,\cdots,b_n$ 不全为零时,称该线性方程组(1.28)为非齐次线性方程组;当 $b_1,b_2,\cdots,b_n$ 全为零时,称该线性方程组(1.28)为齐次线性方程组,即

$$\begin{cases}a_{11}x_1+a_{12}x_2+\cdots+a_{1n}x_n=0,\\a_{21}x_1+a_{22}x_2+\cdots+a_{2n}x_n=0,\\\cdots\cdots\\a_{n1}x_1+a_{n2}x_2+\cdots+a_{nn}x_n=0.\end{cases}\tag{1.29}$$

容易看出,齐次线性方程组(1.29)一定有解

$$x_1=x_2=\cdots=x_n=0,$$

称之为齐次线性方程组(1.29)的零解.

进而,若齐次线性方程组(1.24)的解不唯一,则除零解以外的其他解都称为齐次线性方程组(1.29)的非零解.

将克拉姆法则应用于齐次线性方程组(1.29),可得到下列结论:

定理 1.6 如果齐次线性方程组(1.29)的系数行列式 $D\neq0$,则该齐次线性方程组只有零解.

定理 1.6 的等价结论为:若齐次方程组(1.29)有非零解,则它的系数行列式 $D=0$.

事实上,我们还可以证明:若齐次线性方程组的系数行列式 $D=0$,则该齐次线性方程组必有非零解.这一结论的证明将在第三章中给出.

【例 1.23】 问 λ 为何值时,齐次方程组

$$\begin{cases}(1-\lambda)x_1+x_2+x_3=0,\\x_1+(1-\lambda)x_2+x_3=0,\\x_1+x_2+(1-\lambda)x_3=0\end{cases}$$

有非零解?

解　由定理 1.6 可知，若齐次线性方程组有非零解，则它的系数行列式 $D=0$. 注意到

$$D=\begin{vmatrix} 1-\lambda & 1 & 1 \\ 1 & 1-\lambda & 1 \\ 1 & 1 & 1-\lambda \end{vmatrix}=3\lambda^2-\lambda^3=\lambda^2(3-\lambda),$$

于是由 $D=0$，可解得 $\lambda=0$ 或 $\lambda=3$.

不难验证：当 $\lambda=0$ 或 $\lambda=3$ 时，所给齐次线性方程组确实有非零解.

【例 1.24】　问系数组 $a_i,b_i,c_i,d_i\quad(i=1,2,3,4)$ 满足什么条件时，以下的四个平面

$$a_ix+b_iy+c_iz+d_i=0\quad(i=1,2,3,4)$$

相交于一点 (x_0,y_0,z_0)？

解　我们把平面方程改写成下面的形式：

$$a_ix+b_iy+c_iz+d_it=0\quad(i=1,2,3,4),$$

其中 $t=1\neq0$，于是由四个平面相交于一点，即由四个未知量 x,y,z,t 四个方程组成的齐次线性方程组

$$\begin{cases} a_1x+b_1y+c_1z+d_1t=0, \\ a_2x+b_2y+c_2z+d_2t=0, \\ a_3x+b_3y+c_3z+d_3t=0, \\ a_4x+b_4y+c_4z+d_4t=0 \end{cases}$$

必有非零解 $(x_0,y_0,z_0,1)$，从而该齐次线性方程组的系数行列式等于零，即当

$$\begin{vmatrix} a_1 & b_1 & c_1 & d_1 \\ a_2 & b_2 & c_2 & d_2 \\ a_3 & b_3 & c_3 & d_3 \\ a_4 & b_4 & c_4 & d_4 \end{vmatrix}=0$$

时，$a_ix+b_iy+c_iz+d_i=0\quad(i=1,2,3,4)$ 必相交于一点 (x_0,y_0,z_0).

习题 1.4

1. 用克拉姆法则解下列线性方程组：

(1) $\begin{cases} x_1-2x_2+3x_3-4x_4=4, \\ x_2-x_3+x_4=-3, \\ x_1+3x_2+x_4=1, \\ -7x_2+3x_3+x_4=-3; \end{cases}$　　(2) $\begin{cases} 2x_1+3x_2+11x_3+5x_4=6, \\ x_1+x_2+5x_3+2x_4=2, \\ 2x_1+x_2+3x_3+4x_4=2, \\ x_1+x_2+3x_3+4x_4=2. \end{cases}$

2. 设

$$\begin{cases} x_1=a_{11}y_1+a_{12}y_2+a_{13}y_3+a_{14}y_4, \\ x_2=a_{21}y_1+a_{22}y_2+a_{23}y_3+a_{24}y_4, \\ x_3=a_{31}y_1+a_{32}y_2+a_{33}y_3+a_{34}y_4, \\ x_4=a_{41}y_1+a_{42}y_2+a_{43}y_3+a_{44}y_4. \end{cases}$$

已知其系数行列式不等于零，将 y_1,y_2,y_3,y_4 用 x_1,x_2,x_3,x_4 表示.

3. 设 $f(x)=a_0+a_1x+a_2x^2+\cdots+a_nx^n$，试利用克拉姆法则说明：若 $f(x)$ 有 $n+1$ 个不同的实根，则 $f(x)\equiv 0$.

4. 判断齐次线性方程组

$$\begin{cases}2x_1+2x_2-x_3=0,\\ x_1-2x_2+4x_3=0,\\ 5x_1+8x_2-2x_3=0\end{cases}$$

是否有非零解.

5. 确定 λ,μ 的值，使齐次线性方程组

$$\begin{cases}\lambda x_1+x_2+x_3=0,\\ x_1+\mu x_2+x_3=0,\\ x_1+2\mu x_2+x_3=0\end{cases}$$

有非零解.

1.5 典型和扩展例题

【例 1.25】 已知 1998，2196，2394，1800 都能被 18 整除，不计算行列式的值，证明下行列式能被 18 整除：

$$D_4=\begin{vmatrix}1&9&9&8\\2&1&9&6\\2&3&9&4\\1&8&0&0\end{vmatrix}.$$

证法 1 因 $18=2\times 9$ 为合数，且 D_4 的第 3、第 4 两列分别可被 9，2 所整除，由行列式性质，D_4 可被 18 整除.

证法 2 将 D_4 的第 1、2、3 列分别乘以 $10^3,10^2,10$，且都加到第 4 列，得到

$$D_4=\begin{vmatrix}1&9&9&1998\\2&1&9&2196\\2&3&9&2394\\1&8&0&1800\end{vmatrix}.$$

因上式右端第 4 列能被 18 整除，故 D_4 能被 18 整除.

【例 1.26】 计算行列式

$$D=\begin{vmatrix}a+x&a&a&a\\a&a+x&a&a\\a&a&a+x&a\\a&a&a&a+x\end{vmatrix}.$$

解法 1 （化上三角形）

$$D\xlongequal{r_1+r_2+r_3+r_4}\begin{vmatrix}4a+x&4a+x&4a+x&4a+x\\a&a+x&a&a\\a&a&a+x&a\\a&a&a&a+x\end{vmatrix}$$

$$=(4a+x)\begin{vmatrix}1&1&1&1\\a&a+x&a&a\\a&a&a+x&a\\a&a&a&a+x\end{vmatrix}$$

$$\xlongequal[r_4-ar_1]{\substack{r_2-ar_1\\r_3-ar_1}}(4a+x)\begin{vmatrix}1&1&1&1\\0&x&0&0\\0&0&x&0\\0&0&0&x\end{vmatrix}=(4a+x)x^3.$$

解法 2 （降阶法）

$$D=\begin{vmatrix}a+x&a&a&a\\a&a+x&a&a\\a&a&a+x&a\\a&a&a&a+x\end{vmatrix}\xlongequal{r_1-r_2}\begin{vmatrix}x&-x&0&0\\a&a+x&a&a\\a&a&a+x&a\\a&a&a&a+x\end{vmatrix}$$

$$\xlongequal{c_2+c_1}\begin{vmatrix}x&0&0&0\\a&2a+x&a&a\\a&2a&a+x&a\\a&2a&a&a+x\end{vmatrix}=x\begin{vmatrix}2a+x&a&a\\2a&a+x&a\\2a&a&a+x\end{vmatrix}$$

$$\xlongequal{r_2-r_3}x\begin{vmatrix}2a+x&a&a\\0&x&-x\\2a&a&a+x\end{vmatrix}\xlongequal{c_3+c_2}x\begin{vmatrix}2a+x&a&2a\\0&x&0\\2a&a&2a+x\end{vmatrix}$$

$$=x^2\begin{vmatrix}2a+x&2a\\2a&2a+x\end{vmatrix}=x^2[(2a+x)^2-(2a)^2]=4ax^3+x^4.$$

注　本题用了化为三角形法和降阶法两种方法，也可以用递推法、拆项法等，感兴趣的读者不妨一试.

【例 1.27】 计算行列式

$$D_n=\begin{vmatrix}\alpha+\beta&\alpha\beta&&&&\\1&\alpha+\beta&\alpha\beta&&&\\&1&\alpha+\beta&\ddots&&\\&&\ddots&\ddots&\ddots&\\&&&\ddots&\alpha+\beta&\alpha\beta\\&&&&1&\alpha+\beta\end{vmatrix}.$$

解　按第 1 行展开得

$$D_n=(\alpha+\beta)D_{n-1}-\alpha\beta\begin{vmatrix}1&\alpha\beta&0&\cdots&0&0\\0&\alpha+\beta&\alpha\beta&\cdots&0&0\\0&1&\alpha+\beta&\ddots&0&0\\\vdots&\vdots&\ddots&\ddots&\ddots&\vdots\\0&0&0&\ddots&\alpha+\beta&\alpha\beta\\0&0&0&\cdots&1&\alpha+\beta\end{vmatrix}_{n-1}$$

$$=(\alpha+\beta)D_{n-1}-\alpha\beta D_{n-2},$$

即

$$D_n-\alpha D_{n-1}=\beta(D_{n-1}-\alpha D_{n-2})=\beta^2(D_{n-2}-\alpha D_{n-3})=\cdots=\beta^{n-2}(D_2-\alpha D_1),$$

$$D_1=\alpha+\beta,$$

$$D_2=\begin{vmatrix}\alpha+\beta & \alpha\beta \\ 1 & \alpha+\beta\end{vmatrix}=(\alpha+\beta)^2-\alpha\beta=\alpha^2+\beta^2+\alpha\beta,$$

所以

$$\begin{aligned}D_n&=\alpha D_{n-1}+\beta^{n-2}[\alpha^2+\beta^2+\alpha\beta-\alpha(\alpha+\beta)]\\&=\alpha D_{n-1}+\beta^n=\alpha(\alpha D_{n-2}+\beta^{n-1})+\beta^n\\&=\alpha^2D_{n-2}+\alpha\beta^{n-1}+\beta^n=\cdots\\&=\alpha^{n-2}D_2+\alpha^{n-3}\beta^3+\cdots+\alpha^2\beta^{n-2}+\alpha\beta^{n-1}+\beta^n\\&=\alpha^n+\alpha^{n-1}\beta+\alpha^{n-2}\beta^2+\cdots+\alpha^2\beta^{n-2}+\alpha\beta^{n-1}+\beta^n.\end{aligned}$$

特别地,当 $\alpha=\beta$ 时,有

$$D_n=(n+1)\alpha^n.$$

值得注意的是,此类行列式只有主对角线元素及平行于主对角线的两斜排元素不为零,其余元素全为零,通常称为三对角行列式.一般采用递推公式法比较简单.

【例 1.28】 计算行列式

$$D=\begin{vmatrix}1&1&1&1\\a&b&c&d\\a^2&b^2&c^2&d^2\\a^4&b^4&c^4&d^4\end{vmatrix}.$$

解 若令

$$D_1(x)=\begin{vmatrix}1&1&1&1&1\\a&b&c&d&x\\a^2&b^2&c^2&d^2&x^2\\a^3&b^3&c^3&d^3&x^3\\a^4&b^4&c^4&d^4&x^4\end{vmatrix},$$

那么 $D_1(x)$ 为一个范德蒙行列式,于是

$$D_1(x)=k(x-a)(x-b)(x-c)(x-d), \tag{1.30}$$

其中 $k=(d-a)(d-b)(d-c)(c-a)(c-b)(b-a)$.但 D 是 $D_1(x)$ 中 x^3 的系数的相反数,由式(1.30)知 $D_1(x)$ 中关于 x^3 的系数为其代数余子式

$$A_{45}=-k(a+b+c+d),$$

故

$$D=(a+b+c+d)(d-a)(d-b)(d-c)(c-a)(c-b)(b-a).$$

【例 1.29】 已知方程组

$$\begin{cases}x_1+x_2+x_3=a,\\ax_1+x_2+(a-1)x_3=a-1,\\x_1+ax_2+x_3=1.\end{cases}$$

讨论 a 取何值时方程组有唯一解?并求其唯一解.

解 用克拉姆法则,方程组的系数行列式

$$D=\begin{vmatrix}1&1&1\\a&1&a-1\\1&a&1\end{vmatrix}=\begin{vmatrix}1&0&0\\a&1-a&-1\\1&a-1&0\end{vmatrix}=a-1,$$

所以当 $a\neq1$ 时,方程组有唯一解.且有

$$D_1=\begin{vmatrix}a&1&1\\a-1&1&a-1\\1&a&1\end{vmatrix}=(a-1)(1+a-a^2).$$

同理可得

$$D_2=\begin{vmatrix}1&a&1\\a&a-1&a-1\\1&1&1\end{vmatrix}=1-a,\ D_3=\begin{vmatrix}1&1&a\\a&1&a-1\\1&a&1\end{vmatrix}=a^2(a-1).$$

故方程组的唯一解为

$$\begin{cases}x_1=D_1/D=1+a-a^2,\\x_2=D_2/D=-1,\\x_3=D_3/D=a^2,\end{cases}$$

即

$$\begin{cases}x_1=1+a-a^2,\\x_2=-1,\\x_3=a^2.\end{cases}$$

【例 1.30】 齐次线性方程组

$$\begin{cases}\lambda x_1+x_2+x_3=0,\\x_1+\lambda x_2+x_3=0,\\x_1+x_2+x_3=0\end{cases}$$

只有零解,则 λ 应满足的条件是什么?

解 因齐次线性方程组只有零解,故

$$D=\begin{vmatrix}\lambda&1&1\\1&\lambda&1\\1&1&1\end{vmatrix}=(1-\lambda)^2\neq0,$$

即 $\lambda\neq1$.

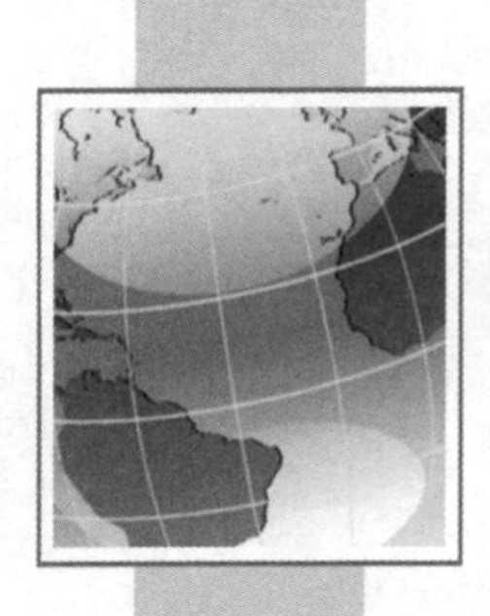

第二章 矩 阵

矩阵是线性代数的主要研究对象和工具之一，它是从线性方程组和变量间的各种线性关系中抽象出来的. 因此，矩阵不仅是解线性方程组的强有力工具，它也是线性空间中线性变换的最直接表现形式，甚至在数学、物理学和其他工程技术科学领域以及在经济学和其他社会科学领域都有着广泛的应用.

本章先介绍矩阵的概念，然后介绍矩阵的基本运算——线性运算(加法、数乘矩阵)、乘法运算、转置运算、方阵行列式的性质以及可逆矩阵的逆矩阵，最后介绍矩阵的分块、分块矩阵的运算及矩阵的初等变换与初等矩阵.

2.1 矩阵的概念

由第一章的克拉姆法则我们知道，n 元一次方程组

$$\begin{cases} a_{11}x_1+a_{12}x_2+\cdots+a_{1n}x_n=b_1, \\ a_{21}x_1+a_{22}x_2+\cdots+a_{2n}x_n=b_2, \\ \cdots\cdots \\ a_{n1}x_1+a_{n2}x_2+\cdots+a_{nn}x_n=b_n \end{cases} \tag{2.1}$$

是否有解与解如何表达等问题都决定于该方程组的系数 $a_{ij}(i,j=1,2,\cdots,n)$ 和右端的常数项 $b_i(i=1,2,\cdots,n)$，即由数表

$$\begin{pmatrix} a_{11} & \cdots & a_{1n} & b_1 \\ a_{21} & \cdots & a_{2n} & b_2 \\ \vdots & & \vdots & \vdots \\ a_{n1} & \cdots & a_{nn} & b_n \end{pmatrix} \tag{2.2}$$

所决定. 一般地，当方程的个数不等于未知量的个数时，它不能由克拉姆法则求解，但是否也与方程组的系数 a_{ij} 和右端的常数项 b_i 有关呢？为了进一步讨论这一问题，我们引入以下概念.

2.1.1 矩阵的定义

(1) 矩阵

定义 2.1 由 $m\times n$ 个数 $a_{ij}(i=1,2,\cdots,m;j=1,2,\cdots,n)$ 排成的 m 行 n 列的数表

$$\boldsymbol{A}=\begin{pmatrix} a_{11} & a_{12} & \cdots & a_{1n} \\ a_{21} & a_{22} & \cdots & a_{2n} \\ \vdots & \vdots & & \vdots \\ a_{m1} & a_{m2} & \cdots & a_{mn} \end{pmatrix}$$

称为 $m\times n$ 矩阵，记作 $\boldsymbol{A}=(a_{ij})_{m\times n}$，表中 $m\times n$ 个数称为矩阵 $\boldsymbol{A}$ 的元素(简称元)，由于元 a_{ij} 位于 $\boldsymbol{A}$ 的第 i 行第 j 列，又称其为 $\boldsymbol{A}$ 的 (i,j) 元. 通常用大写的英文字母来表示矩阵，如 $\boldsymbol{A},\boldsymbol{B},\boldsymbol{C},\cdots$；当元 a_{ij} 是实数时，称 $\boldsymbol{A}$ 为实矩阵，当元 a_{ij} 是复数时，称 $\boldsymbol{A}$ 为复矩阵. 以下我们只讨论实矩阵.

在实际问题中，我们经常需要用矩阵来表达事物的客观规律和它们之间的相互关系.

【例 2.1】 n 元一次方程组(2.1)可以用数表(2.2)来表示，并称式(2.2)为式(2.1)的增广矩阵.

【例 2.2】 某厂向三个商店发送四种产品的数量用一个 3×4 矩阵

$$\boldsymbol{A}=\begin{pmatrix} a_{11} & a_{12} & a_{13} & a_{14} \\ a_{21} & a_{22} & a_{23} & a_{24} \\ a_{31} & a_{32} & a_{33} & a_{34} \end{pmatrix}$$

来表示，其中 a_{ij} 为工厂向第 i 个商店发送的第 j 种产品的数量. 进而，这四种产品的单价及单件重量也可列成矩阵

$$\boldsymbol{B}=\begin{pmatrix} b_{11} & b_{12} \\ b_{21} & b_{22} \\ b_{31} & b_{32} \\ b_{41} & b_{42} \end{pmatrix},$$

其中 b_{i1} 为第 i 种产品的单价，b_{i2} 为第 i 种产品的单件重量($i=1,2,3,4$).

【例 2.3】 n 个变量 $x_1,x_2,\cdots,x_n$ 与 m 个变量 $y_1,y_2,\cdots,y_m$ 之间的一个关系式

$$\begin{cases} y_1=a_{11}x_1+a_{12}x_2+\cdots+a_{1n}x_n, \\ y_2=a_{21}x_1+a_{22}x_2+\cdots+a_{2n}x_n, \\ \cdots\cdots \\ y_m=a_{m1}x_1+a_{m2}x_2+\cdots+a_{mn}x_n \end{cases} \tag{2.3}$$

称为由变量 $x_1,x_2,\cdots,x_n$ 到变量 $y_1,y_2,\cdots,y_m$ 的一个线性变换，其中 a_{ij} 为常数. 线性变换(2.3)的系数 $a_{ij}(i=1,2,\cdots,m;j=1,2,\cdots,n)$ 构成一个 $m\times n$ 矩阵 $\boldsymbol{A}=(a_{ij})_{m\times n}$.

(2) 矩阵的相等

定义 2.2 当矩阵 $\boldsymbol{A}=(a_{ij})_{m\times n}$ 与 $\boldsymbol{B}=(b_{ij})_{p\times q}$ 的行数与行数相等、列数与列数也相等时，即 $m=p,n=q$，就称 $\boldsymbol{A}$ 与 $\boldsymbol{B}$ 是同型矩阵.

定义 2.3 当同型矩阵 $\boldsymbol{A}=(a_{ij})_{m\times n}$ 与 $\boldsymbol{B}=(b_{ij})_{m\times n}$ 的对应元素相等时，即

$$a_{ij}=b_{ij}(i=1,2,\cdots,m;j=1,2,\cdots,n),$$

称矩阵 $\boldsymbol{A}$ 与 $\boldsymbol{B}$ 相等，记作 $\boldsymbol{A}=\boldsymbol{B}$.

【例 2.4】 两个 2×3 矩阵

$$\boldsymbol{A}=\begin{pmatrix} 1 & 2 & 3 \\ -1 & a & 5 \end{pmatrix} \text{ 与 } \boldsymbol{B}=\begin{pmatrix} b & 2 & 3 \\ -1 & 4 & c \end{pmatrix}$$

是同型矩阵，且仅当 $a=4,b=1,c=5$ 时，有 $\boldsymbol{A}=\boldsymbol{B}$.

2.1.2 特殊矩阵

下面给出一些以后经常要用到的特殊矩阵.

对于 $m\times n$ 矩阵 $\boldsymbol{A}=(a_{ij})_{m\times n}$，若：

（1）行数和列数相等，即当 $m=n$ 时，矩阵 $\boldsymbol{A}$ 称为 n 阶矩阵或 n 阶方阵，记作 $\boldsymbol{A}_n=(a_{ij})_{n\times n}$. 它有对应的 n 阶行列式 $D=\det(a_{ij})_{n\times n}$，记为 $|\boldsymbol{A}|$.

为方便起见，我们把 n 阶方阵 $\boldsymbol{A}$ 中过元素 $a_{11},a_{22},\cdots,a_{nn}$ 的直线称为 $\boldsymbol{A}$ 的主对角线，称主对角线上的元素 $a_{11},a_{22},\cdots,a_{nn}$ 为 $\boldsymbol{A}$ 的主对角元.

值得指出的是，对一般的 $m\times n$ 矩阵 $\boldsymbol{A}=(a_{ij})_{m\times n}$，当 $m\neq n$ 时，它没有对应的行列式. 当 $m=n$ 时，n 阶方阵 $\boldsymbol{A}$ 尽管有对应的 n 阶行列式 $|\boldsymbol{A}|$，但二者是完全不同的概念，前者为数表，后者则是一个数.

（2）当 $m=1$ 时，即矩阵 $\boldsymbol{A}$ 只有一行，记为 $\boldsymbol{A}=(a_1\quad a_2\quad\cdots\quad a_n)$，称为行矩阵，又称为 n 维行向量，为避免元素间的混淆，行矩阵也记作 $\boldsymbol{A}=(a_1,a_2,\cdots,a_n)$.

（3）当 $n=1$ 时，即矩阵 $\boldsymbol{A}$ 只有一列，记为 $\boldsymbol{A}=\begin{pmatrix}b_1\\b_2\\\vdots\\b_m\end{pmatrix}$，称为列矩阵，又称为 m 维列向量.

（4）所有元素都是零的 $m\times n$ 矩阵，即 $a_{ij}=0(i=1,2,\cdots,m;\ j=1,2,\cdots,n)$，称为零矩阵，记作

$$\boldsymbol{0}_{m\times n}=\begin{pmatrix}0&0&\cdots&0\\0&0&\cdots&0\\\vdots&\vdots&&\vdots\\0&0&\cdots&0\end{pmatrix}_{m\times n},$$

注意不同型的零矩阵是不同的.

（5）n 阶方阵

$$\boldsymbol{\Lambda}=\begin{pmatrix}\lambda_1&&&\\&\lambda_2&&\\&&\ddots&\\&&&\lambda_n\end{pmatrix}$$

称为 n 阶对角矩阵，简称对角阵（其中，凡未列出的元素都是零元，下同）. 该方阵的特点是，不在主对角线上的元素都是零. 对角阵也记作 $\boldsymbol{\Lambda}=\mathrm{diag}(\lambda_1,\lambda_2,\cdots,\lambda_n)$.

（6）n 阶对角阵

$$\begin{pmatrix}1&&&\\&1&&\\&&\ddots&\\&&&1\end{pmatrix}$$

称为 n 阶单位矩阵，简称单位阵，这个方阵的特点是：主对角线上的元素都是 1，其他元素都是零. n 阶单位矩阵通常记为 $\boldsymbol{I}$（或 $\boldsymbol{E}$），其 (i,j) 元可简记为

$$\delta_{ij}=\begin{cases}1, & i=j\\0, & i\neq j\end{cases}\quad(i,j=1,2,\cdots,n),$$

其中 δ_{ij} 又称为克罗内克（Kronecker）符号.

对任意的 n 阶方阵，容易得到 $\boldsymbol{IA}=\boldsymbol{AI}=\boldsymbol{A}$.

（7）n 阶对角阵

$$\lambda \boldsymbol{I}_n = \begin{pmatrix} \lambda & & & \\ & \lambda & & \\ & & \ddots & \\ & & & \lambda \end{pmatrix},$$

称为 n 阶数量矩阵,简称数量阵,这个方阵的特点是:主对角线上的元素都相等且等于某个常数 λ,其他元素都是零. 记为 $\lambda\boldsymbol{I}$(或 $\lambda\boldsymbol{E}$).

(8) n 阶方阵

$$\begin{pmatrix} a_{11} & a_{12} & \cdots & a_{1n} \\ & a_{22} & \cdots & a_{2n} \\ & & \ddots & \vdots \\ & & & a_{nn} \end{pmatrix} \text{与} \begin{pmatrix} a_{11} & & & \\ a_{21} & a_{22} & & \\ \vdots & \vdots & \ddots & \\ a_{n1} & a_{n2} & \cdots & a_{nn} \end{pmatrix}$$

分别称为 n 阶上三角矩阵和 n 阶下三角矩阵,统称为 n 阶三角阵. 特别地:

① 当 $\boldsymbol{A}$ 为上三角阵时,有 $a_{ij}=0(i>j;i,j=1,2,\cdots,n)$.

② 当 $\boldsymbol{A}$ 为下三角阵时,有 $a_{ij}=0(i<j;i,j=1,2,\cdots,n)$.

(9) $m\times n$ 矩阵 $\boldsymbol{A}$ 的 (i,j) 元为 1,其他元素都是零,称为 $m\times n$ 的位置矩阵,记为

$$\boldsymbol{I}_{ij}(\text{或 } \boldsymbol{E}_{ij})(i=1,2,\cdots,m;j=1,2,\cdots,n).$$

因此,对于 $m\times n$ 矩阵而言,不同的位置矩阵显然有 $m\times n$ 个.

习题 2.1

设 $\boldsymbol{A}=\begin{pmatrix} 1 & 2-x & 3 \\ 2 & 6 & 5z \end{pmatrix}$,$\boldsymbol{B}=\begin{pmatrix} 1 & x & 3 \\ y & 6 & z-8 \end{pmatrix}$,已知 $\boldsymbol{A}=\boldsymbol{B}$,求 x,y,z.

2.2 矩阵的运算

2.2.1 矩阵的线性运算

(1) 矩阵的加法

定义 2.4 设有两个 $m\times n$ 矩阵 $\boldsymbol{A}=(a_{ij})$ 和 $\boldsymbol{B}=(b_{ij})$,则矩阵 $\boldsymbol{A}$ 与 $\boldsymbol{B}$ 的和记作 $\boldsymbol{C}=\boldsymbol{A}+\boldsymbol{B}$,规定为 $\boldsymbol{A}$ 与 $\boldsymbol{B}$ 的对应元素相加,即

$$\boldsymbol{C}=\boldsymbol{A}+\boldsymbol{B}=(a_{ij}+b_{ij})=\begin{pmatrix} a_{11}+b_{11} & a_{12}+b_{12} & \cdots & a_{1n}+b_{1n} \\ a_{21}+b_{21} & a_{22}+b_{22} & \cdots & a_{2n}+b_{2n} \\ \vdots & \vdots & & \vdots \\ a_{m1}+b_{m1} & a_{m2}+b_{m2} & \cdots & a_{mn}+b_{mn} \end{pmatrix},$$

注意 只有同型矩阵才能相加,且同型矩阵之和仍是同型矩阵.

根据定义,不难验证矩阵的加法满足以下运算规律:

① $\boldsymbol{A}+\boldsymbol{B}=\boldsymbol{B}+\boldsymbol{A}$ (交换律);

② $(\boldsymbol{A}+\boldsymbol{B})+\boldsymbol{C}=\boldsymbol{A}+(\boldsymbol{B}+\boldsymbol{C})$ (结合律).

设矩阵 $\boldsymbol{A}=(a_{ij})$,记 $-\boldsymbol{A}=(-a_{ij})$,称为矩阵 $\boldsymbol{A}$ 的负矩阵,显然有

$$\boldsymbol{A}+(-\boldsymbol{A})=\boldsymbol{0}.$$

由此规定矩阵的减法为

$$\boldsymbol{A}-\boldsymbol{B}=\boldsymbol{A}+(-\boldsymbol{B}).$$

(2) 数与矩阵相乘(数乘矩阵也称为矩阵的数量乘法,简称数乘)

定义 2.5 数 λ 与矩阵 $\boldsymbol{A}$ 的乘积记作 $\lambda\boldsymbol{A}$ 或 $\boldsymbol{A}\lambda$,规定为

$$\lambda\boldsymbol{A}=\boldsymbol{A}\lambda=(\lambda a_{ij})=\begin{pmatrix}\lambda a_{11} & \lambda a_{12} & \cdots & \lambda a_{1n}\\ \lambda a_{21} & \lambda a_{22} & \cdots & \lambda a_{2n}\\ \vdots & \vdots & & \vdots\\ \lambda a_{m1} & \lambda a_{m2} & \cdots & \lambda a_{mn}\end{pmatrix}.$$

矩阵的加法与数乘运算统称为矩阵的线性运算.

值得指出的是:数 λ 乘一个矩阵 $\boldsymbol{A}$,必须把数 λ 乘以矩阵 $\boldsymbol{A}$ 的每一个元素,这与行列式的倍乘性质是不同的.

矩阵的数乘满足下列运算规律:

① $(\lambda\mu)\boldsymbol{A}=\lambda(\mu\boldsymbol{A})$.

② $(\lambda+\mu)\boldsymbol{A}=\lambda\boldsymbol{A}+\mu\boldsymbol{A}$.

③ $\lambda(\boldsymbol{A}+\boldsymbol{B})=\lambda\boldsymbol{A}+\lambda\boldsymbol{B}$.

【例 2.5】 设有矩阵

$$\boldsymbol{A}=\begin{pmatrix}-1 & 2 & 3 & 1\\ 0 & 3 & -2 & 1\\ 4 & 0 & 3 & 2\end{pmatrix},\ \boldsymbol{B}=\begin{pmatrix}4 & 3 & 2 & -1\\ 5 & -3 & 0 & 1\\ 1 & 2 & -5 & 0\end{pmatrix},$$

且 $3\boldsymbol{A}+2\boldsymbol{X}=2\boldsymbol{B}+3\boldsymbol{X}$,求矩阵 $\boldsymbol{X}$.

解 在矩阵方程的两端同时加上 $-2\boldsymbol{X}-2\boldsymbol{B}$,可得

$$\boldsymbol{X}=3\boldsymbol{A}-2\boldsymbol{B}=3\begin{pmatrix}-1 & 2 & 3 & 1\\ 0 & 3 & -2 & 1\\ 4 & 0 & 3 & 2\end{pmatrix}-2\begin{pmatrix}4 & 3 & 2 & -1\\ 5 & -3 & 0 & 1\\ 1 & 2 & -5 & 0\end{pmatrix}$$

$$=\begin{pmatrix}-11 & 0 & 5 & 5\\ -10 & 15 & -6 & 1\\ 10 & -4 & 19 & 6\end{pmatrix}.$$

【例 2.6】 设有 n 元线性方程组

$$\begin{cases}a_{11}x_1+a_{12}x_2+\cdots+a_{1n}x_n=b_1,\\ a_{21}x_1+a_{22}x_2+\cdots+a_{2n}x_n=b_2,\\ \cdots\cdots\\ a_{m1}x_1+a_{m2}x_2+\cdots+a_{mn}x_n=b_m,\end{cases}\tag{2.4}$$

若记

$$\boldsymbol{\alpha}_j=\begin{pmatrix}a_{1j}\\ a_{2j}\\ \vdots\\ a_{mj}\end{pmatrix},\quad \boldsymbol{b}=\begin{pmatrix}b_1\\ b_2\\ \vdots\\ b_m\end{pmatrix},$$

则由矩阵的加法与数乘运算,可将该 n 元线性方程组写成下面的向量形式:

$$x_1\boldsymbol{\alpha}_1+x_2\boldsymbol{\alpha}_2+\cdots+x_n\boldsymbol{\alpha}_n=\boldsymbol{b},\tag{2.5}$$

这种表示在后面的讨论中将非常有用.

2.2.2 矩阵的乘法

【例 2.7】 矩阵的乘法运算是在线性方程组的矩阵表示与线性变换的乘积中诱导出来的,先来看一个线性变换乘积的例子.

设有两个线性变换

$$\begin{cases} y_1=a_{11}x_1+a_{12}x_2+a_{13}x_3, \\ y_2=a_{21}x_1+a_{22}x_2+a_{23}x_3, \end{cases} \tag{2.6}$$

$$\begin{cases} x_1=b_{11}t_1+b_{12}t_2, \\ x_2=b_{21}t_1+b_{22}t_2, \\ x_3=b_{31}t_1+b_{32}t_2, \end{cases} \tag{2.7}$$

若将线性变换(2.7)中的变量 x_1,x_2,x_3 依次代入线性变换(2.6)中,则可求得由变量 t_1,t_2 到变量 y_1,y_2 的一个新的线性变换,即

$$\begin{cases} y_1=(a_{11}b_{11}+a_{12}b_{21}+a_{13}b_{31})t_1+(a_{11}b_{12}+a_{12}b_{22}+a_{13}b_{32})t_2, \\ y_1=(a_{21}b_{11}+a_{22}b_{21}+a_{23}b_{31})t_1+(a_{21}b_{12}+a_{22}b_{22}+a_{23}b_{32})t_2, \end{cases} \tag{2.8}$$

这里,线性变换(2.8)可以看成是先对变量 t_1,t_2 作线性变换(2.7),再对变量 x_1,x_2,x_3 作线性变换(2.6)复合的结果.通常称线性变换(2.8)为线性变换(2.6)与(2.7)的乘积,对应地,若写成矩阵形式,即可规定关系式

$$\begin{pmatrix} a_{11} & a_{12} & a_{13} \\ a_{21} & a_{22} & a_{23} \end{pmatrix}\begin{pmatrix} b_{11} & b_{12} \\ b_{21} & b_{22} \\ b_{31} & b_{32} \end{pmatrix}=\begin{pmatrix} a_{11}b_{11}+a_{12}b_{21}+a_{13}b_{31} & a_{11}b_{12}+a_{12}b_{22}+a_{13}b_{32} \\ a_{21}b_{11}+a_{22}b_{21}+a_{23}b_{31} & a_{21}b_{12}+a_{22}b_{22}+a_{23}b_{32} \end{pmatrix}.$$

由此可以得出下面矩阵乘积的一般定义.

定义 2.6 设 $\boldsymbol{A}=(a_{ij})_{m\times s}$,$\boldsymbol{B}=(b_{ij})_{s\times n}$,则矩阵 $\boldsymbol{A}$ 与矩阵 $\boldsymbol{B}$ 的乘积规定为一个 $m\times n$ 矩阵 $\boldsymbol{C}=(c_{ij})_{m\times n}$,其中

$$c_{ij}=a_{i1}b_{1j}+a_{i2}b_{2j}+\cdots+a_{is}b_{sj}=\sum_{k=1}^{s}a_{ik}b_{kj} \quad (i=1,2,\cdots,m;\ j=1,2,\cdots,n).$$

并把该乘积记作 $\boldsymbol{C}=\boldsymbol{AB}$.即

$$(i\text{ 行})\begin{pmatrix} \vdots & \vdots & \vdots & \vdots \\ a_{i1} & a_{i2} & \cdots & a_{is} \\ \vdots & \vdots & \vdots & \vdots \end{pmatrix}\overset{(j\text{ 列})}{\begin{pmatrix} \cdots & b_{1j} & \cdots \\ \cdots & b_{2j} & \cdots \\ & \vdots & \\ \cdots & b_{sj} & \cdots \end{pmatrix}}=\overset{(j\text{ 列})}{\begin{pmatrix} & \vdots & \\ \cdots & c_{ij} & \cdots \\ & \vdots & \end{pmatrix}}(i\text{ 行}).$$

由定义可以看出:只有当矩阵 $\boldsymbol{A}$ 的列数与矩阵 $\boldsymbol{B}$ 的行数相等时,$\boldsymbol{A}$ 与 $\boldsymbol{B}$ 的乘积 $\boldsymbol{AB}$ 才有意义.

特别地,当一个 $1\times s$ 的行矩阵与一个 $s\times 1$ 的列矩阵相乘时,其乘积是一个一阶方阵,即

$$(a_{i1},a_{i2},\cdots,a_{is})\begin{pmatrix} b_{1j} \\ b_{2j} \\ \vdots \\ b_{sj} \end{pmatrix}=a_{i1}b_{1j}+a_{i2}b_{2j}+\cdots+a_{is}b_{sj},$$

它可以视为一个数.

【例 2.8】 设矩阵

$$A=\begin{pmatrix}3&1&1\\2&1&2\\1&2&3\end{pmatrix},\quad B=\begin{pmatrix}1&1&-1\\2&-1&0\\1&0&1\end{pmatrix}.$$

计算 $AB, AB-BA$.

解 由矩阵乘积的定义,得

$$AB=\begin{pmatrix}6&2&-2\\6&1&0\\8&-1&2\end{pmatrix},\quad BA=\begin{pmatrix}4&0&0\\4&1&0\\4&3&4\end{pmatrix},$$

$$AB-BA=\begin{pmatrix}2&2&-2\\2&0&0\\4&-4&-2\end{pmatrix}.$$

【例 2.9】 两个上三角形矩阵的乘积仍为上三角矩阵.

证明 设

$$A=\begin{bmatrix}a_{11}&a_{12}&\cdots&a_{1n}\\0&a_{22}&\cdots&a_{2n}\\\vdots&\vdots&&\vdots\\0&0&\cdots&a_{nn}\end{bmatrix},\quad B=\begin{bmatrix}b_{11}&b_{12}&\cdots&b_{1n}\\0&b_{22}&\cdots&b_{2n}\\\vdots&\vdots&&\vdots\\0&0&\cdots&b_{nn}\end{bmatrix},$$

假定

$$C=AB=\begin{bmatrix}c_{11}&c_{12}&\cdots&c_{1n}\\c_{21}&c_{22}&\cdots&c_{2n}\\\vdots&\vdots&&\vdots\\c_{n1}&c_{n2}&\cdots&c_{nn}\end{bmatrix},$$

其中

$$c_{ij}=a_{i1}b_{1j}+\cdots+a_{i,i-1}b_{i-1,j}+a_{ii}b_{ij}+a_{i,i+1}b_{i+1,j}+\cdots+b_{in}b_{nj},$$

当 $i>j$ 时,$a_{ij}=b_{ij}=0$. 显然 c_{ij} 中各项有因子为零. 故 $c_{ij}=0$,所以 AB 是上三角阵.

同理可证:两个下三角矩阵的乘积仍是下三角矩阵(留作习题).

矩阵乘法满足下列运算律(假设所有等式中的运算都是可行的):

(1) $I_{m\times m}A_{m\times n}=A_{m\times n}, A_{m\times n}I_{n\times n}=A_{m\times n}; 0_{m\times m}A_{m\times n}=0_{m\times n}, A_{m\times n}0_{n\times n}=0_{m\times n}$.

(2) $(AB)C=A(BC)$ (结合律).

(3) $\lambda(AB)=(\lambda A)B=A(\lambda B)$ (数乘结合律).

(4) $A(B+C)=AB+AC$ (左分配律). $(B+C)A=BA+CA$ (右分配律).

证明 只证(2). 设 $A=(a_{ij})_{m\times s}, B=(b_{ij})_{s\times n}, C=(c_{ij})_{n\times t}$,则 $AB=(u_{ij})_{m\times n}, BC=(v_{ij})_{s\times t}$,于是$(AB)C$ 与$A(BC)$皆为 $m\times t$ 矩阵,因而二者为同型矩阵. 下面只需证明$(AB)C$与$A(BC)$的(i,j)元相等即可.

事实上,由矩阵乘积的公式,$(AB)C$ 的(i,j)元为

$$\sum_{k=1}^{n}(\sum_{l=1}^{s}a_{il}b_{lk})c_{kj}=\sum_{k=1}^{n}\sum_{l=1}^{s}(a_{il}b_{lk}c_{kj})=\sum_{l=1}^{s}\sum_{k=1}^{n}(a_{il}b_{lk}c_{kj})=\sum_{l=1}^{s}a_{il}\sum_{k=1}^{n}(b_{lk}c_{kj}),$$

上面等式的最右端的双重和恰好为$A(BC)$的(i,j)元,故有

$$(AB)C=A(BC),$$

即证.

【例 2.10】 计算下列矩阵的乘积 $\boldsymbol{AB}$：

(1) $\boldsymbol{A}=(1,2,3)$，$\boldsymbol{B}=\begin{pmatrix}3\\2\\1\end{pmatrix}$.

(2) $\boldsymbol{A}=\begin{pmatrix}2\\1\\3\end{pmatrix}$，$\boldsymbol{B}=(-1,2)$.

(3) $\boldsymbol{A}=\begin{pmatrix}2&1&4&0\\1&-1&3&4\end{pmatrix}$，$\boldsymbol{B}=\begin{pmatrix}1&3&1\\0&-1&2\\1&-3&1\\4&0&-2\end{pmatrix}$.

解 由定义，得

(1) $\boldsymbol{AB}=(1,2,3)\begin{pmatrix}3\\2\\1\end{pmatrix}=1\times3+2\times2+3\times1=10$.

(2) $\boldsymbol{AB}=\begin{pmatrix}2\\1\\3\end{pmatrix}(-1,2)=\begin{pmatrix}-2&4\\-1&2\\-3&6\end{pmatrix}$.

(3) $\boldsymbol{AB}=\begin{pmatrix}2&1&4&0\\1&-1&3&4\end{pmatrix}\begin{pmatrix}1&3&1\\0&-1&2\\1&-3&1\\4&0&-2\end{pmatrix}=\begin{pmatrix}6&-7&8\\20&-5&-6\end{pmatrix}$.

【例 2.11】 设有二阶矩阵

$$\boldsymbol{A}=\begin{pmatrix}a&a\\-a&-a\end{pmatrix}, \boldsymbol{B}=\begin{pmatrix}b&-b\\-b&b\end{pmatrix}, \boldsymbol{C}=\begin{pmatrix}-1&1\\1&-1\end{pmatrix}.$$

计算 $\boldsymbol{AB}$，$\boldsymbol{AC}$ 和 $\boldsymbol{BA}$.

解 由公式计算可得

$$\boldsymbol{AB}=\boldsymbol{AC}=\begin{pmatrix}0&0\\0&0\end{pmatrix}, \boldsymbol{BA}=\begin{pmatrix}2ab&2ab\\-2ab&-2ab\end{pmatrix}.$$

从以上的两个例子可以得出下面三个重要的结论：

(1) 矩阵的乘法不满足交换律，即一般来说 $\boldsymbol{AB}\neq\boldsymbol{BA}$.

原因如下：

① 当 $\boldsymbol{AB}$ 有意义时，$\boldsymbol{BA}$ 可以没有意义(如例 2.10 中的第(2)小题).

② 设有矩阵 $\boldsymbol{A}_{m\times n}$，$\boldsymbol{B}_{n\times m}$，则乘积 $\boldsymbol{AB}$ 与 $\boldsymbol{BA}$ 都有意义，但 $m\times n$ 时，$\boldsymbol{AB}$ 与 $\boldsymbol{BA}$ 不是同阶方阵. 即使 $m=n$，$\boldsymbol{AB}$ 与 $\boldsymbol{BA}$ 也可以不相等，如例 2.11(但有时也可能有 $\boldsymbol{AB}=\boldsymbol{BA}$，如 $\boldsymbol{A}=\begin{pmatrix}2&0\\0&2\end{pmatrix}$，$\boldsymbol{B}=\begin{pmatrix}a&b\\c&d\end{pmatrix}$).

特别地，当 $\boldsymbol{AB}\neq\boldsymbol{BA}$ 时，称 $\boldsymbol{AB}$ 不可交换或 $\boldsymbol{A}$ 与 $\boldsymbol{B}$ 不可交换；当 $\boldsymbol{AB}=\boldsymbol{BA}$ 时，称 $\boldsymbol{AB}$ 可交换(或 $\boldsymbol{A}$ 与 $\boldsymbol{B}$ 可交换).

由此可知，在矩阵乘法中必须注意矩阵相乘的顺序，$\boldsymbol{AB}$ 是 $\boldsymbol{A}$ 左乘 $\boldsymbol{B}$($\boldsymbol{B}$ 被 $\boldsymbol{A}$ 左乘)的乘

积,$\boldsymbol{BA}$ 是 $\boldsymbol{A}$ 右乘 $\boldsymbol{B}$ 的乘积.

(2) 由 $\boldsymbol{AB}=\boldsymbol{0}$,不能推出 $\boldsymbol{A}=\boldsymbol{0}$ 或 $\boldsymbol{B}=\boldsymbol{0}$,等价地说,$\boldsymbol{A}\neq\boldsymbol{0}$ 且 $\boldsymbol{B}\neq\boldsymbol{0}$,也有可能使得乘积 $\boldsymbol{AB}=\boldsymbol{0}$,即乘积 $\boldsymbol{AB}$ 可能存在非零的零因子.

(3) 矩阵乘法不满足消去律.即由结论(2)可进一步推出:

当 $\boldsymbol{A}\neq\boldsymbol{0}$ 时,由 $\boldsymbol{AB}=\boldsymbol{AC}$ 不能推出 $\boldsymbol{B}=\boldsymbol{C}$.

事实上,

$$\boldsymbol{AB}=\boldsymbol{AC}\Rightarrow\boldsymbol{AB}-\boldsymbol{AC}=\boldsymbol{0}\Rightarrow\boldsymbol{A}(\boldsymbol{B}-\boldsymbol{C})=\boldsymbol{0},$$

此时不能推出 $\boldsymbol{B}-\boldsymbol{C}=\boldsymbol{0}$,即不能推出 $\boldsymbol{B}=\boldsymbol{C}$.

矩阵乘法不满足交换律和消去律,且乘积 $\boldsymbol{AB}$ 可能存在非零的零因子,这是矩阵乘法区别于数的乘法的一些重要特点,需要引起大家关注.

【例 2.12】 设有 n 元线性方程组

$$\begin{cases} a_{11}x_1+a_{12}x_2+\cdots+a_{1n}x_n=b_1, \\ a_{21}x_1+a_{22}x_2+\cdots+a_{2n}x_n=b_2, \\ \cdots\cdots \\ a_{m1}x_1+a_{m2}x_2+\cdots+a_{mn}x_n=b_m. \end{cases}$$

若记

$$\boldsymbol{A}=\begin{pmatrix} a_{11} & a_{12} & \cdots & a_{1n} \\ a_{21} & a_{22} & \cdots & a_{2n} \\ \vdots & \vdots & & \vdots \\ a_{m1} & a_{m2} & \cdots & a_{mn} \end{pmatrix},\ \boldsymbol{x}=\begin{pmatrix} x_1 \\ x_2 \\ \vdots \\ x_n \end{pmatrix},\ \boldsymbol{B}=\begin{pmatrix} b_1 \\ b_2 \\ \vdots \\ b_m \end{pmatrix},$$

则利用矩阵的乘法,该线性方程组可表示为矩阵形式

$$\boldsymbol{Ax}=\boldsymbol{B}.$$

其中矩阵 $\boldsymbol{A}$ 称为线性方程组的系数矩阵.

2.2.3 方阵的幂与多项式

有了矩阵的乘法,就可以定义矩阵的幂与矩阵多项式了.

定义 2.7 设 $\boldsymbol{A}$ 是 n 阶方阵,定义

$$\boldsymbol{A}^1=\boldsymbol{A},\ \boldsymbol{A}^2=\boldsymbol{AA},\cdots,\ \boldsymbol{A}^{k+1}=\boldsymbol{A}^k\boldsymbol{A}, \tag{2.9}$$

其中 k 为正整数.换言之,$\boldsymbol{A}^k$ 就是 k 个 $\boldsymbol{A}$ 连乘(即 $\boldsymbol{A}^k=\boldsymbol{AA}\cdots\boldsymbol{A}$).

由定义知:只有在 $\boldsymbol{A}$ 是方阵时,$\boldsymbol{A}$ 的幂才有意义.

由于矩阵乘法的结合律,不难证明 n 阶方阵的幂满足以下运算律:

(1) $\boldsymbol{A}^k\boldsymbol{A}^\ell=\boldsymbol{A}^{k+\ell}$;

(2) $(\boldsymbol{A}^k)^\ell=\boldsymbol{A}^{k\ell}$.

其中,k、ℓ 为正整数.

另一方面注意到,由于矩阵的乘法不一定具有交换性,因此,对于两个任意可乘的矩阵乘积,一般说来也有

$$(\boldsymbol{AB})^k\neq\boldsymbol{A}^k\boldsymbol{B}^k,$$

只有当 $\boldsymbol{A}$ 与 $\boldsymbol{B}$ 可交换时,才有 $(\boldsymbol{AB})^k=\boldsymbol{A}^k\boldsymbol{B}^k$.

【例 2.13】 设有三阶方阵

$$\boldsymbol{A}=\begin{pmatrix}\lambda & 1 & 0\\ 0 & \lambda & 1\\ 0 & 0 & \lambda\end{pmatrix},$$

求 $\boldsymbol{A}^3$ 与 $\boldsymbol{A}^n$.

解 方阵幂的定义,有

$$\boldsymbol{A}^2=\begin{pmatrix}\lambda & 1 & 0\\ 0 & \lambda & 1\\ 0 & 0 & \lambda\end{pmatrix}\begin{pmatrix}\lambda & 1 & 0\\ 0 & \lambda & 1\\ 0 & 0 & \lambda\end{pmatrix}=\begin{pmatrix}\lambda^2 & 2\lambda & 1\\ 0 & \lambda^2 & 2\lambda\\ 0 & 0 & \lambda^2\end{pmatrix},$$

$$\boldsymbol{A}^3=\boldsymbol{A}^2\boldsymbol{A}=\begin{pmatrix}\lambda^2 & 2\lambda & 1\\ 0 & \lambda^2 & 2\lambda\\ 0 & 0 & \lambda^2\end{pmatrix}\begin{pmatrix}\lambda & 1 & 0\\ 0 & \lambda & 1\\ 0 & 0 & \lambda\end{pmatrix}=\begin{pmatrix}\lambda^3 & 3\lambda^2 & 3\lambda\\ 0 & \lambda^3 & 3\lambda^2\\ 0 & 0 & \lambda^3\end{pmatrix},$$

对于$\begin{pmatrix}\lambda & 1 & 0\\ 0 & \lambda & 1\\ 0 & 0 & \lambda\end{pmatrix}^n$,采用数学归纳法,可证

$$\begin{pmatrix}\lambda & 1 & 0\\ 0 & \lambda & 1\\ 0 & 0 & \lambda\end{pmatrix}^n=\begin{pmatrix}\lambda^n & n\lambda^{n-1} & \frac{n(n-1)}{2}\lambda^{n-2}\\ 0 & \lambda^n & n\lambda^{n-1}\\ 0 & 0 & \lambda^n\end{pmatrix}.$$

事实上,当 $n=1$ 时,结论显然成立. 现在归纳假设

$$\begin{pmatrix}\lambda & 1 & 0\\ 0 & \lambda & 1\\ 0 & 0 & \lambda\end{pmatrix}^{n-1}=\begin{pmatrix}\lambda^{n-1} & (n-1)\lambda^{n-2} & \frac{(n-1)(n-2)}{2}\lambda^{n-3}\\ 0 & \lambda^{n-1} & (n-1)\lambda^{n-2}\\ 0 & 0 & \lambda^{n-1}\end{pmatrix},$$

于是

$$\begin{aligned}\begin{pmatrix}\lambda & 1 & 0\\ 0 & \lambda & 1\\ 0 & 0 & \lambda\end{pmatrix}^n&=\begin{pmatrix}\lambda^{n-1} & (n-1)\lambda^{n-2} & \frac{(n-1)(n-2)}{2}\lambda^{n-3}\\ 0 & \lambda^{n-1} & (n-1)\lambda^{n-2}\\ 0 & 0 & \lambda^{n-1}\end{pmatrix}\begin{pmatrix}\lambda & 1 & 0\\ 0 & \lambda & 1\\ 0 & 0 & \lambda\end{pmatrix}\\ &=\begin{pmatrix}\lambda^n & n\lambda^{n-1} & \frac{n(n-1)}{2}\lambda^{n-2}\\ 0 & \lambda^n & n\lambda^{n-1}\\ 0 & 0 & \lambda^n\end{pmatrix},\end{aligned}$$

即证结论成立.

利用方阵幂的定义,结合到变量 x 的 m 次多项式,我们可以定义矩阵多项式如下:

定义 2.8 设变量 x 的 m 次多项式为

$$f(x)=a_0+a_1x+\cdots+a_mx^m, \tag{2.10}$$

$\boldsymbol{A}$ 是 n 阶方阵,$\boldsymbol{I}$ 是与 $\boldsymbol{A}$ 同阶的单位阵,则称

$$f(\boldsymbol{A})=a_0\boldsymbol{I}+a_1\boldsymbol{A}+\cdots+a_m\boldsymbol{A}^m \tag{2.11}$$

为由 m 次多项式 $f(x)$ 所形成的矩阵 $\boldsymbol{A}$ 的多项式,显然 $f(\boldsymbol{A})$ 仍然是一个 n 阶方阵.

【例 2.14】 设变量 λ 的多项式为 $f(\lambda)=\lambda^2-\lambda-1$,且三阶方阵为

$$A=\begin{pmatrix}2&1&1\\3&1&2\\1&-1&0\end{pmatrix},$$

试求 $f(A)$.

解 矩阵 A 的多项式定义及矩阵乘法,有

$$f(A)=\begin{pmatrix}2&1&1\\3&1&2\\1&-1&0\end{pmatrix}^2-\begin{pmatrix}2&1&1\\3&1&2\\1&-1&0\end{pmatrix}-\begin{pmatrix}1&0&0\\0&1&0\\0&0&1\end{pmatrix}=\begin{pmatrix}5&1&3\\8&0&3\\-2&1&-2\end{pmatrix}.$$

对于 n 阶方阵 A,它的行列式 $|A|$ 有以下性质:

(1) $|A^{\mathrm{T}}|=|A|$(行列式性质 1).

(2) $|kA|=k^n|A|$(k 为任意常数).

(3) $|AB|=|A||B|$ (A、B 为两个 n 阶方阵).

证明 (1)为行列式性质 1;(2)由数乘的定义与行列式的性质 3 可证;(3)可由矩阵乘法及第一章 1.2 节例 1.13 证明.

2.2.4 矩阵的转置与对称矩阵

定义 2.9 把矩阵 $A=(a_{ij})_{m\times n}$ 的行列互换,得到一个新矩阵,称为 A 的转置矩阵,记作 A^{T}(或 A'),即

$$A^{\mathrm{T}}=\begin{bmatrix}a_{11}&a_{12}&\cdots&a_{1n}\\a_{21}&a_{22}&\cdots&a_{2n}\\\vdots&\vdots&&\vdots\\a_{m1}&a_{m2}&\cdots&a_{mn}\end{bmatrix}^{\mathrm{T}}=\begin{bmatrix}a_{11}&a_{21}&\cdots&a_{m1}\\a_{12}&a_{22}&\cdots&a_{m2}\\\vdots&\vdots&&\vdots\\a_{1n}&a_{2n}&\cdots&a_{mn}\end{bmatrix},\tag{2.12}$$

显然,$m\times n$ 矩阵的转置矩阵是一个 $n\times m$ 矩阵,且 A^{T} 的 (i,j) 元恰为 A 的 (j,i) 元.

例如,矩阵 $A=\begin{pmatrix}1&2&0\\3&-1&1\end{pmatrix}$,则 A 的转置矩阵为

$$A^{\mathrm{T}}=\begin{pmatrix}1&3\\2&-1\\0&1\end{pmatrix}.$$

矩阵的转置也是一种运算,它满足以下的运算规律(假设所有等式中的运算都是可行的):

(1) $(A^{\mathrm{T}})^{\mathrm{T}}=A$.

(2) $(A+B)^{\mathrm{T}}=A^{\mathrm{T}}+B^{\mathrm{T}}$.

(3) $(\lambda A)^{\mathrm{T}}=\lambda A^{\mathrm{T}}$.

(4) $(AB)^{\mathrm{T}}=B^{\mathrm{T}}A^{\mathrm{T}}$,进而有

$$(A_1A_2\cdots A_m)^{\mathrm{T}}=A_m^{\mathrm{T}}\cdots A_2^{\mathrm{T}}A_1^{\mathrm{T}},\ (A^k)^{\mathrm{T}}=(A^{\mathrm{T}})^k(k \text{ 为正整数}).$$

证明 第(1)、(2)、(3)显然成立,下面给出(4)的证明.

设 $A=(a_{ij})_{m\times s}$,$B=(b_{ij})_{s\times n}$,记

$$AB=C=(C_{ij})_{m\times n},\ B^{\mathrm{T}}A^{\mathrm{T}}=D=(D_{ij})_{n\times m}.$$

所以不难看出,$(AB)^{\mathrm{T}}$ 与 $B^{\mathrm{T}}A^{\mathrm{T}}$ 是同型的 $n\times m$ 矩阵,下面只需证明 $(AB)^{\mathrm{T}}$ 与 $B^{\mathrm{T}}A^{\mathrm{T}}$ 的 (i,j) 元相等即可.

因为 $\boldsymbol{AB}$ 的(j,i)元为$\sum_{k=1}^{s}a_{jk}b_{ki}$，由转置矩阵的定义知，它恰为$(\boldsymbol{AB})^{\mathrm{T}}$的$(i,j)$元；另一方面，$\boldsymbol{B}^{\mathrm{T}}\boldsymbol{A}^{\mathrm{T}}$ 的(i,j)元应由 $\boldsymbol{B}^{\mathrm{T}}$ 的第 i 行元素与 $\boldsymbol{A}^{\mathrm{T}}$ 的第 j 列元素对应乘积求和，即 $\boldsymbol{A}$ 的第 j 行元素与 $\boldsymbol{B}$ 的第 i 列元素对应乘积求和，从而它也是

$$\sum_{k=1}^{s}b_{ki}a_{jk}=\sum_{k=1}^{s}a_{jk}b_{ki},$$

即证$(\boldsymbol{AB})^{\mathrm{T}}=\boldsymbol{B}^{\mathrm{T}}\boldsymbol{A}^{\mathrm{T}}$成立.

【例 2.15】 设有矩阵

$$\boldsymbol{A}=\begin{pmatrix}2&0&-1\\1&3&2\end{pmatrix},\ \boldsymbol{B}=\begin{pmatrix}1&7&-1\\4&2&3\\2&0&1\end{pmatrix},$$

试验证$(\boldsymbol{AB})^{\mathrm{T}}=\boldsymbol{B}^{\mathrm{T}}\boldsymbol{A}^{\mathrm{T}}$成立.

解 因为

$$\boldsymbol{AB}=\begin{pmatrix}2&0&-1\\1&3&2\end{pmatrix}\begin{pmatrix}1&7&-1\\4&2&3\\2&0&1\end{pmatrix}=\begin{pmatrix}0&14&-3\\17&13&10\end{pmatrix},$$

所以

$$(\boldsymbol{AB})^{\mathrm{T}}=\begin{pmatrix}0&17\\14&13\\-3&10\end{pmatrix},$$

又因为

$$\boldsymbol{B}^{\mathrm{T}}\boldsymbol{A}^{\mathrm{T}}=\begin{pmatrix}1&4&2\\7&2&0\\-1&3&1\end{pmatrix}\begin{pmatrix}2&1\\0&3\\-1&2\end{pmatrix}=\begin{pmatrix}0&17\\14&13\\-3&10\end{pmatrix}.$$

即证$(\boldsymbol{AB})^{\mathrm{T}}=\boldsymbol{B}^{\mathrm{T}}\boldsymbol{A}^{\mathrm{T}}$成立.

定义 2.10 n 阶方阵 $\boldsymbol{A}$ 的(i,j)元与(j,i)元相等时，称 $\boldsymbol{A}$ 为对称矩阵；而当 $\boldsymbol{A}$ 的(i,j)元与(j,i)元相反时，称 $\boldsymbol{A}$ 为反对称矩阵. 特别地：

(1) 当 $\boldsymbol{A}$ 为 n 阶对称矩阵时，有 $a_{ij}=a_{ji}(i,j=1,2,\cdots,n)$.

(2) 当 $\boldsymbol{A}$ 为 n 阶反对称矩阵时，有 $a_{ij}=-a_{ji}(i,j=1,2,\cdots,n)$.

由 n 阶反对称矩阵 $\boldsymbol{A}$ 的定义及转置行列式的性质容易证明：奇数阶反对称矩阵的行列式的值必为零.

下面利用转置矩阵的定义讨论 n 阶对称矩阵与反对称矩阵如下：

已知 n 阶对称矩阵 $\boldsymbol{A}$ 的(i,j)元与(j,i)元相等，而反对称矩阵 $\boldsymbol{A}$ 的(i,j)元与(j,i)元互为相反数. 故：

(1) 当 $\boldsymbol{A}$ 为 n 阶对称矩阵时，有 $a_{ij}=a_{ji}(i,j=1,2,\cdots,n)\Leftrightarrow\boldsymbol{A}^{\mathrm{T}}=\boldsymbol{A}$.

(2) 当 $\boldsymbol{A}$ 为 n 阶反对称矩阵时，有 $a_{ij}=-a_{ji}(i,j=1,2,\cdots,n)\Leftrightarrow\boldsymbol{A}^{\mathrm{T}}=-\boldsymbol{A}$.

【例 2.16】 设 $\boldsymbol{A}$ 与 $\boldsymbol{B}$ 是两个 n 阶反对称矩阵，证明：当且仅当 $\boldsymbol{AB}=-\boldsymbol{BA}$ 时，$\boldsymbol{AB}$ 是反对称矩阵.

证明 当 $\boldsymbol{A}$ 与 $\boldsymbol{B}$ 为反对称矩阵，所以

$$\boldsymbol{A}=-\boldsymbol{A}^{\mathrm{T}},\ \boldsymbol{B}=-\boldsymbol{B}^{\mathrm{T}},$$

若 $\boldsymbol{AB}=-\boldsymbol{BA}$,则

$$(\boldsymbol{AB})^{\mathrm{T}}=\boldsymbol{B}^{\mathrm{T}}\boldsymbol{A}^{\mathrm{T}}=\boldsymbol{BA}=-\boldsymbol{AB},$$

即证 $\boldsymbol{AB}$ 反对称.

反之,若 $\boldsymbol{AB}$ 反对称,即 $(\boldsymbol{AB})^{\mathrm{T}}=-\boldsymbol{AB}$,则

$$\boldsymbol{AB}=-(\boldsymbol{AB})^{\mathrm{T}}=-\boldsymbol{B}^{\mathrm{T}}\boldsymbol{A}^{\mathrm{T}}=-(-\boldsymbol{B})(-\boldsymbol{A})=-\boldsymbol{BA},$$

证毕.

习题 2.2

1. 设有矩阵

(1) $\boldsymbol{A}=\begin{pmatrix}5 & -2 & 1\\ 3 & 4 & -1\end{pmatrix}$, $\boldsymbol{B}=\begin{pmatrix}-3 & 2 & 0\\ -2 & 1 & 1\end{pmatrix}$;

(2) $\boldsymbol{A}=\begin{pmatrix}1 & 2\\ 0 & 1\end{pmatrix}$, $\boldsymbol{B}=\begin{pmatrix}2 & -2\\ 0 & 3\end{pmatrix}$.

求 $2\boldsymbol{A}-5\boldsymbol{B}$,$\boldsymbol{AB}^{\mathrm{T}}$.

2. 设

(1) $\boldsymbol{A}=\begin{pmatrix}3 & 1 & 1\\ 2 & 1 & 2\\ 1 & 2 & 3\end{pmatrix}$, $\boldsymbol{B}=\begin{pmatrix}1 & 1 & -1\\ 2 & -1 & 0\\ 1 & 0 & 1\end{pmatrix}$;

(2) $\boldsymbol{A}=\begin{pmatrix}a & b & c\\ c & b & a\\ 1 & 1 & 1\end{pmatrix}$, $\boldsymbol{B}=\begin{pmatrix}1 & a & c\\ 1 & b & b\\ 1 & c & a\end{pmatrix}$.

计算 $\boldsymbol{AB}$,$\boldsymbol{BA}$,$\boldsymbol{AB}-\boldsymbol{BA}$.

3. 计算下列矩阵的乘积:

(1) $\begin{pmatrix}4 & 2 & -1\\ 1 & 3 & 2\\ 2 & 5 & -4\end{pmatrix}\begin{pmatrix}2\\ 1\\ 3\end{pmatrix}$;　　(2) $\begin{pmatrix}1 & 2 & 3\\ 2 & 4 & 6\\ 3 & 6 & 9\end{pmatrix}\begin{pmatrix}-1 & -2 & -4\\ -1 & -2 & -4\\ 1 & 2 & 4\end{pmatrix}$;

(3) $\begin{pmatrix}a_{11} & a_{12} & a_{13}\\ a_{21} & a_{22} & a_{23}\end{pmatrix}\begin{pmatrix}1 & 0 & 0\\ 0 & 2 & 0\\ 0 & 0 & 3\end{pmatrix}$;　　(4) $(x_1,x_2,x_3)\begin{pmatrix}a_{11} & a_{12} & a_{13}\\ a_{12} & a_{22} & a_{23}\\ a_{13} & a_{23} & a_{33}\end{pmatrix}\begin{pmatrix}x_1\\ x_2\\ x_3\end{pmatrix}$;

(5) $(a_1 \quad a_2 \quad \cdots \quad a_n)\begin{pmatrix}b_1\\ b_2\\ \vdots\\ b_n\end{pmatrix}$;　　(6) $\begin{pmatrix}b_1\\ b_2\\ \vdots\\ b_n\end{pmatrix}(a_1 \quad a_2 \quad \cdots \quad a_n)$.

4. 设 $\boldsymbol{A}=\begin{pmatrix}1 & 0 & 0\\ 0 & 1 & 2\\ 3 & 1 & 2\end{pmatrix}$,求所有与 $\boldsymbol{A}$ 可交换的矩阵.

5. 计算:

(1) $\begin{pmatrix}2 & 1 & 1\\ 3 & 1 & 0\\ 0 & 1 & 2\end{pmatrix}^2$;　(2) $\begin{pmatrix}3 & 2\\ -4 & -2\end{pmatrix}^5$;　(3) $\begin{pmatrix}\cos\varphi & -\sin\varphi\\ \sin\varphi & \cos\varphi\end{pmatrix}^n$;　(4) $\begin{pmatrix}\lambda & 1 & 0\\ 0 & \lambda & 1\\ 0 & 0 & \lambda\end{pmatrix}^n$.

6. 已知 $\boldsymbol{A}=(a_{ij})$ 为 n 阶矩阵，写出：

(1) $\boldsymbol{A}^2$ 的主对角元；

(2) $\boldsymbol{A}\boldsymbol{A}^{\mathrm{T}}$ 的主对角元.

7. 已知 $\boldsymbol{\alpha}=(1,2,3)$，$\boldsymbol{\beta}=\left(1,\frac{1}{2},\frac{1}{3}\right)$，设矩阵 $\boldsymbol{A}=\boldsymbol{\alpha}^{\mathrm{T}}\boldsymbol{\beta}$，求 $\boldsymbol{A}^2$，$\boldsymbol{A}^n$.

8. 证明：两个下三角矩阵的乘积仍是下三角矩阵.

9. 设 $\boldsymbol{A}$，$\boldsymbol{B}$ 都是 n 阶对称矩阵，证明 $\boldsymbol{AB}$ 是对称矩阵的充分必要条件为 $\boldsymbol{AB}=\boldsymbol{BA}$.

10. 设

$$\boldsymbol{A}=\begin{pmatrix} a_1 & 0 & \cdots & 0 \\ 0 & a_2 & \cdots & 0 \\ \vdots & \vdots & & \vdots \\ 0 & 0 & \cdots & a_n \end{pmatrix},$$

其中 $a_i \neq a_j$ 当 $i \neq j \quad (i,j=1,2,\cdots,n)$. 证明：与 $\boldsymbol{A}$ 可交换的矩阵只能是对角矩阵.

11. 设 $f(\lambda)=\lambda^2-5\lambda+3$，$\boldsymbol{A}=\begin{pmatrix} 2 & -1 \\ -3 & 3 \end{pmatrix}$，试求 $f(\boldsymbol{A})$.

2.3 逆矩阵

在初等代数中，求解一元一次方程

$$ax=b$$

时，只要系数 $a \neq 0$，总存在唯一的一个数 a^{-1}，使得 $a^{-1}a=1$，且有

$$x=(a^{-1}a)x=a^{-1}(ax)=a^{-1}b.$$

对一个矩阵 $\boldsymbol{A}$，是否也存在类似的逆运算？这就是本节所要讨论的问题.

为方便起见，本节所讨论的矩阵，如不特别说明，都是方阵.

2.3.1 伴随矩阵及其性质

定义 2.11 设 $\boldsymbol{A}$ 为 n 阶方阵，其行列式 $|\boldsymbol{A}|$ 的各个元素的代数余子式 A_{ij} 所构成的矩阵

$$\boldsymbol{A}^*=\begin{pmatrix} \boldsymbol{A}_{11} & \boldsymbol{A}_{21} & \cdots & \boldsymbol{A}_{n1} \\ \boldsymbol{A}_{12} & \boldsymbol{A}_{22} & \cdots & \boldsymbol{A}_{n2} \\ \vdots & \vdots & & \vdots \\ \boldsymbol{A}_{1n} & \boldsymbol{A}_{2n} & \cdots & \boldsymbol{A}_{nn} \end{pmatrix}, \tag{2.13}$$

称为矩阵 $\boldsymbol{A}$ 的伴随矩阵，简称伴随阵.

性质 1 设 n 阶方阵 $\boldsymbol{A}$ 的伴随矩阵为 $\boldsymbol{A}^*$，则有

$$\boldsymbol{A}\boldsymbol{A}^*=\boldsymbol{A}^*\boldsymbol{A}=|\boldsymbol{A}|\boldsymbol{I}. \tag{2.14}$$

证明 设 $\boldsymbol{A}=(a_{ij})_{n\times n}$，则由行列式的按行展开定理，有

$$\boldsymbol{A}\boldsymbol{A}^*=\begin{pmatrix} a_{11} & a_{12} & \cdots & a_{1n} \\ a_{21} & a_{22} & \cdots & a_{2n} \\ \vdots & \vdots & & \vdots \\ a_{n1} & a_{n2} & \cdots & a_{nn} \end{pmatrix}\begin{pmatrix} A_{11} & A_{21} & \cdots & A_{n1} \\ A_{12} & A_{22} & \cdots & A_{n2} \\ \vdots & \vdots & & \vdots \\ A_{1n} & A_{2n} & \cdots & A_{nn} \end{pmatrix}$$

$$=\begin{pmatrix} |A| & & & \\ & |A| & & \\ & & \ddots & \\ & & & |A| \end{pmatrix}=|A|I.$$

同理可证 $A^*A=|A|I$,故

$$AA^*=A^*A=|A|I.$$

性质 2 设 n 阶矩阵 A 的伴随矩阵为 A^*,则有

$$|A^*|=|A|^{n-1}. \tag{2.15}$$

证明 证明留作习题.

【例 2.17】 设有三阶矩阵

$$A=\begin{pmatrix} 1 & 0 & 1 \\ 2 & 1 & 0 \\ -3 & 2 & -5 \end{pmatrix},$$

求矩阵 A 的伴随矩阵 A^*.

解 首先求 A 的代数余子式:

$$A_{11}=\begin{vmatrix} 1 & 0 \\ 2 & -5 \end{vmatrix}=-5,\ A_{12}=-\begin{vmatrix} 2 & 0 \\ -3 & -5 \end{vmatrix}=10,$$

$$A_{13}=\begin{vmatrix} 2 & 1 \\ -3 & 2 \end{vmatrix}=7,\ A_{21}=-\begin{vmatrix} 0 & 1 \\ 2 & -5 \end{vmatrix}=2,$$

$$A_{22}=\begin{vmatrix} 1 & 1 \\ -3 & -5 \end{vmatrix}=-2,\ A_{23}=-\begin{vmatrix} 1 & 0 \\ -3 & 2 \end{vmatrix}=-2.$$

$$A_{31}=\begin{vmatrix} 0 & 1 \\ 1 & 0 \end{vmatrix}=-1,\ A_{32}=-\begin{vmatrix} 1 & 1 \\ 2 & 0 \end{vmatrix}=2,$$

$$A_{33}=\begin{vmatrix} 1 & 0 \\ 2 & 1 \end{vmatrix}=1.$$

从而由伴随矩阵定义知,A 的伴随矩阵为

$$A^*=\begin{pmatrix} A_{11} & A_{21} & A_{31} \\ A_{12} & A_{22} & A_{32} \\ A_{13} & A_{23} & A_{33} \end{pmatrix}=\begin{pmatrix} -5 & 2 & -1 \\ 10 & -2 & 2 \\ 7 & -2 & 1 \end{pmatrix}.$$

2.3.2 逆矩阵的概念及其性质

首先看一个简单的例子.

【例 2.18】 设有二阶矩阵

$$A=\begin{pmatrix} 3 & 2 \\ 5 & 3 \end{pmatrix},\ B=\begin{pmatrix} -3 & 2 \\ 5 & -3 \end{pmatrix},$$

则容易验证:

$$AB=\begin{pmatrix} 3 & 2 \\ 5 & 3 \end{pmatrix}\begin{pmatrix} -3 & 2 \\ 5 & -3 \end{pmatrix}=I=\begin{pmatrix} -3 & 2 \\ 5 & -3 \end{pmatrix}\begin{pmatrix} 3 & 2 \\ 5 & 3 \end{pmatrix}=BA.$$

这个结果是否具有普遍意义呢?为此,我们给出以下定义.

定义 2.12 对于 n 阶矩阵 A,如果存在一个 n 阶矩阵 B,使得

$$\boldsymbol{AB}=\boldsymbol{BA}=\boldsymbol{I}, \tag{2.16}$$

则称矩阵 $\boldsymbol{A}$ 为可逆矩阵，并称矩阵 $\boldsymbol{B}$ 为 $\boldsymbol{A}$ 的逆矩阵，记为 $\boldsymbol{A}^{-1}$，即 $\boldsymbol{B}=\boldsymbol{A}^{-1}$.

由定义可知：

(1) 可逆矩阵及其逆矩阵是同阶方阵，且定义式中 $\boldsymbol{A}$ 与 $\boldsymbol{B}$ 的地位是平等的，所以 $\boldsymbol{A}$ 也是 $\boldsymbol{B}$ 的逆矩阵，即 $\boldsymbol{B}^{-1}=\boldsymbol{A}$.

(2) 单位阵 $\boldsymbol{I}$ 的逆矩阵是其自身.

(3) 例 2.18 中的矩阵 $\boldsymbol{B}=\begin{pmatrix}-3 & 2\\ 5 & -3\end{pmatrix}$ 即为矩阵 $\boldsymbol{A}=\begin{pmatrix}3 & 2\\ 5 & 3\end{pmatrix}$ 的逆矩阵.

定理 2.1 若 $\boldsymbol{A}$ 是可逆矩阵，则 $\boldsymbol{A}$ 的逆矩阵是唯一的.

证明 设 $\boldsymbol{B},\boldsymbol{C}$ 都是 $\boldsymbol{A}$ 的逆矩阵，则由

$$\boldsymbol{AB}=\boldsymbol{BA}=\boldsymbol{I},\ \boldsymbol{AC}=\boldsymbol{CA}=\boldsymbol{I}$$

可得

$$\boldsymbol{B}=\boldsymbol{BI}=\boldsymbol{B}(\boldsymbol{AC})=(\boldsymbol{BA})\boldsymbol{C}=\boldsymbol{IC}=\boldsymbol{C},$$

故 $\boldsymbol{A}$ 的逆矩阵唯一.

定理 2.2 n 阶矩阵 $\boldsymbol{A}$ 可逆的充要条件是 $|\boldsymbol{A}|\neq 0$. 且当 $\boldsymbol{A}$ 可逆时，有

$$\boldsymbol{A}^{-1}=\frac{1}{|\boldsymbol{A}|}\boldsymbol{A}^{*}, \tag{2.17}$$

其中 $\boldsymbol{A}^{*}$ 为 $\boldsymbol{A}$ 的伴随矩阵.

证明 (1) 必要性. 设 $\boldsymbol{A}$ 可逆，则由逆矩阵的定义有

$$\boldsymbol{AA}^{-1}=\boldsymbol{A}^{-1}\boldsymbol{A}=\boldsymbol{I}.$$

等式两端取行列式，可得

$$|\boldsymbol{AA}^{-1}|=|\boldsymbol{A}^{-1}\boldsymbol{A}|=|\boldsymbol{A}|\cdot|\boldsymbol{A}^{-1}|=|\boldsymbol{I}|=1.$$

因而有 $|\boldsymbol{A}|\neq 0$.

(2) 充分性. 由式(2.14)知

$$\boldsymbol{AA}^{*}=\boldsymbol{A}^{*}\boldsymbol{A}=|\boldsymbol{A}|I.$$

又因为 $|\boldsymbol{A}|\neq 0$，所以

$$\boldsymbol{A}\left(\frac{1}{|\boldsymbol{A}|}\boldsymbol{A}^{*}\right)=\left(\frac{1}{|\boldsymbol{A}|}\boldsymbol{A}^{*}\right)\boldsymbol{A}=\boldsymbol{I}.$$

再由逆矩阵的定义，即知 $\boldsymbol{A}$ 可逆，且有 $\boldsymbol{A}^{-1}=\dfrac{1}{|\boldsymbol{A}|}\boldsymbol{A}^{*}$.

定义 2.13 若 n 阶矩阵 $\boldsymbol{A}$ 的行列式 $|\boldsymbol{A}|\neq 0$，则称 $\boldsymbol{A}$ 为非奇异矩阵，否则称 $\boldsymbol{A}$ 为奇异矩阵.

由上面两定理可知：

(1) $\boldsymbol{A}$ 是可逆矩阵的充要条件是 $|\boldsymbol{A}|\neq 0$，即可逆矩阵就是非奇异矩阵.

(2) 由定理 2.2 可得推论：

推论 1 设 $\boldsymbol{A},\boldsymbol{B}$ 都是 n 阶矩阵，且 $\boldsymbol{AB}=\boldsymbol{I}$(或 $\boldsymbol{BA}=\boldsymbol{I}$)，则 $\boldsymbol{B}=\boldsymbol{A}^{-1}$.

证明 由 $\boldsymbol{AB}=\boldsymbol{I}$，得

$$|\boldsymbol{A}||\boldsymbol{B}|=1 \Rightarrow |\boldsymbol{A}|\neq 0,|\boldsymbol{B}|\neq 0,$$

于是 $\boldsymbol{A},\boldsymbol{B}$ 皆可逆，且

$$\boldsymbol{AB}=\boldsymbol{I} \Rightarrow \boldsymbol{BA}=\boldsymbol{A}^{-1}(\boldsymbol{AB})\boldsymbol{A}=\boldsymbol{A}^{-1}\boldsymbol{A}=\boldsymbol{I} \Rightarrow \boldsymbol{BA}=\boldsymbol{I}.$$

推论 1 表明：若 $\boldsymbol{A},\boldsymbol{B}$ 都是 n 阶矩阵，且 $\boldsymbol{AB}=\boldsymbol{I}$ 则 $\boldsymbol{BA}=\boldsymbol{I}$，即 $\boldsymbol{A}$ 与 $\boldsymbol{B}$ 可交换，且 $\boldsymbol{A},\boldsymbol{B}$ 互为逆矩阵.

(3) 对角阵和上(下)三角矩阵可逆的充要条件是它们主对角元 $a_{11},a_{22},\cdots,a_{nn}$ 全不为零，且其逆矩阵的主对角元分别为 $a_{11}^{-1},a_{22}^{-1},\cdots,a_{nn}^{-1}$.

【例 2.19】 若 n 阶方阵

$$\boldsymbol{A}=\begin{pmatrix} a_1 & & & \\ & a_2 & & \\ & & \ddots & \\ & & & a_n \end{pmatrix},$$

其中 $a_i\neq 0(i=1,2,\cdots,n)$. 验证

$$\boldsymbol{B}=\begin{pmatrix} a_1^{-1} & & & \\ & a_2^{-1} & & \\ & & \ddots & \\ & & & a_n^{-1} \end{pmatrix}$$

为方阵 $\boldsymbol{A}$ 的逆矩阵 $\boldsymbol{A}^{-1}$.

证明 因为

$$\boldsymbol{AB}=\begin{pmatrix} a_1 & & & \\ & a_2 & & \\ & & \ddots & \\ & & & a_n \end{pmatrix}\begin{pmatrix} a_1^{-1} & & & \\ & a_2^{-1} & & \\ & & \ddots & \\ & & & a_n^{-1} \end{pmatrix}=\begin{pmatrix} 1 & & & \\ & 1 & & \\ & & \ddots & \\ & & & 1 \end{pmatrix}=\boldsymbol{I},$$

所以

$$\boldsymbol{A}^{-1}=\boldsymbol{B}=\begin{pmatrix} a_1^{-1} & & & \\ & a_2^{-1} & & \\ & & \ddots & \\ & & & a_n^{-1} \end{pmatrix}.$$

(4) 提供了求 $\boldsymbol{A}^{-1}$ 的一种方法，即矩阵求逆的公式 $\boldsymbol{A}^{-1}=\dfrac{1}{|\boldsymbol{A}|}\boldsymbol{A}^*$.

【例 2.20】 设有三阶矩阵

$$\boldsymbol{A}=\begin{pmatrix} 2 & 2 & 3 \\ 1 & -1 & 0 \\ -1 & 2 & 1 \end{pmatrix},$$

求矩阵 $\boldsymbol{A}$ 的逆矩阵 $\boldsymbol{A}^{-1}$.

解 因为

$$|\boldsymbol{A}|=\begin{vmatrix} 2 & 2 & 3 \\ 1 & -1 & 0 \\ -1 & 2 & 1 \end{vmatrix}\underline{\underline{c_2+c_1}}\begin{vmatrix} 2 & 4 & 3 \\ 1 & 0 & 0 \\ -1 & 1 & 1 \end{vmatrix}=-\begin{vmatrix} 4 & 3 \\ 1 & 1 \end{vmatrix}=-1\neq 0,$$

所以矩阵 $\boldsymbol{A}$ 可逆，且 $\boldsymbol{A}$ 的伴随矩阵为

$$\boldsymbol{A}^*=\begin{pmatrix} \boldsymbol{A}_{11} & \boldsymbol{A}_{21} & \boldsymbol{A}_{31} \\ \boldsymbol{A}_{12} & \boldsymbol{A}_{22} & \boldsymbol{A}_{32} \\ \boldsymbol{A}_{13} & \boldsymbol{A}_{23} & \boldsymbol{A}_{33} \end{pmatrix}=\begin{pmatrix} -1 & 4 & 3 \\ -1 & 5 & 3 \\ 1 & -6 & -4 \end{pmatrix},$$

故

$$A^{-1}=\frac{1}{|A|}A^*=\frac{1}{-1}\begin{pmatrix}-1&4&3\\-1&5&3\\1&-6&-4\end{pmatrix}=\begin{pmatrix}1&-4&-3\\1&-5&-3\\-1&6&4\end{pmatrix}.$$

推论 2 设 A,B 都是 n 阶矩阵,若 A 可逆且 $AB=AC$,则 $B=C$.

证明 由 $AB=AC$,得

$$A(B-C)=0 \Rightarrow B-C=A^{-1}A(B-C)=A^{-1}0=0,$$

即证

$$B-C=0 \Rightarrow B=C.$$

矩阵的逆矩阵满足下列运算性质:

(1) 若矩阵 A 可逆,则 A^{-1} 也可逆,且 $(A^{-1})^{-1}=A$.

(2) 若矩阵 A 可逆,数 $k\neq0$,则 $(kA)^{-1}=\frac{1}{k}A^{-1}$.

(3) 两个同阶可逆矩阵 A,B 的乘积是可逆矩阵,且 $(AB)^{-1}=B^{-1}A^{-1}$.

(4) 若矩阵 A 可逆,则 A^{T} 也可逆,且有 $(A^{\mathrm{T}})^{-1}=(A^{-1})^{\mathrm{T}}$.

(5) 若矩阵 A 可逆,则 $|A^{-1}|=|A|^{-1}$.

证明 只证性质(3). 因为 $|AB|=|A||B|\neq0$,所以 AB 可逆,又因为

$$(AB)(B^{-1}A^{-1})=A(BB^{-1})A^{-1}=AIA^{-1}=AA^{-1}=I,$$

即证 $(AB)^{-1}=B^{-1}A^{-1}$.

值得指出的是:

① 运算性质(3)可推广到多个可逆矩阵的乘积,即若 $A_1,A_2,\cdots,A_m$ 皆可逆,则有

$$(A_1A_2\cdots A_m)^{-1}=A_m^{-1}A_{m-1}^{-1}\cdots A_2^{-1}A_1^{-1}.$$

② A,B 皆可逆,$A+B$ 不一定可逆,即使 $A+B$ 可逆,一般地,$(A+B)^{-1}\neq A^{-1}+B^{-1}$.

例如二阶对角阵

$$A=\mathrm{diag}(2,-1),\ B=I_2,\ C=\mathrm{diag}(1,2)$$

均可逆,但 $A+B=\mathrm{diag}(3,0)$ 不可逆,而 $A+C=\mathrm{diag}(3,1)$ 可逆,且其逆

$$(A+C)^{-1}=\mathrm{diag}\left(\frac{1}{3},1\right)\neq A^{-1}+C^{-1}=\mathrm{diag}\left(\frac{3}{2},-\frac{1}{2}\right).$$

③ 当 $|A|\neq0$ 时,还可定义

$$A^0=I,\ A^{-k}=(A^{-1})^k, \tag{2.18}$$

其中 k 为正整数,这样,当 $|A|\neq0$,且 λ,μ 为整数时,有

$$A^{\lambda}A^{\mu}=A^{\lambda+\mu},\ (A^{\lambda})^{\mu}=A^{\lambda\mu}. \tag{2.19}$$

【例 2.21】 求

$$A=\begin{pmatrix}a&b\\c&d\end{pmatrix}$$

的逆矩阵.

解 因为 $|A|=ad-bc$,且 A 的伴随矩阵为

$$A^*=\begin{pmatrix}d&-b\\-c&a\end{pmatrix},$$

所以当 $|A|=ab-bc\neq0$ 时,有

$$A^{-1}=\frac{1}{|A|}A^*=\frac{1}{ad-bc}\begin{pmatrix} d & -b \\ -c & a \end{pmatrix}.$$

【例 2.22】 设 n 阶方阵 $\boldsymbol{A}$ 满足方程 $\boldsymbol{A}^2=2\boldsymbol{A}$，证明 $\boldsymbol{A}-\boldsymbol{I}$ 与 $\boldsymbol{A}+2\boldsymbol{I}$ 均可逆，并求其逆.

证明 由 $\boldsymbol{A}^2=2\boldsymbol{A}$ 得 $\boldsymbol{A}^2-2\boldsymbol{A}=0$，于是

$$\boldsymbol{A}^2-2\boldsymbol{A}=(\boldsymbol{A}-\boldsymbol{I})^2-\boldsymbol{I}=0.$$

即 $(\boldsymbol{A}-\boldsymbol{I})(\boldsymbol{A}-\boldsymbol{I})=\boldsymbol{I}$，所以 $\boldsymbol{A}-\boldsymbol{I}$ 可逆，且 $(\boldsymbol{A}-\boldsymbol{I})^{-1}=\boldsymbol{A}-\boldsymbol{I}$.

又因为

$$\boldsymbol{A}^2-2\boldsymbol{A}=(\boldsymbol{A}+2\boldsymbol{I})(\boldsymbol{A}-4\boldsymbol{I})+8\boldsymbol{I}=0.$$

即 $(\boldsymbol{A}+2\boldsymbol{I})\left[-\frac{1}{8}(\boldsymbol{A}-4\boldsymbol{I})\right]=\boldsymbol{I}$，因而 $\boldsymbol{A}+2\boldsymbol{I}$ 可逆，且有

$$(\boldsymbol{A}+2\boldsymbol{I})^{-1}=-\frac{1}{8}(\boldsymbol{A}-4\boldsymbol{I}).$$

习题 2.3

1. 求下列矩阵的逆矩阵：

(1) $\begin{pmatrix} 4 & 2 \\ 5 & 3 \end{pmatrix}$； (2) $\begin{pmatrix} 1 & 1 & -1 \\ 2 & 1 & 0 \\ 1 & -1 & 0 \end{pmatrix}$； (3) $\begin{bmatrix} 1 & 2 & 3 & 4 \\ 0 & 1 & 2 & 3 \\ 0 & 0 & 1 & 2 \\ 0 & 0 & 0 & 1 \end{bmatrix}$.

2. 已知线性变换

$$\begin{cases} x_1=2y_1+2y_2+y_3, \\ x_2=3y_1+y_2+5y_3, \\ x_3=3y_1+2y_2+3y_3. \end{cases}$$

求从变量 x_1,x_2,x_3 到变量 y_1,y_2,y_3 的线性变换.

3. 利用逆矩阵解下列线性方程组：

(1) $\begin{cases} x_1+2x_2+3x_3=1, \\ 3x_1+4x_2+8x_3=3, \\ 3x_1+5x_2+x_3=3; \end{cases}$ (2) $\begin{cases} x_1-x_2-x_3=2, \\ 2x_1-x_2-3x_3=1, \\ 3x_1+2x_2-5x_3=0. \end{cases}$

4. 用逆矩阵解下列矩阵方程：

(1) $\begin{pmatrix} 1 & 2 & 3 \\ 2 & 2 & 1 \\ 3 & 4 & 3 \end{pmatrix}X\begin{pmatrix} 2 & 1 \\ 5 & 3 \end{pmatrix}=\begin{pmatrix} 1 & 3 \\ 2 & 0 \\ 3 & 1 \end{pmatrix}$；

(2) $\begin{pmatrix} 0 & 1 & 0 \\ 1 & 0 & 0 \\ 0 & 0 & 1 \end{pmatrix}X\begin{pmatrix} 1 & 0 & 0 \\ 0 & 0 & 1 \\ 0 & 1 & 0 \end{pmatrix}=\begin{pmatrix} 1 & -4 & 3 \\ 2 & 0 & -1 \\ 1 & -2 & 0 \end{pmatrix}$.

5. 已知 n 阶矩阵 $\boldsymbol{A}(n\geqslant 2)$，且 $\boldsymbol{A}$ 非奇异，求 $(\boldsymbol{A}^*)^*$.

6. 设 n 阶矩阵 $\boldsymbol{A}$ 的伴随矩阵为 $\boldsymbol{A}^*$，证明：

$$|\boldsymbol{A}^*|=|\boldsymbol{A}|^{n-1}.$$

7. $\boldsymbol{A}$ 是一个 n 阶上三角形矩阵，主对角线元素 $a_{ii}\neq 0(i=1,2,\cdots,n)$，证明 $\boldsymbol{A}$ 可逆，且

$\boldsymbol{A}^{-1}$ 也是上三角形矩阵.

8. 设 $\boldsymbol{A}$ 为 n 阶矩阵，且 $\boldsymbol{A}^2+\boldsymbol{A}-4\boldsymbol{I}=0$. 证明 $\boldsymbol{A}-\boldsymbol{I}$ 可逆，并求 $(\boldsymbol{A}-\boldsymbol{I})^{-1}$.

9. 设有三阶矩阵

$$\boldsymbol{A}=\begin{pmatrix}1&0&1\\0&2&0\\1&0&1\end{pmatrix}.$$

且矩阵 $\boldsymbol{B}$ 满足 $\boldsymbol{AB}+\boldsymbol{I}=\boldsymbol{A}^2+\boldsymbol{B}$，求 $\boldsymbol{B}$.

2.4 分块矩阵

在处理较高阶矩阵时，为了使大矩阵的运算量减少，常常会将行数和列数较高的矩阵 $\boldsymbol{A}$ 化成小矩阵进行运算，这种方法就是矩阵的分块法. 它不仅可以利用矩阵的特点简化计算，还可使推理和证明变得简洁.

2.4.1 分块矩阵的概念

定义 2.14 将一个 $m\times n$ 矩阵 $\boldsymbol{A}$ 用若干条横线和纵线按一定需要分成多个小矩阵，这种方法称为矩阵 $\boldsymbol{A}$ 的分块法，其中每一个低阶的小矩阵称为矩阵 $\boldsymbol{A}$ 的子块，以分成子块为元素所组成的矩阵称为矩阵 $\boldsymbol{A}$ 的分块矩阵.

下面通过例子来说明如何对矩阵 $\boldsymbol{A}$ 分块以及分块矩阵的运算方法.

【例 2.23】 把一个五阶矩阵

$$\boldsymbol{A}=\left(\begin{array}{cc|ccc}2&1&1&0&-1\\1&2&2&-3&0\\\hline 0&0&1&0&0\\0&0&0&1&0\\0&0&0&0&1\end{array}\right),$$

用水平和垂直的虚线分成四块，若记

$$\boldsymbol{A}_1=\begin{pmatrix}2&1\\1&2\end{pmatrix},\quad \boldsymbol{A}_2=\begin{pmatrix}1&0&-1\\2&-3&0\end{pmatrix},\quad \boldsymbol{0}=\begin{pmatrix}0&0\\0&0\\0&0\end{pmatrix},\quad \boldsymbol{I}_3=\begin{pmatrix}1&&\\&1&\\&&1\end{pmatrix},$$

则可以把 $\boldsymbol{A}$ 看成是由上面四个子矩阵组成的一个 2×2 分块矩阵，写作 $\boldsymbol{A}=\begin{pmatrix}\boldsymbol{A}_1&\boldsymbol{A}_2\\\boldsymbol{0}&\boldsymbol{I}_3\end{pmatrix}$，其中的每一个子矩阵称为 $\boldsymbol{A}$ 的一个子块.

【例 2.24】 在第一章 1.2 节的例 1.13 中，若记 $(k+n)$ 阶行列式

$$D=|\boldsymbol{R}|=\begin{vmatrix}a_{11}&\cdots&a_{1k}&0&\cdots&0\\\vdots&&\vdots&\vdots&&\vdots\\a_{k1}&\cdots&a_{kk}&0&\cdots&0\\c_{11}&\cdots&c_{1k}&b_{11}&\cdots&b_{1n}\\\vdots&&\vdots&\vdots&&\vdots\\c_{n1}&\cdots&c_{nk}&b_{n1}&\cdots&b_{nn}\end{vmatrix}=\begin{vmatrix}\boldsymbol{A}&\boldsymbol{0}\\\boldsymbol{C}&\boldsymbol{B}\end{vmatrix},$$

其中

$$A=\begin{pmatrix}a_{11}&\cdots&a_{1k}\\ \vdots&&\vdots\\ a_{k1}&\cdots&a_{kk}\end{pmatrix},\ B=\begin{pmatrix}b_{11}&\cdots&b_{1n}\\ \vdots&&\vdots\\ b_{n1}&\cdots&b_{nn}\end{pmatrix},\ C=\begin{pmatrix}c_{11}&\cdots&c_{1k}\\ \vdots&&\vdots\\ c_{n1}&\cdots&c_{nk}\end{pmatrix},$$

则 $R=\begin{pmatrix}A&\mathbf{0}\\ C&B\end{pmatrix}$ 为一个 2×2 分块矩阵,它也是一个 $(k+n)$ 阶方阵,其中 $\mathbf{0}=(0)_{k\times n}$ 为一个 $k\times n$ 零矩阵. 于是可得

$$D=|R|=\begin{vmatrix}A&\mathbf{0}\\ C&B\end{vmatrix}=|A||B|=D_1D_2.$$

上面的例子表明:分块矩阵的元素可能不再是数,而是一些小矩阵. 位于同一行(或列)的子块应具有相同的行(或列)数,且具有明显的结构特点(如以方阵、零矩阵、单位矩阵等特殊矩阵作为其子块).

设 $A=(a_{ij})_{m\times n}$,除上面的 2×2 分块矩阵外,还有以下几种常用的分块形式:

(1) 行分块:即以 A 的 m 个行向量为元素所成的分块矩阵,记为

$$A=\begin{pmatrix}\boldsymbol{\alpha}_1\\ \boldsymbol{\alpha}_2\\ \vdots\\ \boldsymbol{\alpha}_m\end{pmatrix},$$

其中 $\boldsymbol{\alpha}_i=(a_{i1},a_{i2},\cdots,a_{in})\quad(i=1,2,\cdots,m)$.

(2) 列分块:即以 A 的 n 个列向量为元素所成的分块矩阵,记为

$$A=(\boldsymbol{\beta}_1,\boldsymbol{\beta}_2,\cdots,\boldsymbol{\beta}_n),$$

其中 $\boldsymbol{\beta}_j=(a_{1j},a_{2j},\cdots,a_{mj})^{\mathrm{T}}\quad(j=1,2,\cdots,n)$.

(3) n 阶准对角阵:又称为分块对角阵,即分块阵 A 的非零子块均位于主对角线上,其余的子块为零矩阵. 记为

$$A=\mathrm{diag}(A_1,A_2,\cdots,A_s)=\begin{pmatrix}A_1&0&\cdots&0\\ 0&A_2&\cdots&0\\ \vdots&\vdots&&\vdots\\ 0&0&\cdots&A_s\end{pmatrix},$$

其中 $A_i(i=1,2,\cdots,s)$ 分别是 r_i 阶方阵($\sum_{i=1}^{s}r_i=n$).

【例 2.25】 设有五阶矩阵

$$A=\left(\begin{array}{cc:cc:c}1&1&0&0&0\\ -1&1&0&0&0\\ \hdashline 0&0&1&0&0\\ 0&0&1&1&0\\ \hdashline 0&0&0&0&1\end{array}\right),$$

若将 A 分块成一个 3×3 分块矩阵,并记

$$A_1=\begin{pmatrix}1&1\\ -1&1\end{pmatrix},\ A_2=\begin{pmatrix}1&0\\ 1&1\end{pmatrix},\ A_3=(1),$$

则

$$\boldsymbol{A}=\begin{pmatrix}\boldsymbol{A}_1 & \boldsymbol{0} & \boldsymbol{0}\\ \boldsymbol{0} & \boldsymbol{A}_2 & \boldsymbol{0}\\ \boldsymbol{0} & \boldsymbol{0} & \boldsymbol{A}_3\end{pmatrix}$$

是一个五阶的准对角阵.

(4) n 阶三角分块阵:形如

$$\begin{bmatrix}\boldsymbol{A}_{11} & \boldsymbol{A}_{12} & \cdots & \boldsymbol{A}_{1s}\\ & \boldsymbol{A}_{22} & \cdots & \boldsymbol{A}_{2s}\\ & & \ddots & \vdots\\ & & & \boldsymbol{A}_{ss}\end{bmatrix} \quad 或 \quad \begin{bmatrix}\boldsymbol{A}_{11} & & & \\ \boldsymbol{A}_{21} & \boldsymbol{A}_{22} & & \\ \vdots & \vdots & \ddots & \\ \boldsymbol{A}_{s1} & \boldsymbol{A}_{s2} & \cdots & \boldsymbol{A}_{ss}\end{bmatrix}$$

的分块矩阵,分别称为上三角分块阵或下三角分块阵,其中 $\boldsymbol{A}_{ii}(i=1,2,\cdots,s)$是方阵.

2.4.2 分块矩阵的运算

下面讨论分块矩阵的运算.

(1) 分块矩阵的加法

设 $\boldsymbol{A}$ 与 $\boldsymbol{B}$ 同型的 $s\times r$ 分块矩阵,采用相同的分块法将 $\boldsymbol{A}$ 与 $\boldsymbol{B}$ 分成行数相同、列数相同的分块矩阵,即

$$\boldsymbol{A}=\begin{pmatrix}\boldsymbol{A}_{11} & \cdots & \boldsymbol{A}_{1r}\\ \vdots & & \vdots\\ \boldsymbol{A}_{s1} & \cdots & \boldsymbol{A}_{sr}\end{pmatrix},\quad \boldsymbol{B}=\begin{pmatrix}\boldsymbol{B}_{11} & \cdots & \boldsymbol{B}_{1r}\\ \vdots & & \vdots\\ \boldsymbol{B}_{s1} & \cdots & \boldsymbol{B}_{sr}\end{pmatrix},$$

其中 $\boldsymbol{A}_{ij}$ 与 $\boldsymbol{B}_{ij}$ 为同型的子块,则

$$\boldsymbol{A}+\boldsymbol{B}=\begin{pmatrix}\boldsymbol{A}_{11}+\boldsymbol{B}_{11} & \cdots & \boldsymbol{A}_{1r}+\boldsymbol{B}_{1r}\\ \vdots & & \vdots\\ \boldsymbol{A}_{s1}+\boldsymbol{B}_{s1} & \cdots & \boldsymbol{A}_{sr}+\boldsymbol{B}_{sr}\end{pmatrix}.$$

(2) 分块矩阵的数量乘法

设 λ 是一个数,$\boldsymbol{A}$ 仍为 $s\times r$ 分块矩阵,则

$$\lambda\boldsymbol{A}=\begin{pmatrix}\lambda\boldsymbol{A}_{11} & \cdots & \lambda\boldsymbol{A}_{1r}\\ \vdots & & \vdots\\ \lambda\boldsymbol{A}_{s1} & \cdots & \lambda\boldsymbol{A}_{sr}\end{pmatrix}.$$

(3) 分块矩阵的乘法

设 $\boldsymbol{A}$ 为 $m\times l$ 矩阵,$\boldsymbol{B}$ 为 $l\times n$ 矩阵,将 $\boldsymbol{A}$ 与 $\boldsymbol{B}$ 分别分成 $s\times t$ 分块阵与 $t\times r$ 分块阵,即

$$\boldsymbol{A}=\begin{pmatrix}\boldsymbol{A}_{11} & \cdots & \boldsymbol{A}_{1t}\\ \vdots & & \vdots\\ \boldsymbol{A}_{s1} & \cdots & \boldsymbol{A}_{st}\end{pmatrix},\quad \boldsymbol{B}=\begin{pmatrix}\boldsymbol{B}_{11} & \cdots & \boldsymbol{B}_{1r}\\ \vdots & & \vdots\\ \boldsymbol{B}_{t1} & \cdots & \boldsymbol{B}_{tr}\end{pmatrix},$$

其中 $\boldsymbol{A}_{i1},\boldsymbol{A}_{i2},\cdots,\boldsymbol{A}_{it}$ 的列数分别与 $\boldsymbol{B}_{1j},\boldsymbol{B}_{2j},\cdots,\boldsymbol{B}_{tj}$ 的行数对应相等,则

$$\boldsymbol{AB}=\begin{pmatrix}\boldsymbol{C}_{11} & \cdots & \boldsymbol{C}_{1r}\\ \vdots & & \vdots\\ \boldsymbol{C}_{s1} & \cdots & \boldsymbol{C}_{sr}\end{pmatrix},$$

其中 $\boldsymbol{C}_{ij}=\sum\limits_{k=1}^{t}\boldsymbol{A}_{ik}\boldsymbol{B}_{kj} \quad (i=1,\cdots,s;\ j=1,\cdots,r)$.

(4) 分块矩阵的转置

设为 $s\times r$ 分块矩阵，则

$$\boldsymbol{A}^{\mathrm{T}}=\begin{pmatrix}\boldsymbol{A}_{11}^{\mathrm{T}} & \cdots & \boldsymbol{A}_{s1}^{\mathrm{T}}\\ \vdots & & \vdots\\ \boldsymbol{A}_{1r}^{\mathrm{T}} & \cdots & \boldsymbol{A}_{sr}^{\mathrm{T}}\end{pmatrix}.$$

【例 2.26】 设

$$\boldsymbol{A}=\left(\begin{array}{cc:c:cc}1 & 0 & 2 & -1 & 0\\ 0 & 1 & 1 & -2 & 1\\ \hdashline 0 & 0 & 3 & 1 & 0\\ 1 & 0 & -2 & 0 & 1\end{array}\right),\quad \boldsymbol{B}=\left(\begin{array}{cc:c}1 & 0 & 2\\ 0 & 1 & 0\\ \hdashline -1 & 1 & 3\\ \hdashline 0 & 1 & -1\\ 2 & 0 & 1\end{array}\right),$$

若记

$$\boldsymbol{A}=\begin{pmatrix}\boldsymbol{I} & \boldsymbol{A}_{12} & \boldsymbol{A}_{13}\\ \boldsymbol{A}_{21} & \boldsymbol{A}_{22} & \boldsymbol{I}\end{pmatrix},\quad \boldsymbol{B}=\begin{pmatrix}\boldsymbol{I} & \boldsymbol{B}_{12}\\ \boldsymbol{B}_{21} & \boldsymbol{B}_{22}\\ \boldsymbol{B}_{31} & \boldsymbol{B}_{32}\end{pmatrix}.$$

并设 $\boldsymbol{C}=\boldsymbol{AB}=\begin{pmatrix}\boldsymbol{C}_{11} & \boldsymbol{C}_{12}\\ \boldsymbol{C}_{21} & \boldsymbol{C}_{22}\end{pmatrix}$，则

$$\boldsymbol{C}_{11}=\boldsymbol{I}+\boldsymbol{A}_{12}\boldsymbol{B}_{21}+\boldsymbol{A}_{13}\boldsymbol{B}_{31}=\begin{pmatrix}1 & 0\\ 0 & 1\end{pmatrix}+\begin{pmatrix}2\\ 1\end{pmatrix}(-1,1)+\begin{pmatrix}-1 & 0\\ -2 & 1\end{pmatrix}\begin{pmatrix}0 & 1\\ 2 & 0\end{pmatrix}=\begin{pmatrix}-1 & 1\\ 1 & 0\end{pmatrix},$$

$$\boldsymbol{C}_{12}=\boldsymbol{B}_{12}+\boldsymbol{A}_{12}\boldsymbol{B}_{22}+\boldsymbol{A}_{13}\boldsymbol{B}_{32}=\begin{pmatrix}2\\ 0\end{pmatrix}+\begin{pmatrix}2\\ 1\end{pmatrix}(3)+\begin{pmatrix}-1 & 0\\ -2 & 1\end{pmatrix}\begin{pmatrix}-1\\ 1\end{pmatrix}=\begin{pmatrix}9\\ 6\end{pmatrix},$$

$$\boldsymbol{C}_{21}=\boldsymbol{A}_{21}+\boldsymbol{A}_{22}\boldsymbol{B}_{21}+\boldsymbol{B}_{31}=\begin{pmatrix}0 & 0\\ 1 & 0\end{pmatrix}+\begin{pmatrix}3\\ -2\end{pmatrix}(-1,1)+\begin{pmatrix}0 & 1\\ 2 & 0\end{pmatrix}=\begin{pmatrix}-3 & 4\\ 5 & -2\end{pmatrix},$$

$$\boldsymbol{C}_{22}=\boldsymbol{A}_{21}\boldsymbol{B}_{12}+\boldsymbol{A}_{22}\boldsymbol{B}_{22}+\boldsymbol{B}_{32}=\begin{pmatrix}0 & 0\\ 1 & 0\end{pmatrix}\begin{pmatrix}2\\ 0\end{pmatrix}+\begin{pmatrix}3\\ -2\end{pmatrix}(3)+\begin{pmatrix}-1\\ 1\end{pmatrix}=\begin{pmatrix}8\\ -3\end{pmatrix},$$

故

$$\boldsymbol{C}=\boldsymbol{AB}=\begin{pmatrix}-1 & 1 & 9\\ 1 & 0 & 6\\ -3 & 4 & 8\\ 5 & -2 & -3\end{pmatrix}.$$

容易验证，按矩阵乘法的定义直接计算，其结果一致.

2.4.3 分块对角阵的运算性质

(1) 分块对角阵的加法

设 $\boldsymbol{A}$ 与 $\boldsymbol{B}$ 为同型的 n 阶分块对角阵，采用相同的分块法将 $\boldsymbol{A}$ 与 $\boldsymbol{B}$ 分成行数相同、列数相同的分块矩阵，即

$$\boldsymbol{A}=\mathrm{diag}(\boldsymbol{A}_1,\boldsymbol{A}_2,\cdots,\boldsymbol{A}_s),\quad \boldsymbol{B}=\mathrm{diag}(\boldsymbol{B}_1,\boldsymbol{B}_2,\cdots,\boldsymbol{B}_s),$$

其中 $\boldsymbol{A}_i$ 与 $\boldsymbol{B}_i(i=1,2,\cdots,s)$ 为同型的子块，则

$$\boldsymbol{A}+\boldsymbol{B}=\begin{pmatrix}\boldsymbol{A}_1+\boldsymbol{B}_1 & & & \\ & \boldsymbol{A}_2+\boldsymbol{B}_2 & & \\ & & \ddots & \\ & & & \boldsymbol{A}_s+\boldsymbol{B}_s\end{pmatrix}=\operatorname{diag}(\boldsymbol{A}_1+\boldsymbol{B}_1,\boldsymbol{A}_2+\boldsymbol{B}_2,\cdots,\boldsymbol{A}_s+\boldsymbol{B}_s).$$

(2) 分块对角阵的数量乘法

设 λ 是一个数，$\boldsymbol{A}$ 仍为 n 阶分块对角阵，即 $\boldsymbol{A}=\operatorname{diag}(\boldsymbol{A}_1,\boldsymbol{A}_2,\cdots,\boldsymbol{A}_s)$. 则

$$\lambda\boldsymbol{A}=\begin{pmatrix}\lambda\boldsymbol{A}_1 & & \\ & \ddots & \\ & & \lambda\boldsymbol{A}_s\end{pmatrix}=\operatorname{diag}(\lambda\boldsymbol{A}_1,\lambda\boldsymbol{A}_2,\cdots,\lambda\boldsymbol{A}_s).$$

(3) 分块对角阵的乘法

设 $\boldsymbol{A}$ 与 $\boldsymbol{B}$ 为同型的 n 阶分块对角阵，且

$$\boldsymbol{A}=\operatorname{diag}(\boldsymbol{A}_1,\boldsymbol{A}_2,\cdots,\boldsymbol{A}_s),\quad \boldsymbol{B}=\operatorname{diag}(\boldsymbol{B}_1,\boldsymbol{B}_2,\cdots,\boldsymbol{B}_s).$$

其中 $\boldsymbol{A}_i$ 与 $\boldsymbol{B}_i(i=1,2,\cdots,s)$ 为同型的子块，则

$$\boldsymbol{A}\boldsymbol{B}=\begin{pmatrix}\boldsymbol{A}_1\boldsymbol{B}_1 & & & \\ & \boldsymbol{A}_2\boldsymbol{B}_2 & & \\ & & \ddots & \\ & & & \boldsymbol{A}_s\boldsymbol{B}_s\end{pmatrix}=\operatorname{diag}(\boldsymbol{A}_1\boldsymbol{B}_1,\boldsymbol{A}_2\boldsymbol{B}_2,\cdots,\boldsymbol{A}_s\boldsymbol{B}_s).$$

(4) 分块矩阵的逆矩阵

设 $\boldsymbol{A}$ 为 n 阶分块对角阵，即 $\boldsymbol{A}=\operatorname{diag}(\boldsymbol{A}_1,\boldsymbol{A}_2,\cdots,\boldsymbol{A}_s)$. $|\boldsymbol{A}|=|\boldsymbol{A}_1||\boldsymbol{A}_2|\cdots|\boldsymbol{A}_s|$，若 $|\boldsymbol{A}_i|\neq 0\ (i=1,2,\cdots,s)$，则 $|\boldsymbol{A}|\neq 0$，且

$$\boldsymbol{A}^{-1}=\begin{pmatrix}\boldsymbol{A}_1^{-1} & & & \\ & \boldsymbol{A}_2^{-1} & & \\ & & \ddots & \\ & & & \boldsymbol{A}_s^{-1}\end{pmatrix}=\operatorname{diag}(\boldsymbol{A}_1^{-1},\boldsymbol{A}_2^{-1},\cdots,\boldsymbol{A}_s^{-1}).$$

【例 2.27】 设有三阶方阵

$$\boldsymbol{A}=\begin{pmatrix}5 & 0 & 0\\ 0 & 3 & 1\\ 0 & 2 & 1\end{pmatrix},$$

求 $\boldsymbol{A}^{-1}$.

解 记

$$\boldsymbol{A}=\begin{pmatrix}5 & 0 & 0\\ 0 & 3 & 1\\ 0 & 2 & 1\end{pmatrix}=\begin{pmatrix}\boldsymbol{A}_1 & \boldsymbol{0}\\ \boldsymbol{0} & \boldsymbol{A}_2\end{pmatrix},$$

其中 $\boldsymbol{A}_1=(5)$，$\boldsymbol{A}_2=\begin{pmatrix}3 & 1\\ 2 & 1\end{pmatrix}$，故

$$\boldsymbol{A}^{-1}=\begin{pmatrix}\boldsymbol{A}_1^{-1} & \boldsymbol{0}\\ \boldsymbol{0} & \boldsymbol{A}_2^{-1}\end{pmatrix}=\begin{pmatrix}\frac{1}{5} & 0 & 0\\ 0 & 1 & -1\\ 0 & -2 & 3\end{pmatrix}.$$

同理可得：同结构的分块上(下)三角矩阵的和、差、积、逆仍是分块上(下)三角矩阵，证明

留作习题.

习题 2.4

1. 用分块矩阵乘法求下列矩阵的乘积:

(1) $\begin{pmatrix}0&0&1&0\\0&0&0&1\\1&0&2&3\\0&1&1&-2\end{pmatrix}\begin{pmatrix}-2&-3&3&0\\1&2&0&3\\1&0&0&0\\0&1&0&0\end{pmatrix}$; (2) $\begin{pmatrix}a&0&0&0\\0&a&0&0\\1&0&b&0\\0&1&0&b\end{pmatrix}\begin{pmatrix}1&0&c&0\\0&1&0&c\\0&0&d&0\\0&0&0&d\end{pmatrix}$.

2. 设 n 阶矩阵 $\boldsymbol{A},\boldsymbol{B}$ 都可逆,求

$$\begin{pmatrix}\boldsymbol{0}&\boldsymbol{A}\\\boldsymbol{B}&\boldsymbol{0}\end{pmatrix}^{-1}.$$

3. 用分块法求下列矩阵的逆矩阵:

(1) $\begin{pmatrix}5&2&0&0\\2&1&0&0\\0&0&8&3\\0&0&5&2\end{pmatrix}$; (2) $\begin{pmatrix}0&a_1&0&\cdots&0\\0&0&a_2&\cdots&0\\\vdots&\vdots&\vdots&&\vdots\\0&0&0&\cdots&a_{n-1}\\a_n&0&0&\cdots&0\end{pmatrix}$ $(a_1a_2\cdots a_n\neq0)$.

4. 设 $\boldsymbol{A}=\begin{pmatrix}1&2&&\\1&0&&\\&&2&3\\&&1&1\end{pmatrix}$,求 $\boldsymbol{A}^4$ 及 $|\boldsymbol{A}^8|$.

5. 设 $\boldsymbol{A}$ 为 3×3 矩阵,$|\boldsymbol{A}|=-2$,把 $\boldsymbol{A}$ 按列分块为 $\boldsymbol{A}=(\boldsymbol{A}_1,\boldsymbol{A}_2,\boldsymbol{A}_3)$,其中 $\boldsymbol{A}_j\,(j=1,2,3)$ 为 $\boldsymbol{A}$ 的第 j 列,求:

(1) $|\boldsymbol{A}_1,2\boldsymbol{A}_2,\boldsymbol{A}_3|$; (2) $|\boldsymbol{A}_3-2\boldsymbol{A}_1,3\boldsymbol{A}_2,\boldsymbol{A}_1|$.

6. 证明:同结构的分块上(下)三角矩阵的和、差、积、逆仍是分块上(下)三角矩阵.

2.5 矩阵的初等变换与初等矩阵

矩阵的初等变换源于解线性方程组的同解变化过程,在讨论行列式的计算中我们曾经通过行列式性质(如对换变换、倍乘变换、倍加变换等性质)给出过类似的变换和处理. 把这些处理过程引到矩阵上,也可对矩阵的性质进行更有效的讨论. 同时,矩阵的初等变换在解线性方程组、求逆阵、求矩阵的秩以及矩阵理论的探讨中都可起重要的作用. 此外,刻画初等变换的最好工具是初等矩阵.

2.5.1 矩阵的初等变换

定义 2.15 设 $\boldsymbol{A}$ 为 $m\times n$ 矩阵,对 $\boldsymbol{A}$ 所作的以下三种变换称为矩阵的初等行变换:

(1) 交换 $\boldsymbol{A}$ 的 i,j 两行,称为对换行变换,记为 $r_i\leftrightarrow r_j$.

(2) 以非零常数 k 乘以 $\boldsymbol{A}$ 的第 i 行中的所有元素,称为倍乘行变换,记为 $r_i\times k$.

(3) 把 $\boldsymbol{A}$ 的第 i 行所有元素的 k 倍加到第 j 行对应的元素上去,称为倍加行变换,记为

r_j+kr_i.

由定义有：

(1) 若将定义中的行改为列，则相应的三种变换为对矩阵 $\boldsymbol{A}$ 所作的初等列变换(即对换列变换、倍乘列变换、倍加列变换，并分别记为 $c_i \leftrightarrow c_j$, $c_i \times k$, c_j+kc_i).

(2) 矩阵 $\boldsymbol{A}$ 的初等行变换与初等列变换，统称为矩阵 $\boldsymbol{A}$ 的初等变换.

(3) 矩阵 $\boldsymbol{A}$ 经过初等变换后所得结果仍然是一个与 $\boldsymbol{A}$ 同型的 $m\times n$ 矩阵 $\boldsymbol{B}$.

(4) 矩阵 $\boldsymbol{A}$ 的三种初等变换都是可逆的，且其逆变换是同一类型的初等变换.

(5) 若矩阵 $\boldsymbol{A}$ 经过初等变换后变为矩阵 $\boldsymbol{B}$，则同样可以对矩阵 $\boldsymbol{B}$ 作相应的逆变换还原为矩阵 $\boldsymbol{A}$.

【例 2.28】 已知矩阵

$$\boldsymbol{A}=\begin{pmatrix} 3 & 2 & 9 & 6 \\ -1 & -3 & 4 & -17 \\ 1 & 4 & -7 & 3 \\ -1 & -4 & 7 & -3 \end{pmatrix},$$

对其作如下初等行变换：

解 $$\boldsymbol{A}=\begin{pmatrix} 3 & 2 & 9 & 6 \\ -1 & -3 & 4 & -17 \\ 1 & 4 & -7 & 3 \\ -1 & -4 & 7 & -3 \end{pmatrix} \xrightarrow{r_1 \leftrightarrow r_3} \begin{pmatrix} 1 & 4 & -7 & 3 \\ -1 & -3 & 4 & -17 \\ 3 & 2 & 9 & 6 \\ -1 & -4 & 7 & -3 \end{pmatrix}$$

$$\xrightarrow[r_4+r_1]{\substack{r_2+r_1 \\ r_3-3r_1}} \begin{pmatrix} 1 & 4 & -7 & 3 \\ 0 & 1 & -3 & -14 \\ 0 & -10 & 30 & -3 \\ 0 & 0 & 0 & 0 \end{pmatrix} \xrightarrow{r_3+10r_2} \begin{pmatrix} 1 & 4 & -7 & 3 \\ 0 & 1 & -3 & -14 \\ 0 & 0 & 0 & -143 \\ 0 & 0 & 0 & 0 \end{pmatrix}=\boldsymbol{B}.$$

这里的矩阵 $\boldsymbol{B}$ 依其形状的特征称为行阶梯形矩阵，即满足下列条件的矩阵：

(1) 如果有零行(元素全为零的行)，则零行位于矩阵下方；

(2) 各非零行的主元(即各行中从左至右的第一个非零元)的列标随着行标的增大而严格增大(或说其列标一定不小于行标).

一般地，行阶梯形矩阵有如下形式：

$$\begin{pmatrix} 0 & \cdots & 0 & b_1 & * & \cdots & \cdots & \cdots & \cdots & \cdots & \cdots & \cdots & \cdots & \cdots & * \\ & & & & & & & b_2 & * & \cdots & \cdots & \cdots & \cdots & \cdots & * \\ & & & & & & & & & & & \vdots & \vdots & \vdots & \vdots \\ & & & & & & & & & & & b_r & * & \cdots & * \\ & & & & & & & & & & & 0 & \cdots & \cdots & 0 \\ & & & & & & & & & & & \vdots & \vdots & \vdots & \vdots \\ & & & & & & & & & & & 0 & \cdots & \cdots & 0 \end{pmatrix}.$$

若继续对例 2.28 中的行阶梯形矩阵作初等行变换，可得

$$\boldsymbol{B}=\begin{pmatrix} 1 & 4 & -7 & 3 \\ 0 & 1 & -3 & -14 \\ 0 & 0 & 0 & -143 \\ 0 & 0 & 0 & 0 \end{pmatrix} \rightarrow \begin{pmatrix} 1 & 0 & 5 & 0 \\ 0 & 1 & -3 & 0 \\ 0 & 0 & 0 & 1 \\ 0 & 0 & 0 & 0 \end{pmatrix}=\boldsymbol{C}.$$

这里的矩阵 $\boldsymbol{C}$ 依其形状的特征又称为行最简形矩阵，即满足下列条件的矩阵：

(1) 各非零行的主元为 1.

(2) 每个主元所在列的其余元素都是零.

一般地，行最简形矩阵有如下形式：

$$\begin{pmatrix} 0 & \cdots & 0 & 1 & * & \cdots & \cdots & 0 & \cdots & \cdots & \cdots & 0 & \cdots & \cdots & * \\ & & & & & & & 1 & * & \cdots & \cdots & 0 & \cdots & \cdots & * \\ & & & & & & & & & & & \vdots & \vdots & \vdots & \vdots \\ & & & & & & & & & & & 1 & * & \cdots & * \\ & & & & & & & & & & & 0 & \cdots & \cdots & 0 \\ & & & & & & & & & & & \vdots & \vdots & \vdots & \vdots \\ & & & & & & & & & & & 0 & \cdots & \cdots & 0 \end{pmatrix}$$

若继续对例 2.28 中的行最简形矩阵作初等列变换，可得

$$\boldsymbol{C}=\begin{bmatrix} 1 & 0 & 5 & 0 \\ 0 & 1 & -3 & 0 \\ 0 & 0 & 0 & 1 \\ 0 & 0 & 0 & 0 \end{bmatrix} \to \begin{bmatrix} 1 & 0 & 0 & 0 \\ 0 & 1 & 0 & 0 \\ 0 & 0 & 1 & 0 \\ 0 & 0 & 0 & 0 \end{bmatrix} = \begin{pmatrix} \boldsymbol{I}_3 & \boldsymbol{0} \\ \boldsymbol{0} & \boldsymbol{0} \end{pmatrix} = \boldsymbol{D}.$$

这里的矩阵 $\boldsymbol{D}$ 依其形状的特征又称为 $\boldsymbol{A}$ 的等价标准形，简称 $\boldsymbol{A}$ 的标准形. $\boldsymbol{D}$ 一般具有如下特点：其左上角是一个单位矩阵，其余元素全为 0. 即

$$\boldsymbol{A}=\begin{pmatrix} \boldsymbol{I}_r & \boldsymbol{0}_{r\times(n-r)} \\ \boldsymbol{0}_{(m-r)\times r} & \boldsymbol{0}_{(m-r)\times(n-r)} \end{pmatrix}.$$

2.5.2 矩阵的等价性

由例 2.28 可以看出，矩阵 $\boldsymbol{A}$ 经过初等变换后所得矩阵通常是一些特殊型矩阵，研究这些矩阵及其中间过程产生的所有矩阵之间的联系是有意义的，为此我们有：

定义 2.16 若矩阵 $\boldsymbol{A}$ 经过有限次初等变换变成矩阵 $\boldsymbol{B}$，则称矩阵 $\boldsymbol{A}$ 与 $\boldsymbol{B}$ 等价，记为 $\boldsymbol{A}\sim\boldsymbol{B}$.

矩阵之间的等价关系具有下列基本性质：

(1) 反身性：$\boldsymbol{A}\sim\boldsymbol{A}$.

(2) 对称性：若 $\boldsymbol{A}\sim\boldsymbol{B}$，则 $\boldsymbol{B}\sim\boldsymbol{A}$.

(3) 传递性：若 $\boldsymbol{A}\sim\boldsymbol{B}$，$\boldsymbol{B}\sim\boldsymbol{C}$，则 $\boldsymbol{A}\sim\boldsymbol{C}$.

定理 2.3 任一矩阵 $\boldsymbol{A}=(a_{ij})_{m\times n}$ 经有限次初等变换，可以化为它的等价标准形.

证明 若 $\boldsymbol{A}=0$，且 $r=0$，且 $\boldsymbol{A}$ 是标准形. 若 $\boldsymbol{A}\neq 0$，即 $\boldsymbol{A}$ 至少有一个元素不为零，不妨设为 $a_{11}\neq 0$（否则，总可经过对换行或列的初等变换将 $\boldsymbol{A}$ 的某个非零元对换到第 1 行第 1 列的位置），于是可用倍加变换将第 1 行的 $\left(-\dfrac{a_{i1}}{a_{11}}\right)$ 倍加到 $\boldsymbol{A}$ 的第 i 行上（$i=2,3,\cdots,m$），再将第 1 列的 $\left(-\dfrac{a_{1j}}{a_{11}}\right)$ 倍加到 $\boldsymbol{A}$ 的第 j 列上（$j=2,3,\cdots,n$），然后用 $\dfrac{1}{a_{11}}$ 乘 $\boldsymbol{A}$ 的第 1 行，则 $\boldsymbol{A}$ 可化为

$$\begin{pmatrix} 1 & \boldsymbol{0}_{1\times(n-1)} \\ \boldsymbol{0}_{(m-1)\times 1} & \boldsymbol{A}_1 \end{pmatrix},$$

其中 $\boldsymbol{A}_1$ 为 $(m-1)\times(n-1)$ 矩阵，若 $\boldsymbol{A}_1=0$，此时 $r=1$，则 $\boldsymbol{A}$ 已是标准形. 否则按上述方法对 $\boldsymbol{A}_1$ 继续做行或列的初等变换，必可经过有限次的步骤将其化为

$$\begin{pmatrix} \boldsymbol{I}_r & \boldsymbol{0}_{r\times(n-r)} \\ \boldsymbol{0}_{(m-r)\times r} & \boldsymbol{0}_{(m-r)\times(n-r)} \end{pmatrix}$$

的形式. 即证.

由定理 2.3 的证明过程不难得到：

推论 1 任意一个矩阵 $\boldsymbol{A}=(a_{ij})_{m\times n}$ 经过有限次初等行变换，可以化为它的行阶梯形矩阵.

推论 2 任意一个矩阵 $\boldsymbol{A}=(a_{ij})_{m\times n}$ 经过有限次初等行变换，可以化为它的行最简形矩阵.

【例 2.29】 求下列矩阵的等价标准形：

$$\boldsymbol{A}=\begin{pmatrix} 2 & 1 & 2 & 3 \\ 4 & 1 & 3 & 5 \\ 2 & 0 & 1 & 2 \end{pmatrix}.$$

解 对 $\boldsymbol{A}$ 做初等变换，有

$$\boldsymbol{A}=\begin{pmatrix} 2 & 1 & 2 & 3 \\ 4 & 1 & 3 & 5 \\ 2 & 0 & 1 & 2 \end{pmatrix} \xrightarrow[r_3-r_2]{\substack{r_2-2r_1 \\ r_3-r_1}} \begin{pmatrix} 2 & 1 & 2 & 3 \\ 0 & -1 & -1 & -1 \\ 0 & 0 & 0 & 0 \end{pmatrix} \xrightarrow[\substack{-r_2 \\ \frac{1}{2}r_1}]{r_1+r_2} \begin{pmatrix} 1 & 0 & \frac{1}{2} & 1 \\ 0 & 1 & 1 & 1 \\ 0 & 0 & 0 & 0 \end{pmatrix}$$

$$\xrightarrow{\text{列}} \begin{pmatrix} 1 & 0 & 0 & 0 \\ 0 & 1 & 0 & 0 \\ 0 & 0 & 0 & 0 \end{pmatrix} = \begin{pmatrix} \boldsymbol{I}_2 & \boldsymbol{0} \\ \boldsymbol{0} & \boldsymbol{0} \end{pmatrix}.$$

2.5.3 初等矩阵

【例 2.30】 设有矩阵乘积

$$\begin{pmatrix} 0 & 1 & 0 \\ 1 & 0 & 0 \\ 0 & 0 & 1 \end{pmatrix}\begin{pmatrix} a_{11} & a_{12} & a_{13} & a_{14} \\ a_{21} & a_{22} & a_{23} & a_{24} \\ a_{31} & a_{32} & a_{33} & a_{34} \end{pmatrix} = \begin{pmatrix} a_{21} & a_{22} & a_{23} & a_{24} \\ a_{11} & a_{12} & a_{13} & a_{14} \\ a_{31} & a_{32} & a_{33} & a_{34} \end{pmatrix},$$

$$\begin{pmatrix} a_{11} & a_{12} & a_{13} & a_{14} \\ a_{21} & a_{22} & a_{23} & a_{24} \\ a_{31} & a_{32} & a_{33} & a_{34} \end{pmatrix}\begin{pmatrix} 1 & 0 & 0 \\ k & 1 & 0 \\ 0 & 0 & 1 \end{pmatrix} = \begin{pmatrix} a_{21}+ka_{12} & a_{12} & a_{13} & a_{14} \\ a_{21}+ka_{22} & a_{22} & a_{23} & a_{24} \\ a_{31}+ka_{32} & a_{32} & a_{33} & a_{34} \end{pmatrix},$$

由例 2.30 可以看出，对矩阵做对换行变换或倍加列变换，相当于在矩阵的左边或右边乘上一个特殊矩阵. 且这些特殊矩阵恰为单位矩阵经过与对矩阵所做的相同初等变换得到的矩阵. 因此，我们有：

定义 2.17 单位矩阵 $\boldsymbol{I}$ 经过一次初等变换得到的矩阵称为初等矩阵.

一般地，对应于矩阵的三种初等变换，有以下三种初等矩阵：

(1) 对换单位矩阵 $\boldsymbol{I}$ 的第 i,j 行(列)得到的矩阵,记为

$$\boldsymbol{E}(i,j)=\begin{pmatrix}1 &&&&&&&&\\ &\ddots&&&&&&&\\ &&1&&&&&&\\ &&&0&\cdots&1&&&\\ &&&&1&&&&\\ &&&\vdots&\ddots&\vdots&&&\\ &&&&&1&&&\\ &&&1&\cdots&0&&&\\ &&&&&&1&&\\ &&&&&&&\ddots&\\ &&&&&&&&1\end{pmatrix}\begin{matrix}\\ \\ \\ i\text{ 行}\\ \\ \\ \\ j\text{ 行}\\ \\ \\ \\ \end{matrix}.$$

i列 j列

(2) 以非零数 k 乘单位矩阵 $\boldsymbol{I}$ 的第 i 行(列)得到的矩阵,记为

$$\boldsymbol{E}(i(k))=\begin{pmatrix}1&&&\\ &\ddots&&\\ &&k&&\\ &&&\ddots&\\ &&&&1\end{pmatrix}i\text{ 行}.$$

i列

(3) 将单位矩阵 $\boldsymbol{I}$ 的第 j 行乘以数 k 加到第 i 行上,或将 $\boldsymbol{I}$ 的第 i 列乘以数 k 加到第 j 列上得到的矩阵,记为

$$\boldsymbol{E}(ij(k))=\begin{pmatrix}1&&&&&\\ &\ddots&&&&\\ &&1&\cdots&k&&\\ &&&\ddots&\vdots&&\\ &&&&1&&\\ &&&&&\ddots&\\ &&&&&&1\end{pmatrix}\begin{matrix}\\ \\ i\text{ 行}\\ \\ j\text{ 行}\\ \\ \\ \end{matrix}.$$

i列 j列

不难验证,初等矩阵有下列性质:

(1) $\boldsymbol{E}(i,j)^{-1}=\boldsymbol{E}(i,j)$; $\boldsymbol{E}(i(k))^{-1}=\boldsymbol{E}(i(k^{-1}))$; $\boldsymbol{E}(ij(k))^{-1}=\boldsymbol{E}(ij(-k))$.

(2) $|\boldsymbol{E}(i,j)|=-1$; $|\boldsymbol{E}(i(k))|=k$; $|\boldsymbol{E}(ij(k))|=1$.

定理 2.4 设 $\boldsymbol{A}$ 是一个 $m\times n$ 矩阵,对 $\boldsymbol{A}$ 做一次初等行变换所得到的矩阵,等于用相同的 m 阶初等矩阵左乘以该矩阵 $\boldsymbol{A}$;对 $\boldsymbol{A}$ 做一次初等列变换所得到的矩阵,等于用相同的 n 阶初等矩阵右乘以该矩阵 $\boldsymbol{A}$.

证明 仅对倍加行变换情形给出证明. 用 m 阶初等矩阵 $\boldsymbol{E}(ij(k))$ 左乘以矩阵 $\boldsymbol{A}$,得

$$E(ij(k))A=\begin{array}{r}\\ i\text{ 行}\\ \\ j\text{ 行}\\ \\ \end{array}\begin{pmatrix}1 & & & & \\ & \ddots & & & \\ & & 1 & \cdots & k & \\ & & & \ddots & \vdots & \\ & & & & 1 & \\ & & & & & \ddots & \\ & & & & & & 1\end{pmatrix}\begin{pmatrix}\alpha_1\\ \alpha_2\\ \vdots\\ \alpha_m\end{pmatrix}=\begin{pmatrix}\vdots\\ \alpha_i+k\alpha_j\\ \vdots\\ \alpha_j\\ \vdots\end{pmatrix}=B.$$

$$\qquad\qquad i\text{列}\qquad j\text{列}$$

再将 A 的第 j 行乘以数 k 加到第 i 行上,有

$$\begin{pmatrix}\cdots & \cdots & \cdots & \cdots\\ a_{i1} & a_{i2} & \cdots & a_{in}\\ \vdots & \vdots & \vdots & \vdots\\ a_{j1} & a_{j2} & \cdots & a_{jn}\\ \cdots & \cdots & \cdots & \cdots\end{pmatrix}\xrightarrow{r_i+kr_j}\begin{pmatrix}\cdots & \cdots & \cdots & \cdots\\ a_{i1}+ka_{j1} & a_{i2}+ka_{j2} & \cdots & a_{in}+ka_{jn}\\ \vdots & \vdots & \vdots & \vdots\\ a_{j1} & a_{j2} & \cdots & a_{jn}\\ \cdots & \cdots & \cdots & \cdots\end{pmatrix}=B,$$

即证.

下面用初等矩阵给出定理 2.3 的等价结果.

定理 2.5 设 A 是一个 $m\times n$ 矩阵,则存在一系列的 m 阶初等矩阵 $P_1,P_2,\cdots,P_s$ 与 n 阶初等矩阵 $Q_1,Q_2,\cdots,Q_t$,使得

$$P_1P_2\cdots P_sAQ_1Q_2\cdots Q_t=\begin{pmatrix}I_r & 0\\ 0 & 0\end{pmatrix}. \tag{2.20}$$

推论 1 任一 n 阶方阵 A 可逆的充要条件是 A 与 n 阶单位矩阵等价,即 $A\sim I$.

证明 先证充分性. 由 $A\sim I$ 及定理 2.5 知,存在一系列 n 阶初等矩阵 $P_1,P_2,\cdots,P_s$ 与 $Q_1,Q_2,\cdots,Q_t$,使得

$$P_1P_2\cdots P_sAQ_1Q_2\cdots Q_t=I_n. \tag{2.21}$$

对上式两边取行列式,有

$$|P_1P_2\cdots P_s|\,|A|\,|Q_1Q_2\cdots Q_t|=|P_1P_2\cdots P_sAQ_1Q_2\cdots Q_t|=|I_n|=1\neq 0,$$

从而 $|A|\neq 0$,即证 A 可逆.

再证必要性. 若不然,则定理 2.5 的结论中有 $r<n$,即

$$|P_1P_2\cdots P_s|\,|A|\,|Q_1Q_2\cdots Q_t|=|P_1P_2\cdots P_sAQ_1Q_2\cdots Q_t|=\begin{vmatrix}I_r & 0\\ 0 & 0\end{vmatrix}=0,$$

但

$$|P_1P_2\cdots P_s|\neq 0,\ |Q_1Q_2\cdots Q_t|\neq 0,\ |A|\neq 0,$$

这是不可能的. 故 $r=n$,即证必要性成立.

推论 2 n 阶方阵 A 可逆的充要条件是 A 等于有限个初等矩阵的乘积.

证明 由推论 1 知

$$P_1P_2\cdots P_sAQ_1Q_2\cdots Q_t=I_n,$$

即

$$A=P_s^{-1}\cdots P_2^{-1}P_1^{-1}I_nQ_t^{-1}\cdots Q_2^{-1}Q_1^{-1},$$

证毕.

推论 3 $m\times n$ 矩阵$\boldsymbol{A}$与$\boldsymbol{B}$等价的充要条件是存在m阶可逆矩阵$\boldsymbol{P}$与n阶可逆矩阵$\boldsymbol{Q}$，使得

$$\boldsymbol{PAQ}=\boldsymbol{B}. \tag{2.22}$$

证明 由矩阵的等价定义及定理 2.5 知，存在一系列的m阶初等矩阵$\boldsymbol{P}_1,\boldsymbol{P}_2,\cdots,\boldsymbol{P}_s$与$n$阶初等矩阵$\boldsymbol{Q}_1,\boldsymbol{Q}_2,\cdots,\boldsymbol{Q}_t$，使得

$$\boldsymbol{PAQ}=\boldsymbol{P}_1\boldsymbol{P}_2\cdots\boldsymbol{P}_s\boldsymbol{A}\boldsymbol{Q}_1\boldsymbol{Q}_2\cdots\boldsymbol{Q}_t=\boldsymbol{B},$$

其中$\boldsymbol{P}=\boldsymbol{P}_1\boldsymbol{P}_2\cdots\boldsymbol{P}_s,\boldsymbol{Q}=\boldsymbol{Q}_1\boldsymbol{Q}_2\cdots\boldsymbol{Q}_t$，即证.

推论 4 $\boldsymbol{A}$可逆的充要条件是$\boldsymbol{A}$经有限次初等行变换变成$\boldsymbol{I}$.

证明 由推论 2 知，可逆矩阵$\boldsymbol{A}$可以表写为有限个初等矩阵的乘积，即存在n阶初等矩阵$\boldsymbol{G}_1,\cdots,\boldsymbol{G}_k$，使得

$$\boldsymbol{A}^{-1}=\boldsymbol{G}_1\boldsymbol{G}_2\cdots\boldsymbol{G}_k=\boldsymbol{G}_1\boldsymbol{G}_2\cdots\boldsymbol{G}_k\boldsymbol{I},$$
$$\boldsymbol{I}=\boldsymbol{A}^{-1}\boldsymbol{A}=\boldsymbol{G}_1\boldsymbol{G}_2\cdots\boldsymbol{G}_k\boldsymbol{A},$$

于是由推论 4，可得

$$\boldsymbol{G}_1\boldsymbol{G}_2\cdots\boldsymbol{G}_k(\boldsymbol{A},\boldsymbol{I})=(\boldsymbol{G}_1\boldsymbol{G}_2\cdots\boldsymbol{G}_k\boldsymbol{A},\boldsymbol{G}_1\boldsymbol{G}_2\cdots\boldsymbol{G}_k\boldsymbol{I})=(\boldsymbol{I},\boldsymbol{A}^{-1}),$$

这表明，若对矩阵$\boldsymbol{A}$做初等行变换把$\boldsymbol{A}$变为$\boldsymbol{I}$，则对单位矩阵$\boldsymbol{I}$做完全相同的初等行变换就可以得到$\boldsymbol{A}^{-1}$，即得用初等行变换求$\boldsymbol{A}^{-1}$的方法：

$$(\boldsymbol{A},\boldsymbol{I})\xrightarrow{r}(\boldsymbol{I},\boldsymbol{A}^{-1}).$$

类似地，有用初等列变换求$\boldsymbol{A}^{-1}$的方法：

$$\begin{pmatrix}\boldsymbol{A}\\ \boldsymbol{I}\end{pmatrix}\xrightarrow{c}\begin{pmatrix}\boldsymbol{I}\\ \boldsymbol{A}^{-1}\end{pmatrix}.$$

同理，对矩阵方程$\boldsymbol{AX}=\boldsymbol{B}$，如果$\boldsymbol{A}$可逆，也可由

$$(\boldsymbol{A},\boldsymbol{B})\xrightarrow{r}(\boldsymbol{I},\boldsymbol{A}^{-1}\boldsymbol{B})$$

即得$\boldsymbol{X}=\boldsymbol{A}^{-1}\boldsymbol{B}$.

特别，对于n个未知量n个方程的线性方程组$\boldsymbol{Ax}=\boldsymbol{b}$，若对增广矩阵做初等行变换，则有

$$\boldsymbol{B}=(\boldsymbol{A},\boldsymbol{b})\xrightarrow{r}(\boldsymbol{I},\boldsymbol{A}^{-1}\boldsymbol{b})=(\boldsymbol{I},\boldsymbol{x}),$$

由系数矩阵$\boldsymbol{A}$可逆，所解得的$\boldsymbol{x}=\boldsymbol{A}^{-1}\boldsymbol{b}$即方程组$\boldsymbol{Ax}=\boldsymbol{b}$的唯一解.

【例 2.31】 用初等变换法求矩阵

$$\boldsymbol{A}=\begin{pmatrix}2&2&-1\\1&-2&4\\5&8&2\end{pmatrix}$$

的逆矩阵.

解 对分块矩阵$(\boldsymbol{A},\boldsymbol{I})$做初等行变换，可得

$$(\boldsymbol{A},\boldsymbol{I})=\begin{pmatrix}2&2&-1&1&0&0\\1&-2&4&0&1&0\\5&8&2&0&0&1\end{pmatrix}\to\begin{pmatrix}1&-2&4&0&1&0\\2&2&-1&1&0&0\\5&8&2&0&0&1\end{pmatrix}$$

$$\to\begin{pmatrix}1&-2&4&0&1&0\\0&6&-9&1&-2&0\\0&18&-18&0&-5&1\end{pmatrix}\to\begin{pmatrix}1&-2&4&0&1&0\\0&6&-9&1&-2&0\\0&0&9&-3&1&1\end{pmatrix}$$

$$\to\begin{pmatrix}1&-2&4&0&1&0\\0&6&0&-2&-1&0\\0&0&9&-3&1&1\end{pmatrix}\to\begin{pmatrix}1&-2&4&0&1&0\\0&1&0&-\frac{1}{3}&-\frac{1}{6}&\frac{1}{6}\\0&0&1&-\frac{1}{3}&\frac{1}{9}&\frac{1}{9}\end{pmatrix}$$

$$\to\begin{pmatrix}1&0&0&\frac{2}{3}&\frac{2}{9}&-\frac{1}{9}\\0&1&0&-\frac{1}{3}&-\frac{1}{6}&\frac{1}{6}\\0&0&1&-\frac{1}{3}&\frac{1}{9}&\frac{1}{9}\end{pmatrix},$$

从而 $\boldsymbol{A}$ 的逆矩阵为

$$\boldsymbol{A}^{-1}=\begin{pmatrix}\frac{2}{3}&\frac{2}{9}&-\frac{1}{9}\\-\frac{1}{3}&-\frac{1}{6}&\frac{1}{6}\\-\frac{1}{3}&\frac{1}{9}&\frac{1}{9}\end{pmatrix}.$$

【例 2.32】 用初等变换法求 $\boldsymbol{X}$ 使 $\boldsymbol{XA}=\boldsymbol{B}$，其中

$$\boldsymbol{A}=\begin{pmatrix}0&2&1\\2&-1&3\\-3&3&-4\end{pmatrix},\quad \boldsymbol{B}=\begin{pmatrix}1&2&3\\2&-3&1\end{pmatrix}.$$

解 易知 $\boldsymbol{A}$ 可逆，则 $\boldsymbol{X}=\boldsymbol{BA}^{-1}$. 于是由

$$(\boldsymbol{A}^{\mathrm{T}},\boldsymbol{B}^{\mathrm{T}})\xrightarrow{r}\begin{pmatrix}1&0&0&2&-4\\0&1&0&-1&7\\0&0&1&-1&4\end{pmatrix},$$

即得

$$\boldsymbol{X}^{\mathrm{T}}=(\boldsymbol{A}^{\mathrm{T}})^{-1}\boldsymbol{B}^{\mathrm{T}}=(\boldsymbol{BA}^{-1})^{\mathrm{T}}=\begin{pmatrix}2&-4\\-1&7\\-1&4\end{pmatrix},$$

所以

$$\boldsymbol{X}=\begin{pmatrix}2&-1&-1\\-4&7&4\end{pmatrix}.$$

习题 2.5

1. 设 $\boldsymbol{BAC}=\boldsymbol{D}$，求 $\boldsymbol{A}$. 其中

$$\boldsymbol{B}=\begin{pmatrix}0&1&0\\1&0&0\\0&0&1\end{pmatrix},\quad \boldsymbol{C}=\begin{pmatrix}1&0&1\\0&1&0\\0&0&1\end{pmatrix},\quad \boldsymbol{D}=\begin{pmatrix}1&2&3\\4&5&6\\7&8&9\end{pmatrix}.$$

2. 把下列矩阵化为行最简形：

(1) $\begin{bmatrix} 1 & -1 & 3 & -4 & 3 \\ 3 & -3 & 5 & -4 & 1 \\ 1 & -1 & 0 & 2 & -3 \\ 3 & -3 & 4 & -2 & -1 \end{bmatrix}$；　(2) $\begin{bmatrix} 1 & 1 & 1 & -1 & -3 \\ 1 & 2 & 0 & -2 & -4 \\ 2 & -4 & 8 & 5 & 4 \\ 2 & -3 & 7 & 4 & 3 \end{bmatrix}$.

3. 把下列矩阵化为标准形：

(1) $\begin{pmatrix} 1 & -1 & 2 \\ 3 & -3 & 1 \\ -2 & 2 & -4 \end{pmatrix}$；　(2) $\begin{pmatrix} 4 & 4 & -2 & 3 \\ 1 & 2 & -3 & 2 \\ 5 & 6 & -5 & 5 \end{pmatrix}$.

4. 用初等变换求下列矩阵的逆矩阵：

(1) $\begin{pmatrix} 1 & 0 & 0 \\ 1 & 2 & 0 \\ 1 & 2 & 3 \end{pmatrix}$；　(2) $\begin{pmatrix} 1 & 2 & -1 \\ 3 & -2 & 1 \\ 1 & -1 & -1 \end{pmatrix}$；

(3) $\begin{bmatrix} 3 & -2 & 0 & -1 \\ 0 & 2 & 2 & 1 \\ 1 & -2 & -3 & -2 \\ 0 & 1 & 2 & 1 \end{bmatrix}$.

5. 只用倍加行变换将下列矩阵化为上三角阵，并写出其初等矩阵乘积的形式：

$$\boldsymbol{A}=\begin{pmatrix} 0 & 1 & 2 \\ 1 & 1 & -1 \\ 1 & -1 & 1 \end{pmatrix}.$$

6. 解下列矩阵方程：

(1) $\begin{pmatrix} 1 & 1 & -1 \\ 0 & 2 & 2 \\ 1 & -1 & 0 \end{pmatrix}\boldsymbol{X}=\begin{pmatrix} 1 & -1 & 1 \\ 1 & 1 & 0 \\ 2 & 1 & 1 \end{pmatrix}$；

(2) $\begin{pmatrix} 0 & 1 & 0 \\ 1 & 0 & 0 \\ 0 & 0 & 1 \end{pmatrix}\boldsymbol{X}\begin{pmatrix} 1 & 0 & 0 \\ -2 & 1 & 0 \\ 0 & 0 & 1 \end{pmatrix}=\begin{pmatrix} 1 & -4 & 3 \\ 2 & 0 & -1 \\ 0 & -2 & 1 \end{pmatrix}$.

7. 设有三阶矩阵

$$\boldsymbol{A}=\begin{pmatrix} 1 & 0 & 0 \\ 1 & 1 & 0 \\ 1 & 1 & 1 \end{pmatrix},\quad \boldsymbol{B}=\begin{pmatrix} 0 & 1 & 1 \\ 1 & 0 & 1 \\ 1 & 1 & 0 \end{pmatrix},$$

且矩阵 $\boldsymbol{X}$ 满足方程

$$\boldsymbol{AXA}+\boldsymbol{BXB}=\boldsymbol{AXB}+\boldsymbol{BXA}+\boldsymbol{I},$$

求 $\boldsymbol{X}$.

2.6　矩阵的秩

矩阵的秩是矩阵的一个重要的数字特征. 例如在矩阵的初等变换下，矩阵 $\boldsymbol{A}$ 的行阶梯形矩阵所含非零行的行数（也是 $\boldsymbol{A}$ 的行阶梯形矩阵的非零子式的最高阶数）总是唯一确定的，这个数实质上就是矩阵的秩.

2.6.1　矩阵秩的概念

定义 2.18　在 $m\times n$ 矩阵 $\boldsymbol{A}$ 中，任取 k 行 k 列 $(1\leqslant k\leqslant m,1\leqslant k\leqslant n)$，位于这些行列交叉处的 k^2 个元素，不改变它们在 $\boldsymbol{A}$ 中所处的位置次序而得到的 k 阶行列式，称为矩阵 $\boldsymbol{A}$ 的 k 阶子式.

由定义 2.18，$m\times n$ 矩阵 $\boldsymbol{A}$ 的 k 阶子式共有 $C_m^k\cdot C_n^k$ 个.

设 $\boldsymbol{A}$ 为 $m\times n$ 矩阵，由定义 2.18，当 $\boldsymbol{A}=0$ 时，它的任何子式都为零. 当 $\boldsymbol{A}\neq 0$ 时，它至少有一个元素不为零，即它至少有一个一阶子式不为零. 再考察二阶子式，若 $\boldsymbol{A}$ 中有一个二阶子式不为零. 则往下考察三阶子式，如此进行下去，最后必达到 $\boldsymbol{A}$ 中至少有一个 r 阶子式不为零，而再没有比 r 更高阶的非零子式. 这个不为零的子式的最高阶数 r 反映了矩阵 $\boldsymbol{A}$ 内在的重要特征，在矩阵的理论与应用中都有重要意义. 因此有：

定义 2.19　设 $\boldsymbol{A}$ 为 $m\times n$ 矩阵，若存在 $\boldsymbol{A}$ 的一个 r 阶子式不为零，而所有 $r+1$ 阶子式(如果存在的话)皆为零，则称数 r 为矩阵 $\boldsymbol{A}$ 的秩，记为 $\mathrm{r}(\boldsymbol{A})$.

零矩阵的秩规定为零.

由矩阵秩的定义与行列式的性质易知，矩阵的秩具有下列性质：

(1) 若已知矩阵 $\boldsymbol{A}$ 的某个 s 阶子式不为零，则 $\mathrm{r}(\boldsymbol{A})\geqslant s$.

(2) 若 $\boldsymbol{A}$ 中 t 阶子式全为零，则 $\mathrm{r}(\boldsymbol{A})<t$，且 $\boldsymbol{A}$ 中所有不低于 $t+1$ 阶的子式必为零.

(3) 在秩为 r 的矩阵中，可能有某些低于 r 阶或 r 阶的各阶子式为零，但不能全部为零，且至少有一个低于 r 阶或 r 阶的各阶子式不为零，例如矩阵

$$\boldsymbol{A}=\begin{pmatrix}1&1&1\\1&1&0\\1&1&1\end{pmatrix},\quad \mathrm{r}(\boldsymbol{A})=2,$$

它有一个一阶子式为 0，也有二阶子式 $\begin{vmatrix}1&1\\1&1\end{vmatrix}=0$，但至少有一个二阶子式不为 0，如

$$\begin{vmatrix}1&0\\1&1\end{vmatrix}=1\neq 0.$$

(4) $m\times n$ 矩阵 $\boldsymbol{A}$ 的秩不大于该矩阵的行数与列数，即 $0\leqslant\mathrm{r}(\boldsymbol{A})\leqslant\min\{m,n\}$.

(5) $\mathrm{r}(\boldsymbol{A})=\mathrm{r}(\boldsymbol{A}^{\mathrm{T}})$，$\mathrm{r}(k\boldsymbol{A})=\mathrm{r}(\boldsymbol{A})\quad(k\neq 0)$.

【例 2.33】　求矩阵 $\boldsymbol{A}$ 中的秩，其中

$$\boldsymbol{A}=\begin{pmatrix}1&2&3&4\\1&-2&4&5\\1&10&1&2\end{pmatrix}.$$

解　由于 $\boldsymbol{A}$ 中的三阶子式共有 4 个，且

$$\begin{vmatrix}1&2&3\\1&-2&4\\1&10&1\end{vmatrix}=0,\quad\begin{vmatrix}1&2&4\\1&-2&5\\1&10&2\end{vmatrix}=0,$$

$$\begin{vmatrix}2&3&4\\-2&4&5\\10&1&2\end{vmatrix}=0,\quad\begin{vmatrix}1&3&4\\1&4&5\\1&1&2\end{vmatrix}=0.$$

因此 $r(\boldsymbol{A})\leqslant 2$. 但容易观察到 $\boldsymbol{A}$ 有一个二阶子式

$$\begin{vmatrix} 1 & 2 \\ 1 & -2 \end{vmatrix} = -4 \neq 0,$$

由矩阵秩的定义知 $r(\boldsymbol{A})=2$.

2.6.2 矩阵秩的求法

上面的例 2.33 说明：利用定义计算矩阵的秩，需要由高阶到低阶考虑矩阵的子式是否全为零，当矩阵的行数与列数较高时，按定义求秩是非常麻烦的. 不过有些矩阵的秩可以很容易观察得到.

【例 2.34】 求矩阵 $\boldsymbol{A}$ 中的秩，其中

$$\boldsymbol{A}=\begin{pmatrix} 1 & 1 & 0 & 3 & 2 \\ 0 & 2 & -1 & 2 & 5 \\ 0 & 0 & 0 & 1 & -3 \\ 0 & 0 & 0 & 0 & 0 \end{pmatrix}.$$

解 容易观察到 $\boldsymbol{A}$ 有一个三阶子式是可逆的上三角行列式，即

$$\begin{vmatrix} 1 & 1 & 3 \\ 0 & 2 & 2 \\ 0 & 0 & 1 \end{vmatrix} \neq 0,$$

因此 $r(\boldsymbol{A})\geqslant 3$. 又因为 $\boldsymbol{A}$ 是一个行阶梯形矩阵，其非零行只有三行，所以 $\boldsymbol{A}$ 的所有四阶子式全为零. 于是，由矩阵秩的定义知 $r(\boldsymbol{A})=3$.

该例说明：行阶梯形矩阵的秩很容易判断，而任意矩阵都可以经过初等行变换化为行阶梯形矩阵. 因而可考虑借助于初等变换的方法来求矩阵的秩. 为此，我们需要首先考察一个矩阵经过初等行变换后是否能保持矩阵的秩不变化. 下面的定理给出了这个问题的答案.

定理 2.6 *初等变换不改变矩阵的秩.*

证明 事实上，对于矩阵的对换行变换与倍乘行变换而言，由于变换前后的两个矩阵对应的各阶子式之间或者行的次序不同，或者将某行扩大了一个非零倍数，或者没有改变，因此它们要么同为零、要么同为非零. 从而两矩阵有相同的秩. 下面考虑倍加行变换的情形.

首先证明：若 $\boldsymbol{A}$ 经一次初等行变换变为 $\boldsymbol{B}$，则 $r(\boldsymbol{A})\leqslant r(\boldsymbol{B})$.

设 $\boldsymbol{A}=(a_{ij})_{m\times n}$，$r(\boldsymbol{A})=r$，若对 $\boldsymbol{A}$ 做一次倍加行变换，则有

$$\boldsymbol{A}=\begin{pmatrix} \cdots & \cdots & \cdots & \cdots \\ a_{i1} & a_{i2} & \cdots & a_{in} \\ \vdots & \vdots & & \vdots \\ a_{j1} & a_{j2} & \cdots & a_{jn} \\ \cdots & \cdots & \cdots & \cdots \end{pmatrix} \xrightarrow{r_i+kr_j} \begin{pmatrix} \cdots & \cdots & \cdots & \cdots \\ a_{i1}+ka_{j1} & a_{i2}+ka_{j2} & \cdots & a_{in}+ka_{jn} \\ \vdots & \vdots & & \vdots \\ a_{j1} & a_{j2} & \cdots & a_{jn} \\ \cdots & \cdots & \cdots & \cdots \end{pmatrix}=\boldsymbol{B},$$

设 $\boldsymbol{B}$ 的秩为 t，即 $\boldsymbol{B}$ 中至少有一个 t 阶子式 $\boldsymbol{M}$ 不为零. 分两种情形考察：

(1) 当 $\boldsymbol{M}$ 中不含有 $\boldsymbol{A}$ 的第 i 行元素，则 $\boldsymbol{M}$ 也是矩阵 $\boldsymbol{A}$ 的 t 阶非零子式，因而 $r\geqslant t$.

(2) 当 $\boldsymbol{M}$ 中含有 $\boldsymbol{A}$ 的第 i 行元素，则

$$M=\begin{vmatrix} a_{i_1j_1} & a_{i_1j_2} & \cdots & a_{i_1j_t} \\ \vdots & \vdots & & \vdots \\ a_{ij_1}+ka_{jj_1} & a_{ij_2}+ka_{jj_2} & \cdots & a_{ij_t}+ka_{jj_t} \\ \vdots & \vdots & & \vdots \\ a_{i_tj_1} & a_{i_tj_2} & \cdots & a_{i_tj_t} \end{vmatrix}$$

$$=\begin{vmatrix} a_{i_1j_1} & a_{i_1j_2} & \cdots & a_{i_1j_t} \\ \vdots & \vdots & & \vdots \\ a_{ij_1} & a_{ij_2} & \cdots & a_{ij_t} \\ \vdots & \vdots & & \vdots \\ a_{i_tj_1} & a_{i_tj_2} & \cdots & a_{i_tj_t} \end{vmatrix}+k\begin{vmatrix} a_{i_1j_1} & a_{i_1j_2} & \cdots & a_{i_1j_t} \\ \vdots & \vdots & & \vdots \\ a_{jj_1} & a_{jj_2} & \cdots & a_{jj_t} \\ \vdots & \vdots & & \vdots \\ a_{i_tj_1} & a_{i_tj_2} & \cdots & a_{i_tj_t} \end{vmatrix}=M_1+kM_2.$$

若 M 中不含有 A 的第 j 行元素，则上式右端的 M_1 与 M_2 中至少有一个是矩阵 A 的非零子式；若 M 中含有 A 的第 j 行元素，则上式右端的 M_1 是矩阵 A 的非零子式. 从而也有 $r\geqslant t$.

另一方面，由于 B 亦可经过一次初等行变换化为 A，故也有 $r\leqslant t$. 因此

$$\mathrm{r}(A)=\mathrm{r}(B).$$

又若 A 经过初等列变换变为 B，则 A^{T} 经过初等行变换变为 B^{T}，由于 $\mathrm{r}(A^{\mathrm{T}})=\mathrm{r}(B^{\mathrm{T}})$，且

$$\mathrm{r}(A)=\mathrm{r}(A^{\mathrm{T}}),\quad \mathrm{r}(B)=\mathrm{r}(B^{\mathrm{T}}),$$

因此

$$\mathrm{r}(A)=\mathrm{r}(B),$$

即证结论成立.

【例 2.35】 设有矩阵

$$A=\begin{pmatrix} 1 & 0 & 2 & 1 & 0 \\ 3 & -1 & 12 & 27 & 5 \\ 0 & 5 & 1 & 4 & 6 \\ 1 & 1 & -1 & -11 & -2 \end{pmatrix},$$

求矩阵 A 的秩.

解 对 A 做初等行变换，可化成行阶梯形矩阵，即

$$A\to\begin{pmatrix} 1 & 0 & 2 & 1 & 0 \\ 0 & -1 & 6 & 24 & 5 \\ 0 & 5 & 1 & 4 & 6 \\ 0 & 1 & -3 & -12 & -2 \end{pmatrix}\to\begin{pmatrix} 1 & 6 & -4 & -1 & 4 \\ 0 & 1 & -6 & -24 & -5 \\ 0 & 0 & 31 & 124 & 31 \\ 0 & 0 & 3 & 12 & 3 \end{pmatrix}$$

$$\to\begin{pmatrix} 1 & 6 & -4 & -1 & 4 \\ 0 & 1 & -6 & -24 & -5 \\ 0 & 0 & 1 & 4 & 1 \\ 0 & 0 & 0 & 0 & 0 \end{pmatrix}.$$

由于行阶梯形矩阵有三个非零行，因而由定理 2.6 知 $\mathrm{r}(A)=3$.

由定理 2.6 还可直接得到：

推论 1 若 $A\sim B$，则 $\mathrm{r}(A)=\mathrm{r}(B)$.

注意到 n 阶矩阵可逆的充要条件是 A 与单位矩阵等价，又有：

推论 2 任意一个 n 阶方阵 A 可逆的充要条件是 $\mathrm{r}(A)=n$.

因此,可逆矩阵 $\boldsymbol{A}$ 又称为满秩矩阵,奇异矩阵则称为降秩矩阵.

根据上述定理和推论,我们得出利用初等变换求矩阵的秩的方法:把矩阵用初等行变换变成行阶梯形矩阵,行阶梯形矩阵中非零行的行数即是该矩阵的秩.进而由此求矩阵的最高阶非零子式,判别矩阵间的等价性等.

【例 2.36】 求矩阵 $\boldsymbol{A}$ 的秩,并求 $\boldsymbol{A}$ 的一个最高非零子式.其中

$$\boldsymbol{A}=\begin{pmatrix}3 & 2 & 0 & 5 & 0\\3 & -2 & 3 & 6 & -1\\2 & 0 & 1 & 5 & -3\\1 & 6 & -4 & -1 & 4\end{pmatrix}.$$

解 对 $\boldsymbol{A}$ 做初等行变换,可化成行阶梯形矩阵,即

$$\boldsymbol{A}\to\begin{pmatrix}1 & 6 & -4 & -1 & 4\\3 & -2 & 3 & 6 & -1\\2 & 0 & 1 & 5 & -3\\3 & 2 & 0 & 5 & 0\end{pmatrix}\to\begin{pmatrix}1 & 6 & -4 & -1 & 4\\0 & -4 & 3 & 1 & -1\\2 & 0 & 1 & 5 & -3\\3 & 2 & 0 & 5 & 0\end{pmatrix}$$

$$\to\begin{pmatrix}1 & 6 & -4 & -1 & 4\\0 & -4 & 3 & 1 & -1\\0 & -12 & 9 & 7 & -11\\0 & -16 & 12 & 8 & -12\end{pmatrix}\to\begin{pmatrix}1 & 6 & -4 & -1 & 4\\0 & -4 & 3 & 1 & -1\\0 & 0 & 0 & 4 & -8\\0 & 0 & 0 & 4 & -8\end{pmatrix}$$

$$\to\begin{pmatrix}1 & 6 & -4 & -1 & 4\\0 & -4 & 3 & 1 & -1\\0 & 0 & 0 & 4 & -8\\0 & 0 & 0 & 0 & 0\end{pmatrix}.$$

由行阶梯形矩阵有三个非零行知 $r(\boldsymbol{A})=3$.

再求 $\boldsymbol{A}$ 的一个最高阶非零子式.由 $r(\boldsymbol{A})=3$ 知 $\boldsymbol{A}$ 的最高阶非零子式为三阶.但 $\boldsymbol{A}$ 的三阶子式共有 $C_4^3\cdot C_5^3=40$ 个.为此可先考察 $\boldsymbol{A}$ 的行阶梯形矩阵.

记 $\boldsymbol{A}=(a_1,a_2,a_3,a_4,a_5)$,则矩阵 $\boldsymbol{B}=(a_1,a_2,a_4)$ 的行阶梯形矩阵为

$$\begin{pmatrix}1 & 6 & -1\\0 & -4 & 1\\0 & 0 & 4\\0 & 0 & 0\end{pmatrix},$$

易见 $r(\boldsymbol{B})=3$,故 $\boldsymbol{B}$ 中必有三阶非零子式,且 $\boldsymbol{B}$ 中的三阶子式只有 4 个.于是直接计算 $\boldsymbol{B}$ 中前三行构成的子式,可得

$$\begin{vmatrix}3 & 2 & 5\\3 & -2 & 6\\2 & 0 & 5\end{vmatrix}=\begin{vmatrix}3 & 2 & 5\\6 & 0 & 11\\2 & 0 & 5\end{vmatrix}=-2\begin{vmatrix}6 & 11\\2 & 5\end{vmatrix}=-16\neq 0,$$

则这个三阶子式即为所求 $\boldsymbol{A}$ 的一个最高阶非零子式.

2.6.3 矩阵秩的若干性质

此前我们已经得到矩阵 $\boldsymbol{A}$ 和 $\boldsymbol{B}$ 的几个基本性质,即

(1) $0\leqslant r(\boldsymbol{A}_{m\times n})\leqslant\min\{m,n\}$.

(2) $r(\boldsymbol{A}^{T})=r(\boldsymbol{A})$.

(3) 若$\boldsymbol{A}\sim\boldsymbol{B}$,则$r(\boldsymbol{A})=r(\boldsymbol{B})$.

还有:

(4) 若$\boldsymbol{P}$、$\boldsymbol{Q}$可逆,则$r(\boldsymbol{PA})=r(\boldsymbol{AQ})=r(\boldsymbol{PAQ})=r(\boldsymbol{A})$.

证明 因为$\boldsymbol{P}$可逆,所以存在一系列初等矩阵$\boldsymbol{P}_1,\boldsymbol{P}_2,\cdots,\boldsymbol{P}_s$,使得$\boldsymbol{P}=\boldsymbol{P}_1\boldsymbol{P}_2\cdots\boldsymbol{P}_s$,即

$$\boldsymbol{PA}=\boldsymbol{P}_1\boldsymbol{P}_2\cdots\boldsymbol{P}_s\boldsymbol{A}=\boldsymbol{B},$$

于是$\boldsymbol{PA}$是由$\boldsymbol{A}$经过若干次初等变换所得.再由定理2.6,即证

$$r(\boldsymbol{PA})=r(\boldsymbol{A}).$$

同理可得

$$r(\boldsymbol{AQ})=r(\boldsymbol{PAQ})=r(\boldsymbol{A}),$$

证毕.

(5) $\max\{r(\boldsymbol{A}),r(\boldsymbol{B})\}\leqslant r(\boldsymbol{A},\boldsymbol{B})\leqslant r(\boldsymbol{A})+r(\boldsymbol{B})$.

证明留作习题.

(6) $r(\boldsymbol{A}+\boldsymbol{B})\leqslant r(\boldsymbol{A})+r(\boldsymbol{B})$.

【例2.37】 设$\boldsymbol{A}$为n阶矩阵,证明

$$r(\boldsymbol{A})+r(\boldsymbol{A}-\boldsymbol{I})\geqslant n.$$

证明 因为

$$\boldsymbol{A}+(\boldsymbol{I}-\boldsymbol{A})=\boldsymbol{I},$$

于是由性质(6),有

$$r(\boldsymbol{A})+r(\boldsymbol{I}-\boldsymbol{A})\geqslant r(\boldsymbol{A}+\boldsymbol{I}-\boldsymbol{A})=r(\boldsymbol{I})=n,$$

又因为$r(\boldsymbol{A}-\boldsymbol{I})=r(\boldsymbol{I}-\boldsymbol{A})$,所以

$$r(\boldsymbol{A})+r(\boldsymbol{A}-\boldsymbol{I})\geqslant n.$$

习题2.6

1. 设矩阵

$$\boldsymbol{A}=\begin{pmatrix}1&-5&6&-2\\2&-1&3&-2\\-1&-4&3&0\end{pmatrix},$$

试计算$\boldsymbol{A}$的全部三阶子式,并求$r(\boldsymbol{A})$.

2. 求下列矩阵的秩:

(1) $\begin{pmatrix}1&1&3\\3&2&-2\\4&3&1\end{pmatrix}$;　　(2) $\begin{pmatrix}1&2&1&-1&1\\0&1&1&1&0\\0&-1&-1&1&1\\1&1&0&0&-1\end{pmatrix}$;

(3) $\begin{pmatrix}1&-1&2&1&0\\4&-1&8&0&1\\3&0&6&-1&1\\0&3&0&0&1\end{pmatrix}$;　　(4) $\begin{pmatrix}14&12&6&8&2\\6&104&21&9&17\\7&6&3&4&1\\35&30&15&20&4\end{pmatrix}$.

3. 设四阶方阵$\boldsymbol{A}$的秩为2,求其伴随矩阵$\boldsymbol{A}^*$的秩.

4. 设有三阶矩阵

$$A=\begin{bmatrix} k & 1 & 1 & 1 \\ 1 & k & 1 & 1 \\ 1 & 1 & k & 1 \\ 1 & 1 & 1 & k \end{bmatrix},$$

且秩 $r(A)=3$，求 k 的值.

5. 设 A 为 n 阶矩阵，$r(A)=1$，证明：

(1) $A=\begin{bmatrix} a_1 \\ a_2 \\ \vdots \\ a_n \end{bmatrix}(b_1,b_2,\cdots,b_n)$；　　(2) $A^2=kA$ (k 为一常数).

6. 求下列矩阵的秩，并求一个最高阶非零子式：

(1) $\begin{pmatrix} 3 & 1 & 0 & 2 \\ 1 & -1 & 2 & -1 \\ 1 & 3 & -4 & 4 \end{pmatrix}$；　　(2) $\begin{pmatrix} 3 & 2 & -1 & -3 & -2 \\ 2 & -1 & 3 & 1 & -3 \\ 7 & 0 & 5 & -1 & -8 \end{pmatrix}$.

7. 设矩阵

$$A=\begin{pmatrix} 1 & \lambda & -1 & 2 \\ 2 & -1 & \lambda & 5 \\ 1 & 10 & -6 & 1 \end{pmatrix},$$

其中 λ 为参数，求矩阵 A 的秩.

8. 设 A,B 为 n 阶矩阵，证明：

$$\max\{r(A),r(B)\}\leqslant r(A,B)\leqslant r(A)+r(B).$$

2.7 典型和扩展例题

【例 2.38】 设 $A=\begin{pmatrix} 1 & 0 & 1 \\ 0 & 1 & 0 \\ 0 & 0 & 1 \end{pmatrix}$，求 A^n.

解法 1 因为矩阵 A 为初等矩阵，所以

$$A^n=I\cdot A\cdot A\cdots A,$$

相当于对单位矩阵

$$I=\begin{pmatrix} 1 & 0 & 0 \\ 0 & 1 & 0 \\ 0 & 0 & 1 \end{pmatrix}$$

施以 n 次同一种初等列变换(把第 1 列加至第 3 列). 故

$$A^n=\begin{pmatrix} 1 & 0 & n \\ 0 & 1 & 0 \\ 0 & 0 & 1 \end{pmatrix}.$$

解法 2 因为

$$\boldsymbol{A}^2=\boldsymbol{A}\cdot\boldsymbol{A}=\begin{pmatrix}1&0&1\\0&1&0\\0&0&1\end{pmatrix}\begin{pmatrix}1&0&1\\0&1&0\\0&0&1\end{pmatrix}=\begin{pmatrix}1&0&2\\0&1&0\\0&0&1\end{pmatrix},$$

$$\boldsymbol{A}^3=\boldsymbol{A}^2\cdot\boldsymbol{A}=\begin{pmatrix}1&0&2\\0&1&0\\0&0&1\end{pmatrix}\begin{pmatrix}1&0&1\\0&1&0\\0&0&1\end{pmatrix}=\begin{pmatrix}1&0&3\\0&1&0\\0&0&1\end{pmatrix},$$

假设 $n=k$ 时，

$$\boldsymbol{A}^k=\begin{pmatrix}1&0&k\\0&1&0\\0&0&1\end{pmatrix},$$

当 $n=k+1$ 时，

$$\boldsymbol{A}^{k+1}=\boldsymbol{A}^k\cdot\boldsymbol{A}=\begin{pmatrix}1&0&k\\0&1&0\\0&0&1\end{pmatrix}\begin{pmatrix}1&0&1\\0&1&0\\0&0&1\end{pmatrix}=\begin{pmatrix}1&0&k+1\\0&1&0\\0&0&1\end{pmatrix},$$

所以对任意自然数 n，都有

$$\boldsymbol{A}^n=\begin{pmatrix}1&0&n\\0&1&0\\0&0&1\end{pmatrix}.$$

解法 3　因为

$$\boldsymbol{A}=\begin{pmatrix}1&0&1\\0&1&0\\0&0&1\end{pmatrix}=\begin{pmatrix}1&0&0\\0&1&0\\0&0&1\end{pmatrix}+\begin{pmatrix}0&0&1\\0&0&0\\0&0&0\end{pmatrix}=\boldsymbol{I}+\boldsymbol{B},$$

其中

$$\boldsymbol{B}=\begin{pmatrix}0&0&1\\0&0&0\\0&0&0\end{pmatrix},$$

所以

$$\boldsymbol{B}^2=\begin{pmatrix}0&0&1\\0&0&0\\0&0&0\end{pmatrix}\begin{pmatrix}0&0&1\\0&0&0\\0&0&0\end{pmatrix}=\begin{pmatrix}0&0&0\\0&0&0\\0&0&0\end{pmatrix}=\boldsymbol{0},$$

故

$$\boldsymbol{B}^n=\boldsymbol{0}\ (n\geqslant 2),$$

$$\begin{aligned}\boldsymbol{A}^n&=(\boldsymbol{I}+\boldsymbol{B})^n=\boldsymbol{I}^n+n\cdot\boldsymbol{I}^{n-1}\boldsymbol{B}=\boldsymbol{I}+n\boldsymbol{B}\\&=\begin{pmatrix}1&0&0\\0&1&0\\0&0&1\end{pmatrix}+\begin{pmatrix}0&0&n\\0&0&0\\0&0&0\end{pmatrix}=\begin{pmatrix}1&0&n\\0&1&0\\0&0&1\end{pmatrix}.\end{aligned}$$

【例 2.39】　设 n 阶方阵 $\boldsymbol{A}$ 的伴随矩阵为 $\boldsymbol{A}^*$，证明：若 $|\boldsymbol{A}|=\boldsymbol{0}$，则 $|\boldsymbol{A}^*|=\boldsymbol{0}$.

证明　下面分两种情况证明.

(1) 若 $\boldsymbol{A}=\boldsymbol{0}$，此时显然有 $\boldsymbol{A}^*=\boldsymbol{0}$，因而 $|\boldsymbol{A}^*|=\boldsymbol{0}$.

(2) 若 $\boldsymbol{A}\neq\boldsymbol{0}$，此时因 $|\boldsymbol{A}|=\boldsymbol{0}$，有 $\boldsymbol{A}\boldsymbol{A}^*=|\boldsymbol{A}|\boldsymbol{I}=\boldsymbol{0}$.

下面证$|\boldsymbol{A}^*|=\boldsymbol{0}$，用反证法证之.

若$|\boldsymbol{A}^*|\neq\boldsymbol{0}$，则$\boldsymbol{A}^*$为可逆矩阵，$(\boldsymbol{A}^*)^{-1}$存在，由$\boldsymbol{AA}^*=\boldsymbol{0}$得到

$$\boldsymbol{AA}^*(\boldsymbol{A}^*)^{-1}=\boldsymbol{0}(\boldsymbol{A}^*)^{-1}=\boldsymbol{0},$$

即$\boldsymbol{A}=\boldsymbol{0}$. 这与$\boldsymbol{A}\neq\boldsymbol{0}$矛盾，故$|\boldsymbol{A}^*|=\boldsymbol{0}$. 再由(1)与(2)知，若$|\boldsymbol{A}|=\boldsymbol{0}$，则$|\boldsymbol{A}^*|=\boldsymbol{0}$.

【例 2.40】 求矩阵

$$\boldsymbol{A}=\begin{bmatrix} a & b & b & b \\ b & a & b & b \\ b & b & a & b \\ b & b & b & a \end{bmatrix}$$

的秩.

解 用初等变换求之. 将矩阵$\boldsymbol{A}$用初等变换化为行阶梯形矩阵得到

$$\boldsymbol{A}\xrightarrow[i=2,3,4]{r_i-r_1}\begin{bmatrix} a & b & b & b \\ b-a & a-b & 0 & 0 \\ b-a & 0 & a-b & 0 \\ b-a & 0 & 0 & a-b \end{bmatrix}$$

$$\xrightarrow[i=2,3,4]{c_1+c_i}\begin{bmatrix} a+3b & 0 & 0 & a-b \\ 0 & a-b & 0 & 0 \\ 0 & 0 & a-b & 0 \\ 0 & 0 & 0 & a-b \end{bmatrix}=\boldsymbol{A}_1.$$

(1) $a=b=0$时，秩$\boldsymbol{A}_1=0$，故秩$\boldsymbol{A}=$秩$\boldsymbol{A}_1=0$.

(2) a与b至少有一不为零时：

① $a+3b\neq0$且$a-b\neq0$时，秩$\boldsymbol{A}_1=4$，故秩$\boldsymbol{A}=$秩$\boldsymbol{A}_1=4$.

② $a+3b\neq0$但$a=b$（这时当然有$a=b\neq0$），秩$\boldsymbol{A}_1=1$，故秩$\boldsymbol{A}=$秩$\boldsymbol{A}_1=1$.

③ $a+3b=0$但$a-b\neq0$时，秩$\boldsymbol{A}_1=3$，故秩$\boldsymbol{A}=$秩$\boldsymbol{A}_1=3$.

④ $a+3b=0$且$a=b$这不可能. 因当$a=b$时，由$a+3b=0$得到$4b=0$，从而$b=0$，于是$a=b=0$与a,b中至少有一个不为0矛盾.

【例 2.41】 设

$$\boldsymbol{A}=\begin{pmatrix} 2 & 2 & 1 \\ 4 & 0 & -2 \\ 0 & 6 & 6 \end{pmatrix},\quad \boldsymbol{B}=\begin{pmatrix} 2 & 0 & -1 \\ 0 & 1 & 1 \\ 0 & 0 & 0 \end{pmatrix},$$

是否存在可逆阵$\boldsymbol{P}$，使得$\boldsymbol{PA}=\boldsymbol{B}$？

分析 因为$\boldsymbol{P}$为可逆矩阵，所以矩阵$\boldsymbol{P}$可以分解成若干个初等矩阵的乘积，$\boldsymbol{P}$左乘$\boldsymbol{A}$，即对$\boldsymbol{A}$施以若干次初等行变换，是否存在可逆矩阵$\boldsymbol{P}$，使得$\boldsymbol{PA}=\boldsymbol{B}$，即$\boldsymbol{A}$是否可经过若干次初等行变换化为$\boldsymbol{B}$.

解法 1 因为

$$\boldsymbol{A}=\begin{pmatrix} 2 & 2 & 1 \\ 4 & 0 & -2 \\ 0 & 6 & 6 \end{pmatrix}\xrightarrow{r_2-2r_1}\begin{pmatrix} 2 & 2 & 1 \\ 0 & -4 & -4 \\ 0 & 6 & 6 \end{pmatrix}$$

$$\xrightarrow{-\frac{1}{4}r_2}\begin{pmatrix} 2 & 2 & 1 \\ 0 & 1 & 1 \\ 0 & 6 & 6 \end{pmatrix}\xrightarrow[r_3-6r_2]{r_1-2r_2}\begin{pmatrix} 2 & 0 & -1 \\ 0 & 1 & 1 \\ 0 & 0 & 0 \end{pmatrix}=\boldsymbol{B},$$

所以存在可逆矩阵 $\boldsymbol{P}$,使 $\boldsymbol{PA}=\boldsymbol{B}$.

解法 2 设

$$\boldsymbol{P}_1=\begin{pmatrix}1&0&0\\-2&1&0\\0&0&1\end{pmatrix},\quad \boldsymbol{P}_2=\begin{pmatrix}1&0&0\\0&-\frac{1}{4}&0\\0&0&1\end{pmatrix},$$

$$\boldsymbol{P}_3=\begin{pmatrix}1&0&0\\0&1&0\\0&-6&1\end{pmatrix},\quad \boldsymbol{P}_4=\begin{pmatrix}1&-2&0\\0&1&0\\0&0&1\end{pmatrix}.$$

则

$$\begin{aligned}\boldsymbol{P}&=\boldsymbol{P}_4\boldsymbol{P}_3\boldsymbol{P}_2\boldsymbol{P}_1\\&=\begin{pmatrix}1&-2&0\\0&1&0\\0&0&1\end{pmatrix}\begin{pmatrix}1&0&0\\0&1&0\\0&-6&1\end{pmatrix}\begin{pmatrix}1&0&0\\0&-\frac{1}{4}&0\\0&0&1\end{pmatrix}\begin{pmatrix}1&0&0\\-2&1&0\\0&0&1\end{pmatrix}\\&=\begin{pmatrix}0&\frac{1}{2}&0\\\frac{1}{2}&-\frac{1}{4}&0\\-3&\frac{3}{2}&1\end{pmatrix},\end{aligned}$$

且有

$$\boldsymbol{PA}=\begin{pmatrix}0&\frac{1}{2}&0\\\frac{1}{2}&-\frac{1}{4}&0\\-3&\frac{3}{2}&1\end{pmatrix}\begin{pmatrix}2&2&1\\4&0&-2\\0&6&6\end{pmatrix}=\begin{pmatrix}2&0&-1\\0&1&1\\0&0&0\end{pmatrix}=\boldsymbol{B}.$$

注 解法 1 说明 $\boldsymbol{P}$ 的存在性,解法 2 是给出 $\boldsymbol{P}$ 的一种求法.

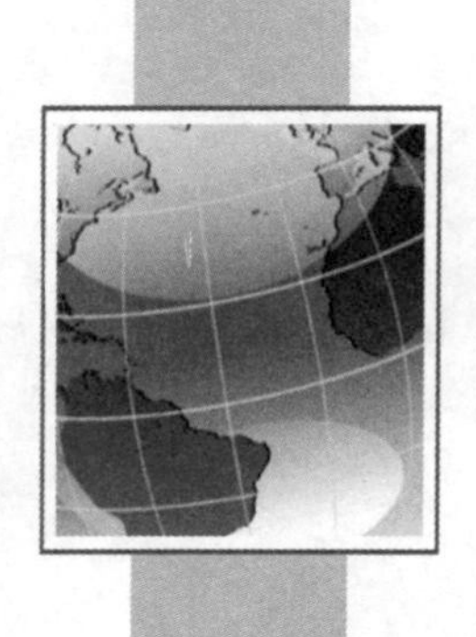

第三章 向量组与线性方程组

本章进一步讨论线性方程组的求解问题.由于工程技术科学中的各种变量不少呈线性关系,或者可以通过"线性化"转化为线性关系,因此线性方程组的讨论也就显得格外重要.向量组的线性相关性则是为进一步揭示线性方程组的解的内在规律而引入的,它们之间的关系通过矩阵的联系而更加紧密.

本章首先介绍高斯消元法,进而讨论向量组的线性相关性和向量组秩的概念.在此基础上着重介绍线性方程组解的存在性、线性方程组的解法与解的结构.学好本章的内容可以为线性代数的学习打下牢固的基础.

3.1 高斯消元法

3.1.1 消元过程与回代过程

首先看一个利用消元法求解的简单例子:

【例 3.1】 用消元法求解下列线性方程组

$$\begin{cases}2x_1+3x_2-2x_3=2, & ①\\ x_1+x_2=3, & ②\\ x_1+x_2-x_3=-6. & ③\end{cases} \tag{3.1}$$

解 将方程①与②交换,得

$$\begin{cases}x_1+x_2=3, & ①\\ 2x_1+3x_2-2x_3=2, & ②\\ x_1+x_2-x_3=-6, & ③\end{cases} \tag{3.2}$$

再分别用(−2)与(−1)乘以方程组(3.2)中的方程①后加到方程②与③可得

$$\begin{cases}x_1+x_2=3, & ①\\ x_2-2x_3=-4, & ②\\ -x_3=-9, & ③\end{cases} \tag{3.3}$$

再将方程组(3.3)中的方程③乘以(−1),得:

$$\begin{cases}x_1+x_2=3, & ①\\ x_2-2x_3=-4, & ②\\ x_3=9. & ③\end{cases} \tag{3.4}$$

通常把方程组(3.1)变为方程组(3.4)的过程称为消元过程,此时对应于方程组(3.4)的系数矩阵是一个行阶梯形矩阵，因此称方程组(3.4)为阶梯形方程组.

从上述解题过程可以看出：用消元法求解线性方程组的具体做法就是对方程组反复施以下面的三种变换：

(1) 换法变换：交换某两个方程的次序.

(2) 倍法变换：用一个非零常数乘某一个方程的两边.

(3) 加法变换：将一个方程的倍数加到另一个方程上去.

以上这三种变换称为线性方程组的初等变换. 消元法的目的就是利用方程组的初等变换将原方程组化为阶梯形方程组(3.4). 由于方程组(3.4)也可用类似的初等变换还原为原方程组，因此，这个阶梯形方程组与原方程组同解. 进一步解这个阶梯形方程组，可得原方程组的解为：

$$\begin{cases} x_1=-11, \\ x_2=14, \\ x_3=9. \end{cases} \tag{3.5}$$

如果用方程组(3.1)的增广矩阵表示其系数及常数项，并对方程组的增广矩阵施以初等行变换，则可将其化为相应的行阶梯形矩阵. 即

$$(\boldsymbol{A} \vdots \boldsymbol{b})=\begin{pmatrix} 2 & 3 & -2 & 2 \\ 1 & 1 & 0 & 3 \\ 1 & 1 & -1 & -6 \end{pmatrix} \xrightarrow{r_2 \leftrightarrow r_1} \begin{pmatrix} 1 & 1 & 0 & 3 \\ 2 & 3 & -2 & 2 \\ 1 & 1 & -1 & -6 \end{pmatrix}$$

$$\longrightarrow \begin{pmatrix} 1 & 1 & 0 & 3 \\ 0 & 1 & -2 & -4 \\ 0 & 0 & -1 & -9 \end{pmatrix}$$

$$\xrightarrow{r_3 \times (-1)} \begin{pmatrix} 1 & 1 & 0 & 3 \\ 0 & 1 & -2 & -4 \\ 0 & 0 & 1 & 9 \end{pmatrix}.$$

值得指出的是：将方程组(3.1)的增广矩阵化为相应的行阶梯形矩阵并不是唯一的，所以将方程组(3.1)化为相应的行阶梯形方程组也不是唯一的.

对上面的行阶梯形矩阵继续施以初等行变换，可将其化为相应的行最简形：

$$\begin{pmatrix} 1 & 1 & 0 & 3 \\ 0 & 1 & -2 & -4 \\ 0 & 0 & 1 & 9 \end{pmatrix} \xrightarrow{r_2+2r_3} \begin{pmatrix} 1 & 1 & 0 & 3 \\ 0 & 1 & 0 & 14 \\ 0 & 0 & 1 & 9 \end{pmatrix} \xrightarrow{r_1-r_2} \begin{pmatrix} 1 & 0 & 0 & -11 \\ 0 & 1 & 0 & 14 \\ 0 & 0 & 1 & 9 \end{pmatrix},$$

相应地，对同解方程组继续施以初等变换，可得：

$$\begin{cases} x_1+x_2=3, \\ x_2-2x_3=-4, \\ x_3=9, \end{cases} \Rightarrow \begin{cases} x_1+x_2=3, \\ x_2=14, \\ x_3=9, \end{cases} \Rightarrow \begin{cases} x_1=-11, \\ x_2=14, \\ x_3=9. \end{cases}$$

通常把上面的这一求解过程称为回代过程.

3.1.2　线性方程组解的讨论

通过例 3.1 我们注意到：用高斯消元法解三元一次方程组的过程，相当于对该方程组的增广矩阵作初等行变换. 下面我们将这一方法用于求解一般线性方程组上去.

设有 n 个未知量 m 个方程的非齐次线性方程组

$$\begin{cases} a_{11}x_1+a_{12}x_2+\cdots+a_{1n}x_n=b_1, \\ a_{21}x_1+a_{22}x_2+\cdots+a_{2n}x_n=b_2, \\ \cdots\cdots \\ a_{m1}x_1+a_{m2}x_2+\cdots+a_{mn}x_n=b_m. \end{cases}$$

上式可以写成以向量 $\boldsymbol{X}$ 为未知向量的矩阵形式

$$\boldsymbol{AX}=\boldsymbol{b},$$

其中

$$\boldsymbol{A}=\begin{pmatrix} a_{11} & a_{12} & \cdots & a_{1n} \\ a_{21} & a_{22} & \cdots & a_{2n} \\ \vdots & \vdots & & \vdots \\ a_{m1} & a_{m2} & \cdots & a_{mn} \end{pmatrix}, \quad \boldsymbol{X}=\begin{pmatrix} x_1 \\ x_2 \\ \vdots \\ x_n \end{pmatrix}, \quad \boldsymbol{b}=\begin{pmatrix} b_1 \\ b_2 \\ \vdots \\ b_m \end{pmatrix},$$

相应地,方程组的增广矩阵记为

$$\boldsymbol{B}=(\boldsymbol{A}\mid\boldsymbol{b})=\left(\begin{array}{cccc|c} a_{11} & a_{12} & \cdots & a_{1n} & b_1 \\ a_{21} & a_{22} & \cdots & a_{2n} & b_2 \\ \vdots & \vdots & & \vdots & \vdots \\ a_{m1} & a_{m2} & \cdots & a_{mn} & b_m \end{array}\right).$$

一般地,若线性方程组有解,则称之为相容方程组,否则称之为矛盾方程组.

利用方程组系数矩阵 $\boldsymbol{A}$ 的秩与增广矩阵 $\boldsymbol{B}=(\boldsymbol{A}\mid\boldsymbol{b})$ 的秩,我们可以方便地讨论线性方程组是否有解以及有解时解是否唯一的问题.

定理 3.1 设有 n 个未知量 m 个方程的非齐次线性方程组 $\boldsymbol{AX}=\boldsymbol{b}$,则:

(1) $\boldsymbol{AX}=\boldsymbol{b}$ 无解 $\Leftrightarrow \mathrm{r}(\boldsymbol{A})<\mathrm{r}(\boldsymbol{B})$.

(2) $\boldsymbol{AX}=\boldsymbol{b}$ 有唯一解 $\Leftrightarrow \mathrm{r}(\boldsymbol{A})=\mathrm{r}(\boldsymbol{B})=n$.

(3) $\boldsymbol{AX}=\boldsymbol{b}$ 有无穷多解 $\Leftrightarrow \mathrm{r}(\boldsymbol{A})=\mathrm{r}(\boldsymbol{B})<n$.

证明 无需证明条件的必要性,因为上面三条结论中每一条的必要性都是另两条充分性的逆否命题. 设 $\mathrm{r}(\boldsymbol{A})=r$,下面证明该定理充分性如下:

不妨设 $a_{11}\neq 0$(否则将第一个方程与另一个方程互换位置即可满足),只要利用第一个方程做加法变换消去后面方程中的未知量 x_1,得到同解方程组. 这相当于对原方程组的增广矩阵做一系列初等行变换,将其化为

$$\boldsymbol{B}\Rightarrow\boldsymbol{B}_1=\left(\begin{array}{cccc|c} a_{11} & a_{12} & \cdots & a_{1n} & b_1 \\ 0 & a_{22}^{(1)} & \cdots & a_{2n}^{(1)} & b_2^{(1)} \\ \vdots & \vdots & & \vdots & \vdots \\ 0 & a_{m2}^{(1)} & \cdots & a_{mn}^{(1)} & b_m^{(1)} \end{array}\right).$$

再不妨设 $a_{22}^{(1)}\neq 0$,并利用第二个方程做加法变换消去后面方程中的未知量 x_2,得到同解方程组. 如此继续下去,则可将原方程组的增广矩阵化为行阶梯形矩阵

$$B_1=\begin{pmatrix} c_{11} & c_{12} & \cdots & c_{1r} & c_{1,r+1} & \cdots & c_{1n} & d_1 \\ 0 & c_{22} & \cdots & c_{2r} & c_{2,r+1} & \cdots & c_{2n} & d_2 \\ \vdots & \vdots & & \vdots & \vdots & & \vdots & \vdots \\ 0 & 0 & 0 & c_{rr} & c_{r,r+1} & \cdots & c_{rn} & d_r \\ 0 & 0 & \cdots & 0 & 0 & \cdots & 0 & d_{r+1} \\ 0 & 0 & \cdots & 0 & 0 & \cdots & 0 & 0 \\ \vdots & \vdots & & \vdots & \vdots & & \vdots & \vdots \\ 0 & 0 & \cdots & 0 & 0 & \cdots & 0 & 0 \end{pmatrix},$$

于是，我们有：

(1) 当 $r(A)=r<r(B)$ 时，有 $d_{r+1}\neq 0$，$r(B)=r+1$，且 B_1 中的第 $r+1$ 行对应的方程是一个矛盾方程 $0=d_{r+1}$，故原方程组无解；

(2) 当 $r(A)=r=r(B)=n$ 时，有 $d_{r+1}=0$（或 d_{r+1} 不出现），B_1 对应的同解方程组为

$$\begin{cases} c_{11}x_1+c_{12}x_2+\cdots+c_{1n}x_n=d_1, \\ c_{22}x_2+\cdots+c_{2n}x_n=d_2, \\ \quad\cdots\cdots \\ c_{nn}x_n=d_n, \end{cases}$$

由于上式左端的系数行列式等于 $c_{11}c_{22}\cdots c_{nn}\neq 0$，由克拉姆法则知，方程组有唯一解，从而原方程组也有唯一解.

(3) 当 $r(A)=r=r(B)<n$ 时，也有 $d_{r+1}=0$，B_1 对应的同解方程组为

$$\begin{cases} c_{11}x_1+c_{12}x_2+\cdots+c_{1r}x_r=d_1-c_{1,r+1}x_{r+1}-\cdots-c_{1n}x_n, \\ c_{22}x_2+\cdots+c_{2r}x_r=d_2-c_{2,r+1}x_{r+1}-\cdots-c_{2n}x_n, \\ \quad\cdots\cdots \\ c_{rr}x_r=d_r-c_{r,r+1}x_{r+1}-\cdots-c_{rn}x_n, \end{cases}$$

由于上式左端的系数行列式等于 $c_{11}c_{22}\cdots c_{rr}\neq 0$，由克拉姆法则知，对任意给定的一组值：

$$x_{r+1}=k_{r+1},x_{r+2}=k_{r+2},\cdots,x_n=k_n,$$

方程组有唯一解 $x_1=k_1,x_2=k_2,\cdots,x_r=k_r$，从而 $X=(k_1,k_2,\cdots,k_n)^{T}$ 就是原方程组的一组解，故原方程组有无穷多解.

上述证明过程实际上给出了求解 n 元非齐次线性方程组 $AX=b$ 的一般步骤. 即：

(1) 写出线性方程组 $AX=b$ 的增广矩阵的秩 $B=(A|b)$，并用初等行变换将 B 化为行阶梯形矩阵 B_1.

(2) 由 B 的行阶梯形矩阵 B_1 可直接观察 $r(A)$ 与 $r(B)$ 是否相等. 此时

若 $r(A)<r(B)$，则原方程组无解；

若 $r(A)=r(B)=n$，则原方程组也有唯一解；

若 $r(A)=r(B)=r<n$，则原方程组有无穷多解.

(3) 在有解的情况下，继续对 B 的行阶梯形矩阵 B_1 作初等行变换化为行最简形，即

$$B_1=\begin{pmatrix} 1 & & & c'_{1,r+1} & \cdots & c'_{1n} & d'_1 \\ & 1 & & c'_{2,r+1} & \cdots & c'_{2n} & d'_2 \\ & & \ddots & \vdots & & \vdots & \vdots \\ & & 1 & c'_{r,r+1} & \cdots & c'_{rn} & d'_r \\ & & & 0 & \cdots & 0 & 0 \end{pmatrix}.$$

(4) 写出原方程组的解：

若 $\mathrm{r}(\boldsymbol{A})=\mathrm{r}(\boldsymbol{B})=n$，则原方程组也有唯一解

$$\begin{cases} x_1=d_1', \\ x_2=d_2', \\ \quad\vdots \\ x_n=d_n'. \end{cases}$$

若 $\mathrm{r}(\boldsymbol{A})=\mathrm{r}(\boldsymbol{B})=r<n$，则原方程组有无穷多解

$$\begin{cases} x_1=d_1'-c_{1,r+1}'k_{r+1}-\cdots-c_{1n}'k_n, \\ x_2=d_2'-c_{2,r+1}'k_{r+1}-\cdots-c_{2n}'x_n, \\ \quad\vdots \\ x_r=d_r'-c_{r,r+1}'x_{r+1}-\cdots-c_{rn}'k_n, \\ \qquad x_{r+1}=k_{r+1}, \\ \qquad\quad\vdots \\ \qquad x_n=k_n, \end{cases}$$

把 r 个非零行的非零首元所对应的未知数取作非自由未知数，其余 $n-r$ 个未知数取作自由未知数，并令自由未知数分别等于任意常数 $k_{r+1},k_{r+2},\cdots,k_n$，上式给出了原方程组的全部解，称为原方程组的通解.

【例 3.2】 求解非齐次线性方程组

$$\begin{cases} x_1-2x_2+3x_3-4x_4=4, \\ x_2-x_3+x_4=-3, \\ x_1+3x_2+x_4=1, \\ -7x_2+3x_3+x_4=-3. \end{cases}$$

解 对增广矩阵 $\boldsymbol{B}=(\boldsymbol{A}\,|\,\boldsymbol{b})$ 施行初等行变换，可得

$$\left(\begin{array}{cccc|c} 1 & -2 & 3 & -4 & 4 \\ 0 & 1 & -1 & 1 & -3 \\ 1 & 3 & 0 & 1 & 1 \\ 0 & -7 & 3 & 1 & -3 \end{array}\right) \to \left(\begin{array}{cccc|c} 1 & 0 & 0 & 0 & -8 \\ 0 & 1 & 0 & 0 & 3 \\ 0 & 0 & 1 & 0 & 6 \\ 0 & 0 & 0 & 1 & 0 \end{array}\right),$$

因 $\mathrm{r}(\boldsymbol{A})=\mathrm{r}(\boldsymbol{B})=4$，故原方程组的唯一解为

$$\begin{cases} x_1=-8, \\ x_2=3, \\ x_3=6, \\ x_4=0. \end{cases}$$

【例 3.3】 求解非齐次线性方程组

$$\begin{cases} 2x_1+x_2-x_3+x_4=1, \\ 3x_1-2x_2+2x_3-3x_4=2, \\ 5x_1+x_2-x_3+2x_4=-1, \\ 2x_1-x_2+x_3-3x_4=4. \end{cases}$$

解 对增广矩阵 $\boldsymbol{B}=(\boldsymbol{A}\,|\,\boldsymbol{b})$ 施行初等行变换，得

$$B=\begin{pmatrix}2&1&-1&1&1\\3&-2&2&-3&2\\5&1&-1&2&-1\\2&-1&1&-3&4\end{pmatrix}\xrightarrow{r}\begin{pmatrix}1&-1&1&0&1\\0&1&-1&2&0\\0&0&0&-5&-1\\0&0&0&0&3\end{pmatrix},$$

故 $\mathrm{r}(\boldsymbol{A})=3<\mathrm{r}(\boldsymbol{B})=4$,所以无解.

【例 3.4】 求解非齐次线性方程组

$$\begin{cases}x_1+2x_2+3x_3-x_4=1,\\3x_1+2x_2+x_3-x_4=1,\\2x_1+3x_2+x_3+x_4=1,\\2x_1+2x_2+2x_3-x_4=1,\\5x_1+5x_2+2x_3=2.\end{cases}$$

解　对增广矩阵 $\boldsymbol{B}=(\boldsymbol{A}\mid\boldsymbol{b})$施行初等行变换,得

$$\boldsymbol{B}\xrightarrow{r}\begin{pmatrix}1&2&3&-1&1\\0&-1&-5&3&-1\\0&0&6&-5&1\\0&0&0&0&0\\0&0&0&0&0\end{pmatrix}\xrightarrow{r}\begin{pmatrix}1&0&0&-5/6&1/6\\0&1&0&7/6&1/6\\0&0&1&-5/6&1/6\\0&0&0&0&0\\0&0&0&0&0\end{pmatrix},$$

即得

$$\begin{cases}x_1=\dfrac{5}{6}x_4+\dfrac{1}{6},\\x_2=-\dfrac{7}{6}x_4+\dfrac{1}{6},\\x_3=\dfrac{5}{6}x_4+\dfrac{1}{6}.\end{cases}$$

令 $x_4=k$ (其中 k 为任意常数),故原方程的解为

$$\begin{cases}x_1=\dfrac{5}{6}k+\dfrac{1}{6},\\x_2=-\dfrac{7}{6}k+\dfrac{1}{6},\\x_3=\dfrac{5}{6}k+\dfrac{1}{6},\\x_4=k.\end{cases}$$

或写成向量形式

$$\begin{pmatrix}x_1\\x_2\\x_3\\x_4\end{pmatrix}=k\begin{pmatrix}5/6\\-7/6\\5/6\\1\end{pmatrix}+\begin{pmatrix}1/6\\1/6\\1/6\\0\end{pmatrix}.$$

设有 n 个未知量 m 个方程的齐次线性方程组

$$\begin{cases} a_{11}x_1+a_{12}x_2+\cdots+a_{1n}x_n=0, \\ a_{21}x_1+a_{22}x_2+\cdots+a_{2n}x_n=0, \\ \cdots\cdots \\ a_{m1}x_1+a_{m2}x_2+\cdots+a_{mn}x_n=0, \end{cases} \tag{3.6}$$

上式可以写成以向量 $\boldsymbol{X}$ 为未知向量的矩阵形式

$$\boldsymbol{AX}=\boldsymbol{0}. \tag{3.7}$$

其中

$$\boldsymbol{A}=\begin{pmatrix} a_{11} & a_{12} & \cdots & a_{1n} \\ a_{21} & a_{22} & \cdots & a_{2n} \\ \vdots & \vdots & & \vdots \\ a_{m1} & a_{m2} & \cdots & a_{mn} \end{pmatrix}, \quad \boldsymbol{X}=\begin{pmatrix} x_1 \\ x_2 \\ \vdots \\ x_n \end{pmatrix},$$

则由上面关于非齐次线性方程组解的讨论,可类似得到:

定理 3.2 n 元齐次线性方程组(3.7)必有解,且

(1) $\boldsymbol{AX}=\boldsymbol{0}$ 有非零解$\Leftrightarrow \mathrm{r}(\boldsymbol{A})<n$.

(2) $\boldsymbol{AX}=\boldsymbol{0}$ 有唯一零解$\Leftrightarrow \mathrm{r}(\boldsymbol{A})=n$.

【例 3.5】 求解齐次线性方程组

$$\begin{cases} x_1+2x_2+2x_3+x_4=0, \\ 2x_1+x_2-2x_3-2x_4=0, \\ x_1-x_2-4x_3-3x_4=0. \end{cases}$$

解 对系数矩阵 $\boldsymbol{A}$ 施行初等行变换.

$$\boldsymbol{A}=\begin{pmatrix} 1 & 2 & 2 & 1 \\ 2 & 1 & -2 & -2 \\ 1 & -1 & -4 & -3 \end{pmatrix} \xrightarrow[r_3-r_1]{r_2-2r_1} \begin{pmatrix} 1 & 2 & 2 & 1 \\ 0 & -3 & -6 & -4 \\ 0 & -3 & -6 & -4 \end{pmatrix}$$

$$\xrightarrow[r_2\div(-3)]{r_3-r_2} \begin{pmatrix} 1 & 2 & 2 & 1 \\ 0 & 1 & 2 & 4/3 \\ 0 & 0 & 0 & 0 \end{pmatrix} \xrightarrow{r_1-2r_2} \begin{pmatrix} 1 & 0 & -2 & -5/3 \\ 0 & 1 & 2 & 4/3 \\ 0 & 0 & 0 & 0 \end{pmatrix},$$

即得同解方程组

$$\begin{cases} x_1=2x_3+(5/3)x_4, \\ x_2=-2x_3-(4/3)x_4, \end{cases} \quad (x_3, x_4 \text{ 可任意取值}).$$

令 $x_3=c_1, x_4=c_2$,并把它写成向量形式,则有

$$\begin{pmatrix} x_1 \\ x_2 \\ x_3 \\ x_4 \end{pmatrix}=c_1\begin{pmatrix} 2 \\ -2 \\ 1 \\ 0 \end{pmatrix}+c_2\begin{pmatrix} 5/3 \\ -4/3 \\ 0 \\ 1 \end{pmatrix},$$

其中 c_1, c_2 为任意常数.

习题 3.1

1. 用消元法解下列齐次线性方程组：

(1) $\begin{cases} x_1+x_2+2x_3-x_4=0, \\ 2x_1+x_2+x_3-x_4=0, \\ 2x_1+2x_2+x_3+2x_4=0; \end{cases}$　　(2) $\begin{cases} x_1+2x_2+x_3-x_4=0, \\ 3x_1+6x_2-x_3-3x_4=0, \\ 5x_1+10x_2+x_3-5x_4=0; \end{cases}$

(3) $\begin{cases} x_1-x_2+4x_3-2x_4=0, \\ x_1-x_2-x_3+2x_4=0, \\ 3x_1+x_2+7x_3-2x_4=0, \\ x_1-3x_2-12x_3+6x_4=0; \end{cases}$　　(4) $\begin{cases} x_1-x_2+x_3=0, \\ 3x_1-2x_2-x_3=0, \\ 3x_1-x_2+5x_3=0, \\ -2x_1+2x_2+3x_3=0. \end{cases}$

2. 用消元法解下列非齐次线性方程组：

(1) $\begin{cases} x_1-2x_2+x_3+x_4=1, \\ x_1-2x_2+x_3-x_4=-1, \\ x_1-2x_2+x_3-5x_4=5; \end{cases}$　　(2) $\begin{cases} 2x_1-x_2+3x_3=3, \\ 3x_1+x_2-5x_3=0, \\ 4x_1-x_2+x_3=3, \\ x_1+3x_2-13x_3=-6; \end{cases}$

(3) $\begin{cases} x_1-2x_2+3x_3-4x_4=4, \\ x_2-x_3+x_4=-3, \\ x_1+3x_2-3x_4=1, \\ -7x_2+3x_3+x_4=-3; \end{cases}$　　(4) $\begin{cases} x_1+x_2-3x_3-x_4=1, \\ 3x_1-x_2-3x_3+4x_4=4, \\ x_1+5x_2-9x_3-8x_4=0. \end{cases}$

3. 确定 a 的值使下列齐次线性方程组有非零解，并在有非零解时求其全部解.

$$\begin{cases} ax_1+x_2+x_3=0, \\ x_1+ax_2+x_3=0, \\ x_1+x_2+ax_3=0. \end{cases}$$

4. 确定 a 的值使下列线性方程组有解，并求其解.

(1) $\begin{cases} ax_1+x_2+x_3=1, \\ x_1+ax_2+x_3=a, \\ x_1+x_2+ax_3=a^2; \end{cases}$　　(2) $\begin{cases} 2x_1-x_2+x_3+x_4=1, \\ x_1+2x_2-x_3+4x_4=2, \\ x_1+7x_2-4x_3+11x_4=a. \end{cases}$

5. 确定的 a,b 值使下列非齐次线性方程组有解，并求其解.

$$\begin{cases} ax_1+bx_2+2x_3=1, \\ (b-1)x_2+x_3=0, \\ ax_1+bx_2+(1-b)x_3=3-2b. \end{cases}$$

6. 设 $\boldsymbol{A}$ 为 $m\times n$ 矩阵，证明：

(1) 方程 $\boldsymbol{AX}=\boldsymbol{I}_m$ 有解的充要条件为 $\mathrm{r}(\boldsymbol{A})=m$.

(2) 方程 $\boldsymbol{YA}=\boldsymbol{I}_n$ 有解的充要条件为 $\mathrm{r}(\boldsymbol{A})=n$.

3.2　向量组的线性关系

在上一节里，我们利用高斯消元法得到了求解 n 元线性方程组的一般解法. 但是，如何直

接从 n 元线性方程组出发来讨论该方程组是否有解以及 n 元线性方程组中各方程之间相互独立的个数是否唯一确定，等等. 这些问题都需要对 n 元线性方程组的求解作进一步的讨论. 为此，还需引入向量组的线性相关性.

3.2.1 向量组的线性表示

我们在第二章讨论矩阵概念时已经附带地给出过向量的概念，这里进一步表述如下.

定义 3.1 由 n 个有次序的数 $a_1,a_2,\cdots,a_n$ 组成的有序数组称为 n 维向量，记为 $\boldsymbol{\alpha}$，向量 $\boldsymbol{\alpha}$ 中的第 i 个数 a_i 称为第 i 个分量.

根据第二章中关于向量的规定，分别有行向量和列向量(即行矩阵和列矩阵)，因此，矩阵线性运算的规则也适用于 n 维行向量和 n 维列向量，并把 n 维行向量

$$\boldsymbol{\alpha}=\boldsymbol{\beta}^{\mathrm{T}}=(a_1,a_2,\cdots,a_n) \tag{3.8}$$

与 n 维列向量

$$\boldsymbol{\beta}=\begin{pmatrix}a_1\\a_2\\\vdots\\a_n\end{pmatrix} \tag{3.9}$$

总看作为不同的向量.

定义 3.2 设 $\boldsymbol{\alpha}=(a_1,a_2,\cdots,a_n)$ 为复向量，记

$$\overline{\boldsymbol{\alpha}}=(\overline{a}_1,\overline{a}_2,\cdots,\overline{a}_n), \tag{3.10}$$

其中分量 $\overline{a_i}$ 表示分量 a_i 的共轭复数，则称 $\overline{\boldsymbol{\alpha}}$ 为 $\boldsymbol{\alpha}$ 的共轭向量.

由定义易见，共轭向量满足以下运算规律(设 $\boldsymbol{\alpha},\boldsymbol{\beta}$ 为复向量，k 为复数)：

(1) $\overline{\boldsymbol{\alpha}+\boldsymbol{\beta}}=\overline{\boldsymbol{\alpha}}+\overline{\boldsymbol{\beta}}$.

(2) $\overline{\lambda\boldsymbol{\alpha}}=\overline{\lambda}\overline{\boldsymbol{\alpha}}$.

为实用起见，本书中的向量一般用希腊字母 $\boldsymbol{\alpha}$、$\boldsymbol{\beta}$ 等表示，所讨论的向量都是实向量.

【例 3.6】 已知四维向量

$$\boldsymbol{\alpha}_1=(3,5,7,9),\quad \boldsymbol{\alpha}_2=(-1,5,2,0),$$

若向量 $\boldsymbol{\alpha}_1,\boldsymbol{\alpha}_2,\boldsymbol{\beta}$ 满足方程 $3\boldsymbol{\alpha}_1-2\boldsymbol{\beta}=5\boldsymbol{\alpha}_2$，求 $\boldsymbol{\beta}$.

解 因为 $3\boldsymbol{\alpha}_1-2\boldsymbol{\beta}=5\boldsymbol{\alpha}_2$，所以

$$2\boldsymbol{\beta}=3\boldsymbol{\alpha}_1-5\boldsymbol{\alpha}_2=3(3,5,7,9)-5(-1,5,2,0)=(14,-10,11,27),$$

从而

$$\boldsymbol{\beta}=\frac{1}{2}(14,-10,11,27)=\left(7,-5,\frac{11}{2},\frac{27}{2}\right).$$

一般地，由若干个同维数的列向量(或同维数的行向量)所组成的集合称为向量组.

例如，在 n 元线性方程组

$$\begin{cases}a_{11}x_1+a_{12}x_2+\cdots+a_{1n}x_n=b_1,\\a_{21}x_1+a_{22}x_2+\cdots+a_{2n}x_n=b_2,\\\qquad\cdots\cdots\\a_{m1}x_1+a_{m2}x_2+\cdots+a_{mn}x_n=b_m\end{cases}$$

的讨论中，我们曾经给出过它的向量形式：

$$x_1\boldsymbol{\alpha}_1+x_2\boldsymbol{\alpha}_2+\cdots+x_n\boldsymbol{\alpha}_n=\boldsymbol{b},$$

其中

$$\boldsymbol{\alpha}_j=\begin{pmatrix}a_{1j}\\a_{2j}\\\vdots\\a_{mj}\end{pmatrix},\quad \boldsymbol{b}=\begin{pmatrix}b_1\\b_2\\\vdots\\b_m\end{pmatrix},$$

这里的 n 个 m 维列向量

$$a_j=\begin{pmatrix}a_{1j}\\a_{2j}\\\vdots\\a_{mj}\end{pmatrix}\quad(j=1,2,\cdots,n)$$

就组成向量组 $\boldsymbol{\alpha}_1,\boldsymbol{\alpha}_2,\cdots,\boldsymbol{\alpha}_n$，它是系数矩阵 $\boldsymbol{A}$ 的列分块，又称为 $\boldsymbol{A}$ 的列向量组.

同理，矩阵 $\boldsymbol{A}$ 的 m 个行分块所成的 n 维行向量为

$$\boldsymbol{\beta}_i=(a_{i1},a_{i2},\cdots,a_{in})\quad(i=1,2,\cdots,m),$$

它们组成的向量组 $\boldsymbol{\beta}_1,\boldsymbol{\beta}_2,\cdots,\boldsymbol{\beta}_m$ 称为 $\boldsymbol{A}$ 的行向量组.

反之，由有限个向量组成的向量组可以构成一个矩阵. 例如 n 个 m 维列向量组成的向量组 $\boldsymbol{A}:\boldsymbol{\alpha}_1,\boldsymbol{\alpha}_2,\cdots,\boldsymbol{\alpha}_n$ 构成一个 $m\times n$ 矩阵

$$\boldsymbol{A}=(\boldsymbol{\alpha}_1,\boldsymbol{\alpha}_2,\cdots,\boldsymbol{\alpha}_n),$$

m 个 n 维行向量所组成的向量组 $\boldsymbol{B}:\boldsymbol{\beta}_1,\boldsymbol{\beta}_2,\cdots,\boldsymbol{\beta}_m$，构成一个 $m\times n$ 矩阵

$$\boldsymbol{B}=\begin{pmatrix}\boldsymbol{\beta}_1\\\boldsymbol{\beta}_2\\\vdots\\\boldsymbol{\beta}_m\end{pmatrix}.$$

总之，含有有限个向量的有序向量组可以与矩阵一一对应. 进而，若把 n 个未知量 m 个方程的线性方程组写成矩阵形式 $\boldsymbol{AX}=\boldsymbol{b}$，则方程组可以与它的增广矩阵 $\boldsymbol{B}=(\boldsymbol{A},\boldsymbol{b})$ 一一对应，这种对应若看成一个方程对应一个行向量，则方程组又与增广矩阵 $\boldsymbol{B}$ 的行向量组对应，再根据方程组的向量形式 $x_1\boldsymbol{\alpha}_1+x_2\boldsymbol{\alpha}_2+\cdots+x_n\boldsymbol{\alpha}_n=\boldsymbol{b}$，则又有方程组与 $\boldsymbol{B}$ 的列向量组 $\boldsymbol{\alpha}_1,\boldsymbol{\alpha}_2,\cdots,\boldsymbol{\alpha}_n,\boldsymbol{b}$ 之间也有一一对应的关系. 为此，我们定义：

定义 3.3 设有向量组 $\boldsymbol{A}:\boldsymbol{\alpha}_1,\boldsymbol{\alpha}_2,\cdots,\boldsymbol{\alpha}_n$，若对任何一组实数 $k_1,k_2,\cdots,k_n$，由该向量组的线性运算所得表达式为

$$\boldsymbol{\beta}=k_1\boldsymbol{\alpha}_1+k_2\boldsymbol{\alpha}_2+\cdots+k_n\boldsymbol{\alpha}_n \tag{3.11}$$

则称向量 $\boldsymbol{\beta}$ 为向量组 $\boldsymbol{A}$ 的一个线性组合，$k_1,k_2,\cdots,k_n$ 称为这个线性组合的系数.

给定向量组 $\boldsymbol{A}:\boldsymbol{\alpha}_1,\boldsymbol{\alpha}_2,\cdots,\boldsymbol{\alpha}_n$ 和向量 $\boldsymbol{\beta}$，若至少存在一组实数 $k_1,k_2,\cdots,k_n$，使式(3.11)成立，则向量 $\boldsymbol{\beta}$ 为向量组 $\boldsymbol{A}$ 的一个线性组合，这时称向量 $\boldsymbol{\beta}$ 可由向量组 $\boldsymbol{A}$ 线性表示.

进而，若一个向量组 $\boldsymbol{\beta}_1,\boldsymbol{\beta}_2,\cdots,\boldsymbol{\beta}_r$ 中的每一个向量皆可由 $\boldsymbol{A}$ 线性表示时，也称这个向量组 $\boldsymbol{\beta}_1,\boldsymbol{\beta}_2,\cdots,\boldsymbol{\beta}_r$ 可由 $\boldsymbol{A}$ 线性表示，且有 $k_{1j},k_{2j},\cdots,k_{nj}\,(j=1,2,\cdots,r)$，使

$$\boldsymbol{\beta}_j=k_{1j}\boldsymbol{\alpha}_1+k_{2j}\boldsymbol{\alpha}_2+\cdots+k_{nj}\boldsymbol{\alpha}_n=(\boldsymbol{\alpha}_1,\boldsymbol{\alpha}_2,\cdots,\boldsymbol{\alpha}_n)\begin{pmatrix}k_{1j}\\k_{2j}\\\vdots\\k_{nj}\end{pmatrix},$$

所以

$$(\boldsymbol{\beta}_1,\boldsymbol{\beta}_2,\cdots,\boldsymbol{\beta}_r)=(\boldsymbol{\alpha}_1,\boldsymbol{\alpha}_2,\cdots,\boldsymbol{\alpha}_n)\begin{pmatrix}k_{11} & k_{12} & \cdots & k_{1r}\\ k_{21} & k_{22} & \cdots & k_{2r}\\ \vdots & \vdots & & \vdots\\ k_{n1} & k_{n2} & \cdots & k_{nr}\end{pmatrix},$$

其中矩阵 $\boldsymbol{K}_{n\times r}=(k_{ij})_{n\times r}$ 称为这一线性表示的系数矩阵.

由定义,向量 $\boldsymbol{b}$ 能由向量组 $\boldsymbol{A}$ 线性表示,也就是方程组

$$x_1\boldsymbol{\alpha}_1+x_2\boldsymbol{\alpha}_2+\cdots+x_n\boldsymbol{\alpha}_n=\boldsymbol{b}$$

有解. 于是由 3.1 节的定理 3.1,可得:

定理 3.3 给定列向量组 $\boldsymbol{A}:\boldsymbol{\alpha}_1,\boldsymbol{\alpha}_2,\cdots,\boldsymbol{\alpha}_n$ 和向量 $\boldsymbol{\beta}$,则向量 $\boldsymbol{\beta}$ 可由向量组 $\boldsymbol{A}$ 线性表示的充要条件是矩阵

$$\boldsymbol{A}=(\boldsymbol{\alpha}_1,\boldsymbol{\alpha}_2,\cdots,\boldsymbol{\alpha}_n) \text{ 与 } \boldsymbol{B}=(\boldsymbol{\alpha}_1,\boldsymbol{\alpha}_2,\cdots,\boldsymbol{\alpha}_n,\boldsymbol{\beta})$$

的秩相等,即 $\mathrm{r}(\boldsymbol{A})=\mathrm{r}(\boldsymbol{B})$.

证明 由于向量 $\boldsymbol{\beta}$ 可由向量组 $\boldsymbol{A}$ 线性表示的充要条件是线性方程组

$$x_1\boldsymbol{\alpha}_1+x_2\boldsymbol{\alpha}_2+\cdots+x_n\boldsymbol{\alpha}_n=\boldsymbol{\beta}$$

有解,再由该方程组有解的充要条件是其系数矩阵的秩等于增广矩阵的秩,因而向量 $\boldsymbol{\beta}$ 可由向量组 $\boldsymbol{A}$ 线性表示的充要条件是矩阵 $\boldsymbol{A}$ 的秩与矩阵 $\boldsymbol{B}$ 的秩相等.

【例 3.7】 设由四维向量组成的向量组为

$$\boldsymbol{\alpha}_1=(2,-1,3,1),\ \boldsymbol{\alpha}_2=(4,-2,5,4),\ \boldsymbol{\alpha}_3=(2,-1,4,-1),$$

求 $\boldsymbol{\alpha}_1,\boldsymbol{\alpha}_2,\boldsymbol{\alpha}_3$ 间的一个线性表示.

解 由于

$$3\boldsymbol{\alpha}_1-\boldsymbol{\alpha}_2=3(2,-1,3,1)-(4,-2,5,4)=(2,-1,4,-1)=\boldsymbol{\alpha}_3,$$

因此 $\boldsymbol{\alpha}_3$ 可由 $\boldsymbol{\alpha}_1,\boldsymbol{\alpha}_2$ 线性表示,或者说 $\boldsymbol{\alpha}_3$ 为 $\boldsymbol{\alpha}_1,\boldsymbol{\alpha}_2$ 的一个线性组合.

【例 3.8】 任何一个 n 维向量 $\boldsymbol{\alpha}=(a_1,a_2,\cdots,a_n)$ 都可以由 n 维单位坐标向量组

$$\boldsymbol{\varepsilon}_1=(1,0,\cdots,0),\boldsymbol{\varepsilon}_2=(0,1,0,\cdots,0),\cdots,\boldsymbol{\varepsilon}_n=(0,0,\cdots,0,1)$$

线性表示.

事实上,我们有

$$\boldsymbol{\alpha}=(a_1,a_2,\cdots,a_n)=a_1\boldsymbol{\varepsilon}_1+a_2\boldsymbol{\varepsilon}_2+\cdots+a_n\boldsymbol{\varepsilon}_n.$$

【例 3.9】 (1) 零向量是任一向量组的线性组合.

(2) 向量组中的任何向量皆可由该向量组线性表示.

解 (1) 设给定任何一个向量组为 $\boldsymbol{A}:\boldsymbol{\alpha}_1,\boldsymbol{\alpha}_2,\cdots,\boldsymbol{\alpha}_m$,则有

$$\boldsymbol{0}=0\cdot\boldsymbol{\alpha}_1+0\cdot\boldsymbol{\alpha}_2+\cdots+0\cdot\boldsymbol{\alpha}_m.$$

(2) 给定向量组 $\boldsymbol{A}:\boldsymbol{\alpha}_1,\boldsymbol{\alpha}_2,\cdots,\boldsymbol{\alpha}_m$,若取 $\boldsymbol{\beta}=\boldsymbol{\alpha}_i$,则有

$$\boldsymbol{\beta}=0\cdot\boldsymbol{\alpha}_1+\cdots+1\cdot\boldsymbol{\alpha}_i+\cdots+0\cdot\boldsymbol{\alpha}_m.$$

【例 3.10】 设有四维向量组成的向量组

$$\boldsymbol{\alpha}_1=\begin{pmatrix}1\\2\\3\\4\end{pmatrix},\ \boldsymbol{\alpha}_2=\begin{pmatrix}0\\1\\2\\3\end{pmatrix},\ \boldsymbol{\alpha}_3=\begin{pmatrix}0\\0\\1\\2\end{pmatrix},\ \boldsymbol{\alpha}_4=\begin{pmatrix}0\\0\\0\\1\end{pmatrix},\ \boldsymbol{\alpha}=\begin{pmatrix}4\\3\\2\\1\end{pmatrix},$$

试问：

(1) $\boldsymbol{\alpha}$ 能否由 $\boldsymbol{\alpha}_1,\boldsymbol{\alpha}_2,\boldsymbol{\alpha}_3,\boldsymbol{\alpha}_4$ 线性表示？

(2) $\boldsymbol{\alpha}_4$ 能否由 $\boldsymbol{\alpha}_1,\boldsymbol{\alpha}_2,\boldsymbol{\alpha}_3$ 线性表示？如能表示，写出其线性表示.

解　将向量组 $\boldsymbol{\alpha}_1,\boldsymbol{\alpha}_2,\boldsymbol{\alpha}_3,\boldsymbol{\alpha}_4$ 及 $\boldsymbol{\alpha}_1,\boldsymbol{\alpha}_2,\boldsymbol{\alpha}_3,\boldsymbol{\alpha}_4,\boldsymbol{\alpha}$ 分别排成四阶方阵 $\boldsymbol{A}$ 和 4×5 矩阵 $\boldsymbol{B}$，即

$$\boldsymbol{A}=(\boldsymbol{\alpha}_1,\boldsymbol{\alpha}_2,\boldsymbol{\alpha}_3,\boldsymbol{\alpha}_4),\ \boldsymbol{B}=(\boldsymbol{\alpha}_1,\boldsymbol{\alpha}_2,\boldsymbol{\alpha}_3,\boldsymbol{\alpha}_4,\boldsymbol{\alpha}),$$

并对 $\boldsymbol{B}$ 做初等行变换化为 $\boldsymbol{B}$ 的行最简形，有

$$\boldsymbol{B}=\begin{pmatrix}1&0&0&0&4\\2&1&0&0&3\\3&2&1&0&3\\4&3&2&1&1\end{pmatrix}\rightarrow\begin{pmatrix}1&0&0&0&4\\0&1&0&0&-5\\0&0&1&0&1\\0&0&0&1&-2\end{pmatrix},$$

由此可见

$$\mathrm{r}(\boldsymbol{A})=\mathrm{r}(\boldsymbol{B})=4,$$

因此有：

(1) 向量 $\boldsymbol{\alpha}$ 能由 $\boldsymbol{\alpha}_1,\boldsymbol{\alpha}_2,\boldsymbol{\alpha}_3,\boldsymbol{\alpha}_4$ 线性表示，且方程组

$$x_1\boldsymbol{\alpha}_1+x_2\boldsymbol{\alpha}_2+x_3\boldsymbol{\alpha}_3+x_4\boldsymbol{\alpha}_4=\boldsymbol{\alpha}, \tag{3.12}$$

即

$$\begin{pmatrix}x_1\\2x_1\\3x_1\\4x_1\end{pmatrix}+\begin{pmatrix}0\\x_2\\2x_2\\3x_2\end{pmatrix}+\begin{pmatrix}0\\0\\x_3\\2x_3\end{pmatrix}+\begin{pmatrix}0\\0\\0\\x_4\end{pmatrix}=\begin{pmatrix}4\\3\\2\\1\end{pmatrix}$$

的唯一解为 $x=\begin{pmatrix}4\\-5\\1\\-2\end{pmatrix}$，从而得 $\boldsymbol{\alpha}$ 的线性表示为

$$\boldsymbol{\alpha}=(\boldsymbol{\alpha}_1,\boldsymbol{\alpha}_2,\boldsymbol{\alpha}_3,\boldsymbol{\alpha}_4)\boldsymbol{x}=4\boldsymbol{\alpha}_1-5\boldsymbol{\alpha}_2+\boldsymbol{\alpha}_3-2\boldsymbol{\alpha}_4.$$

(2) $\boldsymbol{\alpha}_4$ 不能由 $\boldsymbol{\alpha}_1,\boldsymbol{\alpha}_2,\boldsymbol{\alpha}_3$ 线性表示.

3.2.2　向量组的线性相关性

由例 3.10 的结果知道：向量 $\boldsymbol{\alpha}$ 能由 $\boldsymbol{\alpha}_1,\boldsymbol{\alpha}_2,\boldsymbol{\alpha}_3,\boldsymbol{\alpha}_4$ 线性表示，但向量 $\boldsymbol{\alpha}_4$ 不能由 $\boldsymbol{\alpha}_1,\boldsymbol{\alpha}_2,\boldsymbol{\alpha}_3$ 线性表示. 这相当于方程组(3.12)有解，而方程组

$$x_1\boldsymbol{\alpha}_1+x_2\boldsymbol{\alpha}_2+x_3\boldsymbol{\alpha}_3=\boldsymbol{\alpha}_4, \tag{3.13}$$

即

$$\begin{cases}x_1=0,\\2x_1+x_2=0,\\3x_1+2x_2+x_3=0,\\4x_1+3x_2+2x_3=1\end{cases} \tag{3.14}$$

无解. 因而，我们需要进一步考察一个给定向量组 $\boldsymbol{A}:\boldsymbol{\alpha}_1,\boldsymbol{\alpha}_2,\cdots,\boldsymbol{\alpha}_n$ 之间的这种线性关系.

定义 3.4　设有向量组 $\boldsymbol{A}:\boldsymbol{\alpha}_1,\boldsymbol{\alpha}_2,\cdots,\boldsymbol{\alpha}_n$，若存在一组不全为零的数 $k_1,k_2,\cdots,k_n$，使

$$k_1\boldsymbol{\alpha}_1+k_2\boldsymbol{\alpha}_2+\cdots+k_n\boldsymbol{\alpha}_n=\boldsymbol{0}(\text{零向量}), \tag{3.15}$$

则称向量组 $\boldsymbol{A}$ 线性相关，否则称为线性无关.

由定义知：

(1) 定义中"否则"一词的含义是指："没有不全为零的数 $k_1,k_2,\cdots,k_n$ 使上式成立"，也就是只有当 $k_1,k_2,\cdots,k_n$ 全为零时，才使上式成立，即若上式成立，则 $k_1,k_2,\cdots,k_n$ 必须全为零.

(2) $n=1$ 时，向量组只含一个向量，于是，当 $\boldsymbol{\alpha}=\mathbf{0}$(零向量)时是线性相关的，当 $\boldsymbol{\alpha}\neq\mathbf{0}$ 时是线性无关的.(进而，含有零向量的向量组必然线性相关；反之，线性无关的向量组必然不含有零向量.)

$n=2$ 时，两个向量线性相关的充要条件是其对应的分量成比例(平面上两个向量线性相关的几何意义是两向量共线；进而，空间中三个向量线性相关的几何意义是三向量共面).

【例 3.11】 证明：若向量组 $\boldsymbol{\alpha}_1,\boldsymbol{\alpha}_2,\boldsymbol{\alpha}_3$ 线性无关，则向量组

$$\boldsymbol{\alpha}_1+\boldsymbol{\alpha}_2,\boldsymbol{\alpha}_2+\boldsymbol{\alpha}_3,\boldsymbol{\alpha}_3+\boldsymbol{\alpha}_1$$

也线性无关.

证明 设有一组数 $k_1k_2k_3$，使

$$k_1(\boldsymbol{\alpha}_1+\boldsymbol{\alpha}_2)+k_2(\boldsymbol{\alpha}_2+\boldsymbol{\alpha}_3)+k_3(\boldsymbol{\alpha}_3+\boldsymbol{\alpha}_1)=\mathbf{0} \tag{3.16}$$

成立，整理得

$$(k_1+k_3)\boldsymbol{\alpha}_1+(k_1+k_2)\boldsymbol{\alpha}_2+(k_2+k_3)\boldsymbol{\alpha}_3=\mathbf{0},$$

再由题设知 $\boldsymbol{\alpha}_1,\boldsymbol{\alpha}_2,\boldsymbol{\alpha}_3$ 线性无关. 所以

$$\begin{cases}k_1+k_3=0,\\k_1+k_2=0,\\k_2+k_3=0,\end{cases} \tag{3.17}$$

又因为

$$\begin{vmatrix}1&0&1\\1&1&0\\0&1&1\end{vmatrix}=2\neq0,$$

于是方程组(3.17)仅有零解，即只有

$$k_1=k_2=k_3=0$$

时式(3.16)才成立. 故向量组 $\boldsymbol{\alpha}_1+\boldsymbol{\alpha}_2,\boldsymbol{\alpha}_2+\boldsymbol{\alpha}_3,\boldsymbol{\alpha}_3+\boldsymbol{\alpha}_1$ 线性无关.

定理 3.4 向量组 $\boldsymbol{A}:\boldsymbol{\alpha}_1,\boldsymbol{\alpha}_2,\cdots,\boldsymbol{\alpha}_n(n\geqslant2)$ 线性相关的充分必要条件是向量组 $\boldsymbol{A}$ 中至少有一个向量能由其余 $n-1$ 个向量线性表示.

证明 (1) 充分性. 不妨设 $\boldsymbol{\alpha}_n$ 可由 $\boldsymbol{\alpha}_1,\boldsymbol{\alpha}_2,\cdots,\boldsymbol{\alpha}_{n-1}$ 线性表示，即存在一组数 $\lambda_1,\lambda_2,\cdots,\lambda_{n-1}$，使

$$\boldsymbol{\alpha}_n=\lambda_1\boldsymbol{\alpha}_1+\lambda_2\boldsymbol{\alpha}_2+\cdots+\lambda_{n-1}\boldsymbol{\alpha}_{n-1}.$$

即

$$\lambda_1\boldsymbol{\alpha}_1+\lambda_2\boldsymbol{\alpha}_2+\cdots+\lambda_{n-1}\boldsymbol{\alpha}_{n-1}+(-1)\boldsymbol{\alpha}_n=\mathbf{0},$$

显然 $\lambda_1,\lambda_2,\cdots,\lambda_{n-1},-1$ 这 n 个数中至少有一个(-1)不为零，所以向量组 $\boldsymbol{A}$ 线性相关.

(2) 必要性. 设向量组 $\boldsymbol{A}$ 线性相关，则有一组不全为零的数 $\lambda_1,\lambda_2,\cdots,\lambda_n$，使

$$\lambda_1\boldsymbol{\alpha}_1+\lambda_2\boldsymbol{\alpha}_2+\cdots+\lambda_n\boldsymbol{\alpha}_n=\mathbf{0},$$

不妨设 $\lambda_1\neq0$，则

$$\boldsymbol{\alpha}_1=\left(-\frac{\lambda_2}{\lambda_1}\right)\boldsymbol{\alpha}_2+\left(-\frac{\lambda_3}{\lambda_1}\right)\boldsymbol{\alpha}_3+\cdots+\left(-\frac{\lambda_n}{\lambda_1}\right)\boldsymbol{\alpha}_n,$$

即 $\boldsymbol{\alpha}_1$ 能由 $\boldsymbol{\alpha}_2,\boldsymbol{\alpha}_2,\cdots,\boldsymbol{\alpha}_n$ 线性表示.

值得注意的是：

(1) 该定理的等价命题(逆否命题)为：向量组 $\boldsymbol{A}:\boldsymbol{\alpha}_1,\boldsymbol{\alpha}_2,\cdots,\boldsymbol{\alpha}_n(n\geqslant 2)$线性无关的充要条件是其中任一个向量都不能由其余向量线性表示.

(2) 此结论不能理解为："线性相关的向量组中，每一个向量都能由其余向量线性表示"，例如，下面 3 个二维向量

$$\boldsymbol{\alpha}_1=(0,1),\ \boldsymbol{\alpha}_2=(0,-2),\ \boldsymbol{\alpha}_3=(1,1)$$

是线性相关的(因为其中 $\boldsymbol{\alpha}_1,\boldsymbol{\alpha}_2$ 线性相关)，但 $\boldsymbol{\alpha}_3$ 不能由 $\boldsymbol{\alpha}_1,\boldsymbol{\alpha}_2$ 线性表示，即对任意的 k_1,k_2，都有 $\boldsymbol{\alpha}_3\neq k_1\boldsymbol{\alpha}_1+k_2\boldsymbol{\alpha}_2$.

(3) 向量组的线性相关与线性无关的概念也可用于线性方程组的讨论中. 即当方程组中有某个方程是其余方程的线性组合时，这个方程就是多余的，这时称方程组(各个方程)是线性相关的；当方程组中没有多余方程，就称该方程组(各个方程)线性无关(或线性独立).

定理 3.5 设向量组 $\boldsymbol{A}:\boldsymbol{\alpha}_1,\boldsymbol{\alpha}_2,\cdots,\boldsymbol{\alpha}_n$ 线性无关，则向量组 $\boldsymbol{B}:\boldsymbol{\alpha}_1,\boldsymbol{\alpha}_2,\cdots,\boldsymbol{\alpha}_n,\boldsymbol{\beta}$ 线性相关的充要条件是 $\boldsymbol{\beta}$ 可由 $\boldsymbol{A}:\boldsymbol{\alpha}_1,\boldsymbol{\alpha}_2,\cdots,\boldsymbol{\alpha}_n$ 线性表示，且表示法唯一.

证明 (1) 充分性. 设 $\boldsymbol{\beta}$ 可由 $\boldsymbol{A}:\boldsymbol{\alpha}_1,\boldsymbol{\alpha}_2,\cdots,\boldsymbol{\alpha}_n$ 线性表示，即存在一组数 $\lambda_1,\lambda_2,\cdots,\lambda_n$，使

$$\boldsymbol{\beta}=\lambda_1\boldsymbol{\alpha}_1+\lambda_2\boldsymbol{\alpha}_2+\cdots+\lambda_n\boldsymbol{\alpha}_n,$$

则

$$\lambda_1\boldsymbol{\alpha}_1+\lambda_2\boldsymbol{\alpha}_2+\cdots+\lambda_n\boldsymbol{\alpha}_n+(-1)\boldsymbol{\beta}=\boldsymbol{0},$$

显然 $\lambda_1,\lambda_2,\cdots,\lambda_n,-1$ 这 $n+1$ 个数中至少有一个(-1)不为零，所以向量组 $\boldsymbol{B}$ 线性相关.

(2) 必要性. 因为向量组 $\boldsymbol{B}:\boldsymbol{\alpha}_1,\boldsymbol{\alpha}_2,\cdots,\boldsymbol{\alpha}_n,\boldsymbol{\beta}$ 线性相关，所以存在一组不全为零的数 $\lambda_1,\lambda_2,\cdots,\lambda_n,\lambda$，使

$$\lambda_1\boldsymbol{\alpha}_1+\lambda_2\boldsymbol{\alpha}_2+\cdots+\lambda_n\boldsymbol{\alpha}_n+\lambda\boldsymbol{\beta}=\boldsymbol{0},$$

若 $\lambda=0$，则有不全为零的数 $\lambda_1,\lambda_2,\cdots,\lambda_n$，使得

$$\lambda_1\boldsymbol{\alpha}_1+\lambda_2\boldsymbol{\alpha}_2+\cdots+\lambda_n\boldsymbol{\alpha}_n=\boldsymbol{0},$$

这与 $\boldsymbol{\alpha}_1,\boldsymbol{\alpha}_2,\cdots,\boldsymbol{\alpha}_n$ 线性无关矛盾，故 $\lambda\neq 0$，于是有

$$\boldsymbol{\beta}=\left(-\frac{\lambda_1}{\lambda}\right)\boldsymbol{\alpha}_1+\left(-\frac{\lambda_2}{\lambda}\right)\boldsymbol{\alpha}_2+\cdots+\left(-\frac{\lambda_n}{\lambda}\right)\boldsymbol{\alpha}_n.$$

再证表示法唯一. 若存在两种表示法：

$$\boldsymbol{\beta}=\lambda_1\boldsymbol{\alpha}_1+\lambda_2\boldsymbol{\alpha}_2+\cdots+\lambda_n\boldsymbol{\alpha}_n,$$
$$\boldsymbol{\beta}=\mu_1\boldsymbol{\alpha}_1+\mu_2\boldsymbol{\alpha}_2+\cdots+\mu_n\boldsymbol{\alpha}_n.$$

则有

$$(\lambda_1-\mu_1)\boldsymbol{\alpha}_1+(\lambda_2-\mu_2)\boldsymbol{\alpha}_2+\cdots+(\lambda_n-\mu_n)\boldsymbol{\alpha}_n=\boldsymbol{0}.$$

又因为 $\boldsymbol{\alpha}_1,\boldsymbol{\alpha}_2,\cdots,\boldsymbol{\alpha}_n$ 线性无关，所以 $\lambda_i-\mu_i=0\ (i=1,2,\cdots,n)$，即证表示法唯一.

3.2.3 向量组线性相关性的判别

判断向量组的线性相关性往往可以归结为有关的齐次线性方程组有无非零解的讨论. 因而，由定理 3.4 知道，若将列向量组 $\boldsymbol{\alpha}_1,\boldsymbol{\alpha}_2,\cdots,\boldsymbol{\alpha}_n$ 构成矩阵 $\boldsymbol{A}=(\boldsymbol{\alpha}_1,\boldsymbol{\alpha}_2,\cdots,\boldsymbol{\alpha}_n)$，则向量组 $\boldsymbol{A}$ 线性相关就等价于齐次线性方程组

$$x_1\boldsymbol{\alpha}_1+x_2\boldsymbol{\alpha}_2+\cdots+x_n\boldsymbol{\alpha}_n=\boldsymbol{0},$$

即 $\boldsymbol{A}x=\boldsymbol{0}$ 有非零解，从而列向量组 $\boldsymbol{\alpha}_1,\boldsymbol{\alpha}_2,\cdots,\boldsymbol{\alpha}_n$ 线性相关的充要条件是它所构成的矩阵 $\boldsymbol{A}=(\boldsymbol{\alpha}_1,\boldsymbol{\alpha}_2,\cdots,\boldsymbol{\alpha}_n)$的秩小于向量个数 n；而列向量组 $\boldsymbol{\alpha}_1,\boldsymbol{\alpha}_2,\cdots,\boldsymbol{\alpha}_n$ 线性无关的充要条件是 $\mathrm{r}(\boldsymbol{A})$

$=n$.进而,有

定理 3.6 设 $n\leqslant m$,则 n 个 m 维列向量组 $\boldsymbol{\alpha}_1,\boldsymbol{\alpha}_2,\cdots,\boldsymbol{\alpha}_n$ 线性无关的充要条件是其组成的矩阵 $\boldsymbol{A}=(\boldsymbol{\alpha}_1,\boldsymbol{\alpha}_2,\cdots,\boldsymbol{\alpha}_n)$ 的秩 $\mathrm{r}(\boldsymbol{A})=n$.

由定理 3.6,若向量的分量已知时,则向量组的线性相关性可以归结为以下推论.

推论 1 n 维列向量组 $\boldsymbol{\alpha}_1,\boldsymbol{\alpha}_2,\cdots,\boldsymbol{\alpha}_n$ 线性无关的充要条件是矩阵 $\boldsymbol{A}=(\boldsymbol{\alpha}_1,\boldsymbol{\alpha}_2,\cdots,\boldsymbol{\alpha}_n)$ 的秩 $\mathrm{r}(\boldsymbol{A})=n$,或 $|\boldsymbol{A}|\neq 0$.

再由定理 3.6,其逆又可表述为:

推论 2 m 维列向量组 $\boldsymbol{A}:\boldsymbol{\alpha}_1,\boldsymbol{\alpha}_2,\cdots,\boldsymbol{\alpha}_n$ 线性相关的充要条件是矩阵 $\boldsymbol{A}=(\boldsymbol{\alpha}_1,\boldsymbol{\alpha}_2,\cdots,\boldsymbol{\alpha}_n)$ 的秩 $\mathrm{r}(\boldsymbol{A})<n$.

推论 3 设有 m 维列向量组 $\boldsymbol{A}:\boldsymbol{\alpha}_1,\boldsymbol{\alpha}_2,\cdots,\boldsymbol{\alpha}_n$,若 $n>m$,则向量组 $\boldsymbol{\alpha}_1,\boldsymbol{\alpha}_2,\cdots,\boldsymbol{\alpha}_n$ 线性相关.

证明 设 $\boldsymbol{A}=(\boldsymbol{\alpha}_1,\boldsymbol{\alpha}_2,\cdots,\boldsymbol{\alpha}_n)$,因为 $\mathrm{r}(\boldsymbol{A})\leqslant\min\{m,n\}=m<n$,由推论 2 知,向量组 $\boldsymbol{\alpha}_1,\boldsymbol{\alpha}_2,\cdots,\boldsymbol{\alpha}_n$ 线性相关.

由此又有

推论 4 n 个 m 维向量组成的向量组,当维数 m 小于向量个数 n 时一定线性相关,特别地,$n+1$ 个 n 维向量一定线性相关.

推论 5 线性无关向量组的任何一个部分组也线性无关.反之,若向量组存在一个线性相关的部分组,则该向量组也线性相关.

定理 3.7 增加向量的分量保持无关性,减少分量保持相关性.即设有向量组

$$\boldsymbol{\alpha}_1=\begin{pmatrix}a_{11}\\a_{12}\\\vdots\\a_{1r}\end{pmatrix},\ \boldsymbol{\alpha}_2=\begin{pmatrix}a_{21}\\a_{22}\\\vdots\\a_{2r}\end{pmatrix},\ \cdots,\ \boldsymbol{\alpha}_n=\begin{pmatrix}a_{n1}\\a_{n2}\\\vdots\\a_{nr}\end{pmatrix},$$

$$\boldsymbol{\beta}_1=\begin{pmatrix}a_{11}\\\vdots\\a_{1r}\\a_{1,r+1}\\\vdots\\a_{1,m}\end{pmatrix},\ \boldsymbol{\beta}_2=\begin{pmatrix}a_{21}\\\vdots\\a_{2r}\\a_{2,r+1}\\\vdots\\a_{2,m}\end{pmatrix},\ \cdots,\ \boldsymbol{\beta}_n=\begin{pmatrix}a_{n1}\\\vdots\\a_{nr}\\a_{n,r+1}\\\vdots\\a_{nm}\end{pmatrix},$$

则:

(1) 若 $\boldsymbol{A}:\boldsymbol{\alpha}_1,\boldsymbol{\alpha}_2,\cdots,\boldsymbol{\alpha}_n$ 线性无关,则 $\boldsymbol{B}:\boldsymbol{\beta}_1,\boldsymbol{\beta}_2,\cdots,\boldsymbol{\beta}_n$ 也线性无关.

(2) 若 $\boldsymbol{B}:\boldsymbol{\beta}_1,\boldsymbol{\beta}_2,\cdots,\boldsymbol{\beta}_n$ 线性相关,则 $\boldsymbol{\alpha}_1,\boldsymbol{\alpha}_2,\cdots,\boldsymbol{\alpha}_n$ 也线性相关.

证明 (1) 用定义证明.令

$$x_1\boldsymbol{\beta}_1+x_2\boldsymbol{\beta}_2+\cdots+x_n\boldsymbol{\beta}_n=\boldsymbol{0},$$

即

$$\begin{cases}a_{11}x_1+a_{21}x_2+\cdots+a_{n1}x_n=0,\\ \cdots\cdots\\ a_{1r}x_1+a_{2r}x_2+\cdots+a_{nr}x_n=0,\\ a_{1,r+1}x_1+a_{2,r+1}x_2+\cdots+a_{n,r+1}x_n=0,\\ \cdots\cdots\\ a_{1m}x_1+a_{2m}x_1+\cdots+a_{nm}x_n=0,\end{cases}\tag{3.18}$$

因为 $\boldsymbol{\alpha}_1,\boldsymbol{\alpha}_2,\cdots,\boldsymbol{\alpha}_n$ 线性无关，所以方程组式(3.18)中的前 n 个方程也只有零解，从而式(3.18)只有零解，即证 $\boldsymbol{B}:\boldsymbol{\beta}_1,\boldsymbol{\beta}_2,\cdots,\boldsymbol{\beta}_n$ 线性无关.

(2) 因为 $\boldsymbol{B}:\boldsymbol{\beta}_1,\boldsymbol{\beta}_2,\cdots,\boldsymbol{\beta}_n$ 线性相关，即方程组(3.18)有非零解 $x_1',\cdots,x_n'$，于是 $x_1',\cdots,x_n'$ 也满足方程组式(3.18)中的前 n 个方程. 于是 $\boldsymbol{A}:\boldsymbol{\alpha}_1,\boldsymbol{\alpha}_2,\cdots,\boldsymbol{\alpha}_n$ 也线性相关.

换言之，我们有：

(1) 一个向量组线性相关(无关)的充要条件是对应的齐次线性方程组有非零解(唯一零解).

(2) 增加(减少)向量个数，相当于增加(减少)方程组中未知量个数；增加(减少)维数，即是增加(减少)方程组中方程的个数.

【例 3.12】 试讨论 n 维单位坐标向量组的线性相关性.

解　n 维单位坐标向量构成的矩阵 $\boldsymbol{I}=(\boldsymbol{e}_1,\boldsymbol{e}_2,\cdots,\boldsymbol{e}_n)$ 是 n 阶矩阵，于是由

$$|\boldsymbol{I}|=1\neq 0 \Rightarrow \mathrm{r}(\boldsymbol{I})=n,$$

即 $\mathrm{r}(\boldsymbol{I})$ 等于向量组中向量个数，故该向量组是线性无关的.

习题 3.2

1. 设 $\boldsymbol{v}_1=(1,1,0)^{\mathrm{T}}$，$\boldsymbol{v}_2=(0,1,1)^{\mathrm{T}}$，求 $3\boldsymbol{v}_1+2\boldsymbol{v}_2$.

2. 已知四维向量组

$$\boldsymbol{\alpha}_1=(1,1,1,1)^{\mathrm{T}},\ \boldsymbol{\alpha}_2=(1,1,-1,-1)^{\mathrm{T}},$$
$$\boldsymbol{\alpha}_3=(1,-1,1,-1)^{\mathrm{T}},\ \boldsymbol{\alpha}_4=(1,-1,-1,1)^{\mathrm{T}},$$

若 $\boldsymbol{\beta}=(1,2,1,1)^{\mathrm{T}}$，试判断 $\boldsymbol{\beta}$ 可否由 $\boldsymbol{\alpha}_1,\boldsymbol{\alpha}_2,\boldsymbol{\alpha}_3,\boldsymbol{\alpha}_4$ 线性表示. 若能，则给出其组合系数.

3. 把三维行向量 $\boldsymbol{\beta}=(3,5,-6)$ 表示成 $\boldsymbol{\alpha}_1,\boldsymbol{\alpha}_2,\boldsymbol{\alpha}_3$ 的线性组合. 其中

$$\boldsymbol{\alpha}_1=(1,0,1),\ \boldsymbol{\alpha}_2=(1,1,1),\ \boldsymbol{\alpha}_3=(0,-1,-1).$$

4. 设有三维向量组

$$\boldsymbol{\alpha}_1=\begin{pmatrix}1+\lambda\\1\\1\end{pmatrix},\ \boldsymbol{\alpha}_2=\begin{pmatrix}1\\1+\lambda\\1\end{pmatrix},\ \boldsymbol{\alpha}_3=\begin{pmatrix}1\\1\\1+\lambda\end{pmatrix},\ \boldsymbol{\beta}=\begin{pmatrix}1\\3\\2\end{pmatrix}.$$

试问当 λ 取何值时，$\boldsymbol{\beta}$ 可由 $\boldsymbol{\alpha}_1,\boldsymbol{\alpha}_2,\boldsymbol{\alpha}_3$ 线性表示，且表达式唯一？

5. 判定下列向量组是线性相关还是线性无关：

(1) $\boldsymbol{\alpha}_1=(1,0,-1)^{\mathrm{T}}$，$\boldsymbol{\alpha}_2=(-2,2,0)^{\mathrm{T}}$，$\boldsymbol{\alpha}_3=(3,-5,2)^{\mathrm{T}}$；

(2) $\boldsymbol{\alpha}_1=(1,1,3)^{\mathrm{T}}$，$\boldsymbol{\alpha}_2=(3,-1,2)^{\mathrm{T}}$，$\boldsymbol{\alpha}_3=(2,2,7)^{\mathrm{T}}$；

(3) $\boldsymbol{\alpha}_1=(1,2,0)^{\mathrm{T}}$，$\boldsymbol{\alpha}_2=(3,1,4)^{\mathrm{T}}$，$\boldsymbol{\alpha}_3=(1,-3,4)^{\mathrm{T}}$.

6. a 取什么值时，下列向量组线性相关：

$$\boldsymbol{\alpha}_1=(a,1,1)^{\mathrm{T}},\ \boldsymbol{\alpha}_2=(1,a,1)^{\mathrm{T}},\ \boldsymbol{\alpha}_3=(1,1,a)^{\mathrm{T}}.$$

7. 设向量组 $\boldsymbol{\alpha}_1,\boldsymbol{\alpha}_2,\cdots,\boldsymbol{\alpha}_r$ 线性无关，且向量组

$$\boldsymbol{\beta}_1=\boldsymbol{\alpha}_1,\ \boldsymbol{\beta}_2=\boldsymbol{\alpha}_1+\boldsymbol{\alpha}_2,\ \cdots,\ \boldsymbol{\beta}_r=\boldsymbol{\alpha}_1+\boldsymbol{\alpha}_2+\cdots+\boldsymbol{\alpha}_r.$$

证明向量组 $\boldsymbol{\beta}_1,\boldsymbol{\beta}_2,\cdots,\boldsymbol{\beta}_r$ 线性无关.

8. 设 $\boldsymbol{t}_1,\boldsymbol{t}_2,\cdots,\boldsymbol{t}_r$ 是互不相同的数，$r\leqslant n$. 证明：$\boldsymbol{\alpha}_i=(1,t_1,\cdots,t_i^{n-1})\ i=1,2,\cdots,r$ 是线性无关的.

9. 设向量组 $\boldsymbol{\alpha}_1,\boldsymbol{\alpha}_2,\cdots,\boldsymbol{\alpha}_s$ 线性相关，且其中任意 $s-1$ 个向量都线性无关，试证明：必存

在一组全都不为零的数$k_1,k_2,\cdots,k_s$,使

$$k_1\boldsymbol{\alpha}_1+k_2\boldsymbol{\alpha}_2+\cdots+k_s\boldsymbol{\alpha}_s=\boldsymbol{0}.$$

10. 设有向量组

$$\boldsymbol{A}:\boldsymbol{\alpha}_1=(1,2,1,3)^{\mathrm{T}},\quad \boldsymbol{\alpha}_2=(4,-1,-5,-6)^{\mathrm{T}},$$
$$\boldsymbol{B}:\boldsymbol{\beta}_1=(-1,3,4,7)^{\mathrm{T}},\quad \boldsymbol{\beta}_2=(2,-1,-3,-4)^{\mathrm{T}},$$

试证明:向量组$\boldsymbol{A}$与向量组$\boldsymbol{B}$等价.

11. 设$\boldsymbol{\alpha}_1,\boldsymbol{\alpha}_2,\cdots,\boldsymbol{\alpha}_n$是一组$n$维向量,已知$n$维单位坐标向量$\boldsymbol{\varepsilon}_1,\boldsymbol{\varepsilon}_2,\cdots,\boldsymbol{\varepsilon}_n$能由它们线性表示,证明$\boldsymbol{\alpha}_1,\boldsymbol{\alpha}_2,\cdots,\boldsymbol{\alpha}_n$线性无关.

12. 若

$$\boldsymbol{\beta}_1=k(2\boldsymbol{\alpha}_1+2\boldsymbol{\alpha}_2-\boldsymbol{\alpha}_3),\ \boldsymbol{\beta}_2=k(2\boldsymbol{\alpha}_1-\boldsymbol{\alpha}_2+2\boldsymbol{\alpha}_3),\ \boldsymbol{\beta}_3=k(\boldsymbol{\alpha}_1-2\boldsymbol{\alpha}_2-2\boldsymbol{\alpha}_3),$$

k是非零实数,给出向量组$\boldsymbol{\beta}_1,\boldsymbol{\beta}_2,\boldsymbol{\beta}_3$线性无关的一个充要条件,并证明之.

3.3 向量组的秩

上节在讨论向量组的线性组合与线性相关性时,矩阵的秩起了十分重要的作用,为使讨论进一步深入,下面将秩的概念引入向量组.

3.3.1 向量组的极大线性无关组与秩

定义3.5 设向量组$\boldsymbol{A}$的一个部分组$\boldsymbol{A}_0:\boldsymbol{\alpha}_1,\boldsymbol{\alpha}_2,\cdots,\boldsymbol{\alpha}_r$满足

(1) 向量组$\boldsymbol{A}_0:\boldsymbol{\alpha}_1,\boldsymbol{\alpha}_2,\cdots,\boldsymbol{\alpha}_r$线性无关.

(2) 向量组$\boldsymbol{A}$中的每一个向量都可由$\boldsymbol{A}_0:\boldsymbol{\alpha}_1,\boldsymbol{\alpha}_2,\cdots,\boldsymbol{\alpha}_r$线性表示.

则称向量组$\boldsymbol{A}_0$是向量组$\boldsymbol{A}$的一个极大线性无关向量组(简称极大无关组).

由定义可知:

(1) 只含有零向量的向量组没有极大无关组,规定零向量组的秩为0.

(2) 在极大无关组$\boldsymbol{A}_0$中添加向量组$\boldsymbol{A}$的任何一个向量所得$r+1$个向量必线性相关.

(3) 线性无关向量组的极大无关组是其自身.

(4) 向量组$\boldsymbol{A}$的极大无关组可能不止一个.

【例3.13】 设有三维列向量组

$$\boldsymbol{\alpha}_1=(2,1,1)^{\mathrm{T}};\ \boldsymbol{\alpha}_2=(1,2,1)^{\mathrm{T}};\ \boldsymbol{\alpha}_3=(1,1,2)^{\mathrm{T}};\ \boldsymbol{\alpha}_4=(0,1,1)^{\mathrm{T}}.$$

求它的一个极大无关组.

解 因为$\boldsymbol{\alpha}_1,\boldsymbol{\alpha}_2,\boldsymbol{\alpha}_3$线性无关,且

$$\boldsymbol{\alpha}_4=-\frac{1}{2}\boldsymbol{\alpha}_1+\frac{1}{2}\boldsymbol{\alpha}_2+\frac{1}{2}\boldsymbol{\alpha}_3,$$

所以$\boldsymbol{\alpha}_1,\boldsymbol{\alpha}_2,\boldsymbol{\alpha}_3$是所求向量组的一个极大无关组.

同理可知,$\boldsymbol{\alpha}_1,\boldsymbol{\alpha}_2,\boldsymbol{\alpha}_4$与$\boldsymbol{\alpha}_1,\boldsymbol{\alpha}_3,\boldsymbol{\alpha}_4$及$\boldsymbol{\alpha}_2,\boldsymbol{\alpha}_3,\boldsymbol{\alpha}_4$也是所求向量组的极大无关组.

上例说明:向量组的极大无关组可能不唯一,但每个极大无关组所含向量的个数是相同的.

定理3.8 一个向量组的任意两个极大无关组都含有相同个数的向量.

证明 设$\boldsymbol{\alpha}_1,\boldsymbol{\alpha}_2,\cdots,\boldsymbol{\alpha}_r$与$\boldsymbol{\beta}_1,\boldsymbol{\beta}_2,\cdots,\boldsymbol{\beta}_s$是某向量组的两个极大无关组,若$r\neq s$,则不妨设$r<s$.于是由极大无关组的定义知,$\boldsymbol{\beta}_1,\boldsymbol{\beta}_2,\cdots,\boldsymbol{\beta}_r$线性无关,且$\boldsymbol{\beta}_1,\boldsymbol{\beta}_2,\cdots,\boldsymbol{\beta}_r$可由极大无关组

$\boldsymbol{\alpha}_1,\boldsymbol{\alpha}_2,\cdots,\boldsymbol{\alpha}_r$ 线性表示，即有

$$\begin{cases}\boldsymbol{\beta}_1=c_{11}\boldsymbol{\alpha}_1+c_{12}\boldsymbol{\alpha}_2+\cdots+c_{1r}\boldsymbol{\alpha}_r,\\ \boldsymbol{\beta}_2=c_{21}\boldsymbol{\alpha}_1+c_{22}\boldsymbol{\alpha}_2+\cdots+c_{2r}\boldsymbol{\alpha}_r,\\ \quad\cdots\cdots\\ \boldsymbol{\beta}_r=c_{r1}\boldsymbol{\alpha}_1+c_{r2}\boldsymbol{\alpha}_2+\cdots+c_{rr}\boldsymbol{\alpha}_r,\end{cases}\tag{3.19}$$

将式(3.19)写成矩阵形式，有

$$\begin{aligned}(\boldsymbol{\beta}_1,\boldsymbol{\beta}_2,\cdots,\boldsymbol{\beta}_r)&=(\boldsymbol{\alpha}_1,\boldsymbol{\alpha}_2,\cdots,\boldsymbol{\alpha}_r)\begin{pmatrix}c_{11}&c_{21}&\cdots&c_{r1}\\c_{12}&c_{22}&\cdots&c_{r2}\\\vdots&\vdots&&\vdots\\c_{1r}&c_{2r}&\cdots&c_{rr}\end{pmatrix}\\&=(\boldsymbol{\alpha}_1,\boldsymbol{\alpha}_2,\cdots,\boldsymbol{\alpha}_r)\boldsymbol{A},\end{aligned}\tag{3.20}$$

则可证式(3.20)中的矩阵 $\boldsymbol{A}$ 是可逆的. 事实上，设 $\boldsymbol{A}$ 有列分块 $\boldsymbol{A}=(d_1,d_2,\cdots,d_r)$，其中

$$d_i=(d_{i1},d_{i2},\cdots,d_{ir})^{\mathrm{T}}\quad(i=1,2,\cdots,r),$$

设 $|\boldsymbol{A}|=0$，则存在一组不全为零的数 $\lambda_1,\lambda_2,\cdots,\lambda_r$，使得

$$\lambda_1d_1+\lambda_2d_2+\cdots+\lambda_rd_r=\boldsymbol{0},$$

即

$$(d_1,d_2,\cdots,d_r)\begin{pmatrix}\lambda_1\\\lambda_2\\\vdots\\\lambda_r\end{pmatrix}=\boldsymbol{A}\begin{pmatrix}\lambda_1\\\lambda_2\\\vdots\\\lambda_r\end{pmatrix}=\boldsymbol{0},$$

于是

$$\lambda_1\boldsymbol{\beta}_1+\lambda_2\boldsymbol{\beta}_2+\cdots+\lambda_r\boldsymbol{\beta}_r=(\boldsymbol{\beta}_1,\boldsymbol{\beta}_2,\cdots,\boldsymbol{\beta}_r)\begin{pmatrix}\lambda_1\\\lambda_2\\\vdots\\\lambda_r\end{pmatrix}=(\boldsymbol{\alpha}_1,\boldsymbol{\alpha}_2,\cdots,\boldsymbol{\alpha}_r)\boldsymbol{A}\begin{pmatrix}\lambda_1\\\lambda_2\\\vdots\\\lambda_r\end{pmatrix}=\boldsymbol{0},$$

从而 $\boldsymbol{\beta}_1,\boldsymbol{\beta}_2,\cdots,\boldsymbol{\beta}_r$ 线性相关，这与 $\boldsymbol{\beta}_1,\boldsymbol{\beta}_2,\cdots,\boldsymbol{\beta}_r$ 线性无关矛盾，即证 $|\boldsymbol{A}|\neq0$，故 $\boldsymbol{A}$ 可逆. 由此可得

$$(\boldsymbol{\alpha}_1,\boldsymbol{\alpha}_2,\cdots,\boldsymbol{\alpha}_r)=(\boldsymbol{\beta}_1,\boldsymbol{\beta}_2,\cdots,\boldsymbol{\beta}_r)\boldsymbol{A}^{-1},$$

这说明 $\boldsymbol{\alpha}_1,\boldsymbol{\alpha}_2,\cdots,\boldsymbol{\alpha}_r$ 可由 $\boldsymbol{\beta}_1,\boldsymbol{\beta}_2,\cdots,\boldsymbol{\beta}_r$ 线性表示，又因为 $\boldsymbol{\beta}_{r+1},\boldsymbol{\beta}_{r+2},\cdots,\boldsymbol{\beta}_s$ 可由 $\boldsymbol{\alpha}_1,\boldsymbol{\alpha}_2,\cdots,\boldsymbol{\alpha}_r$ 线性表示，所以 $\boldsymbol{\beta}_{r+1},\boldsymbol{\beta}_{r+2},\cdots,\boldsymbol{\beta}_s$ 可由 $\boldsymbol{\beta}_1,\boldsymbol{\beta}_2,\cdots,\boldsymbol{\beta}_r$ 线性表示，矛盾. 这说明 $r<s$ 不成立.

反之，也有 $r>s$ 不成立. 从而 $r=s$.

定义 3.6　向量组 $\boldsymbol{A}:\boldsymbol{\alpha}_1,\boldsymbol{\alpha}_2,\cdots,\boldsymbol{\alpha}_n$ 的极大无关组所含向量的个数称为该向量组 $\boldsymbol{A}$ 的秩，记为 $r(\boldsymbol{\alpha}_1,\boldsymbol{\alpha}_2,\cdots,\boldsymbol{\alpha}_n)$.

在例 3.13 中，由于向量组

$$\boldsymbol{\alpha}_1=(2,1,1)^{\mathrm{T}};\ \boldsymbol{\alpha}_2=(1,2,1)^{\mathrm{T}};\ \boldsymbol{\alpha}_3=(1,1,2)^{\mathrm{T}};\ \boldsymbol{\alpha}_4=(0,1,1)^{\mathrm{T}}$$

的一个极大无关组是 $\boldsymbol{\alpha}_1,\boldsymbol{\alpha}_2,\boldsymbol{\alpha}_3$，因此该向量组的秩为 $r(\boldsymbol{\alpha}_1,\boldsymbol{\alpha}_2,\boldsymbol{\alpha}_3,\boldsymbol{\alpha}_4)=3$.

【例 3.14】　设有四维列向量组

$\boldsymbol{\alpha}_1=(1,2,-1,1)^{\mathrm{T}}$; $\boldsymbol{\alpha}_2=(2,0,t,0)^{\mathrm{T}}$; $\boldsymbol{\alpha}_3=(0,-4,5,-2)^{\mathrm{T}}$; $\boldsymbol{\alpha}_4=(3,-2,t+4,-1)^{\mathrm{T}}$.

求它的一个极大无关组和秩.

解 由于向量的分量中含有参数 t,因此向量组的极大无关组和它的秩都应与 t 的取值有关. 于是将所给向量组按列排成矩阵,并对其做初等行变换,有

$$(\boldsymbol{\alpha}_1\quad\boldsymbol{\alpha}_2\quad\boldsymbol{\alpha}_3\quad\boldsymbol{\alpha}_4)=\begin{pmatrix}1&2&0&3\\2&0&-4&-2\\-1&t&5&t+4\\1&0&-2&-1\end{pmatrix}$$

$$\to\begin{pmatrix}1&2&0&3\\0&-4&-4&-8\\0&t+2&5&t+7\\0&-2&-2&-4\end{pmatrix}\to\begin{pmatrix}1&2&0&3\\0&1&1&2\\0&0&3-t&3-t\\0&0&0&0\end{pmatrix},$$

故

(1) 当 $t=3$ 时,$\boldsymbol{\alpha}_1,\boldsymbol{\alpha}_2$ 是所求向量组的一个极大无关组,且 $r(\boldsymbol{\alpha}_1,\boldsymbol{\alpha}_2,\boldsymbol{\alpha}_3,\boldsymbol{\alpha}_4)=2$.

(2) 当 $t\neq3$ 时,$\boldsymbol{\alpha}_1,\boldsymbol{\alpha}_2,\boldsymbol{\alpha}_3$ 是所求向量组的一个极大无关组,且 $r(\boldsymbol{\alpha}_1,\boldsymbol{\alpha}_2,\boldsymbol{\alpha}_3,\boldsymbol{\alpha}_4)=3$.

3.3.2 向量组的等价性

定义 3.7 设有两向量组 $\boldsymbol{A}:\boldsymbol{\alpha}_1,\boldsymbol{\alpha}_2,\cdots,\boldsymbol{\alpha}_s$ 与 $\boldsymbol{B}:\boldsymbol{\beta}_1,\boldsymbol{\beta}_2,\cdots,\boldsymbol{\beta}_t$,若向量组 $\boldsymbol{B}$ 能由向量组 $\boldsymbol{A}$ 线性表示,且向量组 $\boldsymbol{A}$ 也能由向量组 $\boldsymbol{B}$ 线性表示,则称这两个向量组等价.

由定义 3.7 知:任意一个向量组都与它的极大无关组等价,且同一个向量组的不同极大无关组之间都相互等价.

定理 3.9 设有两向量组 $\boldsymbol{A}:\boldsymbol{\alpha}_1,\boldsymbol{\alpha}_2,\cdots,\boldsymbol{\alpha}_s$ 与 $\boldsymbol{B}:\boldsymbol{\beta}_1,\boldsymbol{\beta}_2,\cdots,\boldsymbol{\beta}_t$,若

(1) 向量组 $\boldsymbol{A}:\boldsymbol{\alpha}_1,\boldsymbol{\alpha}_2,\cdots,\boldsymbol{\alpha}_s$ 线性无关.

(2) 向量组 $\boldsymbol{A}$ 能由向量组 $\boldsymbol{B}$ 线性表示.

则 $s\leqslant t$.

证明 由于向量组 $\boldsymbol{A}$ 能由向量组 $\boldsymbol{B}$ 线性表示,因而存在 $s\times t$ 个数 c_{ij} $(i=1,2,\cdots,s;\ j=1,2,\cdots,t)$,使得

$$\begin{cases}\boldsymbol{\alpha}_1=c_{11}\boldsymbol{\beta}_1+c_{12}\boldsymbol{\beta}_2+\cdots+c_{1t}\boldsymbol{\beta}_t,\\\boldsymbol{\alpha}_2=c_{21}\boldsymbol{\beta}_1+c_{22}\boldsymbol{\beta}_2+\cdots+c_{2t}\boldsymbol{\beta}_t,\\\quad\cdots\cdots\\\boldsymbol{\alpha}_s=c_{s1}\boldsymbol{\beta}_1+c_{s2}\boldsymbol{\beta}_2+\cdots+c_{st}\boldsymbol{\beta}_t,\end{cases}$$

写成矩阵形式,有

$$(\boldsymbol{\alpha}_1,\boldsymbol{\alpha}_2,\cdots,\boldsymbol{\alpha}_s)=(\boldsymbol{\beta}_1,\boldsymbol{\beta}_2,\cdots,\boldsymbol{\beta}_t)\begin{pmatrix}c_{11}&c_{21}&\cdots&c_{s1}\\c_{12}&c_{22}&\cdots&c_{s2}\\\vdots&\vdots&&\vdots\\c_{1t}&c_{2t}&\cdots&c_{st}\end{pmatrix}$$

$$=(\boldsymbol{\beta}_1,\boldsymbol{\beta}_2,\cdots,\boldsymbol{\beta}_t)\boldsymbol{C},$$

若 $s>t$,则矩阵 $\boldsymbol{C}$ 的 s 个 t 维列向量 $c_1,c_2,\cdots,c_s$ 必线性相关. 于是必存在不全为零的数组 $k_1,k_2,\cdots,k_s$,使得

$$(c_1,c_2,\cdots,c_s)\begin{pmatrix}k_1\\k_2\\\vdots\\k_s\end{pmatrix}=\begin{pmatrix}c_{11}&c_{21}&\cdots&c_{s1}\\c_{12}&c_{22}&\cdots&c_{s2}\\\vdots&\vdots&&\vdots\\c_{1t}&c_{2t}&\cdots&c_{st}\end{pmatrix}\begin{pmatrix}k_1\\k_2\\\vdots\\k_s\end{pmatrix}=\boldsymbol{0},$$

进而,有

$$(\boldsymbol{\alpha}_1,\boldsymbol{\alpha}_2,\cdots,\boldsymbol{\alpha}_s)\begin{pmatrix}k_1\\k_2\\\vdots\\k_s\end{pmatrix}=(\boldsymbol{\beta}_1,\boldsymbol{\beta}_2,\cdots,\boldsymbol{\beta}_t)\begin{pmatrix}c_{11}&c_{21}&\cdots&c_{s1}\\c_{12}&c_{22}&\cdots&c_{s2}\\\vdots&\vdots&&\vdots\\c_{1t}&c_{2t}&\cdots&c_{st}\end{pmatrix}\begin{pmatrix}k_1\\k_2\\\vdots\\k_s\end{pmatrix}=\mathbf{0},$$

从而$\boldsymbol{A}:\boldsymbol{\alpha}_1,\boldsymbol{\alpha}_2,\cdots,\boldsymbol{\alpha}_s$线性相关,矛盾,即证$s\leqslant t$.

由定理3.9可立即推得:

推论1　设有两向量组$\boldsymbol{A}:\boldsymbol{\alpha}_1,\boldsymbol{\alpha}_2,\cdots,\boldsymbol{\alpha}_s$与$\boldsymbol{B}:\boldsymbol{\beta}_1,\boldsymbol{\beta}_2,\cdots,\boldsymbol{\beta}_t$,若向量组$\boldsymbol{B}$能由向量组$\boldsymbol{A}$线性表示,若$s<t$,则向量组$\boldsymbol{B}$线性相关.

推论2　设有两向量组$\boldsymbol{A}:\boldsymbol{\alpha}_1,\boldsymbol{\alpha}_2,\cdots,\boldsymbol{\alpha}_s$与$\boldsymbol{B}:\boldsymbol{\beta}_1,\boldsymbol{\beta}_2,\cdots,\boldsymbol{\beta}_t$,若向量组$\boldsymbol{A}$的秩为$r_1$,向量组$\boldsymbol{B}$的秩为$r_2$,且向量组$\boldsymbol{A}$也能由向量组$\boldsymbol{B}$线性表示,则$r_1\leqslant r_2$.

推论3　两个等价的线性无关向量组必含有相同个数的向量.

推论4　等价的向量组必有相同的秩.

【例3.15】　已知两向量组有相同的秩,且其中之一可被另一个线性表示,证明:两个向量组等价.

证明　设这两个向量组为(Ⅰ)和(Ⅱ),它们的极大线性无关组分别为$\boldsymbol{\alpha}_1,\boldsymbol{\alpha}_2,\cdots,\boldsymbol{\alpha}_r$和$\boldsymbol{\beta}_1,\boldsymbol{\beta}_2,\cdots,\boldsymbol{\beta}_r$,并设$\boldsymbol{\beta}_1,\boldsymbol{\beta}_2,\cdots,\boldsymbol{\beta}_r$可由$\boldsymbol{\alpha}_1,\boldsymbol{\alpha}_2,\cdots,\boldsymbol{\alpha}_r$线性表示,由于$\boldsymbol{\beta}_1,\boldsymbol{\beta}_2,\cdots,\boldsymbol{\beta}_r$线性无关,因此由方程

$$\boldsymbol{\beta}_i=\sum_i a_{ij}\boldsymbol{\alpha}_j\quad(i=1,2,\cdots,r)$$

知$|a_{ij}|\neq0$,从而式(3.20)可解出$\boldsymbol{\alpha}_i(i=1,2,\cdots,r)$,即$\boldsymbol{\alpha}_1,\boldsymbol{\alpha}_2,\cdots,\boldsymbol{\alpha}_r$也可由$\boldsymbol{\beta}_1,\boldsymbol{\beta}_2,\cdots,\boldsymbol{\beta}_r$线性表示,从而它们等价.

再由$\boldsymbol{\alpha}_1,\boldsymbol{\alpha}_2,\cdots,\boldsymbol{\alpha}_r$和$\boldsymbol{\beta}_1,\boldsymbol{\beta}_2,\cdots,\boldsymbol{\beta}_r$分别与向量组(Ⅰ)和(Ⅱ)等价,所以向量组(Ⅰ)和(Ⅱ)也等价.

3.3.3　向量组的秩与矩阵秩的关系

定理3.10　设$\boldsymbol{A}$为$m\times n$矩阵,则矩阵$\boldsymbol{A}$的秩等于它的列向量组的秩,也等于它的行向量组的秩.

证明　设$\boldsymbol{A}=(\boldsymbol{\alpha}_1,\boldsymbol{\alpha}_2,\cdots,\boldsymbol{\alpha}_n)$,且$\boldsymbol{A}$的秩$\mathrm{r}(\boldsymbol{A})=r$,则由矩阵秩的定义知,$\boldsymbol{A}$中至少有一个$r$阶的非零子式$\boldsymbol{D}_r$,不妨设$\boldsymbol{D}_r$为左上角的$r$阶的子式,即

$$\boldsymbol{D}_r=\begin{vmatrix}a_{11}&a_{12}&\cdots&a_{1r}\\a_{21}&a_{22}&\cdots&a_{2r}\\\vdots&\vdots&&\vdots\\a_{r1}&a_{r2}&\cdots&a_{rr}\end{vmatrix}\neq0,$$

于是$\boldsymbol{D}_r$中的r个列向量$\boldsymbol{\beta}_1,\boldsymbol{\beta}_2,\cdots,\boldsymbol{\beta}_r$必线性无关,从而$\boldsymbol{A}$的前$r$个列向量$\boldsymbol{\alpha}_1,\boldsymbol{\alpha}_2,\cdots,\boldsymbol{\alpha}_r$也线性无关.又因为$\boldsymbol{A}$中所有$r+1$阶子式(如果有的话)皆为零,所以$\boldsymbol{A}$的任意$r+1$个列向量都线性相关.从而$\boldsymbol{A}$的前$r$个列向量$\boldsymbol{\alpha}_1,\boldsymbol{\alpha}_2,\cdots,\boldsymbol{\alpha}_r$即为$\boldsymbol{A}$的一个极大无关组,故矩阵$\boldsymbol{A}$的列向量组的秩为$r$.

同理可证,矩阵$\boldsymbol{A}$的秩等于它的行向量组的秩.

推论 5 矩阵 $\boldsymbol{A}$ 的行向量组的秩与列向量组的秩相等.

由定理 3.10 的证明知,若 $\boldsymbol{D}_r$ 是矩阵 $\boldsymbol{A}$ 的一个最高阶非零子式,则 $\boldsymbol{D}_r$ 所在的 r 列就是 $\boldsymbol{A}$ 的列向量组的一个极大无关组;$\boldsymbol{D}_r$ 所在的 r 行即是 $\boldsymbol{A}$ 的行向量组的一个极大无关组. 从而有:

推论 6 设向量组 $\boldsymbol{B}$ 是向量组 $\boldsymbol{A}$ 的部分组,若向量组 $\boldsymbol{B}$ 线性无关,且向量组 $\boldsymbol{A}$ 能由向量组 $\boldsymbol{B}$ 线性表示,则向量组 $\boldsymbol{B}$ 是向量组 $\boldsymbol{A}$ 的一个极大无关组.

值得指出的是:由于矩阵的初等行变换不改变矩阵的列秩,因此我们还可以证明:

若对矩阵 $\boldsymbol{A}$ 作初等行变换化为 $\boldsymbol{B}$,则 $\boldsymbol{B}$ 的列向量组与 $\boldsymbol{A}$ 中对应的列向量组具有相同的线性关系,即矩阵的初等行变换不改变矩阵的列向量组的线性相关性. 于是当我们将某个给定的向量组中各向量作为列向量排成矩阵 $\boldsymbol{A}$ 后,若只对 $\boldsymbol{A}$ 作初等行变换并将其化为行最简形矩阵,则可直接写出所求向量组的极大无关组.

同理,也可以将向量组中各向量作为行向量排成矩阵,并通过作初等列变换来求得所求向量组的极大无关组.

【例 3.16】 设有向量组

$$\boldsymbol{A}:\boldsymbol{\xi}_1=\begin{pmatrix}1\\2\\3\end{pmatrix},\ \boldsymbol{\xi}_2=\begin{pmatrix}2\\-1\\-2\end{pmatrix},\ \boldsymbol{\xi}_3=\begin{pmatrix}10\\5\\6\end{pmatrix},\ \boldsymbol{\xi}_4=\begin{pmatrix}-8\\4\\8\end{pmatrix},$$

试求向量的秩和一个极大无关组,并把其他的向量用极大无关组表示出来.

解 令 $\boldsymbol{A}=(\boldsymbol{\xi}_1,\boldsymbol{\xi}_2,\boldsymbol{\xi}_3,\boldsymbol{\xi}_4)$,并对其作初等行变换化为行最简形矩阵,则有

$$\boldsymbol{A}=\begin{pmatrix}1&2&10&-8\\2&-1&5&4\\3&-2&6&8\end{pmatrix}\sim\begin{pmatrix}1&0&4&0\\0&1&3&-4\\0&0&0&0\end{pmatrix},$$

故向量的秩为 2,极大无关组为 $\boldsymbol{\xi}_1,\boldsymbol{\xi}_2$,且有

$$\boldsymbol{\xi}_3=4\boldsymbol{\xi}_1+3\boldsymbol{\xi}_2,\ \boldsymbol{\xi}_4=-4\boldsymbol{\xi}_2.$$

【例 3.17】 设 $\boldsymbol{C}_{m\times n}=\boldsymbol{A}_{m\times s}\boldsymbol{B}_{s\times n}$,则 $\mathrm{r}(\boldsymbol{C})\leqslant\min\{\mathrm{r}(\boldsymbol{A}),\mathrm{r}(\boldsymbol{B})\}$.

证明 设

$$\boldsymbol{A}=(a_{ij})_{m\times s}=(\boldsymbol{\alpha}_1,\boldsymbol{\alpha}_2,\cdots,\boldsymbol{\alpha}_s),\ \boldsymbol{B}=(b_{ij})_{s\times n},\ \boldsymbol{C}=(c_{ij})_{m\times n}=(\boldsymbol{\beta}_1,\boldsymbol{\beta}_2,\cdots,\boldsymbol{\beta}_n),$$

则

$$\boldsymbol{C}=(\boldsymbol{\beta}_1,\boldsymbol{\beta}_2,\cdots,\boldsymbol{\beta}_n)=(\boldsymbol{\alpha}_1,\boldsymbol{\alpha}_2,\cdots,\boldsymbol{\alpha}_s)=\begin{bmatrix}b_{11}&\cdots&b_{1j}&\cdots&b_{1n}\\b_{21}&\cdots&b_{2j}&\cdots&b_{2n}\\\vdots&&\vdots&&\vdots\\b_{s1}&\cdots&b_{sj}&\cdots&b_{sn}\end{bmatrix},$$

于是有

$$\boldsymbol{\beta}_j=b_{1j}\boldsymbol{\alpha}_1+b_{2j}\boldsymbol{\alpha}_2+\cdots+b_{sj}\boldsymbol{\alpha}_s\quad(j=1,2,\cdots,n),$$

即 $\boldsymbol{AB}$ 的列向量组 $\boldsymbol{\beta}_1,\boldsymbol{\beta}_2,\cdots,\boldsymbol{\beta}_n$ 可由 $\boldsymbol{A}$ 的列向量组 $\boldsymbol{\alpha}_1,\boldsymbol{\alpha}_2,\cdots,\boldsymbol{\alpha}_s$ 线性表示,故 $\boldsymbol{\beta}_1,\boldsymbol{\beta}_2,\cdots,\boldsymbol{\beta}_n$ 的极大无关组可由 $\boldsymbol{\alpha}_1,\boldsymbol{\alpha}_2,\cdots,\boldsymbol{\alpha}_s$ 的极大无关组线性表示,从而有 $\mathrm{r}(\boldsymbol{AB})\leqslant\mathrm{r}(\boldsymbol{A})$.

同理可证 $\mathrm{r}(\boldsymbol{AB})\leqslant\mathrm{r}(\boldsymbol{B})$. 故

$$\mathrm{r}(\boldsymbol{C})=\mathrm{r}(\boldsymbol{AB})\leqslant\min\{\mathrm{r}(\boldsymbol{A}),\mathrm{r}(\boldsymbol{B})\}.$$

习题 3.3

1. 判断下列各命题是否正确. 如果正确，请简述理由；如果不正确，请举出反例.

(1) 设 $\boldsymbol{A}$ 为 n 阶矩阵，$\mathrm{r}(\boldsymbol{A})=r<n$，则矩阵 $\boldsymbol{A}$ 的任意 r 个列向量都线性无关；

(2) 设向量组 $\boldsymbol{\alpha}_1,\boldsymbol{\alpha}_2,\cdots,\boldsymbol{\alpha}_s$ 线性无关，且可由向量组 $\boldsymbol{\beta}_1,\boldsymbol{\beta}_2,\cdots,\boldsymbol{\beta}_t$ 线性表示，则必有 $s<t$；

(3) 若向量组 $\boldsymbol{\alpha}_1,\boldsymbol{\alpha}_2,\cdots,\boldsymbol{\alpha}_s$ 的秩为 s，则向量组 $\boldsymbol{\alpha}_1,\boldsymbol{\alpha}_2,\cdots,\boldsymbol{\alpha}_s$ 中任一部分组都线性无关.

2. 设有向量组

$$\boldsymbol{\alpha}_1=(3,21,0,9,0),\ \boldsymbol{\alpha}_2=(1,7,-1,-2,-1),\ \boldsymbol{\alpha}_3=(2,14,0,6,1).$$

求向量组 $\boldsymbol{\alpha}_1,\boldsymbol{\alpha}_2,\boldsymbol{\alpha}_3$ 的一个极大无关组.

3. 设有向量组

(1) $\boldsymbol{\alpha}_1=(1,0,0,1),\ \boldsymbol{\alpha}_2=(0,1,0,-1),\ \boldsymbol{\alpha}_3=(0,0,1,-1),\ \boldsymbol{\alpha}_4=(2,-1,3,0)$；

(2) $\boldsymbol{\alpha}_1=(1,-1,2,4),\ \boldsymbol{\alpha}_2=(0,3,1,2),\ \boldsymbol{\alpha}_3=(3,0,7,14),\ \boldsymbol{\alpha}_4=(1,-2,2,0)$，

求向量组 $\boldsymbol{\alpha}_1,\boldsymbol{\alpha}_2,\boldsymbol{\alpha}_3,\boldsymbol{\alpha}_4$ 的秩和一个极大无关组.

4. 求下列矩阵的列向量组的秩和一个极大无关组：

(1) $\begin{pmatrix} a & 1 & 1 & 1 \\ 1 & a & 1 & 1 \\ 1 & 1 & a & 1 \\ 1 & 1 & 1 & a \end{pmatrix}$；　(2) $\begin{pmatrix} 1 & 1 & 2 & 2 & 1 \\ 0 & 2 & 1 & 5 & -1 \\ 2 & 0 & 3 & -1 & 3 \\ 1 & 1 & 0 & 4 & -1 \end{pmatrix}$.

5. 设向量组 $\boldsymbol{\alpha}_1=\begin{pmatrix} a \\ 3 \\ 1 \end{pmatrix},\boldsymbol{\alpha}_2=\begin{pmatrix} 2 \\ b \\ 3 \end{pmatrix},\boldsymbol{\alpha}_3=\begin{pmatrix} 1 \\ 2 \\ 1 \end{pmatrix},\boldsymbol{\alpha}_4=\begin{pmatrix} 2 \\ 3 \\ 1 \end{pmatrix}$的秩为 2，求 a、b.

6. 设

$$\boldsymbol{\beta}_1=\boldsymbol{\alpha}_2+\boldsymbol{\alpha}_3+\cdots+\boldsymbol{\alpha}_r,\ \boldsymbol{\beta}_2=\boldsymbol{\alpha}_1+\boldsymbol{\alpha}_3+\cdots+\boldsymbol{\alpha}_r,\ \cdots,\ \boldsymbol{\beta}_r=\boldsymbol{\alpha}_1+\boldsymbol{\alpha}_2+\cdots+\boldsymbol{\alpha}_{r-1}.$$

证明：$\boldsymbol{\beta}_1,\boldsymbol{\beta}_2,\cdots,\boldsymbol{\beta}_r$ 与 $\boldsymbol{\alpha}_1,\boldsymbol{\alpha}_2,\cdots,\boldsymbol{\alpha}_r$ 具有相同的秩.

7. 已知 $\boldsymbol{\alpha}_1,\boldsymbol{\alpha}_2,\cdots,\boldsymbol{\alpha}_s$ 的秩为 r，证明：$\boldsymbol{\alpha}_1,\boldsymbol{\alpha}_2,\cdots,\boldsymbol{\alpha}_s$ 中任意 r 个线性无关的向量都构成它的一个极大线性无关组.

8. 证明：如果向量组(Ⅰ)可以由向量组(Ⅱ)线性表示，那么(Ⅰ)的秩不超过(Ⅱ)的秩.

3.4 线性方程组解的结构

3.4.1 齐次线性方程组解的结构

在 3.1 节里，我们利用高斯消元法讨论了用矩阵的初等变换解线性方程组的一般方法，并得到了线性方程组解的存在定理，即：

(1) n 元齐次线性方程组 $\boldsymbol{Ax}=\boldsymbol{0}$ 必有解，且它有非零解的充要条件是系数矩阵的秩 $\mathrm{r}(\boldsymbol{A})<n$.

(2) n 元非齐次线性方程组 $\boldsymbol{Ax}=\boldsymbol{b}$ 有解的充要条件是系数矩阵 $\boldsymbol{A}$ 的秩等于增广矩阵 $\boldsymbol{B}$

的秩，且有

① 当 $\mathrm{r}(\boldsymbol{A})=\mathrm{r}(\boldsymbol{B})=n$ 时，方程组有唯一解.

② 当 $\mathrm{r}(\boldsymbol{A})=\mathrm{r}(\boldsymbol{B})=r<n$ 时，方程组有无穷多解.

下面我们用向量组的线性相关性来进一步考察线性方程组的结构. 先讨论齐次线性方程组解的两个结构定理.

设有齐次线性方程组

$$\begin{cases} a_{11}x_1+a_{12}x_2+\cdots+a_{1n}x_n=0, \\ a_{21}x_1+a_{22}x_2+\cdots+a_{2n}x_n=0, \\ \quad\cdots\cdots \\ a_{m1}x_1+a_{m2}x_2+\cdots+a_{mn}x_n=0, \end{cases} \tag{3.21}$$

若记

$$\boldsymbol{A}=\begin{pmatrix} a_{11} & a_{12} & \cdots & a_{1n} \\ a_{21} & a_{22} & \cdots & a_{2n} \\ \vdots & \vdots & & \vdots \\ a_{m1} & a_{m2} & \cdots & a_{mn} \end{pmatrix}, \quad \boldsymbol{x}=\begin{pmatrix} x_1 \\ x_2 \\ \vdots \\ x_n \end{pmatrix},$$

则式(3.21)可写成向量方程

$$\boldsymbol{Ax}=\boldsymbol{0}, \tag{3.22}$$

当方程组(3.21)有解 $x_1=c_1, x_2=c_2, \cdots, x_n=c_n$ 时，记

$$\boldsymbol{x}=\boldsymbol{\xi}_0=\begin{pmatrix} c_1 \\ c_2 \\ \vdots \\ c_n \end{pmatrix},$$

并称之为方程组(3.21)的一个解向量，它当然也是向量方程(3.22)的解. 于是我们有：

定理 3.11 设 $\boldsymbol{x}=\boldsymbol{\xi}_1, \boldsymbol{x}=\boldsymbol{\xi}_2$ 为齐次线性方程组 $\boldsymbol{Ax}=\boldsymbol{0}$ 的任意两个解，k 为实数，则：

(1) $\boldsymbol{\xi}_1+\boldsymbol{\xi}_2$ 是该方程组的一个解.

(2) $k\boldsymbol{\xi}_1$ 也是该方程组的一个解.

证明 (1) 只要验证 $\boldsymbol{x}=\boldsymbol{\xi}_1+\boldsymbol{\xi}_2$ 满足方程(3.22)即可：

$$\boldsymbol{Ax}=\boldsymbol{A}(\boldsymbol{\xi}_1+\boldsymbol{\xi}_2)=\boldsymbol{A\xi}_1+\boldsymbol{A\xi}_2=\boldsymbol{0}+\boldsymbol{0}=\boldsymbol{0}.$$

(2) 同样地，有

$$\boldsymbol{Ax}=\boldsymbol{A}(k\boldsymbol{\xi}_1)=k(\boldsymbol{A\xi}_1)=k\boldsymbol{0}=\boldsymbol{0}.$$

由定理 3.11 知：若齐次线性方程组(3.22)的任意多个解向量为 $\boldsymbol{\xi}_1, \boldsymbol{\xi}_2, \cdots, \boldsymbol{\xi}_m$，则它们的任意线性组合

$$\boldsymbol{x}=k_1\boldsymbol{\xi}_1+\cdots+k_m\boldsymbol{\xi}_m$$

也是方程组(3.22)的解. 这意味着，只要方程组(3.22)有非零解，则它必有无穷多解.

若我们把方程(3.22)的全部解向量组成的集合记作 $\boldsymbol{S}$，则当 $\boldsymbol{S}\neq\{0\}$ 时，它有极大无关组 $\boldsymbol{S}_0: \boldsymbol{\xi}_1, \boldsymbol{\xi}_2, \cdots, \boldsymbol{\xi}_t$，于是(3.22)的任一解向量都可由极大无关组 $\boldsymbol{S}_0$ 线性表示；另一方面，由定理 3.11 知，极大无关组 $\boldsymbol{S}_0$ 的任何线性组合

$$\boldsymbol{x}=k_1\boldsymbol{\xi}_1+\cdots+k_t\boldsymbol{\xi}_t$$

也是方程(3.22)的解向量.

定义 3.8 齐次线性方程组 $\boldsymbol{Ax}=\boldsymbol{0}$ 的解集合的极大无关组 $\boldsymbol{\eta}_1, \boldsymbol{\eta}_2, \cdots, \boldsymbol{\eta}_t$ 称为该方程组

的一个基础解系.

易见方程组 $\boldsymbol{Ax}=\boldsymbol{0}$ 的解集合的极大无关组不是唯一的,从而它的基础解系不是唯一的.于是由上述定义知,若 $\boldsymbol{\eta}_1,\boldsymbol{\eta}_2,\cdots,\boldsymbol{\eta}_t$ 是齐次线性方程组 $\boldsymbol{Ax}=\boldsymbol{0}$ 的一个基础解系,则 $\boldsymbol{Ax}=\boldsymbol{0}$ 的通解可表示为

$$\boldsymbol{x}=k_1\boldsymbol{\eta}_1+k_2\boldsymbol{\eta}_2+\cdots+k_t\boldsymbol{\eta}_t \tag{3.23}$$

其中 $k_1,k_2,\cdots,k_t$ 为任意常数.

特别地,当齐次线性方程组只有零解时,该方程组没有基础解系.

定理 3.12　设 n 元齐次线性方程组 $\boldsymbol{Ax}=\boldsymbol{0}$ 的系数矩阵 $\boldsymbol{A}$ 的秩 $\mathrm{r}(\boldsymbol{A})=r<n$,则该方程组的基础解系 $\boldsymbol{\eta}_1,\boldsymbol{\eta}_2,\cdots,\boldsymbol{\eta}_t$ 一定存在,且每个基础解系中所含解向量个数 $t=n-r$.

证明　下面我们仍然用初等变换的方法来求齐次线性方程组的基础解系.

设方程组(3.21)的系数矩阵 $\boldsymbol{A}$ 的秩为 r,为讨论方便,不妨设 $\boldsymbol{A}$ 的前 r 列线性无关,于是对 $\boldsymbol{A}$ 施行初等行变换,可得行最简形矩阵为

$$\widetilde{\boldsymbol{A}}=\begin{pmatrix} 1 & \cdots & 0 & b_{11} & \cdots & b_{1,n-r} \\ & \ddots & \vdots & \vdots & & \vdots \\ & \cdots & 1 & b_{r1} & \cdots & b_{r,n-r} \\ & & & 0 & \cdots & 0 \\ & & & \vdots & & \vdots \\ & & & 0 & \cdots & 0 \end{pmatrix},$$

因此,方程组(3.21)与 $\widetilde{\boldsymbol{A}}$ 对应的同解方程组为

$$\begin{cases} x_1=-b_{11}x_{r+1}\cdots b_{1,n-r}x_n, \\ \qquad\cdots\cdots \\ x_r=-b_{r1}x_{r+1}\cdots b_{r,n-r}x_n, \end{cases} \tag{3.24}$$

若把 $x_{r+1},\cdots,x_n$ 作为自由未知量,并分别令它们依次等于 $c_1,\cdots,c_{n-r}$,可得方程组(3.21)的通解为

$$\begin{pmatrix} x_1 \\ \vdots \\ x_r \\ x_{r+1} \\ x_{r+2} \\ \vdots \\ x_n \end{pmatrix}=c_1\begin{pmatrix} -b_{11} \\ \vdots \\ -b_{r1} \\ 1 \\ 0 \\ \vdots \\ 0 \end{pmatrix}+c_2\begin{pmatrix} -b_{12} \\ \vdots \\ -b_{r2} \\ 0 \\ 1 \\ \vdots \\ 0 \end{pmatrix}+\cdots+c_{n-r}\begin{pmatrix} -b_{1,n-r} \\ \vdots \\ -b_{r,n-r} \\ 0 \\ 0 \\ \vdots \\ 1 \end{pmatrix}=c_1\boldsymbol{\eta}_1+c_2\boldsymbol{\eta}_2+\cdots+c_{n-r}\boldsymbol{\eta}_{n-r}.$$

下面我们来说明 $\boldsymbol{\eta}_1,\boldsymbol{\eta}_2,\cdots,\boldsymbol{\eta}_{n-r}$ 就是方程组(3.21)的基础解系.

事实上,方程组(3.21)的解集合 $\boldsymbol{S}$ 中的任一解向量 $\boldsymbol{x}$ 都能由 $\boldsymbol{\eta}_1,\boldsymbol{\eta}_2,\cdots,\boldsymbol{\eta}_{n-r}$ 线性表示,且矩阵$(\boldsymbol{\eta}_1,\boldsymbol{\eta}_2,\cdots,\boldsymbol{\eta}_{n-r})$中有 $n-r$ 阶子式 $|I_{n-r}|\neq 0$,故 $\mathrm{r}(\boldsymbol{\eta}_1,\boldsymbol{\eta}_2,\cdots,\boldsymbol{\eta}_{n-r})=n-r$,从而 $\boldsymbol{\eta}_1,\boldsymbol{\eta}_2,\cdots,\boldsymbol{\eta}_{n-r}$ 是方程组(3.21)的基础解系.即证.

定理 3.12 的证明过程中具体给出了求齐次线性方程组的通解和基础解系的方法与步骤.我们也可直接求出齐次线性方程组的基础解系,然后写出其通解.即:

(1) 将齐次线性方程组(3.21)施行初等行变换,得到方程组(3.24).

(2) 将自由未知量 $x_{r+1},x_{r+2},\cdots,x_n$ 分别取为下列 $n-r$ 组数:

$$\begin{pmatrix}x_{r+1}\\x_{r+2}\\\vdots\\x_n\end{pmatrix}=\begin{pmatrix}1\\0\\\vdots\\0\end{pmatrix},\begin{pmatrix}0\\1\\\vdots\\0\end{pmatrix},\cdots,\begin{pmatrix}0\\0\\\vdots\\1\end{pmatrix},$$

再代入式(3.24),即依次可得

$$\begin{pmatrix}x_1\\\vdots\\x_r\end{pmatrix}=\begin{pmatrix}-b_{11}\\\vdots\\-b_{r1}\end{pmatrix},\begin{pmatrix}-b_{12}\\\vdots\\-b_{r2}\end{pmatrix},\cdots,\begin{pmatrix}-b_{1,n-r}\\\vdots\\-b_{r,n-r}\end{pmatrix}.$$

于是,可求齐次线性方程组的基础解系为

$$\boldsymbol{\eta}_1=\begin{pmatrix}-b_{11}\\\vdots\\-b_{r1}\\1\\0\\\vdots\\0\end{pmatrix},\boldsymbol{\eta}_2=\begin{pmatrix}-b_{12}\\\vdots\\-b_{r2}\\0\\1\\\vdots\\0\end{pmatrix},\cdots,\boldsymbol{\eta}_{n-r}=\begin{pmatrix}-b_{1,n-r}\\\vdots\\-b_{r,n-r}\\0\\0\\\vdots\\1\end{pmatrix}.$$

(3)写出齐次线性方程组(3.21)的通解

$$\boldsymbol{x}=c_1\boldsymbol{\eta}_1+c_2\boldsymbol{\eta}_2+\cdots+c_{n-r}\boldsymbol{\eta}_{n-r},$$

其中 $c_1,c_2,\cdots,c_{n-r}$ 为任意常数.

【例 3.18】求齐次线性方程组

$$\begin{cases}x_1+x_2-3x_4-x_5=0,\\x_1-x_2+2x_3-x_4=0,\\4x_1-2x_2+6x_3+3x_4-4x_5=0,\\2x_1+4x_2-2x_3+4x_4-7x_5=0\end{cases}$$

的基础解系与通解.

解 将 $\boldsymbol{A}$ 化为行最简形矩阵.即

$$\boldsymbol{A}=\begin{pmatrix}1&1&0&-3&-1\\1&-1&2&-1&0\\4&-2&6&3&4\\2&4&-2&4&-7\end{pmatrix}\to\begin{pmatrix}1&0&1&0&-\frac{7}{6}\\0&1&-1&0&-\frac{5}{6}\\0&0&0&1&-\frac{1}{3}\\0&0&0&0&0\end{pmatrix},$$

从而知 $\mathrm{r}(\boldsymbol{A})=3$,故基础解系中有 $n-\mathrm{r}(\boldsymbol{A})=5-3=2$ 个线性无关的解向量,由系数矩阵的变换结果知其同解方程组为

$$\begin{cases}x_1=-x_3+\frac{7}{6}x_5,\\x_2=x_3+\frac{5}{6}x_5,\\x_4=\frac{1}{3}x_5,\end{cases}\tag{3.25}$$

令$\begin{pmatrix}x_3\\x_5\end{pmatrix}=\begin{pmatrix}1\\0\end{pmatrix}$及$\begin{pmatrix}0\\1\end{pmatrix}$,得原方程组的基础解系为

$$\boldsymbol{\xi}_1=(-1,1,1,0,0)^{\mathrm{T}},\ \boldsymbol{\xi}_2=\left(\frac{7}{6},\frac{5}{6},0,\frac{1}{3},1\right)^{\mathrm{T}},$$

于是通解为

$$\begin{pmatrix}x_1\\x_2\\x_3\\x_4\end{pmatrix}=\boldsymbol{C}_1\begin{pmatrix}-1\\1\\1\\0\\0\end{pmatrix}+\boldsymbol{C}_2\begin{pmatrix}7/6\\5/6\\0\\1/3\\1\end{pmatrix}\quad(\boldsymbol{C}_1,\boldsymbol{C}_2\in\mathbf{R}).$$

根据同解方程组(3.25)式,如果取$\begin{pmatrix}x_3\\x_5\end{pmatrix}=\begin{pmatrix}1\\1\end{pmatrix},\begin{pmatrix}1\\-1\end{pmatrix}$,对应地可求得

$$\begin{pmatrix}x_1\\x_2\\x_4\end{pmatrix}=\begin{pmatrix}1/6\\11/6\\1/3\end{pmatrix}及\begin{pmatrix}-13/6\\1/6\\-1/3\end{pmatrix},$$

即得与$\boldsymbol{\xi}_1,\boldsymbol{\xi}_2$不同的基础解系

$$\boldsymbol{\eta}_1=\begin{pmatrix}1/6\\11/6\\1\\1/3\\1\end{pmatrix},\ \boldsymbol{\eta}_2=\begin{pmatrix}-13/6\\1/6\\1\\-1/3\\-1\end{pmatrix},$$

从而得出通解

$$\boldsymbol{x}=k_1\boldsymbol{\eta}_1+k_2\boldsymbol{\eta}_2=k_1\begin{pmatrix}1/6\\11/6\\1\\1/3\\1\end{pmatrix}+k_2\begin{pmatrix}-13/6\\1/6\\1\\-1/3\\-1\end{pmatrix},$$

其中k_1,k_2为任意常数.

易见:$\boldsymbol{\xi}_1,\boldsymbol{\xi}_2$与$\boldsymbol{\eta}_1,\boldsymbol{\eta}_2$是等价的,两个通解显然形式上不一样,但都含两个任意常数,且都可表示方程组的任一解.

【例 3.19】 设$\boldsymbol{A}_{m\times s}\boldsymbol{B}_{s\times n}=\boldsymbol{0}$,证明$\mathrm{r}(\boldsymbol{A})+\mathrm{r}(\boldsymbol{B})\leqslant n$.

证明 设$\boldsymbol{B}$的列向量组为$\boldsymbol{B}_1,\boldsymbol{B}_2,\cdots,\boldsymbol{B}_n$,则

$$\boldsymbol{AB}=\boldsymbol{A}(\boldsymbol{B}_1,\boldsymbol{B}_2,\cdots,\boldsymbol{B}_n)=(\boldsymbol{AB}_1,\boldsymbol{AB}_2,\cdots,\boldsymbol{AB}_n)=\boldsymbol{0},$$

故有

$$\boldsymbol{AB}_1=\boldsymbol{AB}_2=\cdots=\boldsymbol{AB}_n=\boldsymbol{0},$$

即方程组$\boldsymbol{Ax}=\boldsymbol{0}$有$n$组解$\boldsymbol{B}_1,\boldsymbol{B}_2,\cdots,\boldsymbol{B}_n$.

若$\mathrm{r}(\boldsymbol{A})=r$,则$\boldsymbol{B}_1,\boldsymbol{B}_2,\cdots,\boldsymbol{B}_n$可由$n-r$个线性无关的解向量(即基础解系)线性表示,于是

$$\mathrm{r}(\boldsymbol{B})\leqslant n-r=n-\mathrm{r}(\boldsymbol{A}),$$

从而

$$\mathrm{r}(\boldsymbol{A})+\mathrm{r}(\boldsymbol{B})\leqslant r+(n-r)=n.$$

3.4.2 非齐次线性方程组解的结构

下面讨论非齐次线性方程组解的结构. 设有非齐次线性方程组

$$\begin{cases} a_{11}x_1+a_{12}x_2+\cdots+a_{1n}x_n=b_1, \\ a_{21}x_1+a_{22}x_2+\cdots+a_{2n}x_n=b_2, \\ \cdots\cdots \\ a_{m1}x_1+a_{m2}x_2+\cdots+a_{mn}x_n=b_m, \end{cases} \tag{3.26}$$

即

$$\boldsymbol{Ax}=\boldsymbol{b}. \tag{3.27}$$

其中

$$\boldsymbol{A}=\begin{pmatrix} a_{11} & a_{12} & \cdots & a_{1n} \\ a_{21} & a_{22} & \cdots & a_{2n} \\ \vdots & \vdots & & \vdots \\ a_{m1} & a_{m2} & \cdots & a_{mn} \end{pmatrix},\ \boldsymbol{x}=\begin{pmatrix} x_1 \\ x_2 \\ \vdots \\ x_n \end{pmatrix},\ \boldsymbol{b}=\begin{pmatrix} b_1 \\ b_2 \\ \vdots \\ b_m \end{pmatrix},$$

则有:

定理 3.13 设 $x_1=\boldsymbol{\eta}_1, x_2=\boldsymbol{\eta}_2$ 是线性方程组(3.27)的两个解,则 $\boldsymbol{x}=\boldsymbol{\eta}_1-\boldsymbol{\eta}_2$ 为对应的齐次线性方程组

$$\boldsymbol{Ax}=\boldsymbol{0} \tag{3.28}$$

的解.

证明 将 $x_1=\boldsymbol{\eta}_1, x_2=\boldsymbol{\eta}_2$ 代入方程组(3.27),得

$$\boldsymbol{A}(\boldsymbol{\eta}_1-\boldsymbol{\eta}_2)=\boldsymbol{A\eta}_1-\boldsymbol{A\eta}_2=b-b=\boldsymbol{0},$$

即证 $\boldsymbol{x}=\boldsymbol{\eta}_1-\boldsymbol{\eta}_2$ 为对应的齐次线性方程组 $\boldsymbol{Ax}=\boldsymbol{0}$ 的解.

定理 3.14 设 $x=\boldsymbol{\eta}$ 是非齐次线性方程组(3.27)的解, $x=\boldsymbol{\xi}$ 是对应的齐次线性方程组(3.28)的解,则 $x=\boldsymbol{\xi}+\boldsymbol{\eta}$ 为非齐次线性方程组(3.27)的解.

证明 由

$$\boldsymbol{A}(\boldsymbol{\xi}+\boldsymbol{\eta})=\boldsymbol{A\xi}+\boldsymbol{A\eta}=\boldsymbol{0}+\boldsymbol{b}=\boldsymbol{b},$$

即证 $\boldsymbol{x}=\boldsymbol{\xi}+\boldsymbol{\eta}$ 满足非齐次线性方程组(3.27).

定理 3.15 设 $\boldsymbol{\eta}^*$ 是非齐次线性方程组 $\boldsymbol{Ax}=\boldsymbol{b}$ 的一个特解,且对应齐次线性方程组 $\boldsymbol{Ax}=\boldsymbol{0}$ 的通解为

$$\boldsymbol{\xi}=k_1\boldsymbol{\xi}_1+k_2\boldsymbol{\xi}_2+\cdots+k_{n-r}\boldsymbol{\xi}_{n-r},$$

其中 $k_1,k_2,\cdots,k_{n-r}$ 为任意常数. 则

$$\boldsymbol{x}=\boldsymbol{\eta}^*+k_1\boldsymbol{\xi}_1+k_2\boldsymbol{\xi}_2+\cdots+k_{n-r}\boldsymbol{\xi}_{n-r}$$

是非齐次线性方程组 $\boldsymbol{Ax}=\boldsymbol{b}$ 的通解.

证明 由定理 3.14 可知,若求得非齐次线性方程组(3.27)的一个特解 $\boldsymbol{\eta}^*$,则非齐次线性方程组(3.27)的任一解总可表示为 $\boldsymbol{x}=\boldsymbol{\xi}+\boldsymbol{\eta}^*$,其中 $\boldsymbol{x}=\boldsymbol{\xi}$ 为对应齐次线性方程组(3.28)的解,又若式(3.28)的通解为

$$\boldsymbol{x}=k_1\boldsymbol{\xi}_1+\cdots+k_{n-r}\boldsymbol{\xi}_{n-r},$$

则式(3.27)的任一解总可表示为

$$\boldsymbol{x}=k_1\boldsymbol{\xi}_1+\cdots+k_{n-r}\boldsymbol{\xi}_{n-r}+\boldsymbol{\eta}^*,$$

反之，由定理3.14，对任意实数 $k_1,\cdots,k_{n-r}$，上式总是式(3.27)的解，从而式(3.27)的通解为

$$\boldsymbol{x}=k_1\boldsymbol{\xi}_1+\cdots+k_{n-r}\boldsymbol{\xi}_{n-r}+\boldsymbol{\eta}^*\ (k_1,\cdots,k_{n-r}\in\mathbf{R}),$$

其中 $\boldsymbol{\xi}_1,\boldsymbol{\xi}_2,\cdots,\boldsymbol{\xi}_{n-r}$ 是式(3.28)的基础解系.

【例3.20】 求非齐次线性方程组

$$\begin{cases}x_1+x_2+x_3+x_4+x_5=7,\\3x_1+2x_2+x_3+x_4-3x_5=-2,\\x_2+2x_3+2x_4+6x_5=23,\\5x_1+4x_2-3x_3+3x_4-x_5=12\end{cases}$$

的通解.

解 对方程组的增广矩阵 $\boldsymbol{B}$ 施行初等行变换，得

$$\boldsymbol{B}=\begin{pmatrix}1&1&1&1&1&7\\3&2&1&1&-3&-2\\0&1&2&2&6&23\\5&4&-3&3&-1&12\end{pmatrix}\rightarrow\begin{pmatrix}1&0&0&-1&-5&-16\\0&1&0&2&6&23\\0&0&1&0&0&0\\0&0&0&0&0&0\end{pmatrix},$$

因 $\mathrm{r}(\boldsymbol{A})=\mathrm{r}(\boldsymbol{B})=3<5$，故方程组有解，且

$$\begin{cases}x_1=x_4+5x_5-16,\\x_2=-2x_4-6x_5+23,\\x_3=0,\end{cases}$$

于是取 $x_4=x_5=0$，则 $x_1=-16,x_2=23$，即得原方程组的一个特解为

$$\boldsymbol{\eta}^*=(-16,23,0,0,0)^{\mathrm{T}}.$$

在对应的齐次线性方程组

$$\begin{cases}x_1=x_4+5x_5,\\x_2=-2x_4-6x_5,\\x_3=0\end{cases}$$

中取 $\begin{pmatrix}x_4\\x_5\end{pmatrix}=\begin{pmatrix}1\\0\end{pmatrix}$ 及 $\begin{pmatrix}0\\1\end{pmatrix}$，得齐次方程组的基础解系

$$\boldsymbol{\xi}_1=\begin{pmatrix}1\\-2\\0\\1\\0\end{pmatrix},\ \boldsymbol{\xi}_2=\begin{pmatrix}5\\-6\\0\\0\\1\end{pmatrix},$$

于是所求非齐次方程组的通解为

$$\begin{pmatrix}x_1\\x_2\\x_3\\x_4\\x_5\end{pmatrix}=c_1\begin{pmatrix}1\\-2\\0\\1\\0\end{pmatrix}+c_2\begin{pmatrix}5\\-6\\0\\0\\1\end{pmatrix}+\begin{pmatrix}-16\\23\\0\\0\\0\end{pmatrix}\ (c_1,c_2\in\mathbf{R}).$$

习题3.4

1. 求下列齐次线性方程组的基础解系：

(1) $\begin{cases} x_1+x_2+x_3+x_4=0, \\ 3x_1+2x_2+x_3-x_5=0, \\ x_2+2x_3+2x_4+6x_5=0, \\ 5x_1+4x_2+3x_4-x_5=0; \end{cases}$ (2) $\begin{cases} x_1-2x_2+x_3+x_4-x_5=0, \\ 2x_1+x_2-x_3-x_4-x_5=0, \\ x_1+7x_2-5x_3-5x_4+5x_5=0, \\ 3x_1-x_2-2x_3+x_4-x_5=0. \end{cases}$

2. 设 $\boldsymbol{\alpha}_1,\boldsymbol{\alpha}_2$ 是某个齐次线性方程组的基础解系，证明：

$$\boldsymbol{\beta}_1=3\boldsymbol{\alpha}_1+2\boldsymbol{\alpha}_2,\ \boldsymbol{\beta}_2=2\boldsymbol{\alpha}_1-3\boldsymbol{\alpha}_2$$

也是该线性方程组的基础解系.

3. 求一个齐次线性方程组，使它的基础解系由下列向量组成：

$$\boldsymbol{\xi}_1=(0,1,2,3)^{\mathrm{T}},\ \boldsymbol{\xi}_2=(3,2,1,0)^{\mathrm{T}}.$$

4. 求下列非齐次线性方程组的一个解及对应的齐次线性方程组的基础解系：

(1) $\begin{cases} x_1+2x_2+3x_3-x_4=1, \\ 3x_1+2x_2+x_3-x_4=1, \\ 2x_1+3x_2+x_3+x_4=1, \\ 2x_1+2x_2+2x_3-x_4=1, \\ 5x_1+5x_2+2x_3=2; \end{cases}$ (2) $\begin{cases} x_1-5x_2+2x_3-3x_4=11, \\ 5x_1+3x_2+6x_3-x_4=-1, \\ 2x_1+4x_2+2x_3+x_4=-6. \end{cases}$

5. 设四元非齐次线性方程组 $\boldsymbol{Ax}=\boldsymbol{b}$ 的系数矩阵 $\boldsymbol{A}$ 的秩为 2，已知它的四个解向量为 $\boldsymbol{\eta}_1$，$\boldsymbol{\eta}_2,\boldsymbol{\eta}_3,\boldsymbol{\eta}_4$ 满足

$$\boldsymbol{\eta}_1+\boldsymbol{\eta}_2=\begin{pmatrix}2\\4\\0\\8\end{pmatrix},\boldsymbol{\eta}_2+\boldsymbol{\eta}_3=\begin{pmatrix}3\\0\\3\\3\end{pmatrix},\boldsymbol{\eta}_3+\boldsymbol{\eta}_4=\begin{pmatrix}2\\1\\0\\1\end{pmatrix},$$

求该方程组的通解.

6. 设齐次线性方程组 $\boldsymbol{Ax}=\boldsymbol{0}$ 的系数矩阵为

$$\boldsymbol{A}=\begin{pmatrix}1&2&1&2\\0&1&t&t\\1&t&0&1\end{pmatrix}$$

且基础解系含有 2 个线性无关的解向量，试求 $\boldsymbol{Ax}=\boldsymbol{0}$ 的一个基础解系.

7. 设 $\boldsymbol{\eta}_1,\boldsymbol{\eta}_2,\cdots,\boldsymbol{\eta}_s$ 皆为非齐次线性方程组 $\boldsymbol{Ax}=\boldsymbol{b}$ 的解，$k_1,k_2,\cdots,k_s$ 为实数，满足 $k_1+k_2+\cdots+k_s=1$，证明 $x=k_1\boldsymbol{\eta}_1+k_2\boldsymbol{\eta}_2+\cdots+k_s\boldsymbol{\eta}_s$ 也是它的解.

8. 讨论 λ 取何值时，下列方程组有唯一解、无解、无穷多解，并在有解时求其解：

(1) $\begin{cases} \lambda x_1+x_2+x_3=1, \\ x_1+\lambda x_2+x_3=\lambda, \\ x_1+x_2+\lambda x_3=\lambda^2; \end{cases}$ (2) $\begin{cases} (\lambda+3)x_1+x_2+2x_3=\lambda, \\ \lambda x_1+(\lambda-1)x_2+x_3=2\lambda, \\ 3(\lambda+1)x_1+\lambda x_2+(\lambda+3)x_3=3. \end{cases}$

9. a,b 为何值时，方程组 $\begin{pmatrix}1&1&2\\1&0&1\\5&3&a+8\end{pmatrix}\begin{pmatrix}x_1\\x_2\\x_3\end{pmatrix}=\begin{pmatrix}1\\2\\b+7\end{pmatrix}$ 有唯一解、无解、有无穷多解？在

有解时，求出方程组的解.

10. 已知

$$x_1-x_2=a_1,\ x_2-x_3=a_2,\ x_3-x_4=a_3,\ x_4-x_5=a_4,\ x_5-x_1=a_5,$$

证明：这方程组有解的充分必要条件为 $\sum\limits_{i=1}^{5}a_i=0$. 在有解的情形时求它的一般解.

*3.5　向量空间

3.5.1　向量空间引例

我们从不同的几何量和物理量中分别抽象出一维向量、二维向量、三维向量，例如在几何中，它们分别对应于几何空间中的直线、平面与空间. 由空间解析几何我们知道

$$\mathbf{R}^3=\{\boldsymbol{\alpha}\,|\,\boldsymbol{\alpha}=(a_1,a_2,a_3),a_i\in\mathbf{R},i=1,2,3\}$$

中的向量规定了加法运算，它符合向量的平行四边形法则，还规定了向量与数的数量乘法，这两种向量运算都满足一定的运算规律. 为方便起见，我们把 $\mathbf{R}^3$ 称为三维向量空间.

$$\mathbf{R}^2=\{\boldsymbol{\alpha}\,|\,\boldsymbol{\alpha}=(a_1,a_2),a_1,a_2\in\mathbf{R}\}\text{和 }\mathbf{R}=\{-\infty,+\infty\}$$

中的向量则可以视为 $\mathbf{R}^3$ 中向量的特殊子集

$$\mathbf{R}^2=\{\boldsymbol{\alpha}\,|\,\boldsymbol{\alpha}=(a_1,a_2,0),\boldsymbol{\alpha}\in\mathbf{R}^3\}\text{及 }\mathbf{R}=\{\boldsymbol{\alpha}\,|\,\boldsymbol{\alpha}=(a_1 0,0),\boldsymbol{\alpha}\in\mathbf{R}^3\},$$

并相应地称之为二维向量空间 $\mathbf{R}^2$ 和一维向量空间 $\mathbf{R}$.

同理，我们也可以把抽象出的 n 维向量的全体所构成的集合 $\mathbf{R}^n$ 称为 n 维向量空间. 例如，当我们研究一飞行物在空间运行的状态时，就至少需要通过八维向量来刻画它，这是因为飞行物的空间位置 (x,y,z)、质量 m、时刻 t 和飞行速度 (v_x,v_y,v_z) 都需要同时确定. 为此，在 $\mathbf{R}^n$ 中我们也类似地规定了 n 维向量的加法和数量乘法这两种线性运算，有关向量组的线性相关性等基本性质已在 3.2 节中作过详细讨论.

通过对 n 维向量空间 $\mathbf{R}^n$ 中向量的两种线性运算的分析，我们不难抽象出它们共同的基本运算规律. 例如，对于向量的加法显然满足：

(1) 交换律：$\boldsymbol{\alpha}+\boldsymbol{\beta}=\boldsymbol{\beta}+\boldsymbol{\alpha}$.

(2) 结合律：$(\boldsymbol{\alpha}+\boldsymbol{\beta})+\boldsymbol{\gamma}=\boldsymbol{\alpha}+(\boldsymbol{\beta}+\boldsymbol{\gamma})$.

(3) 存在唯一的零向量 $\mathbf{0}$，使对任何向量 $\boldsymbol{\alpha}$ 均满足 $\boldsymbol{\alpha}+\mathbf{0}=\boldsymbol{\alpha}$.

(4) 任何非零向量 $\boldsymbol{\alpha}$ 均有一个异于 $\boldsymbol{\alpha}$ 的非零向量 $\boldsymbol{\beta}$ 存在，使得 $\boldsymbol{\alpha}+\boldsymbol{\beta}=\mathbf{0}$. 并称向量 $\boldsymbol{\beta}$ 为向量 $\boldsymbol{\alpha}$ 的负向量，记为 $-\boldsymbol{\alpha}$；作为特例，只有零向量规定其负向量为自身.

再者，对于向量的数乘运算，显然也满足以下基本运算规律：

(5) 单位数乘不变律：$1\cdot\boldsymbol{\alpha}=\boldsymbol{\alpha}$.

(6) 数对于两向量和的乘法分配律：$k(\boldsymbol{\alpha}+\boldsymbol{\beta})=k\boldsymbol{\alpha}+k\boldsymbol{\beta}$.

(7) 向量对于两数和的乘法分配律：$(k+\ell)\boldsymbol{\alpha}=k\boldsymbol{\alpha}+\ell\boldsymbol{\alpha}$.

(8) 数对于向量数乘的结合律：$k(\ell\boldsymbol{\alpha})=(k\ell)\boldsymbol{\alpha}$.

上述运算规律中 $\boldsymbol{\alpha},\boldsymbol{\beta},\boldsymbol{\gamma}$ 表示 n 维向量空间 $\mathbf{R}^n$ 中的向量，$k,\ell,1$ 表示实数（必要时也可以表示有理数或复数）.

下面我们将进一步介绍向量空间的有关知识.

3.5.2 向量空间及其子空间

定义 3.9 设 $\boldsymbol{V}$ 为 n 维向量的集合，若集合 $\boldsymbol{V}$ 非空，且对于 n 维向量的加法及数乘运算封闭，那么就称集合 $\boldsymbol{V}$ 为向量空间.

所谓封闭，是指在集合 $\boldsymbol{V}$ 中可以进行加法及乘数两种运算. 具体地说，就是：

(1) 对任意二元素 $\boldsymbol{\alpha}\in\boldsymbol{V},\boldsymbol{\beta}\in\boldsymbol{V}$，总有 $\boldsymbol{\alpha}+\boldsymbol{\beta}\in\boldsymbol{V}$.

(2) 对任意 $\boldsymbol{\alpha}\in\boldsymbol{V},\lambda\in\mathbf{R}$，总有 $\lambda\boldsymbol{\alpha}\in\boldsymbol{V}$.

【例 3.21】 三维向量的全体 $\mathbf{R}^3$ 是一个向量空间.

事实上，任意两个三维向量之和仍然是三维向量，λ 乘三维向量也是三维向量.

类似地，n 维向量的全体 $\mathbf{R}^n$ 也是一个向量空间，不过当 $n>3$ 时，它没有直观的几何意义.

【例 3.22】 由定义知，集合

$$\boldsymbol{V}_1=\{x=(0,x_2,\cdots,x_n)^{\mathrm{T}}\mid x_2,\cdots,x_n\in\mathbf{R}\}$$

是一个向量空间，但集合

$$\boldsymbol{V}_2=\{x=(1,x_2,\cdots,x_n)^{\mathrm{T}}\mid x_2,\cdots,x_n\in\mathbf{R}\}$$

不是向量空间.

定义 3.10 设有向量空间 $\boldsymbol{V}_1$ 和 $\boldsymbol{V}_2$，若向量空间 $\boldsymbol{V}_1\subseteq\boldsymbol{V}_2$，则称 $\boldsymbol{V}_1$ 是 $\boldsymbol{V}_2$ 的子空间.

【例 3.23】 由线性方程组解的结构定理知，齐次线性方程组的解集 $\boldsymbol{S}=\{x\mid\boldsymbol{A}_{m\times n}x=\mathbf{0}\}$ 是一个向量空间(称为齐次线性方程组的解空间)，且它是 n 维向量空间 $\mathbf{R}^n$ 的子空间；但非齐次线性方程组的解集 $\boldsymbol{S}=\{x\mid\boldsymbol{A}_{m\times n}x=\boldsymbol{b}\}$ 不是向量空间.

【例 3.24】 设 $\boldsymbol{\alpha},\boldsymbol{\beta}$ 是两个已知的 n 维向量，则集合

$$\boldsymbol{L}=\{x=\lambda a+\mu b\mid\lambda,\mu\in\mathbf{R}\}$$

是一个向量空间.

解 因为对任意的 $x_1=\lambda_1\boldsymbol{\alpha}+\mu_1\boldsymbol{\beta},x_2=\lambda_2\boldsymbol{\alpha}+\mu_2\boldsymbol{\beta}$，总有

$$x_1+x_2=(\lambda_1+\lambda_2)\boldsymbol{\alpha}+(\mu_1+\mu_2)\boldsymbol{\beta}\in\boldsymbol{L},\ kx_1=(k\lambda_1)\boldsymbol{\alpha}+(k\mu_1)\boldsymbol{\beta}\in\boldsymbol{L},$$

所以它是一个向量空间. 我们称该向量空间为由向量 $\boldsymbol{\alpha},\boldsymbol{\beta}$ 生成的向量空间，它也是 n 维向量空间 $\mathbf{R}^n$ 的子空间，又称为由向量 $\boldsymbol{\alpha},\boldsymbol{\beta}$ 的线性生成或生成子空间.

一般地，由向量组 $\boldsymbol{\alpha}_1,\boldsymbol{\alpha}_2,\cdots,\boldsymbol{\alpha}_m$ 生成的子空间为

$$\boldsymbol{L}=\{x=\lambda_1\boldsymbol{\alpha}_1+x_2\boldsymbol{\alpha}_2+\cdots+\lambda_m\boldsymbol{\alpha}_m\mid\lambda_1,\lambda_2,\cdots,\lambda_n\in\mathbf{R}\}.$$

【例 3.25】 设向量组 $\boldsymbol{\alpha}_1,\cdots,\boldsymbol{\alpha}_m$ 与向量组 $\boldsymbol{\beta}_1,\cdots,\boldsymbol{\beta}_s$ 等价，记

$$\boldsymbol{L}_1=\{\boldsymbol{\xi}=\lambda_1\boldsymbol{\alpha}_1+\cdots+\lambda_m\boldsymbol{\alpha}_m\mid\lambda_1,\cdots,\lambda_m\in\mathbf{R}\},$$
$$\boldsymbol{L}_2=\{\boldsymbol{\eta}=\mu_1\boldsymbol{\beta}_1+\cdots+\mu_s\boldsymbol{\beta}_s\mid\mu_1,\cdots,\mu_s\in\mathbf{R}\},$$

试证 $\boldsymbol{L}_1=\boldsymbol{L}_2$.

证明 设 $\boldsymbol{\xi}\in\boldsymbol{L}_1$，则 $\boldsymbol{\xi}$ 可由 $\boldsymbol{\alpha}_1,\cdots,\boldsymbol{\alpha}_m$ 线性表示. 又因为向量组 $\boldsymbol{\alpha}_1,\cdots,\boldsymbol{\alpha}_m$ 与向量组 $\boldsymbol{\beta}_1,\cdots,\boldsymbol{\beta}_s$ 等价，所以 $\boldsymbol{\alpha}_1,\cdots,\boldsymbol{\alpha}_m$ 可由 $\boldsymbol{\beta}_1,\cdots,\boldsymbol{\beta}_s$ 线性表示，故 $\boldsymbol{\xi}$ 可由 $\boldsymbol{\beta}_1,\cdots,\boldsymbol{\beta}_s$ 线性表示，所以 $\boldsymbol{\xi}\in\boldsymbol{L}_2$，这就是说，若 $\boldsymbol{\xi}\in\boldsymbol{L}_1$，则总有 $\boldsymbol{\xi}\in\boldsymbol{L}_2$，因此 $\boldsymbol{L}_1\subseteq\boldsymbol{L}_2$.

类似可证：若 $\boldsymbol{\eta}\in\boldsymbol{L}_2$ 也总有 $\boldsymbol{\eta}\in\boldsymbol{L}_1$，因此 $\boldsymbol{L}_2\subseteq\boldsymbol{L}_1$.

因为 $\boldsymbol{L}_1\subseteq\boldsymbol{L}_2,\boldsymbol{L}_2\subseteq\boldsymbol{L}_1$，所以 $\boldsymbol{L}_1=\boldsymbol{L}_2$.

3.5.3 向量空间的基、维数与坐标

定义 3.11 设 $\boldsymbol{V}$ 是向量空间，若有 r 个向量 $\boldsymbol{\alpha}_1,\boldsymbol{\alpha}_2,\cdots,\boldsymbol{\alpha}_r\in\boldsymbol{V}$，且满足

(1) $\boldsymbol{\alpha}_1,\cdots,\boldsymbol{\alpha}_r$ 线性无关.

(2) $\boldsymbol{V}$ 中任一向量都可由 $\boldsymbol{\alpha}_1,\cdots,\boldsymbol{\alpha}_r$ 线性表示.

则称向量组 $\boldsymbol{\alpha}_1,\cdots,\boldsymbol{\alpha}_r$ 为向量空间 $\boldsymbol{V}$ 的一个基数,r 称为向量空间 $\boldsymbol{V}$ 的维数,记为 $\dim\boldsymbol{V}=r$ 并称 $\boldsymbol{V}$ 为 r 维向量空间.

特别地,只含零向量的向量空间是向量空间 $\boldsymbol{V}$ 的子空间,此时记 $\dim\boldsymbol{V}=0$,并称之为 0 维向量空间,它没有基.

若把向量空间 $\boldsymbol{V}$ 看作向量组,则 $\boldsymbol{V}$ 的基就是向量组的极大无关组,$\boldsymbol{V}$ 的维数就是向量组的秩.

若向量组 $\boldsymbol{\alpha}_1,\cdots,\boldsymbol{\alpha}_r$ 是向量空间 $\boldsymbol{V}$ 的一个基,则对任意的 $\boldsymbol{\alpha}\in\boldsymbol{V}$,总可唯一地表示为

$$\boldsymbol{\alpha}=\lambda_1\boldsymbol{\alpha}_1+\cdots+\lambda_r\boldsymbol{\alpha}_r,\ \lambda_1,\cdots,\lambda_r\in\mathbf{R},$$

此时，称数组 $\lambda_1,\cdots,\lambda_r$ 为向量 $\boldsymbol{\alpha}$ 在基 $\boldsymbol{\alpha}_1,\cdots,\boldsymbol{\alpha}_r$ 下的坐标.

特别地，在 n 维向量空间 $\mathbf{R}^n$ 中取单位坐标向量组 $\boldsymbol{e}_1,\boldsymbol{e}_2,\cdots,\boldsymbol{e}_n$ 为基,则以 $x_1,x_2,\cdots,x_n$ 为分量的向量 $\boldsymbol{\alpha}$ 可表示为

$$\boldsymbol{\alpha}=x_1\boldsymbol{e}_1+x_2\boldsymbol{e}_2+\cdots+x_n\boldsymbol{e}_n,$$

可见 $\mathbf{R}^n$ 中的任一向量 $\boldsymbol{\alpha}$ 在基 $\boldsymbol{e}_1,\boldsymbol{e}_2,\cdots,\boldsymbol{e}_n$ 下的坐标就是该向量的分量. 因此 $\boldsymbol{e}_1,\boldsymbol{e}_2,\cdots,\boldsymbol{e}_n$ 又称为 $\mathbf{R}^n$ 中的自然基.

【例 3.26】 取定 $\mathbf{R}^3$ 中的一个基 $\boldsymbol{\alpha}_1,\boldsymbol{\alpha}_2,\boldsymbol{\alpha}_3$，再取一个新基 $\boldsymbol{\beta}_1,\boldsymbol{\beta}_2,\boldsymbol{\beta}_3$，设

$$\boldsymbol{A}=(\boldsymbol{\alpha}_1,\boldsymbol{\alpha}_2,\boldsymbol{\alpha}_3),\ \boldsymbol{B}=(\boldsymbol{\beta}_1,\boldsymbol{\beta}_2,\boldsymbol{\beta}_3),$$

求用 $\boldsymbol{\alpha}_1,\boldsymbol{\alpha}_2,\boldsymbol{\alpha}_3$ 表示 $\boldsymbol{\beta}_1,\boldsymbol{\beta}_2,\boldsymbol{\beta}_3$ 的表示式(基变换公式)，并求向量在两个基中的坐标之间的关系式(坐标变换公式).

解　因

$$(\boldsymbol{\alpha}_1,\boldsymbol{\alpha}_2,\boldsymbol{\alpha}_3)=(\boldsymbol{e}_1,\boldsymbol{e}_2,\boldsymbol{e}_3)\boldsymbol{A},\ (\boldsymbol{e}_1,\boldsymbol{e}_2,\boldsymbol{e}_3)=(\boldsymbol{\alpha}_1,\boldsymbol{\alpha}_2,\boldsymbol{\alpha}_3)\boldsymbol{A}^{-1}.$$

其中 $\boldsymbol{e}_1,\boldsymbol{e}_2,\boldsymbol{e}_3$ 为 $\mathbf{R}^3$ 中的自然基. 故

$$(\boldsymbol{\beta}_1,\boldsymbol{\beta}_2,\boldsymbol{\beta}_3)=(\boldsymbol{e}_1,\boldsymbol{e}_2,\boldsymbol{e}_3)\boldsymbol{B}=(\boldsymbol{\alpha}_1,\boldsymbol{\alpha}_2,\boldsymbol{\alpha}_3)\boldsymbol{A}^{-1}\boldsymbol{B},$$

即基变换公式为

$$(\boldsymbol{\beta}_1,\boldsymbol{\beta}_2,\boldsymbol{\beta}_3)=(\boldsymbol{\alpha}_1,\boldsymbol{\alpha}_2,\boldsymbol{\alpha}_3)\boldsymbol{P},$$

其中表示式的系数矩阵 $\boldsymbol{P}=\boldsymbol{A}^{-1}\boldsymbol{B}$ 称为从旧基到新基的过渡矩阵.

进而,设向量 $\boldsymbol{\alpha}$ 在旧基和新基中的坐标分别为 x_1,x_2,x_3 和 x_1',x_2',x_3'，即

$$\boldsymbol{\alpha}=(\boldsymbol{\alpha}_1,\boldsymbol{\alpha}_2,\boldsymbol{\alpha}_3)\begin{pmatrix}x_1\\x_2\\x_3\end{pmatrix},\ \boldsymbol{\alpha}=(\boldsymbol{\beta}_1,\boldsymbol{\beta}_2,\boldsymbol{\beta}_3)\begin{pmatrix}x_1'\\x_2'\\x_3'\end{pmatrix},$$

则有

$$\boldsymbol{A}\begin{pmatrix}x_1\\x_2\\x_3\end{pmatrix}=\boldsymbol{B}\begin{pmatrix}x_1'\\x_2'\\x_3'\end{pmatrix}\rightarrow\begin{pmatrix}x_1'\\x_2'\\x_3'\end{pmatrix}=\boldsymbol{B}^{-1}\boldsymbol{A}\begin{pmatrix}x_1\\x_2\\x_3\end{pmatrix},$$

即

$$\begin{pmatrix}x_1\\x_2\\x_3\end{pmatrix}=\boldsymbol{P}\begin{pmatrix}x_1'\\x_2'\\x_3'\end{pmatrix},\ 或\ \begin{pmatrix}x_1'\\x_2'\\x_3'\end{pmatrix}=\boldsymbol{P}^{-1}\begin{pmatrix}x_1\\x_2\\x_3\end{pmatrix},$$

这就是从旧坐标到新坐标的坐标变换公式.

【例 3.27】 设 $\mathbf{R}^3$ 中的两个基分别为

$$\boldsymbol{\alpha}_1=\begin{pmatrix}1\\1\\0\end{pmatrix},\boldsymbol{\alpha}_2=\begin{pmatrix}0\\-1\\1\end{pmatrix},\boldsymbol{\alpha}_3=\begin{pmatrix}1\\0\\2\end{pmatrix};\boldsymbol{\beta}_1=\begin{pmatrix}3\\1\\0\end{pmatrix},\boldsymbol{\beta}_2=\begin{pmatrix}0\\1\\1\end{pmatrix},\boldsymbol{\beta}_3=\begin{pmatrix}1\\0\\4\end{pmatrix}.$$

(1) 求从基 $\boldsymbol{\alpha}_1,\boldsymbol{\alpha}_2,\boldsymbol{\alpha}_3$ 到基 $\boldsymbol{\beta}_1,\boldsymbol{\beta}_2,\boldsymbol{\beta}_3$ 过渡矩阵 $\boldsymbol{P}$；

(2) 求坐标变换公式；

(3) $\boldsymbol{\alpha}=\begin{pmatrix}2\\1\\2\end{pmatrix}$，求 $\boldsymbol{\alpha}$ 在这两组基下的坐标.

解 (1) 设$(\boldsymbol{\beta}_1,\boldsymbol{\beta}_2,\boldsymbol{\beta}_3)=(\boldsymbol{\alpha}_1,\boldsymbol{\alpha}_2,\boldsymbol{\alpha}_3)\boldsymbol{P}$,并记

$$\boldsymbol{B}=(\boldsymbol{\beta}_1,\boldsymbol{\beta}_2,\boldsymbol{\beta}_3)=\begin{pmatrix}3&0&1\\1&1&0\\0&1&4\end{pmatrix},\boldsymbol{A}=(\boldsymbol{\alpha}_1,\boldsymbol{\alpha}_2,\boldsymbol{\alpha}_3)=\begin{pmatrix}1&0&1\\1&-1&0\\0&1&2\end{pmatrix},$$

所以 $\boldsymbol{P}=\boldsymbol{A}^{-1}\boldsymbol{B}$,下面用初等行变换求 $\boldsymbol{A}^{-1}\boldsymbol{B}$.

$$(\boldsymbol{A},\boldsymbol{B})=\begin{pmatrix}1&0&1&3&0&1\\1&-1&0&1&1&0\\0&1&2&0&1&4\end{pmatrix}\rightarrow\begin{pmatrix}1&0&0&5&-2&-2\\0&1&0&4&-3&-2\\0&0&1&-2&2&3\end{pmatrix},$$

故所求的过渡矩阵为

$$\boldsymbol{P}=\boldsymbol{A}^{-1}\boldsymbol{B}=\begin{pmatrix}5&-2&-2\\4&-3&-2\\-2&2&3\end{pmatrix}.$$

(2) 由坐标变换公式,可得

$$\begin{pmatrix}x_1\\x_2\\x_3\end{pmatrix}=\begin{pmatrix}5&-2&-2\\4&-3&-2\\-2&2&3\end{pmatrix}\begin{pmatrix}x_1'\\x_2'\\x_3'\end{pmatrix}.$$

(3) 先求 $\boldsymbol{\alpha}$ 在 $\boldsymbol{\beta}_1,\boldsymbol{\beta}_2,\boldsymbol{\beta}_3$ 下的坐标. 设

$$\boldsymbol{\alpha}=x_1'\boldsymbol{\beta}_1+x_2'\boldsymbol{\beta}_2+x_3'\boldsymbol{\beta}_3=(\boldsymbol{\beta}_1,\boldsymbol{\beta}_2,\boldsymbol{\beta}_3)\begin{pmatrix}x_1'\\x_2'\\x_3'\end{pmatrix}=\boldsymbol{B}\begin{pmatrix}x_1'\\x_2'\\x_3'\end{pmatrix},$$

则

$$\begin{pmatrix}x_1'\\x_2'\\x_3'\end{pmatrix}=\boldsymbol{B}^{-1}\boldsymbol{\alpha}=\begin{pmatrix}7/13\\6/13\\5/13\end{pmatrix}$$

为 $\boldsymbol{\alpha}$ 在 $\boldsymbol{\beta}_1,\boldsymbol{\beta}_2,\boldsymbol{\beta}_3$ 下的坐标. 而 $\boldsymbol{\alpha}$ 在基 $\boldsymbol{\alpha}_1,\boldsymbol{\alpha}_2,\boldsymbol{\alpha}_3$ 下的坐标为

$$\begin{pmatrix}x_1\\x_2\\x_3\end{pmatrix}=\boldsymbol{P}\begin{pmatrix}x_1'\\x_2'\\x_3'\end{pmatrix}=\begin{pmatrix}5&-2&-2\\4&-3&-2\\-2&2&3\end{pmatrix}\begin{pmatrix}7/13\\6/13\\5/13\end{pmatrix}$$

$$=\frac{1}{13}\begin{pmatrix}5&-2&-2\\4&-3&-2\\-2&2&3\end{pmatrix}\begin{pmatrix}7\\6\\5\end{pmatrix}=\frac{1}{13}\begin{pmatrix}13\\0\\13\end{pmatrix}=\begin{pmatrix}1\\0\\1\end{pmatrix}.$$

习题 3.5

1. 判断 $\mathbf{R}^n$ 的子集

$$\mathbf{V}_1=\{x=(x_1,x_2,\cdots,x_n)\mid x_1+x_2+\cdots+x_n=0,\forall x_1,\cdots,x_n\in\mathbf{R}\},$$
$$\mathbf{V}_2=\{x=(x_1,x_2,\cdots,x_n)\mid x_1+x_2+\cdots+x_n=1,\forall x_1,\cdots,x_n\in\mathbf{R}\}$$

是否为 $\mathbf{R}^n$ 的子空间，为什么？

2. 试证：由三维行向量

$$\boldsymbol{\xi}_1=(1,0,1)^{\mathrm{T}},\ \boldsymbol{\xi}_2=(2,1,0)^{\mathrm{T}},\ \boldsymbol{\xi}_3=(1,1,1)^{\mathrm{T}}$$

所生成的向量空间就是 $\mathbf{R}^3$.

3. 验证向量组

$$\boldsymbol{\alpha}_1=(1,-1,0)^{\mathrm{T}},\ \boldsymbol{\alpha}_2=(2,1,3)^{\mathrm{T}},\ \boldsymbol{\alpha}_3=(3,1,2)^{\mathrm{T}}$$

为 $\mathbf{R}^3$ 的一个基，并将 $\boldsymbol{\beta}=(1,2,1)^{\mathrm{T}}$ 表示为该基下的线性表示.

4. 设 $\boldsymbol{\xi}_1,\boldsymbol{\xi}_2,\boldsymbol{\xi}_3$ 是 $\mathbf{R}^3$ 的一个基，且向量组

$$\boldsymbol{\alpha}_1=\boldsymbol{\xi}_1+\boldsymbol{\xi}_2-2\boldsymbol{\xi}_3,\ \boldsymbol{\alpha}_2=\boldsymbol{\xi}_1-\boldsymbol{\xi}_2-\boldsymbol{\xi}_3,\ \boldsymbol{\alpha}_3=\boldsymbol{\xi}_1+\boldsymbol{\xi}_3.$$

证明 $\boldsymbol{\alpha}_1,\boldsymbol{\alpha}_2,\boldsymbol{\alpha}_3$ 也是 $\mathbf{R}^3$ 的一个基.

5. 在四维实向量构成的线性空间 $\mathbf{R}^4$ 中，已知：

$$\boldsymbol{\alpha}_1=\begin{pmatrix}1\\0\\0\\0\end{pmatrix},\ \boldsymbol{\alpha}_2=\begin{pmatrix}1\\1\\0\\0\end{pmatrix},\ \boldsymbol{\alpha}_3=\begin{pmatrix}1\\1\\1\\0\end{pmatrix},\ \boldsymbol{\alpha}_4=\begin{pmatrix}1\\1\\1\\1\end{pmatrix}.$$

$$\boldsymbol{\beta}_1=\begin{pmatrix}1\\-1\\a\\1\end{pmatrix},\ \boldsymbol{\beta}_2=\begin{pmatrix}-1\\1\\2-a\\1\end{pmatrix},\ \boldsymbol{\beta}_3=\begin{pmatrix}-1\\1\\0\\0\end{pmatrix},\ \boldsymbol{\beta}_4=\begin{pmatrix}1\\0\\0\\0\end{pmatrix}.$$

(1) 求 a 使 $\boldsymbol{\beta}_1,\boldsymbol{\beta}_2,\boldsymbol{\beta}_3,\boldsymbol{\beta}_4$ 为 $\mathbf{R}^4$ 的基；

(2) 求由基 $\boldsymbol{\alpha}_1,\boldsymbol{\alpha}_2,\boldsymbol{\alpha}_3,\boldsymbol{\alpha}_4$ 到 $\boldsymbol{\beta}_1,\boldsymbol{\beta}_2,\boldsymbol{\beta}_3,\boldsymbol{\beta}_4$ 的过渡矩阵 $\boldsymbol{P}$.

6. 设 $\mathbf{R}^3$ 中的两个基分别为

$$\boldsymbol{\xi}_1=(1,0,1)^{\mathrm{T}},\ \boldsymbol{\xi}_2=(2,1,0)^{\mathrm{T}},\ \boldsymbol{\xi}_3=(1,1,1)^{\mathrm{T}},$$
$$\boldsymbol{\eta}_1=(1,2,-1)^{\mathrm{T}},\ \boldsymbol{\eta}_2=(2,2,-1)^{\mathrm{T}},\ \boldsymbol{\eta}_3=(2,-1,-1)^{\mathrm{T}}.$$

(1) 求由基 $\boldsymbol{\eta}_1,\boldsymbol{\eta}_2,\boldsymbol{\eta}_3$ 到基 $\boldsymbol{\xi}_1,\boldsymbol{\xi}_2,\boldsymbol{\xi}_3$ 的过渡矩阵 $\boldsymbol{P}$；

(2) 已知向量 $\boldsymbol{\alpha}$ 在基 $\boldsymbol{\xi}_1,\boldsymbol{\xi}_2,\boldsymbol{\xi}_3$ 下的坐标为 $(x_1,x_2,x_3)^{\mathrm{T}}$，求 $\boldsymbol{\alpha}$ 在基 $\boldsymbol{\eta}_1,\boldsymbol{\eta}_2,\boldsymbol{\eta}_3$ 下的坐标.

7. 证明：$\mathbf{R}^2$ 中不过原点的直线不是 $\mathbf{R}^2$ 的子空间.

8. 设 $\mathbf{V}_1,\mathbf{V}_2$ 是 $\mathbf{R}^n$ 的两个互异的非平凡子空间，证明：在 $\mathbf{R}^n$ 中存在向量 $\boldsymbol{\alpha}$，使 $\boldsymbol{\alpha}\notin\mathbf{V}_1$，且 $\boldsymbol{\alpha}\notin\mathbf{V}_2$，并在 $\mathbf{R}^3$ 中举例说明此结论.

3.6 典型和扩展例题

【例 3.28】 若有不全为零的数 $\lambda_1,\lambda_2,\cdots,\lambda_m$，使

$$\lambda_1\boldsymbol{\alpha}_1+\cdots+\lambda_m\boldsymbol{\alpha}_m+\lambda_1\boldsymbol{\beta}_1+\cdots+\lambda_m\boldsymbol{\beta}_m=\mathbf{0}$$

成立，则 $\boldsymbol{\alpha}_1,\boldsymbol{\alpha}_2,\cdots,\boldsymbol{\alpha}_m$ 线性相关，$\boldsymbol{\beta}_1,\boldsymbol{\beta}_2,\cdots,\boldsymbol{\beta}_m$ 也线性相关. 这一结论是否正确?

解法 1 因 $\lambda_1,\lambda_2,\cdots,\lambda_m$ 不全为零，且有

$$\lambda_1(\boldsymbol{\alpha}_1+\boldsymbol{\beta}_1)+\lambda_2(\boldsymbol{\alpha}_2+\boldsymbol{\beta}_2)+\cdots+\lambda_m(\boldsymbol{\alpha}_m+\boldsymbol{\beta}_m)=\mathbf{0},$$

所以能判定 $\boldsymbol{\alpha}_1+\boldsymbol{\beta}_1,\boldsymbol{\alpha}_2+\boldsymbol{\beta}_2,\cdots,\boldsymbol{\alpha}_m+\boldsymbol{\beta}_m$ 线性相关，但是不能由此推得 $\boldsymbol{\alpha}_1,\boldsymbol{\alpha}_2,\cdots,\boldsymbol{\alpha}_m$ 与 $\boldsymbol{\beta}_1,\boldsymbol{\beta}_2,\cdots,\boldsymbol{\beta}_m$ 分别线性相关. 因为对这两向量组，下面两式不一定同时成立：

$$\lambda_1\boldsymbol{\alpha}_1+\lambda_2\boldsymbol{\alpha}_2+\cdots+\lambda_m\boldsymbol{\alpha}_m=\mathbf{0},\ \lambda_1\boldsymbol{\beta}_1+\lambda_2\boldsymbol{\beta}_2+\cdots+\lambda_m\boldsymbol{\beta}_m=\mathbf{0}.$$

例如，取

$$\boldsymbol{\alpha}_1=(1,0,0,0),\ \boldsymbol{\alpha}_2=(0,1,0,0),\ \boldsymbol{\beta}_1=(-1,0,0,0),\ \boldsymbol{\beta}_2=(0,-1,0,0).$$

则对任意一组不全为零的数 λ_1,λ_2，总有

$$\lambda_1(\boldsymbol{\alpha}_1+\boldsymbol{\beta}_1)+\lambda_2(\boldsymbol{\alpha}_2+\boldsymbol{\beta}_2)=\mathbf{0},$$

因而 $\boldsymbol{\alpha}_1+\boldsymbol{\beta}_1,\boldsymbol{\alpha}_2+\boldsymbol{\beta}_2$ 线性相关，但 $\boldsymbol{\alpha}_1,\boldsymbol{\alpha}_2$ 与 $\boldsymbol{\beta}_1,\boldsymbol{\beta}_2$ 分别线性无关，因而

$$\lambda_1\boldsymbol{\alpha}_1+\lambda_2\boldsymbol{\alpha}_2\neq 0,\ \lambda_1\boldsymbol{\beta}_1+\lambda_2\boldsymbol{\beta}_2\neq 0,$$

但也不能由此说明结论一定不成立. 例如取

$$\boldsymbol{\alpha}_1=(1,0,0,0),\ \boldsymbol{\alpha}_2=(-1,0,0,0),\ \boldsymbol{\beta}_1=(0,1,0,0),\ \boldsymbol{\beta}_2=(0,-1,0,0),$$

则当 $\lambda_1=\lambda_2=1$ 时，有

$$\lambda_1(\boldsymbol{\alpha}_1+\boldsymbol{\beta}_1)+\lambda_2(\boldsymbol{\alpha}_2+\boldsymbol{\beta}_2)=\mathbf{0},$$

因而 $\boldsymbol{\alpha}_1+\boldsymbol{\beta}_1,\boldsymbol{\alpha}_2+\boldsymbol{\beta}_2$ 线性相关，且 $\boldsymbol{\alpha}_1,\boldsymbol{\alpha}_2$ 与 $\boldsymbol{\beta}_1,\boldsymbol{\beta}_2$ 线性相关，因这时也有

$$\lambda_1\boldsymbol{\alpha}_1+\lambda_2\boldsymbol{\alpha}_2=\mathbf{0},\ \lambda_1\boldsymbol{\beta}_1+\lambda_2\boldsymbol{\beta}_2=\mathbf{0}.$$

解法 2 由题设能断定向量组 $\boldsymbol{\alpha}_1,\boldsymbol{\alpha}_2,\cdots,\boldsymbol{\alpha}_m,\boldsymbol{\beta}_1,\boldsymbol{\beta}_2,\cdots,\boldsymbol{\beta}_m$ 线性相关，但其部分向量组不一定分别线性相关. 例如取

$$\boldsymbol{\alpha}_1=(1,0),\ \boldsymbol{\alpha}_2=(0,1),\ \boldsymbol{\beta}_1=(-1,0),\ \boldsymbol{\beta}_2=(0,-1),$$

则当 $\lambda_1=\lambda_2=1$ 时，有

$$\lambda_1\boldsymbol{\alpha}_1+\lambda_2\boldsymbol{\alpha}_2+\lambda_1\boldsymbol{\beta}_1+\lambda_2\boldsymbol{\beta}_2=\mathbf{0}$$

从而 $\boldsymbol{\alpha}_1,\boldsymbol{\alpha}_2,\boldsymbol{\beta}_1,\boldsymbol{\beta}_2$ 线性相关，但其部分向量组 $\boldsymbol{\alpha}_1,\boldsymbol{\alpha}_2;\boldsymbol{\beta}_1,\boldsymbol{\beta}_2$ 分别线性无关.

一般说来，由上例及本例解法 1 可知：$\boldsymbol{\alpha}_1,\boldsymbol{\alpha}_2,\cdots,\boldsymbol{\alpha}_m$ 线性相关和 $\boldsymbol{\beta}_1,\boldsymbol{\beta}_2,\cdots,\boldsymbol{\beta}_m$ 线性相关推不出 $\boldsymbol{\alpha}_1+\boldsymbol{\beta}_1,\cdots,\boldsymbol{\alpha}_m+\boldsymbol{\beta}_m$ 线性相关；反之，后者线性相关也推不出前者都线性相关.

【例 3.29】 已知向量组

$$\boldsymbol{\alpha}_1=(1,2,3,4),\ \boldsymbol{\alpha}_2=(2,3,4,5),\ \boldsymbol{\alpha}_3=(3,4,5,6),\ \boldsymbol{\alpha}_4=(4,5,6,7),$$

求该向量组的秩及一个极大无关组，并把其余向量写成极大无关组的线性组合.

解 以 $\boldsymbol{\alpha}_1,\boldsymbol{\alpha}_2,\boldsymbol{\alpha}_3,\boldsymbol{\alpha}_4$ 为行向量作矩阵 $\boldsymbol{A}$，并对 $\boldsymbol{A}$ 进行初等列变换，可得

$$\boldsymbol{A}=\begin{pmatrix}\boldsymbol{\alpha}_1\\\boldsymbol{\alpha}_2\\\boldsymbol{\alpha}_3\\\boldsymbol{\alpha}_4\end{pmatrix}=\begin{pmatrix}1&2&3&4\\2&3&4&5\\3&4&5&6\\4&5&6&7\end{pmatrix}\rightarrow\begin{pmatrix}1&0&0&0\\2&-1&-2&-3\\3&-1&-3&-6\\4&-3&-6&-9\end{pmatrix}$$

$$\rightarrow\begin{pmatrix}1&0&0&0\\2&-1&0&0\\3&-2&0&0\\4&-3&0&0\end{pmatrix}\rightarrow\begin{pmatrix}1&0&0&0\\0&-1&0&0\\-1&-2&0&0\\-2&-3&0&0\end{pmatrix}$$

$$\rightarrow\begin{pmatrix}1&0&0&0\\0&1&0&0\\-1&2&0&0\\-2&3&0&0\end{pmatrix}=\begin{pmatrix}\boldsymbol{\delta}_1\\\boldsymbol{\delta}_2\\\boldsymbol{\delta}_3\\\boldsymbol{\delta}_4\end{pmatrix}=\boldsymbol{B}_1.$$

显然 $\boldsymbol{B}_1$ 中前两上行向量 $\boldsymbol{\delta}_1,\boldsymbol{\delta}_2$ 线性无关,且为 $\boldsymbol{\delta}_1,\boldsymbol{\delta}_2,\boldsymbol{\delta}_3,\boldsymbol{\delta}_4$ 的一个极大无关组;其余两个行向量可写成 $\boldsymbol{\delta}_1,\boldsymbol{\delta}_2$ 的线性组合:

$$\boldsymbol{\delta}_3=-\boldsymbol{\delta}_1+2\boldsymbol{\delta}_2,\ \boldsymbol{\delta}_4=-2\boldsymbol{\delta}_1+3\boldsymbol{\delta}_2.$$

从而可得到 $\boldsymbol{\alpha}_1,\boldsymbol{\alpha}_2$ 线性无关,且为向量组 $\boldsymbol{\alpha}_1,\boldsymbol{\alpha}_2,\boldsymbol{\alpha}_3,\boldsymbol{\alpha}_4$ 的一个极大无关组,故该向量组的秩为 2,即秩$(\boldsymbol{\alpha}_1,\boldsymbol{\alpha}_2,\boldsymbol{\alpha}_3)=2$,且

$$\boldsymbol{\alpha}_3=-\boldsymbol{\alpha}_1+2\boldsymbol{\alpha}_2,\ \boldsymbol{\alpha}_4=-2\boldsymbol{\alpha}_1+3\boldsymbol{\alpha}_2.$$

【例 3.30】 设齐次线性方程组

$$(\text{Ⅰ})\begin{cases}a_{11}x_1+a_{12}x_2+\cdots+a_{1n}x_n=0,\\a_{21}x_1+a_{22}x_2+\cdots+a_{2n}x_n=0,\\\cdots\cdots\\a_{n1}x_1+a_{n2}x_2+\cdots+a_{nn}x_n=0,\end{cases}$$

有非零解,问能否找到 $\boldsymbol{b}_1,\boldsymbol{b}_2,\cdots,\boldsymbol{b}_n$ 使系数矩阵为上述方程组系数矩阵的转置且右端为 $\boldsymbol{b}_1,\boldsymbol{b}_2,\cdots,\boldsymbol{b}_n$ 的方程组

$$(\text{Ⅱ})\begin{cases}a_{11}x_1+a_{21}x_2+\cdots+a_{n1}x_n=\boldsymbol{b}_1,\\a_{12}x_1+a_{22}x_2+\cdots+a_{n2}x_n=\boldsymbol{b}_2,\\\cdots\cdots\\a_{1n}x_1+a_{2n}x_2+\cdots+a_{nn}x_n=\boldsymbol{b}_n\end{cases}$$

有唯一解,试述理由.

解法 1 若存在 $\boldsymbol{b}_1,\boldsymbol{b}_2,\cdots,\boldsymbol{b}_n$ 使组(Ⅱ)有唯一解,则由命题知组(Ⅱ)的导出组只有零解,因而其系数矩阵的 n 个行向量即组(Ⅰ)的系数矩阵的 n 个列向量线性无关,于是组(Ⅰ)只有零解,这与题设矛盾,故不存在 $\boldsymbol{b}_1,\boldsymbol{b}_2,\cdots,\boldsymbol{b}_n$ 使组(Ⅱ)有唯一解.

解法 2 不存在满足上述条件的 $\boldsymbol{b}_1,\boldsymbol{b}_2,\cdots,\boldsymbol{b}_n$. 事实上,如果存在,则由上方程组唯一解得到向量 $\boldsymbol{b}=(\boldsymbol{b}_1,\boldsymbol{b}_2,\cdots,\boldsymbol{b}_n)^{\mathrm{T}}$ 能唯一地写成向量组

$$\boldsymbol{\alpha}_1=(a_{11},a_{12},\cdots,a_{1n})^{\mathrm{T}},\ \boldsymbol{\alpha}_2=(a_{21},a_{22},\cdots,a_{2n})^{\mathrm{T}},\ \cdots,\ \boldsymbol{\alpha}_n=(a_{n1},a_{n2},\cdots,a_{nn})^{\mathrm{T}}$$

的线性组合. 因而 $\boldsymbol{\alpha}_1,\boldsymbol{\alpha}_2,\cdots,\boldsymbol{\alpha}_n$ 线性无关. 但因所给齐次线性方程组有非零解,上述向量组是线性相关的,所以不存在满足上述条件的 $\boldsymbol{b}_1,\boldsymbol{b}_2,\cdots,\boldsymbol{b}_n$.

【例 3.31】 已知线性方程组

$$\begin{cases}x_1+x_2+x_3+x_4+x_5=a, & ①\\3x_1+2x_2+x_3+x_4-3x_5=0, & ②\\x_2+2x_3+2x_4+6x_5=b, & ③\\5x_1+4x_2+3x_3+3x_4-x_5=2. & ④\end{cases}$$

(1) a、b 为何值时,方程组有解;

(2) 方程组有解时,求出方程组导出组的一个基础解系;

(3) 方程组有解时,求出方程组的全部解.

解法 1 因参数仅出现在方程右端常数项,可先用观察法求出方程组有解的参数取值.观察所给方程组左端的各个方程满足

$$2①+②=④,3①-②=③,$$

因方程组有解,其右端也有相同关系,因而得到

$$2a+0=2,3a-0=b,$$

解之,得 $a=1,b=3$.将 $a=1,b=3$ 代入方程组的增广矩阵 $\bar{\boldsymbol{A}}$,并用初等行变换为含最高阶单位矩阵的形式,则有

$$\bar{\boldsymbol{A}}=\begin{pmatrix}1&1&1&1&1&a\\3&2&1&1&-3&0\\0&1&2&2&6&b\\5&4&3&3&-1&2\end{pmatrix}\rightarrow\begin{pmatrix}1&0&-1&-1&-5&-2\\0&1&2&2&6&3\\0&0&0&0&0&0\\0&0&0&0&0&0\end{pmatrix},$$

故导出组的一个基础解系为

$$\boldsymbol{\alpha}_1=(1,-2,1,0,0)^{\mathrm{T}},\ \boldsymbol{\alpha}_2=(-1,-2,0,1,0)^{\mathrm{T}},\ \boldsymbol{\alpha}_3=(5,-6,0,0,1)^{\mathrm{T}},$$

且方程组有一个特解为

$$\boldsymbol{\eta}_0=[-2,3,0,0,0]^{\mathrm{T}},$$

故其全部解为

$$\boldsymbol{\eta}=k_1\boldsymbol{\alpha}_1+k_2\boldsymbol{\alpha}_2+k_3\boldsymbol{\alpha}_3+\boldsymbol{\eta}_0(k_1,k_2,k_3\text{ 为任意常数}).$$

解法 2 由方程式知方程③,④为多余方程,去掉后得原方程的同解方程组:

$$\begin{cases}x_1+x_2+x_3+x_4+x_5=1,\\3x_1+2x_2+x_3+x_4-3x_5=0.\end{cases}$$

又由

$$\begin{pmatrix}1&1&1&1&1&1\\3&2&1&1&-3&0\end{pmatrix}\rightarrow\begin{pmatrix}1&0&-1&-1&-5&-2\\0&1&2&2&6&3\end{pmatrix},$$

以下解法同解法 1.

解法 3 用初等行变换化增广矩阵 $\bar{\boldsymbol{A}}$ 为阶梯形矩阵:

$$\bar{\boldsymbol{A}}=\begin{pmatrix}1&1&1&1&1&a\\3&2&1&1&-3&0\\0&1&2&2&6&b\\5&4&3&3&-1&2\end{pmatrix}\rightarrow\begin{pmatrix}1&1&1&1&1&a\\0&1&2&2&6&3a\\0&0&0&0&0&b-3a\\0&0&0&0&0&2-2a\end{pmatrix}=\bar{\boldsymbol{A}}_1,$$

由 $b-3a=0,2-2a=0$,得到 $a=1,b=3$.由

$$\bar{\boldsymbol{A}}_1\rightarrow\begin{pmatrix}1&0&-1&-1&-5&-2\\0&1&2&2&6&3\\0&0&0&0&0&0\\0&0&0&0&0&0\end{pmatrix},$$

同理可求得其解.

*【例 3.32】 设向量组 $\boldsymbol{\alpha}_1,\boldsymbol{\alpha}_2,\cdots,\boldsymbol{\alpha}_m(m>1)$,又

$$\boldsymbol{\alpha}=\boldsymbol{\alpha}_1+\boldsymbol{\alpha}_2+\cdots+\boldsymbol{\alpha}_m,\ \boldsymbol{\beta}_1=\boldsymbol{\alpha}-\boldsymbol{\alpha}_1,\ \boldsymbol{\beta}_2=\boldsymbol{\alpha}-\boldsymbol{\alpha}_2,\ \cdots,\ \boldsymbol{\beta}_m=\boldsymbol{\alpha}-\boldsymbol{\alpha}_m.$$

证明:向量组 $\boldsymbol{\alpha}_1,\boldsymbol{\alpha}_2,\cdots,\boldsymbol{\alpha}_m$ 的秩等于向量组 $\boldsymbol{\beta}_1,\boldsymbol{\beta}_2,\cdots,\boldsymbol{\beta}_m$ 的秩.

证法 1　因为

$$\boldsymbol{\beta}_1=\boldsymbol{\alpha}-\boldsymbol{\alpha}_1=\boldsymbol{\alpha}_2+\boldsymbol{\alpha}_3+\cdots+\boldsymbol{\alpha}_m,$$
$$\boldsymbol{\beta}_2=\boldsymbol{\alpha}-\boldsymbol{\alpha}_2=\boldsymbol{\alpha}_1+\boldsymbol{\alpha}_3+\cdots+\boldsymbol{\alpha}_m,$$
$$\cdots\cdots$$
$$\boldsymbol{\beta}_m=\boldsymbol{\alpha}_1+\boldsymbol{\alpha}_2+\cdots+\boldsymbol{\alpha}_{m-1},$$

故

$$\boldsymbol{\beta}_1+\boldsymbol{\beta}_2+\cdots+\boldsymbol{\beta}_m=(m-1)(\boldsymbol{\alpha}_1+\boldsymbol{\alpha}_2+\cdots+\boldsymbol{\alpha}_m),$$

所以

$$\boldsymbol{\alpha}=\boldsymbol{\alpha}_1+\boldsymbol{\alpha}_2+\cdots+\boldsymbol{\alpha}_m=\frac{1}{m-1}(\boldsymbol{\beta}_1+\boldsymbol{\beta}_2+\cdots+\boldsymbol{\beta}_m),$$

两端减去 $\boldsymbol{\beta}_1=\boldsymbol{\alpha}_2+\cdots+\boldsymbol{\alpha}_m$,有

$$\boldsymbol{\alpha}_1=\frac{1}{m-1}(\boldsymbol{\beta}_1+\boldsymbol{\beta}_2+\cdots+\boldsymbol{\beta}_m)-\boldsymbol{\beta}_1,$$

同理可得

$$\boldsymbol{\alpha}_i=\frac{1}{m-1}(\boldsymbol{\beta}_1+\boldsymbol{\beta}_2+\cdots+\boldsymbol{\beta}_m)-\boldsymbol{\beta}_i\ (i=2,3,\cdots,m),$$

故向量组 $\boldsymbol{\alpha}_1,\boldsymbol{\alpha}_2,\cdots,\boldsymbol{\alpha}_m$ 可由向量组 $\boldsymbol{\beta}_1,\boldsymbol{\beta}_2,\cdots,\boldsymbol{\beta}_m$ 表示.

向量组 $\boldsymbol{\alpha}_1,\boldsymbol{\alpha}_2,\cdots,\boldsymbol{\alpha}_m$ 与向量组 $\boldsymbol{\beta}_1,\boldsymbol{\beta}_2,\cdots,\boldsymbol{\beta}_m$ 等价,向量组 $\boldsymbol{\alpha}_1,\boldsymbol{\alpha}_2,\cdots,\boldsymbol{\alpha}_m$ 的秩等于向量组 $\boldsymbol{\beta}_1,\boldsymbol{\beta}_2,\cdots,\boldsymbol{\beta}_m$ 的秩.

证法 2　不妨设题设的向量都是列向量,则由已知可得

$$(\boldsymbol{\beta}_1,\boldsymbol{\beta}_2,\cdots,\boldsymbol{\beta}_{m-1},\boldsymbol{\beta}_m)=(\boldsymbol{\alpha}_1,\boldsymbol{\alpha}_2,\cdots,\boldsymbol{\alpha}_{m-1},\boldsymbol{\alpha}_m)\begin{pmatrix}0&1&1&\cdots&1&1\\1&0&1&\cdots&1&1\\1&1&0&\cdots&1&1\\\vdots&\vdots&\vdots&&\vdots&\vdots\\1&1&1&\cdots&0&1\\1&1&1&\cdots&1&0\end{pmatrix},$$

记上式最右边的 m 阶矩阵为 $\boldsymbol{A}$,则

$$|\boldsymbol{A}|=\begin{vmatrix}0&1&1&\cdots&1&1\\1&0&1&\cdots&1&1\\1&1&0&\cdots&1&1\\\vdots&\vdots&\vdots&&\vdots&\vdots\\1&1&1&\cdots&0&1\\1&1&1&\cdots&1&0\end{vmatrix}$$

$$\underline{\underline{r_1+r_2+r_3+\cdots+r_m}}\begin{vmatrix}m-1&m-1&m-1&\cdots&m-1&m-1\\1&0&1&\cdots&1&1\\1&1&0&\cdots&1&1\\\vdots&\vdots&\vdots&&\vdots&\vdots\\1&1&1&\cdots&0&1\\1&1&1&\cdots&1&0\end{vmatrix}$$

$$=(m-1)\begin{vmatrix} 1 & 1 & 1 & \cdots & 1 & 1 \\ 1 & 0 & 1 & \cdots & 1 & 1 \\ 1 & 1 & 0 & \cdots & 1 & 1 \\ \vdots & \vdots & \vdots & & \vdots & \vdots \\ 1 & 1 & 1 & \cdots & 0 & 1 \\ 1 & 1 & 1 & \cdots & 1 & 0 \end{vmatrix}$$

$$=(m-1)\begin{vmatrix} 1 & 1 & 1 & \cdots & 1 & 1 \\ 0 & -1 & 0 & \cdots & 0 & 0 \\ 0 & 0 & -1 & \cdots & 0 & 0 \\ \vdots & \vdots & \vdots & & \vdots & \vdots \\ 0 & 0 & 0 & \cdots & -1 & 0 \\ 0 & 0 & 0 & \cdots & 0 & -1 \end{vmatrix}$$

$$=(m-1)(-1)^{m-1}\neq 0,$$

故 $\boldsymbol{A}$ 为满秩矩阵.

由于满秩方阵乘矩阵不改变矩阵的秩. 故有

$$\mathrm{r}(\boldsymbol{\alpha}_1 \quad \boldsymbol{\alpha}_2 \quad \cdots \quad \boldsymbol{\alpha}_m)=\mathrm{r}(\boldsymbol{\beta}_1 \quad \boldsymbol{\beta}_2 \quad \cdots \quad \boldsymbol{\beta}_m),$$

向量组 $\boldsymbol{\beta}_1,\boldsymbol{\beta}_2,\cdots,\boldsymbol{\beta}_m$ 与向量组 $\boldsymbol{\alpha}_1,\boldsymbol{\alpha}_2,\cdots,\boldsymbol{\alpha}_m$ 有相同的秩.

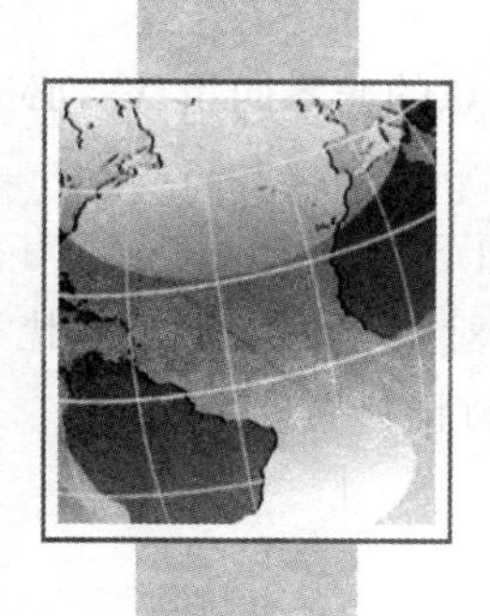

第四章 相似矩阵和二次型

本章主要介绍方阵的特征值、特征向量、正交矩阵、二次型等基本概念，并着重讨论矩阵的相似化简问题以及与之相关联的一些基本性质.包括方阵的特征值与特征向量、相似矩阵内容，然后介绍二次型的矩阵表示及二次型的标准形与正定二次型等内容.

二次型的理论起源于对解析几何中那些中心在原点的二次曲线与二次曲面的标准化研究，本质上讲，化简二次齐次多项式为标准形基本上是一个矩阵的对角化问题，其中最主要的工具是可逆的线性替换，或者说是合同变换.此外，二次型的理论在线性系统理论和工程技术的许多领域中都有应用.

4.1 方阵的特征值与特征向量

对于 n 阶方阵 $\boldsymbol{A}$，我们经常需要考虑这样的问题：能否求得一个 n 阶的可逆方阵 $\boldsymbol{P}$，使得

$$\boldsymbol{P}^{-1}\boldsymbol{A}\boldsymbol{P}=\boldsymbol{D}=\mathrm{diag}\{\lambda_1,\lambda_2,\cdots,\lambda_n\}, \tag{4.1}$$

其中 $\lambda_1,\lambda_2,\cdots,\lambda_n$ 是对角矩阵 $\boldsymbol{D}$ 的主对角元.

若记 $\boldsymbol{P}=(\boldsymbol{X}_1,\boldsymbol{X}_2,\cdots,\boldsymbol{X}_n)$，则式(4.1)等价于

$$\begin{aligned}\boldsymbol{A}(\boldsymbol{X}_1,\boldsymbol{X}_2,\cdots,\boldsymbol{X}_n)&=(\boldsymbol{X}_1,\boldsymbol{X}_2,\cdots,\boldsymbol{X}_n)\boldsymbol{D}\\&=(\boldsymbol{X}_1,\boldsymbol{X}_2,\cdots,\boldsymbol{X}_n)\mathrm{diag}\{\lambda_1,\lambda_2,\cdots,\lambda_n\},\end{aligned}$$

即

$$\boldsymbol{A}\boldsymbol{X}_i=\lambda_i\boldsymbol{X}_i(i=1,2,\cdots,n). \tag{4.2}$$

上式可以归结为下面要讨论的方阵 $\boldsymbol{A}$ 的特征值与特征向量的问题.

4.1.1 特征值与特征向量的概念

定义 4.1 设 $\boldsymbol{A}$ 为 n 阶方阵，若存在数 λ 和 n 维非零向量 $\boldsymbol{X}$ 使等式

$$\boldsymbol{A}\boldsymbol{X}=\lambda\boldsymbol{X} \tag{4.3}$$

成立，则称数 λ 为 $\boldsymbol{A}$ 的特征值，称向量 $\boldsymbol{X}$ 为 $\boldsymbol{A}$ 的对应于特征值 λ 的特征向量.

【例 4.1】 设三阶矩阵为 $\boldsymbol{A}=2\boldsymbol{I}$，试求 $\boldsymbol{A}$ 的特征值与特征向量.

解 已知 $\boldsymbol{A}=2\boldsymbol{I}$，于是，对任意的 $\boldsymbol{X}\in\mathbf{R}^3$，总有 $\boldsymbol{A}\boldsymbol{X}=2\boldsymbol{X}$.由定义 1 知：数 $\lambda=2$ 即为 $\boldsymbol{A}$ 的特征值，且任意一个三维非零向量 $\boldsymbol{X}$ 都是方阵 $\boldsymbol{A}$ 的特征向量.

值得注意的是，定义中的特征向量 $\boldsymbol{X}$ 必须是一个非零向量(因为常常需要用它作为列向量来构造上述问题中所要求的可逆矩阵).

另一方面，λ 不一定是一个非零的数.例如，当 n 阶方阵 $\boldsymbol{A}$ 不可逆时，方程组 $\boldsymbol{A}\boldsymbol{X}=\boldsymbol{0}$ 必有

非零的解向量 $\boldsymbol{X}_0$，使得

$$\boldsymbol{A}\boldsymbol{X}_0=\boldsymbol{0}=0\boldsymbol{X}_0,$$

这意味着不可逆方阵 $\boldsymbol{A}$ 必有零特征值；反之，当 n 阶方阵 $\boldsymbol{A}$ 可逆时，对任意的非零向量 $\boldsymbol{X}_0$，必有 $\boldsymbol{A}\boldsymbol{X}_0\neq\boldsymbol{0}$，说明可逆方阵 $\boldsymbol{A}$ 一定没有零特征值.

由定义 4.1 可得 n 阶方阵 $\boldsymbol{A}$ 的特征值与特征向量的两个简单性质如下：

性质 1 若 λ 是 n 阶方阵 $\boldsymbol{A}$ 的一个特征值，非零向量 $\boldsymbol{X}$ 是矩阵 $\boldsymbol{A}$ 的对应于特征值 λ 的特征向量，则 $\boldsymbol{X}$ 的任何一个非零倍数 $k\boldsymbol{X}(k\neq0)$ 也是 $\boldsymbol{A}$ 的对应于特征值 λ 的特征向量.

证明 由式(4.3)可得

$$\boldsymbol{A}(k\boldsymbol{X})=k\boldsymbol{A}\boldsymbol{X}=k\lambda\boldsymbol{X}=\lambda(k\boldsymbol{X}),$$

即证 $k\boldsymbol{X}(k\neq0)$ 也是 $\boldsymbol{A}$ 的对应于特征值 λ 的特征向量.

性质 2 若 $\boldsymbol{X}_1,\boldsymbol{X}_2,\cdots,\boldsymbol{X}_m$ 都是 n 阶方阵 $\boldsymbol{A}$ 的对应于特征值 λ 的特征向量，则它们的一切非零线性组合

$$k_1\boldsymbol{X}_1+k_2\boldsymbol{X}_2+\cdots+k_m\boldsymbol{X}_m$$

也是矩阵 $\boldsymbol{A}$ 的对应于特征值 λ 的特征向量(显然，这里 $k_1,k_2,\cdots,k_m$ 不全为零).

证明 由

$$\begin{aligned}&\boldsymbol{A}(k_1\boldsymbol{X}_1+k_2\boldsymbol{X}_2+\cdots+k_m\boldsymbol{X}_m)\\&=k_1\boldsymbol{A}\boldsymbol{X}_1+k_2\boldsymbol{A}\boldsymbol{X}_2+\cdots+k_m\boldsymbol{A}\boldsymbol{X}_m\\&=k_1\lambda\boldsymbol{X}_1+k_2\lambda\boldsymbol{X}_2+\cdots+k_m\lambda\boldsymbol{X}_m\\&=\lambda(k_1\boldsymbol{X}_1+k_2\boldsymbol{X}_2+\cdots+k_m\boldsymbol{X}_m),\end{aligned}$$

即证 $k_1\boldsymbol{X}_1+k_2\boldsymbol{X}_2+\cdots+k_m\boldsymbol{X}_m$ 也是 $\boldsymbol{A}$ 的对应于特征值 λ 的特征向量.

上述两条性质表明：n 阶方阵 $\boldsymbol{A}$ 的特征向量不是被特征值唯一确定的，但特征值却是被特征向量所限定的.

4.1.2 特征值与特征向量的求法

下面具体讨论如何求解 n 阶方阵 $\boldsymbol{A}$ 的特征值与特征向量. 将式(4.3)改写为

$$(\lambda\boldsymbol{I}-\boldsymbol{A})\boldsymbol{X}=\boldsymbol{0},\ \boldsymbol{X}\neq\boldsymbol{0},\tag{4.4}$$

n 元齐次线性方程组(4.4)有非零解的充要条件是

$$|\lambda\boldsymbol{I}-\boldsymbol{A}|=0.\tag{4.5}$$

式(4.5)称为 $\boldsymbol{A}$ 的特征方程，其中 λ 为 $\boldsymbol{A}$ 的特征值. 将 λ 代入式(4.4)，所求非零解向量即为 $\boldsymbol{A}$ 的对应于 λ 的特征向量，故有：

定理 4.1 数 λ 为 n 阶方阵 $\boldsymbol{A}$ 的一个特征值的充要条件是 λ 适合于特征方程

$$|\lambda\boldsymbol{I}-\boldsymbol{A}|=0,$$

n 维列向量 $\boldsymbol{X}$ 为 n 阶方阵 $\boldsymbol{A}$ 对应于特征值 λ 的特征向量的充要条件是 $\boldsymbol{X}$ 为 n 元齐次线性方程组

$$(\lambda\boldsymbol{I}-\boldsymbol{A})\boldsymbol{X}=\boldsymbol{0}$$

的非零解向量.

定义 4.2　若记

$$f(\lambda)=|\lambda\boldsymbol{I}-\boldsymbol{A}|=\begin{vmatrix}\lambda-a_{11} & -a_{12} & \cdots & -a_{1n}\\ -a_{21} & \lambda-a_{22} & \cdots & -a_{2n}\\ \vdots & \vdots & & \vdots\\ -a_{n1} & -a_{n2} & \cdots & \lambda-a_{nn}\end{vmatrix}$$

$$=\lambda^n+b_1\lambda^{n-1}+\cdots+b_{n-1}\lambda+b_n, \tag{4.6}$$

则称 $f(\lambda)$为 $\boldsymbol{A}$ 的特征多项式.

因 $f(\lambda)$是一个 n 次多项式，故方程 $f(\lambda)=0$ 在复数域内必有 n 个根，从而 n 阶方阵$\boldsymbol{A}$ 在复数域内有 n 个特征值(重根按重数计算).

值得指出的是：在实数域内 n 阶方阵$\boldsymbol{A}$ 不一定有 n 个特征值.

【例 4.2】　求二阶方阵

$$\boldsymbol{A}=\begin{pmatrix}2 & 1\\ 1 & 2\end{pmatrix}$$

的特征值与对应于各特征值的特征向量.

解　求解特征方程$|\lambda\boldsymbol{I}-\boldsymbol{A}|=0$，即

$$|\lambda\boldsymbol{I}-\boldsymbol{A}|=\begin{vmatrix}\lambda-2 & -1\\ -1 & \lambda-2\end{vmatrix}=(\lambda-1)(\lambda-3)=0,$$

可得 $\boldsymbol{A}$ 的特征值为$\lambda_1=1,\ \lambda_2=3$.

再将 $\boldsymbol{A}$ 的特征值$\lambda_1=1,\lambda_2=3$ 分别代入齐次方程组$(\lambda\boldsymbol{I}-\boldsymbol{A})\boldsymbol{X}=\boldsymbol{0}$，可得矩阵 $\boldsymbol{A}$ 的对应于特征值λ_1,λ_2 的特征向量分别为 $c_1\begin{pmatrix}-1\\ 1\end{pmatrix}$及 $c_2\begin{pmatrix}1\\ 1\end{pmatrix}$，其中 $c_1\neq0,c_2\neq0$.

从以上讨论容易看出，确定一个矩阵 $\boldsymbol{A}$ 的特征值与相应特征向量的步骤可以归纳为：

(1) 求出 $\boldsymbol{A}$ 的特征方程(4.5)的全部根，即得矩阵 $\boldsymbol{A}$ 的全部特征值.

(2) 将所求得的特征值逐个代入齐次方程组(4.4)，分别求出非零解，也就得到各个特征值所对应的所有特征向量. 实际计算时只需分别求(4.4)的基础解系，再利用性质即可得到各特征值的所有特征向量.

值得注意的是：实矩阵 $\boldsymbol{A}$ 的特征值有时是复数，不一定还是实数；因而特征向量也是复向量. 但是，如果实矩阵 $\boldsymbol{A}$ 的特征值都是实数，那么它的特征向量可以取实向量.

【例 4.3】　求三阶方阵

$$\boldsymbol{A}=\begin{pmatrix}1 & 1 & 0\\ 0 & 2 & 2\\ 0 & 0 & 3\end{pmatrix}$$

的特征值与对应于各特征值的一个特征向量.

解　求解特征方程$|\boldsymbol{\lambda I}-\boldsymbol{A}|=0$，即

$$|\boldsymbol{\lambda I}-\boldsymbol{A}|=\begin{vmatrix}\lambda-1 & -1 & 0\\ 0 & \lambda-2 & -2\\ 0 & 0 & \lambda-3\end{vmatrix}=(\lambda-1)(\lambda-2)(\lambda-3)=0,$$

可得 $\boldsymbol{A}$ 的特征值为

$$\lambda_1=1,\ \lambda_2=2,\ \lambda_3=3.$$

再求解齐次方程组$(\lambda \boldsymbol{I}-\boldsymbol{A})\boldsymbol{X}=\boldsymbol{0}$，可得矩阵$\boldsymbol{A}$的对应于特征值$\lambda_1,\lambda_2,\lambda_3$的特征向量分别为

$$\boldsymbol{X}_1=\begin{pmatrix}1\\0\\0\end{pmatrix},\ \boldsymbol{X}_2=\begin{pmatrix}1\\1\\0\end{pmatrix},\ \boldsymbol{X}_3=\begin{pmatrix}1\\2\\1\end{pmatrix}.$$

同理可得：n阶上（或下）三角阵$\boldsymbol{A}$的主对角元是$\boldsymbol{A}$的全部特征值，特别地，对角矩阵的特征值也是其主对角元.

【例 4.4】 设二阶方阵

$$\boldsymbol{A}=\begin{pmatrix}0 & 1\\-1 & 0\end{pmatrix},$$

则$\boldsymbol{A}$在实数范围内无特征值，在复数范围内有两个特征值.

证明 因为特征方程

$$|\lambda \boldsymbol{I}-\boldsymbol{A}|=\lambda^2+1=0,$$

所以在实数范围内无根，在复数范围内有两个根：i 和$-$i.

值得指出的是：由于式(4.3)也可改写为

$$(\boldsymbol{A}-\lambda \boldsymbol{I})\boldsymbol{X}=\boldsymbol{0},\ \boldsymbol{X}\neq\boldsymbol{0},$$

且该n元齐次线性方程组有非零解的充要条件是

$$|\boldsymbol{A}-\lambda \boldsymbol{I}|=0.$$

上式也称为$\boldsymbol{A}$的特征方程，其中λ显然也是$\boldsymbol{A}$的特征值. 因此，在实际计算$\boldsymbol{A}$的特征值与特征向量时，这两种特征方程皆适用.

4.1.3 特征值与特征向量的基本性质

n阶方阵$\boldsymbol{A}$的特征值与特征向量还有以下一些基本性质. 首先展开矩阵的特征多项式，我们有：

性质 3 设n阶方阵$\boldsymbol{A}=(a_{ij})$有n个特征值$\lambda_1,\lambda_2,\cdots,\lambda_n$，则

(1) $\lambda_1+\lambda_2+\cdots+\lambda_n=a_{11}+a_{22}+\cdots+a_{nn}$. (4.7)

(2) $|\boldsymbol{A}|=\lambda_1\lambda_2\cdots\lambda_n$. (4.8)

证明 在特征多项式

$$f(\lambda)=\begin{vmatrix}\lambda-a_{11} & -a_{12} & \cdots & -a_{1n}\\ -a_{21} & \lambda-a_{22} & \cdots & -a_{2n}\\ \vdots & \vdots & & \vdots\\ -a_{n1} & -a_{n2} & \cdots & \lambda-a_{nn}\end{vmatrix}$$

的展开式中，只有一项是主对角元素的连乘积

$$(\lambda-a_{11})(\lambda-a_{22})\cdots(\lambda-a_{nn}), \tag{4.9}$$

而其余各项至多包含$n-2$个主对角元素，即除去式(4.9)后的所有展开项中关于λ的次数最多是$n-2$，只有主对角元素的连乘积式(4.9)含有特征多项式$f(\lambda)$中关于λ的n次与$n-1$次的项，且它们是

$$\lambda^n-(a_{11}+a_{22}+\cdots+a_{nn})\lambda^{n-1},$$

具体展开特征多项式，可得

$$f(\lambda)=\lambda^n-(a_{11}+a_{22}+\cdots+a_{nn})\lambda^{n-1}+\cdots+(-1)^n|\boldsymbol{A}|. \tag{4.10}$$

另一方面，由假设知

$$f(\lambda)=(\lambda-\lambda_1)(\lambda-\lambda_2)\cdots(\lambda-\lambda_n)$$
$$=\lambda^n-(\lambda_1+\lambda_2+\cdots+\lambda_n)\lambda^{n-1}+\cdots+(-1)^n\lambda_1\lambda_2\cdots\lambda_n, \tag{4.11}$$

比较式(4.10)与式(4.11)各项的系数，即知式(4.7)、式(4.8)两式成立.

定义 4.3　n 阶方阵 $\boldsymbol{A}=(a_{ij})_{n\times n}$ 的主对角元素之和称为 $\boldsymbol{A}$ 的迹，记为 $\mathrm{tr}(\boldsymbol{A})$，即

$$\mathrm{tr}(\boldsymbol{A})=a_{11}+a_{22}+\cdots+a_{nn}. \tag{4.12}$$

于是有：

性质 4　n 阶方阵 $\boldsymbol{A}$ 的迹等于 $\boldsymbol{A}$ 的 n 个特征值的和，即

$$\mathrm{tr}(\boldsymbol{A})=\lambda_1+\lambda_2+\cdots+\lambda_n. \tag{4.13}$$

性质 5　n 阶方阵 $\boldsymbol{A}$ 可逆的充要条件是 $\boldsymbol{A}$ 的 n 个特征值都不为零，即

$$\lambda_i\neq 0\quad (i=1,2,\cdots,n).$$

【例 4.5】　设三阶方阵 $\boldsymbol{A}$ 的三个特征值分别为 2,3,5，求行列式 $|\boldsymbol{A}|$ 及 $|5\boldsymbol{A}-2\boldsymbol{I}|$.

解　由性质 3 知

$$|\boldsymbol{A}|=2\times3\times5=30,$$

设 $\boldsymbol{A}$ 的特征值 λ 对应的特征向量为 $\boldsymbol{X}$，则

$$(5\boldsymbol{A}-2\boldsymbol{I})\boldsymbol{X}=5\boldsymbol{A}\boldsymbol{X}-2\boldsymbol{X}=5\lambda\boldsymbol{X}-2\boldsymbol{X}$$
$$=(5\lambda-2)\boldsymbol{X},$$

于是由定义知：三阶矩阵 $5\boldsymbol{A}-2\boldsymbol{I}$ 的特征值为 $5\lambda-2$，且 $\boldsymbol{X}$ 就是其对应的特征向量. 再由已知，$\boldsymbol{A}$ 的特征值分别为 2,3,5，所以 $5\boldsymbol{A}-2\boldsymbol{I}$ 的特征值 $5\lambda-2$ 分别为

$$\lambda_1=8,\ \lambda_2=13,\ \lambda_3=23,$$

故由性质 3 知

$$|5\boldsymbol{A}-2\boldsymbol{I}|=8\times13\times23=2392.$$

一般地，设 $\boldsymbol{A}$ 为 n 阶方阵，$\varphi(x)$ 为任意一个多项式，若 $\boldsymbol{A}$ 有特征值 λ，则对应于 $\boldsymbol{A}$ 的矩阵多项式 $\varphi(\boldsymbol{A})$ 的特征值必为 $\varphi(\lambda)$，且 $\boldsymbol{A}$ 与 $\varphi(\boldsymbol{A})$ 有相同的特征向量.

由本节开头关于方阵特征值与特征向量的讨论知道，线性无关的特征向量将用来构造可逆矩阵 $\boldsymbol{P}$，因此，我们完全有必要重点关注一下矩阵 $\boldsymbol{A}$ 的特征向量是否线性无关的问题.

定理 4.2　对应于不同特征值的特征向量是线性无关的.

证明　设 $\lambda_1,\lambda_2,\cdots,\lambda_s$ 为方阵 $\boldsymbol{A}$ 的任意 s 个不同特征值，且 $\boldsymbol{X}_1,\boldsymbol{X}_2,\cdots,\boldsymbol{X}_s$ 为分别对应于 $\lambda_1,\lambda_2,\cdots,\lambda_s$ 的特征向量，下面来证明 $\boldsymbol{X}_1,\boldsymbol{X}_2,\cdots,\boldsymbol{X}_s$ 线性无关.

对特征值的个数 s 作数学归纳法.

当 $s=1$ 时，因为特征向量是非零的，所以单个特征向量必线性无关，即结论成立.

归纳假设当 $s=k$ 时结论也成立，即对应于 k 个不同特征值 $\lambda_1,\lambda_2,\cdots,\lambda_k$ 的特征向量 $\boldsymbol{X}_1,\boldsymbol{X}_2,\cdots,\boldsymbol{X}_k$ 也线性无关.

下面我们证明对应于 $k+1$ 个不同特征值 $\lambda_1,\lambda_2,\cdots,\lambda_{k+1}$ 的特征向量 $\boldsymbol{X}_1,\boldsymbol{X}_2,\cdots,\boldsymbol{X}_{k+1}$ 也线性无关.

设有

$$a_1\boldsymbol{X}_1+a_2\boldsymbol{X}_2+\cdots+a_k\boldsymbol{X}_k+a_{k+1}\boldsymbol{X}_{k+1}=0, \tag{4.14}$$

用 λ_{k+1} 同乘式(4.14)得

$$a_1\lambda_{k+1}\boldsymbol{X}_1+a_2\lambda_{k+1}\boldsymbol{X}_2+\cdots+a_k\lambda_{k+1}\boldsymbol{X}_k+a_{k+1}\lambda_{k+1}\boldsymbol{X}_{k+1}=0, \tag{4.15}$$

因为

$$AX_i=\lambda_i X_i \quad (i=1,2,\cdots,k+1),$$

所以若对式(4.14)两端同时左乘以矩阵A,又有

$$a_1\lambda_1 X_1+a_2\lambda_2 X_2+\cdots+a_k\lambda_k X_k+a_{k+1}\lambda_{k+1}X_{k+1}=0, \tag{4.16}$$

将式(4.16)与式(4.14)相减,可得

$$a_1(\lambda_1-\lambda_{k+1})X_1+a_2(\lambda_2-\lambda_{k+1})X_2+\cdots+a_k(\lambda_k-\lambda_{k+1})X_k=0,$$

由归纳假设知$X_1,X_2,\cdots,X_k$线性无关,于是

$$a_i(\lambda_i-\lambda_{k+1})=0 \quad (i=1,2,\cdots,k),$$

但

$$\lambda_i-\lambda_{k+1}\neq 0 \quad (i=1,2,\cdots,k),$$

所以

$$a_i=0 \quad (i=1,2,\cdots,k), \tag{4.17}$$

将式(4.17)代入式(4.14),得$a_{k+1}X_{k+1}=0$,又$X_{k+1}\neq 0$,从而$a_{k+1}=0$,这就证明了$X_1,X_2,\cdots,X_{k+1}$线性无关.

此外,若n阶方阵A没有n个不同的特征值,我们还有以下结论.

定理 4.3 如果$\lambda_1,\lambda_2,\cdots,\lambda_s(s<n)$是$n$阶方阵$A$的不同特征值,而$X_{i1},\cdots,X_{ir_i}(i=1,\cdots,s)$是$A$的对应于特征值$\lambda_i$的$r_i$个线性无关的特征向量,那么向量组

$$X_{11},\cdots,X_{1r_1},X_{21},\cdots X_{2r_2},\cdots,X_{s1},\cdots,X_{srs}, \tag{4.18}$$

也线性无关.

证明略去.

定理4.3告诉我们:当$\lambda_1,\cdots,\lambda_s$为$n$阶方阵$A$的所有的不同特征值时,式(4.18)中的$r_1+\cdots+r_s$个特征向量也线性无关.于是,只要$r_1+\cdots+r_s=n$,那么$n$阶方阵$A$就有对应于$s$个特征值的$n$个线性无关的特征向量.

如果$r_1+\cdots+r_s<n$,那么这个n阶方阵A就没有n个线性无关的特征向量.这是因为A的任何特征向量X必对应于上述s个特征值中的某个λ_i,不妨设为λ_1,即X可以用$X_{11},\cdots,X_{1r_1}$来线性表示,因而可用上述$r_1+\cdots+r_s$个特征向量线性表示.

习题 4.1

1. 求下列矩阵的特征值和特征向量:

(1) $\begin{pmatrix}2&0&0\\1&2&1\\0&0&2\end{pmatrix}$; (2) $\begin{pmatrix}1&2&4\\2&-2&2\\4&2&1\end{pmatrix}$;

(3) $\begin{bmatrix}0&1&1&-1\\1&0&-1&1\\1&-1&0&1\\-1&1&1&0\end{bmatrix}$; (4) $\begin{bmatrix}a_1\\a_2\\\vdots\\a_n\end{bmatrix}(a_1,a_2,\cdots,a_n)\quad(a_1\neq 0)$.

2. 设矩阵

$$A=\begin{pmatrix}0&0&1\\x&1&y\\1&0&0\end{pmatrix}$$

有三个线性无关的特征向量，求 x,y 满足的条件.

3. 已知 $\lambda_1=0$ 是矩阵

$$A=\begin{pmatrix}1 & 0 & 1\\0 & 2 & 0\\1 & 0 & a\end{pmatrix}$$

的一个特征值，求 a 及 A 的特征值和 A 的特征向量.

4. 设向量 X_0 为方阵 A 的对应于特征值 λ_1 的特征向量，即 $AX_0=\lambda_1X_0$，若还存在数 λ_2 使 $AX_0=\lambda_2X_0$，试证明 $\lambda_1=\lambda_2$.

5. 证明 n 阶方阵 A 与 A^T 有相同的特征值.

6. 设三阶方阵 A 的特征值 $1,-1,2$.

(1) 求 $B=A^2-5A+2I$ 的特征值；

(2) 求 $|B|$；

(3) 求 $|A-5I|$.

7. 已知 A 是三阶对称矩阵，满足 $A^3-A-6I=\mathbf{0}$，求 A 的特征值.

8. 设 A 为幂等矩阵，即 $A^2=A$，说明 A 的特征值只能是 0 或 1.

9. 已知 n 阶方阵 A 的各行元素之和皆为 a. 试证明：$\lambda=a$ 是 A 的特征值，且 $X=(1,1,\cdots,1)^T$ 是 A 的对应于特征值 a 的特征向量.

10. 已知三阶矩阵

$$A=\begin{pmatrix}a & -1 & c\\5 & b & 3\\1-c & 0 & -a\end{pmatrix}$$

且 $|A|=-1$，A^* 有一个特征值 λ_0，其对应的特征向量为 $X=(-1,-1,1)^T$，求常数 a,b,c 及 λ_0 的值.

4.2　相似矩阵

本节讨论这一章的主要问题：不同的矩阵是否具有相似关系以及一个矩阵能够相似于对角阵的条件是什么？

4.2.1　相似矩阵及其性质

定义 4.4　设 A,B 为 n 阶方阵，若存在可逆矩阵 P，使得

$$B=P^{-1}AP. \tag{4.19}$$

则称 A 相似于 B，记作 $A\sim B$. 对 A 进行矩阵的积运算 $P^{-1}AP$ 称为对 A 进行相似变换，可逆矩阵 P 称为把 A 变成 B 的相似因子阵.

【例 4.6】　设有矩阵 $A=\begin{pmatrix}3 & 1\\5 & -1\end{pmatrix}$，$B=\begin{pmatrix}4 & 0\\0 & -2\end{pmatrix}$，试验证存在可逆矩阵 $P=\begin{pmatrix}1 & 1\\1 & -5\end{pmatrix}$，使得 A 与 B 相似.

证明　因为

$$P^{-1}AP=\begin{pmatrix}5/6 & 1/6\\1/6 & -1/6\end{pmatrix}\begin{pmatrix}3 & 1\\5 & -1\end{pmatrix}\begin{pmatrix}1 & 1\\1 & -5\end{pmatrix}=\begin{pmatrix}4 & 0\\0 & -2\end{pmatrix}=B.$$

由定义即知 $\boldsymbol{A}$ 与 $\boldsymbol{B}$ 相似.

相似是矩阵间的一种特殊的等价关系,即相似关系具有以下等价性质：

(1) 反身性:$\boldsymbol{A}\sim\boldsymbol{A}$.

(2) 对称性:若 $\boldsymbol{A}\sim\boldsymbol{B}$,则 $\boldsymbol{B}\sim\boldsymbol{A}$.

(3) 传递性:若 $\boldsymbol{A}\sim\boldsymbol{B}$,$\boldsymbol{B}\sim\boldsymbol{C}$,则 $\boldsymbol{A}\sim\boldsymbol{C}$.

设 $\boldsymbol{B}_1=\boldsymbol{X}^{-1}\boldsymbol{A}_1\boldsymbol{X}$,$\boldsymbol{B}_2=\boldsymbol{X}^{-1}\boldsymbol{A}_2\boldsymbol{X}$,由定义还可得到相似矩阵的以下运算性质：

(1) $\boldsymbol{B}_1+\boldsymbol{B}_2=\boldsymbol{X}^{-1}(\boldsymbol{A}_1+\boldsymbol{A}_2)\boldsymbol{X}$.

(2) $\boldsymbol{B}_1\boldsymbol{B}_2=\boldsymbol{X}^{-1}(\boldsymbol{A}_1\boldsymbol{A}_2)\boldsymbol{X}$.

(3) $\boldsymbol{B}_1^{\mathrm{T}}=\boldsymbol{Y}^{-1}\boldsymbol{A}_1^{\mathrm{T}}\boldsymbol{Y}$,其中 $\boldsymbol{Y}=(\boldsymbol{X}^{-1})^{\mathrm{T}}$.

(4) 若 $\boldsymbol{A}_1$,$\boldsymbol{B}_1$ 可逆,则 $\boldsymbol{B}_1^{-1}=\boldsymbol{X}^{-1}\boldsymbol{A}_1^{-1}\boldsymbol{X}$.

(5) $\boldsymbol{B}_1^k=\boldsymbol{X}^{-1}\boldsymbol{A}_1^kX$. (4.20)

【例 4.7】 设有二阶矩阵

$$\boldsymbol{A}=\begin{pmatrix}1&4\\3&2\end{pmatrix},$$

试求 $\boldsymbol{A}^{1000}$.

解 这是一个求矩阵高次幂的问题,若直接用乘法公式计算显然很麻烦,我们可以利用式(4.20)进行简化.

首先求 $\boldsymbol{A}$ 的相似对角阵,由

$$|\lambda\boldsymbol{I}-\boldsymbol{A}|=\begin{vmatrix}\lambda-1&-4\\-3&\lambda-2\end{vmatrix}=(\lambda-5)(\lambda+2)=0,$$

可得 $\boldsymbol{A}$ 的两个相异特征值为 $\lambda_1=5$,$\lambda_2=-2$,且它们各自可求得一个相应的特征向量

$$\boldsymbol{X}_1=\begin{pmatrix}1\\1\end{pmatrix},\ \boldsymbol{X}_2=\begin{pmatrix}-4\\3\end{pmatrix}.$$

注意到 $\boldsymbol{A}$ 的两个特征值互异,所以与之对应的两个特征向量 $\boldsymbol{X}_1$,$\boldsymbol{X}_2$ 必线性无关. 于是可设

$$\boldsymbol{B}=\begin{pmatrix}\lambda_1&0\\0&\lambda_2\end{pmatrix}=\begin{pmatrix}5&0\\0&-2\end{pmatrix},$$

$$\boldsymbol{P}=(\boldsymbol{X}_1,\boldsymbol{X}_2)=\begin{pmatrix}1&-4\\1&3\end{pmatrix},$$

容易验证 $\boldsymbol{PB}=\boldsymbol{AP}$,即

$$\boldsymbol{B}=\boldsymbol{P}^{-1}\boldsymbol{AP},$$

其中

$$\boldsymbol{P}^{-1}=\frac{1}{|\boldsymbol{P}|}\boldsymbol{P}^*=\frac{1}{7}\begin{pmatrix}3&4\\-1&1\end{pmatrix}.$$

再利用式(4.20),可求得

$$\begin{aligned}\boldsymbol{A}^{1000}&=(\boldsymbol{PBP}^{-1})^{1000}=\boldsymbol{PB}^{1000}\boldsymbol{P}^{-1}\\&=\begin{pmatrix}1&-4\\1&1\end{pmatrix}\begin{pmatrix}5^{1000}&0\\0&(-2)^{1000}\end{pmatrix}\frac{1}{7}\begin{pmatrix}3&4\\-1&1\end{pmatrix}\\&=\begin{pmatrix}3\times5^{1000}+4\times2^{1000}&4\times5^{1000}-4\times2^{1000}\\3\times5^{1000}-3\times2^{1000}&4\times5^{1000}+3\times2^{1000}\end{pmatrix}.\end{aligned}$$

当矩阵为对角矩阵时，我们还有以下结论：

定理 4.4　两个对角矩阵相似的充要条件为对角线上的元素相同，只是排列顺序不同.

证明　设$\boldsymbol{A},\boldsymbol{B}$是两个对角矩阵且$\boldsymbol{A}$相似于$\boldsymbol{B}$，则由相似矩阵的性质知，存在可逆矩阵$\boldsymbol{X}$，使得$\boldsymbol{B}=\boldsymbol{X}^{-1}\boldsymbol{A}\boldsymbol{X}$，即

$$\lambda\boldsymbol{I}-\boldsymbol{B}=\boldsymbol{X}^{-1}(\lambda\boldsymbol{I}-\boldsymbol{A})\boldsymbol{X},$$

于是有

$$|\lambda\boldsymbol{I}-\boldsymbol{B}|=|\boldsymbol{X}^{-1}||\lambda\boldsymbol{I}-\boldsymbol{A}||\boldsymbol{X}|=|\lambda\boldsymbol{I}-\boldsymbol{A}|,$$

又由$\boldsymbol{A},\boldsymbol{B}$为对角矩阵知，上式成立的充要条件是对角线上元素相同，仅仅排列顺序不同.

4.2.2　相似不变量

定义 4.5　设f是定义在全体n阶矩阵集合$\boldsymbol{F}^{n\times n}$上的函数，若对$\boldsymbol{F}^{n\times n}$中的任意两个相似矩阵$\boldsymbol{A}$与$\boldsymbol{B}$总有$f(\boldsymbol{A})=f(\boldsymbol{B})$，则称$f$为相似不变量.

定理 4.5　矩阵的行列式是相似不变量.

证明　设$\boldsymbol{A}\sim\boldsymbol{B}$，则存在可逆矩阵$\boldsymbol{X}$，使得$\boldsymbol{B}=\boldsymbol{X}^{-1}\boldsymbol{A}\boldsymbol{X}$，于是

$$|\boldsymbol{B}|=|\boldsymbol{X}^{-1}\boldsymbol{A}\boldsymbol{X}|=|\boldsymbol{X}^{-1}||\boldsymbol{A}||\boldsymbol{X}|=|\boldsymbol{A}|,$$

这说明行列式是相似不变量.

定理 4.6　矩阵的迹是相似不变量.

证明　显然有

$$\mathrm{tr}(\boldsymbol{B})=\mathrm{tr}(\boldsymbol{X}^{-1}\boldsymbol{A}\boldsymbol{X})=\mathrm{tr}((\boldsymbol{A}\boldsymbol{X})\boldsymbol{X}^{-1})=\mathrm{tr}(\boldsymbol{A}),$$

所以矩阵的迹是相似不变量.

定理 4.7　矩阵的秩是相似不变量.

证明　因为相似矩阵是等价的，所以其秩相等.

定理 4.8　矩阵的特征多项式是相似不变量.

证明　设$\boldsymbol{A}\sim\boldsymbol{B}$，即有可逆矩阵$\boldsymbol{X}$使$\boldsymbol{B}=\boldsymbol{X}^{-1}\boldsymbol{A}\boldsymbol{X}$，于是

$$\begin{aligned}|\lambda I-\boldsymbol{B}|&=|\lambda\boldsymbol{I}-\boldsymbol{X}^{-1}\boldsymbol{A}\boldsymbol{X}|=|\boldsymbol{X}^{-1}(\lambda\boldsymbol{I}-\boldsymbol{A})\boldsymbol{X}|\\&=|\boldsymbol{X}^{-1}||\lambda\boldsymbol{I}-\boldsymbol{A}||\boldsymbol{X}|=|\lambda\boldsymbol{I}-\boldsymbol{A}|.\end{aligned}$$

定理 4.8 说明，相似矩阵有相同的特征多项式，因而也有相同的特征值. 故有：

定理 4.9　矩阵的特征值是相似不变量.

【例 4.8】　试考虑矩阵

$$\boldsymbol{A}=\begin{pmatrix}0&0\\0&0\end{pmatrix},\ \boldsymbol{B}=\begin{pmatrix}0&1\\0&0\end{pmatrix},$$

它们虽然满足

$$f_1(\lambda)=|\lambda\boldsymbol{I}-\boldsymbol{A}|=\lambda^2=|\lambda\boldsymbol{I}-\boldsymbol{B}|=f_2(\lambda)=\lambda^2,$$

但$\boldsymbol{A}$与$\boldsymbol{B}$不相似. 这是因为$\boldsymbol{A}$只能与自身(零矩阵)相似.

【例 4.9】　设矩阵$\boldsymbol{A}$是对角矩阵，记

$$\boldsymbol{A}=\mathrm{diag}\{\lambda_1,\lambda_2,\cdots,\lambda_n\},$$

求$\boldsymbol{A}$的特征值与其相应的线性无关的特征向量.

解　由定义，$\boldsymbol{A}$的特征多项式为

$$|\lambda\boldsymbol{I}-\boldsymbol{A}|=(\lambda-\lambda_1)(\lambda-\lambda_2)\cdots(\lambda-\lambda_n)=0,$$

所以$\boldsymbol{A}$的特征值为$\lambda_1,\lambda_2,\cdots,\lambda_n$.

即当 $\boldsymbol{A}$ 为对角矩阵时，只要主对角线元除排列次序外是确定的，则这些元素就是 $\boldsymbol{A}$ 的特征方程全部的根(重根按重数计算)，也就是 $\boldsymbol{A}$ 的全部特征值.进而，可求得 $\boldsymbol{A}$ 的相应于特征值 $\lambda_1,\lambda_2,\cdots,\lambda_n$ 的线性无关特征向量恰为 $\mathbf{R}^n$ 中的 n 个单位向量

$$\boldsymbol{e}_1=(1,0,\cdots,0)^{\mathrm{T}},\ \boldsymbol{e}_2=(0,1,\cdots,0)^{\mathrm{T}},\ \cdots,\ \boldsymbol{e}_n=(0,0,\cdots,1)^{\mathrm{T}}.$$

4.2.3 相似对角阵

相似对角阵主要来源于这样一个自然产生的问题：对于一个已知的 n 阶矩阵 $\boldsymbol{A}$，是否能找到一个相似因子阵 $\boldsymbol{P}$，使 $\boldsymbol{P}^{-1}\boldsymbol{AP}=\boldsymbol{D}$ 为对角矩阵.

定义 4.6 对 n 阶矩阵 $\boldsymbol{A}$，若能找到相似因子阵 $\boldsymbol{P}$，使

$$\boldsymbol{P}^{-1}\boldsymbol{AP}=\boldsymbol{D}, \tag{4.21}$$

则称 $\boldsymbol{A}$ 可对角化，求矩阵 $\boldsymbol{P}$，使 $\boldsymbol{P}^{-1}\boldsymbol{AP}=\boldsymbol{D}$ 的过程就称为把方阵 $\boldsymbol{A}$ 对角化.

【例 4.10】 设三阶矩阵

$$\boldsymbol{A}=\begin{pmatrix}4&0&0\\0&3&1\\0&1&3\end{pmatrix},$$

经计算可得三阶矩阵

$$\boldsymbol{P}=\begin{pmatrix}1&0&0\\0&1&-1\\0&1&1\end{pmatrix},\ \boldsymbol{P}^{-1}=\frac{1}{2}\begin{pmatrix}2&0&0\\0&1&1\\0&-1&1\end{pmatrix},$$

且有

$$\boldsymbol{P}^{-1}\boldsymbol{AP}=\frac{1}{2}\begin{pmatrix}2&0&0\\0&1&1\\0&-1&1\end{pmatrix}\begin{pmatrix}4&0&0\\0&3&1\\0&1&3\end{pmatrix}\begin{pmatrix}1&0&0\\0&1&-1\\0&1&1\end{pmatrix}=\begin{pmatrix}4&&\\&4&\\&&2\end{pmatrix}.$$

由上例知，对角矩阵中的主对角元 $\lambda_1,\lambda_2,\cdots,\lambda_n$ 恰为矩阵 $\boldsymbol{A}$ 的特征值，相似因子阵 $\boldsymbol{P}$ 的各列恰为矩阵 $\boldsymbol{A}$ 的对应于各特征值的特征向量.更一般地，我们有：

定理 4.10 n 阶矩阵 $\boldsymbol{A}$ 相似于对角矩阵的充要条件是 $\boldsymbol{A}$ 有 n 个线性无关的特征向量.

证明 先证必要性：因为 n 阶矩阵 $\boldsymbol{A}$ 相似于对角矩阵，所以必存在相似因子阵 $\boldsymbol{P}$，使

$$\boldsymbol{P}^{-1}\boldsymbol{AP}=\boldsymbol{D}=\mathrm{diag}\{\lambda_1,\lambda_2,\cdots,\lambda_n\},$$

于是 $\boldsymbol{AD}=\boldsymbol{PD}$.若记 $\boldsymbol{P}=(\boldsymbol{X}_1,\boldsymbol{X}_2,\cdots,\boldsymbol{X}_n)$，代入上式便有

$$(\boldsymbol{AX}_1,\boldsymbol{AX}_2,\cdots,\boldsymbol{AX}_n)=(\lambda_1\boldsymbol{X}_1,\lambda_2\boldsymbol{X}_2,\cdots,\lambda_n\boldsymbol{X}_n), \tag{4.22}$$

即

$$\boldsymbol{AX}_i=\lambda_i\boldsymbol{X}_i\quad(i=1,2,\cdots,n), \tag{4.23}$$

因而，$\lambda_1,\lambda_2,\cdots,\lambda_n$ 恰为 n 阶矩阵 $\boldsymbol{A}$ 的 n 个特征值，而 $\boldsymbol{X}_1,\boldsymbol{X}_2,\cdots,\boldsymbol{X}_n$ 恰为 $\boldsymbol{A}$ 的对应于 $\lambda_1,\lambda_2,\cdots,\lambda_n$ 的 n 个特征向量.又因为相似因子阵 $\boldsymbol{P}$ 可逆，故 $\boldsymbol{A}$ 的 n 个特征向量 $\boldsymbol{X}_1,\boldsymbol{X}_2,\cdots,\boldsymbol{X}_n$ 线性无关.

再证充分性：因 $\boldsymbol{A}$ 有 n 个线性无关的特征向量 $\boldsymbol{X}_1,\boldsymbol{X}_2,\cdots,\boldsymbol{X}_n$，它们各自对应的特征值设为 $\lambda_1,\lambda_2,\cdots,\lambda_n$，于是式(4.23)成立.令 $\boldsymbol{P}=(\boldsymbol{X}_1,\boldsymbol{X}_2,\cdots,\boldsymbol{X}_n)$，则 $\boldsymbol{P}$ 可逆，且

$$\begin{aligned}\boldsymbol{AP}&=(\boldsymbol{AX}_1,\boldsymbol{AX}_2,\cdots,\boldsymbol{AX}_n)=(\lambda_1\boldsymbol{X}_1,\lambda_2\boldsymbol{X}_2,\cdots,\lambda_n\boldsymbol{X}_n)\\&=(\boldsymbol{X}_1,\boldsymbol{X}_2,\cdots,\boldsymbol{X}_n)\mathrm{diag}\{\lambda_1,\lambda_2,\cdots,\lambda_n\}=\boldsymbol{PD},\end{aligned}$$

从而 $\boldsymbol{P}^{-1}\boldsymbol{AP}=\boldsymbol{D}$，即 $\boldsymbol{A}$ 相似于对角矩阵.

【例 4.11】 求矩阵

$$A=\begin{pmatrix}1&2&0\\0&2&0\\-2&-2&-1\end{pmatrix}$$

的相似对角阵.

解　因为

$$|\lambda I-A|=\begin{vmatrix}\lambda-1&-2&0\\0&\lambda-2&0\\2&2&\lambda+1\end{vmatrix}=(\lambda+1)(\lambda-1)(\lambda-2).$$

所以 A 的特征值为

$$\lambda_1=-1,\ \lambda_2=1,\ \lambda_3=2.$$

当 $\lambda=-1$ 时，由 $(-I-A)X=0$ 可求得 A 的对应于 $\lambda=-1$ 的一个特征向量为 $X_1=(0,0,1)^T$.

当 $\lambda=1$ 时，由 $(I-A)X=0$ 可求得 A 的对应于 $\lambda=1$ 的一个特征向量为 $X_2=(1,0,-1)^T$.

当 $\lambda=2$ 时，由 $(2I-A)X=0$ 可求得 A 的对应于 $\lambda=2$ 的一个特征向量为 $X_3=(2,1,-2)^T$.

令 $P=(X_1,X_2,X_3)$，则

$$P=\begin{pmatrix}0&1&2\\0&0&1\\1&-1&-2\end{pmatrix},\ P^{-1}=\begin{pmatrix}1&0&1\\1&-2&0\\0&1&0\end{pmatrix},$$

于是

$$P^{-1}AP=\begin{pmatrix}1&0&1\\1&-2&0\\0&1&0\end{pmatrix}\begin{pmatrix}1&2&0\\0&2&0\\-2&-2&-1\end{pmatrix}\begin{pmatrix}0&1&2\\0&0&1\\1&-1&-2\end{pmatrix}=\begin{pmatrix}-1&&\\&1&\\&&2\end{pmatrix}.$$

由上例分析，并联系 4.1.3 节中定理 4.3 的结论可得.

推论　*若 n 阶方阵 A 有 n 个互异的特征值，则 A 必相似于对角矩阵.*

当 n 阶矩阵 A 的特征方程有重根时，A 不一定有 n 个线性无关的特征向量，从而不一定能对角化.

【例 4.12】 判断三阶方阵

$$A=\begin{pmatrix}-1&1&0\\-4&3&0\\1&0&2\end{pmatrix}$$

是否相似于对角矩阵.

解　A 的特征多项式为

$$|\lambda I-A|=\begin{vmatrix}\lambda+1&-1&0\\4&\lambda-3&0\\-1&0&\lambda-2\end{vmatrix}=(\lambda-2)(\lambda-1)^2,$$

所以 $\boldsymbol{A}$ 的特征值为

$$\lambda_1=2,\ \lambda_2=\lambda_3=1.$$

当 $\lambda_1=2$ 时,由 $(2\boldsymbol{I}-\boldsymbol{A})\boldsymbol{X}=\boldsymbol{0}$ 可求得基础解系(即矩阵 $\boldsymbol{A}$ 的对应于 $\lambda=2$ 的一个特征向量)为 $\boldsymbol{X}_1=(0,0,1)^{\mathrm{T}}$;

当 $\lambda_2=\lambda_3=1$ 时,由 $(\boldsymbol{I}-\boldsymbol{A})\boldsymbol{X}=\boldsymbol{0}$ 可求得基础解系(即矩阵 $\boldsymbol{A}$ 的对应于特征值 $\lambda=1$ 的一个特征向量)为 $\boldsymbol{X}_2=(1,2,-1)^{\mathrm{T}}$.

因矩阵 $\boldsymbol{A}$ 没有三个线性无关的特征向量,故 $\boldsymbol{A}$ 不能相似于对角矩阵.

习题 4.2

1. 设有矩阵

$$\boldsymbol{A}=\begin{pmatrix}3 & 1\\ 5 & -1\end{pmatrix},\ \boldsymbol{B}=\begin{pmatrix}4 & 0\\ 0 & -2\end{pmatrix},\ \boldsymbol{P}=\begin{pmatrix}1 & 1\\ 1 & -5\end{pmatrix}.$$

试验证矩阵 $\boldsymbol{P}$ 可逆,且为 $\boldsymbol{A}$ 与 $\boldsymbol{B}$ 的相似因子阵.

2. 设矩阵

$$\boldsymbol{A}=\begin{pmatrix}1 & -2 & -4\\ -2 & x & -2\\ -4 & -2 & 1\end{pmatrix} \text{ 与 } \boldsymbol{B}=\begin{pmatrix}5 & & \\ & y & \\ & & -4\end{pmatrix}$$

相似,求 x,y.

3. 设 $\boldsymbol{A}$ 与 $\boldsymbol{B}$ 相似,且

$$\boldsymbol{A}=\begin{pmatrix}2 & 0 & 0\\ 0 & 0 & 1\\ 0 & 1 & x\end{pmatrix},\ \boldsymbol{B}=\begin{pmatrix}2 & 0 & 0\\ 0 & y & 0\\ 0 & 0 & -1\end{pmatrix}.$$

求 x,y 的值,并求可逆矩阵 $\boldsymbol{P}$,使 $\boldsymbol{P}^{-1}\boldsymbol{A}\boldsymbol{P}=\boldsymbol{B}$.

4. 判断矩阵

$$\boldsymbol{A}=\begin{pmatrix}1 & -2 & 2\\ -2 & -2 & 4\\ 2 & 4 & -2\end{pmatrix}$$

能否化为对角矩阵.

5. 设 $\boldsymbol{A},\boldsymbol{B}$ 为 n 阶方阵,且 $\boldsymbol{A}$ 可逆,证明 $\boldsymbol{AB}$ 与 $\boldsymbol{BA}$ 相似.

6. 设 $\boldsymbol{A}\sim\boldsymbol{B},\boldsymbol{C}\sim\boldsymbol{D}$,证明:

$$\begin{pmatrix}\boldsymbol{A} & \boldsymbol{0}\\ \boldsymbol{0} & \boldsymbol{C}\end{pmatrix}\sim\begin{pmatrix}\boldsymbol{B} & \boldsymbol{0}\\ \boldsymbol{0} & \boldsymbol{D}\end{pmatrix}.$$

7. 设三阶方阵

$$\boldsymbol{A}=\begin{pmatrix}1 & 0 & 0\\ 1 & 0 & 1\\ 0 & 1 & 0\end{pmatrix},$$

证明当 $n\geqslant 3$ 时,$\boldsymbol{A}^n=\boldsymbol{A}^{n-2}+\boldsymbol{A}^2-\boldsymbol{I}$,并求 $\boldsymbol{A}^{100}$.

8. 设 $\boldsymbol{A}=\begin{pmatrix}3 & -2\\ -2 & 3\end{pmatrix}$,求 $\varphi(\boldsymbol{A})=\boldsymbol{A}^{10}-5\boldsymbol{A}^9$.

4.3　正交矩阵

我们在空间解析几何中曾利用向量的数量积讨论过向量的垂直等几何概念，这里也可以类似地考察 n 维向量空间的一些相应结果. 首先介绍 n 维向量的内积与正交等概念.

4.3.1　向量的内积与正交概念

定义 4.7　设有 n 维实向量 $\boldsymbol{\alpha}=(a_1,a_2,\cdots,a_n)^{\mathrm{T}}$，$\boldsymbol{\beta}=(b_1,b_2,\cdots,b_n)^{\mathrm{T}}$，定义 $\boldsymbol{\alpha}$ 与 $\boldsymbol{\beta}$ 的内积为

$$\boldsymbol{\alpha}^{\mathrm{T}}\boldsymbol{\beta}=a_1b_1+a_2b_2+\cdots+a_nb_n \tag{4.24}$$

特别地，当内积 $\boldsymbol{\alpha}^{\mathrm{T}}\boldsymbol{\beta}=0$ 时，称 $\boldsymbol{\alpha}$ 与 $\boldsymbol{\beta}$ 是正交的，否则称为不正交的.

【例 4.13】　当 $n=3$ 时，三维向量 $\boldsymbol{\alpha}=(a_1,a_2,a_3)^{\mathrm{T}}$，$\boldsymbol{\beta}=(b_1,b_2,b_3)^{\mathrm{T}}$ 的内积

$$\boldsymbol{\alpha}^{\mathrm{T}}\boldsymbol{\beta}=a_1b_1+a_2b_2+a_3b_3$$

就是几何空间中的数量积，$\boldsymbol{\alpha}^{\mathrm{T}}\boldsymbol{\beta}=0$ 则表示向量 $\boldsymbol{\alpha}$ 与 $\boldsymbol{\beta}$ 垂直.

同理，可以定义 n 维实行向量 $\boldsymbol{\alpha}$ 与 $\boldsymbol{\beta}$ 的内积 $\boldsymbol{\alpha}\boldsymbol{\beta}^{\mathrm{T}}$，且当 $\boldsymbol{\alpha}\boldsymbol{\beta}^{\mathrm{T}}$ 时，称 $\boldsymbol{\alpha}$ 与 $\boldsymbol{\beta}$ 为正交的.

【例 4.14】　设有四维向量

$$\boldsymbol{\alpha}_1=(1,1,1,1),\ \boldsymbol{\alpha}_2=(1,-1,-1,1),\ \boldsymbol{\alpha}_3=(1,-1,1,-1),\ \boldsymbol{\alpha}_4=(1,0,0,0),$$

则由式(4.24)知 $\boldsymbol{\alpha}_1$ 与 $\boldsymbol{\alpha}_2$，$\boldsymbol{\alpha}_1$ 与 $\boldsymbol{\alpha}_3$，$\boldsymbol{\alpha}_2$ 与 $\boldsymbol{\alpha}_3$ 都是正交的，但 $\boldsymbol{\alpha}_1$ 与 $\boldsymbol{\alpha}_4$，$\boldsymbol{\alpha}_2$ 与 $\boldsymbol{\alpha}_4$，$\boldsymbol{\alpha}_3$ 与 $\boldsymbol{\alpha}_4$ 都不正交.

易证内积具有以下性质(这里只给出列向量的情形，其中 $\boldsymbol{\alpha},\boldsymbol{\beta},\gamma\in\mathbf{R}^n$，$\lambda\in\mathbf{R}$)：

(1) $\boldsymbol{\alpha}^{\mathrm{T}}\boldsymbol{\beta}=\boldsymbol{\beta}^{\mathrm{T}}\boldsymbol{\alpha}$ (对称性).

(2) $(\lambda\boldsymbol{\alpha}^{\mathrm{T}})\boldsymbol{\beta}=\lambda(\boldsymbol{\alpha}^{\mathrm{T}}\boldsymbol{\beta})$ (齐次性).

(3) $(\boldsymbol{\alpha}+\boldsymbol{\beta})^{\mathrm{T}}\gamma=\boldsymbol{\alpha}^{\mathrm{T}}\gamma+\boldsymbol{\beta}^{\mathrm{T}}\gamma$ (可加性).

(4) $\boldsymbol{\alpha}^{\mathrm{T}}\boldsymbol{\alpha}\geqslant 0$，当且仅当 $\boldsymbol{\alpha}=\mathbf{0}$ 时 $\boldsymbol{\alpha}^{\mathrm{T}}\boldsymbol{\alpha}=0$ (非负规范性).

利用向量内积的非负规范性，我们可以定义 n 维向量的长度如下：

定义 4.8　设 $\boldsymbol{\alpha}=(a_1,a_2,\cdots,a_n)^{\mathrm{T}}$，令

$$|\boldsymbol{\alpha}|=\sqrt{\boldsymbol{\alpha}^{\mathrm{T}}\boldsymbol{\alpha}}=\sqrt{a_1^2+a_2^2+\cdots+a_n^2}, \tag{4.25}$$

则称非负实数 $|\boldsymbol{\alpha}|$ 为向量 α 的长度. 当 $|\boldsymbol{\alpha}|=1$ 时，称 $\boldsymbol{\alpha}$ 为 n 维单位向量.

类似可定义 n 维行向量的长度 $|\boldsymbol{\alpha}|=\sqrt{\boldsymbol{\alpha}\boldsymbol{\alpha}^{\mathrm{T}}}$ 和单位行向量.

一般地，当非零向量 $\boldsymbol{\alpha}$ 不是单位向量时，可令

$$\boldsymbol{\beta}=\frac{1}{|\boldsymbol{\alpha}|}\boldsymbol{\alpha}, \tag{4.26}$$

使 $|\boldsymbol{\beta}|=1$，此过程也叫做把非零向量 $\boldsymbol{\alpha}$ 单位化.

n 维向量的长度具有以下性质：

(1) 非负性：$|\boldsymbol{\alpha}|\geqslant 0$，当且仅当 $\boldsymbol{\alpha}=\mathbf{0}$ 时，$|\boldsymbol{\alpha}|=0$.

(2) 齐次性：$|k\boldsymbol{\alpha}|=|k||\boldsymbol{\alpha}|$.

(3) 单位化：若 $\boldsymbol{\alpha}\neq 0$，则 $\dfrac{\boldsymbol{\alpha}}{|\boldsymbol{\alpha}|}$ 是单位向量.

(4) 三角不等式：

$$|\boldsymbol{\alpha}+\boldsymbol{\beta}|\leqslant|\boldsymbol{\alpha}|+|\boldsymbol{\beta}|. \tag{4.27}$$

(5) 柯西-施瓦兹不等式

$$|\boldsymbol{\alpha}\boldsymbol{\beta}^{\mathrm{T}}|\leqslant|\boldsymbol{\alpha}||\boldsymbol{\beta}|, \tag{4.28}$$

且等号成立的充要条件是 $\boldsymbol{\alpha}$ 与 $\boldsymbol{\beta}$ 线性相关.

由柯西-施瓦兹不等式,我们有以下定义:

定义 4.9 设 n 维向量 $\boldsymbol{\alpha}$ 与 $\boldsymbol{\beta}$ 满足 $|\boldsymbol{\alpha}|\neq 0, |\boldsymbol{\beta}|\neq 0$,则

$$\theta=\arccos\frac{\boldsymbol{\alpha}^{\mathrm{T}}\boldsymbol{\beta}}{|\boldsymbol{\alpha}|\cdot|\boldsymbol{\beta}|}\quad(0\leqslant\theta\leqslant\pi)$$

称为 n 维向量 $\boldsymbol{\alpha}$ 与 $\boldsymbol{\beta}$ 的夹角.

【例 4.15】 求 $\mathbf{R}^3$ 中的向量

$$\boldsymbol{\alpha}=(4,0,3)^{\mathrm{T}}, \boldsymbol{\beta}=(-\sqrt{3},3,2)^{\mathrm{T}}$$

之间的夹角 θ.

解 由

$$|\boldsymbol{\alpha}|=\sqrt{4^2+0^2+3^2}=5, |\boldsymbol{\beta}|=\sqrt{(-\sqrt{3})^2+3^2+2^2}=4,$$

$$\boldsymbol{\alpha}^{\mathrm{T}}\boldsymbol{\beta}=4(-\sqrt{3})+0\times 3+3\times 2=6-4\sqrt{3},$$

所以

$$\cos\theta=\frac{\boldsymbol{\alpha}^{\mathrm{T}}\boldsymbol{\beta}}{|\boldsymbol{\alpha}|\cdot|\boldsymbol{\beta}|}=\frac{6-4\sqrt{3}}{5\times 4}=\frac{3-2\sqrt{3}}{10}, \theta=\arccos\frac{3-2\sqrt{3}}{10}.$$

由定义知,当 n 维向量 $\boldsymbol{\alpha}$ 与 $\boldsymbol{\beta}$ 正交时,它们的夹角 $\theta=0°$.

定义 4.10 若向量组 $\boldsymbol{\alpha}_1,\boldsymbol{\alpha}_2,\cdots,\boldsymbol{\alpha}_s$ 中的向量两两正交,则称该向量组是一个正交向量组;若向量组 $\boldsymbol{\alpha}_1,\boldsymbol{\alpha}_2,\cdots,\boldsymbol{\alpha}_s$ 中的任一向量与向量组 $\boldsymbol{\beta}_1,\boldsymbol{\beta}_2,\cdots,\boldsymbol{\beta}_t$ 中的任一向量两两正交,则称两向量组是相互正交的.

【例 4.16】 试证 n 维行向量组

$$\boldsymbol{e}_1=(1,0,\cdots,0), \boldsymbol{e}_2=(0,1,\cdots,0), \boldsymbol{e}_n=(0,0,\cdots,1)$$

是一个正交向量组.

证明 因为 $\boldsymbol{e}_i$ 中除第 i 个分量为 1 外其余分量都为零,所以

$$\boldsymbol{e}_i\boldsymbol{e}_j^{\mathrm{T}}=0\quad(i\neq j, i,j=1,2,\cdots,n),$$

故向量组 $\boldsymbol{e}_1,\boldsymbol{e}_2,\cdots,\boldsymbol{e}_n$ 两两正交.

【例 4.17】 设 $m\times n$ 矩阵 $\boldsymbol{A}=\begin{pmatrix}\boldsymbol{\alpha}_1\\ \vdots\\ \boldsymbol{\alpha}_m\end{pmatrix}$,其中 n 维向量 $\boldsymbol{\alpha}_1,\cdots,\boldsymbol{\alpha}_m$ 为矩阵 $\boldsymbol{A}$ 的行向量组,若 $\mathrm{r}(\boldsymbol{A})=r$,且列向量组 $\boldsymbol{\beta}_1,\cdots,\boldsymbol{\beta}_{n-r}$ 为齐次方程组 $\boldsymbol{AX}=\mathbf{0}$ 的基础解系,则 $\boldsymbol{\alpha}_1,\cdots,\boldsymbol{\alpha}_m$ 与 $\boldsymbol{\beta}_1,\cdots,\boldsymbol{\beta}_{n-r}$ 是相互正交的.

证明 因为 $\boldsymbol{\beta}_1,\cdots,\boldsymbol{\beta}_{n-r}$ 为齐次方程组 $\boldsymbol{AX}=\mathbf{0}$ 的基础解系,所以

$$\boldsymbol{A}\boldsymbol{\beta}_j=\mathbf{0}\quad(j=1,2,\cdots,n-r),$$

于是

$$\boldsymbol{\alpha}_i\boldsymbol{\beta}_j=0\quad(i=1,2,\cdots,m; j=1,2,\cdots,n-r),$$

故向量组 $\boldsymbol{\alpha}_1,\cdots,\boldsymbol{\alpha}_m$ 与 $\boldsymbol{\beta}_1,\cdots,\boldsymbol{\beta}_{n-r}$ 相互正交.

对于正交向量组,我们还有:

定理 4.11 非零的正交向量组一定线性无关.

证明　设 $\boldsymbol{\alpha}_1,\boldsymbol{\alpha}_2,\cdots,\boldsymbol{\alpha}_s$ 为给定的正交向量组,则由线性关系

$$k_1\boldsymbol{\alpha}_1+k_2\boldsymbol{\alpha}_2+\cdots+k_s\boldsymbol{\alpha}_s=\mathbf{0},$$

若用 $\boldsymbol{\alpha}_i^{\mathrm{T}}(i=1,2,\cdots,s)$ 与之作内积,有

$$0=\boldsymbol{\alpha}_i^{\mathrm{T}}\mathbf{0}=\boldsymbol{\alpha}_i^{\mathrm{T}}(k_1\boldsymbol{\alpha}_1+k_2\boldsymbol{\alpha}_2+\cdots+k_s\boldsymbol{\alpha}_s)=k_i\boldsymbol{\alpha}_i^{\mathrm{T}}\boldsymbol{\alpha}_i,$$

因为 $\boldsymbol{\alpha}_i\neq\mathbf{0}$,所以 $\boldsymbol{\alpha}_i^{\mathrm{T}}\boldsymbol{\alpha}_i\neq 0$,从而必有

$$k_i=0\quad(i=1,2,\cdots,s),$$

即证正交向量组 $\boldsymbol{\alpha}_1,\boldsymbol{\alpha}_2,\cdots,\boldsymbol{\alpha}_s$ 线性无关.

4.3.2　规范正交基及其求法

定义 4.11　设 $\mathbf{V}\subseteq\mathbf{R}^n$ 是一个向量空间,若 $\boldsymbol{\alpha}_1,\boldsymbol{\alpha}_2,\cdots,\boldsymbol{\alpha}_s$ 是向量空间 $\mathbf{V}$ 的一个基.

(1) 若 $\boldsymbol{\alpha}_1,\boldsymbol{\alpha}_2,\cdots,\boldsymbol{\alpha}_s$ 是一个正交向量组,则称 $\boldsymbol{\alpha}_1,\boldsymbol{\alpha}_2,\cdots,\boldsymbol{\alpha}_r$ 是 $\mathbf{V}$ 的正交基.

(2) 若正交基 $\boldsymbol{\alpha}_1,\boldsymbol{\alpha}_2,\cdots,\boldsymbol{\alpha}_s$ 中的每一个都是单位向量, 则称 $\boldsymbol{\alpha}_1,\boldsymbol{\alpha}_2,\cdots,\boldsymbol{\alpha}_s$ 是 $\mathbf{V}$ 的规范正交基(或标准正交基).

下面进一步讨论如何把 n 维向量空间的一个线性无关向量组转化为一个正交向量组,进而求向量空间的一个规范正交基.

定理 4.12(Schmidt 正交化方法)　设 $\boldsymbol{\alpha}_1,\cdots,\boldsymbol{\alpha}_m$ 是一个 n 维的线性无关向量组,则由下述公式:

$$\begin{cases}\boldsymbol{\beta}_1=\boldsymbol{\alpha}_1,\\ \boldsymbol{\beta}_k=\boldsymbol{\alpha}_k-\sum\limits_{i=1}^{k-1}\dfrac{\boldsymbol{\alpha}_k^{\mathrm{T}}\boldsymbol{\beta}_i}{\boldsymbol{\beta}_i^{\mathrm{T}}\boldsymbol{\beta}_i}\boldsymbol{\beta}_i\quad(k=2,3,\cdots,m)\end{cases}\tag{4.29}$$

所得向量组 $\boldsymbol{\beta}_1,\cdots,\boldsymbol{\beta}_m$ 是一个相互正交的向量组.

证明略去.

对 n 维线性无关的行向量组也有类似的公式,请同学们比照定理 4.12 给出.

【例 4.18】　已知

$$\boldsymbol{\alpha}_1=(1,1,0,0),\ \boldsymbol{\alpha}_2=(-1,0,0,1),\ \boldsymbol{\alpha}_3=(1,0,1,0),\ \boldsymbol{\alpha}_4=(1,-1,-1,1)$$

是一个四维的线性无关向量组,将其化为一个相互正交的单位向量组.

解　先由(4.29)式将向量组 $\boldsymbol{\alpha}_1,\boldsymbol{\alpha}_2,\boldsymbol{\alpha}_3,\boldsymbol{\alpha}_4$ 正交化,得

$$\boldsymbol{\beta}_1=\boldsymbol{\alpha}_1=(1,1,0,0);$$

$$\boldsymbol{\beta}_2=\boldsymbol{\alpha}_2-\frac{\boldsymbol{\alpha}_2\boldsymbol{\beta}_1^{\mathrm{T}}}{\boldsymbol{\beta}_1\boldsymbol{\beta}_1^{\mathrm{T}}}\boldsymbol{\beta}_1=\left(\frac{1}{2},-\frac{1}{2},1,0\right);$$

$$\boldsymbol{\beta}_3=\boldsymbol{\alpha}_3-\frac{\boldsymbol{\alpha}_3\boldsymbol{\beta}_1^{\mathrm{T}}}{\boldsymbol{\beta}_1\boldsymbol{\beta}_1^{\mathrm{T}}}\boldsymbol{\beta}_1-\frac{\boldsymbol{\alpha}_3\boldsymbol{\beta}_2^{\mathrm{T}}}{\boldsymbol{\beta}_2\boldsymbol{\beta}_2^{\mathrm{T}}}\boldsymbol{\beta}_2=\left(\frac{1}{3},-\frac{1}{3},\frac{1}{3},1\right);$$

$$\boldsymbol{\beta}_4=\boldsymbol{\alpha}_4-\frac{\boldsymbol{\alpha}_4\boldsymbol{\beta}_1^{\mathrm{T}}}{\boldsymbol{\beta}_1\boldsymbol{\beta}_1^{\mathrm{T}}}\boldsymbol{\beta}_1-\frac{\boldsymbol{\alpha}_4\boldsymbol{\beta}_2^{\mathrm{T}}}{\boldsymbol{\beta}_2\boldsymbol{\beta}_2^{\mathrm{T}}}\boldsymbol{\beta}_2-\frac{\boldsymbol{\alpha}_4\boldsymbol{\beta}_3^{\mathrm{T}}}{\boldsymbol{\beta}_3\boldsymbol{\beta}_3^{\mathrm{T}}}\boldsymbol{\beta}_3=(1,-1,-1,1).$$

再将正交向量组 $\boldsymbol{\beta}_1,\boldsymbol{\beta}_2,\boldsymbol{\beta}_3,\boldsymbol{\beta}_4$ 单位化,得

$$\gamma_1=\frac{1}{\sqrt{\boldsymbol{\beta}_1\boldsymbol{\beta}_1^{\mathrm{T}}}}\boldsymbol{\beta}_1=\left(\frac{1}{\sqrt{2}},\frac{1}{\sqrt{2}},0,0\right);$$

$$\gamma_2=\frac{1}{\sqrt{\boldsymbol{\beta}_2\boldsymbol{\beta}_2^{\mathrm{T}}}}\boldsymbol{\beta}_2=\left(\frac{1}{\sqrt{6}},-\frac{1}{\sqrt{6}},\frac{2}{\sqrt{6}},0\right);$$

$$\gamma_3=\frac{1}{\sqrt{\boldsymbol{\beta}_3\boldsymbol{\beta}_3'}}\boldsymbol{\beta}_3=\left(-\frac{1}{\sqrt{12}},\frac{1}{\sqrt{12}},\frac{1}{\sqrt{12}},\frac{3}{\sqrt{12}}\right);$$

$$\gamma_4=\frac{1}{\sqrt{\boldsymbol{\beta}_4\boldsymbol{\beta}_4'}}\boldsymbol{\beta}_4=\left(\frac{1}{\sqrt{2}},-\frac{1}{\sqrt{2}},-\frac{1}{\sqrt{2}},\frac{1}{\sqrt{2}}\right).$$

则向量组 $\gamma_1,\gamma_2,\gamma_3,\gamma_4$ 即为所求相互正交的单位向量组.

4.3.3 正交矩阵

定义 4.12 设 $\boldsymbol{A}$ 为 n 阶实方阵,若

$$\boldsymbol{A}^{\mathrm{T}}\boldsymbol{A}=\boldsymbol{I}, \tag{4.30}$$

则称 $\boldsymbol{A}$ 为 n 阶正交矩阵,简称正交阵.

【例 4.19】 下列矩阵

$$\begin{pmatrix}1 & 0\\ 0 & -1\end{pmatrix},\ \begin{pmatrix}\cos\theta & -\sin\theta\\ \sin\theta & \cos\theta\end{pmatrix},\ \begin{pmatrix}1 & 0 & 0\\ 0 & \frac{1}{\sqrt{2}} & \frac{1}{\sqrt{2}}\\ 0 & \frac{1}{\sqrt{2}} & -\frac{1}{\sqrt{2}}\end{pmatrix}$$

都是正交矩阵.

正交矩阵 $\boldsymbol{A}$ 具有以下性质:

(1) 若 $\boldsymbol{A}\boldsymbol{A}^{\mathrm{T}}=\boldsymbol{I}$,则 $\boldsymbol{A}$ 为正交矩阵.

(2) $\boldsymbol{A}^{\mathrm{T}}=\boldsymbol{A}^{-1}$ 为正交矩阵.

(3) $|\boldsymbol{A}|=\pm 1$.

(4) n 阶实方阵 $\boldsymbol{A}=(a_{ij})_{n\times n}$ 为正交矩阵的充要条件是 $\boldsymbol{A}$ 的列向量为 $\mathbf{R}^n$ 的一个规范正交基. 即 $\boldsymbol{A}=(\boldsymbol{\alpha}_1,\boldsymbol{\alpha}_2,\cdots,\boldsymbol{\alpha}_n)$ 为正交矩阵的充要条件是

$$\boldsymbol{\alpha}_i^{\mathrm{T}}\boldsymbol{\alpha}_j=\begin{cases}1, & i=j\\ 0, & i\neq j\end{cases}\quad (i,j=1,2,\cdots,n).$$

(5) n 阶实方阵 $\boldsymbol{A}=(a_{ij})_{n\times n}$ 为正交矩阵的充要条件是 $\boldsymbol{A}$ 的行向量为 $\mathbf{R}^n$ 的一个规范正交基. 亦即 $\boldsymbol{A}=\begin{pmatrix}\boldsymbol{\beta}_1\\ \boldsymbol{\beta}_2\\ \vdots\\ \boldsymbol{\beta}_n\end{pmatrix}$ 为正交矩阵的充要条件是

$$\boldsymbol{\beta}_i\boldsymbol{\beta}_j^{\mathrm{T}}=\begin{cases}1, & i=j\\ 0, & i\neq j\end{cases}\quad (i,j=1,2,\cdots,n).$$

(6) 若 $\boldsymbol{A},\boldsymbol{B}$ 为 n 阶正交矩阵,则 $\boldsymbol{AB},\boldsymbol{BA}$ 也是 n 阶正交矩阵.

利用正交矩阵,我们可以定义正交变换如下:

定义 4.13 设 $\boldsymbol{A}$ 是 n 阶正交矩阵,$\boldsymbol{X}$ 任意一个 n 维向量,则称

$$\boldsymbol{Y}=\boldsymbol{AX} \tag{4.31}$$

为正交变换.

由定义 4.13 及 $\boldsymbol{A}^{-1}$ 的正交性,易知 $\boldsymbol{X}=\boldsymbol{A}^{-1}\boldsymbol{Y}$ 也是一个正交变换.

定理 4.13 变换 $\boldsymbol{Y}=\boldsymbol{AX}$ 为正交变换的充要条件是在该变换下向量的内积不变.

证明 先证必要性:因为 $\boldsymbol{Y}=\boldsymbol{AX}$ 是正交变换,由定义 4.13,$\boldsymbol{A}$ 为 n 阶正交矩阵,所以当

$\boldsymbol{Y}_i=\boldsymbol{A}\boldsymbol{X}_i(i=1,2)$时，有

$$\boldsymbol{Y}_1^{\mathrm{T}}\boldsymbol{Y}_2=(\boldsymbol{A}\boldsymbol{X}_1)^{\mathrm{T}}(\boldsymbol{A}\boldsymbol{X}_2)=\boldsymbol{X}_1^{\mathrm{T}}\boldsymbol{A}^{\mathrm{T}}\boldsymbol{A}\boldsymbol{X}_2=\boldsymbol{X}_1^{\mathrm{T}}\boldsymbol{X}_2.$$

再证充分性：设$\boldsymbol{A}=(a_{ij})_{n\times n}=(\boldsymbol{\alpha}_1,\boldsymbol{\alpha}_2,\cdots,\boldsymbol{\alpha}_n)$，并取$n$维向量空间$\mathbf{R}^n$的规范正交基

$$\boldsymbol{e}_1=(1,0,\cdots,0),\ \boldsymbol{e}_2=(0,1,\cdots,0),\ \boldsymbol{e}_n=(0,0,\cdots,1),$$

因为对任意的$\boldsymbol{Y}_i=\boldsymbol{A}\boldsymbol{X}_i(i=1,2)$，总有$\boldsymbol{Y}_1^{\mathrm{T}}\boldsymbol{Y}_2=\boldsymbol{X}_1^{\mathrm{T}}\boldsymbol{X}_2$，所以变换$\boldsymbol{\alpha}_i=\boldsymbol{A}\boldsymbol{e}_i(i=1,2,\cdots,n)$满足

$$a_{ij}=\boldsymbol{\alpha}_i^{\mathrm{T}}\boldsymbol{\alpha}_j=\boldsymbol{e}_i^{\mathrm{T}}\boldsymbol{e}_j=\begin{cases}1, & i=j\\ 0, & i\neq j\end{cases}\quad(i,j=1,2,\cdots,n).$$

从而$\boldsymbol{A}=(a_{ij})_{n\times n}=(\boldsymbol{\alpha}_1,\boldsymbol{\alpha}_2,\cdots,\boldsymbol{\alpha}_n)$是正交矩阵.

4.3.4　实对称矩阵的对角化

利用正交矩阵作为实对称矩阵$\boldsymbol{A}$的相似因子阵，不仅可以将$\boldsymbol{A}$对角化，还可用于下节中二次型的化简.

首先讨论实对称矩阵$\boldsymbol{A}$的特征值与特征向量的两个重要性质.

定理 4.14　实对阵矩阵$\boldsymbol{A}$的特征值都是实数.

证明略去.

这意味着当$\boldsymbol{A}$为实对称矩阵时，$\boldsymbol{A}$的特征值λ_i皆为实数，相应地，齐次线性方程组

$$(\lambda_i\boldsymbol{I}-\boldsymbol{A})\boldsymbol{X}=\boldsymbol{0}\tag{4.32}$$

也是实系数的齐次线性方程组，由$|\lambda_i\boldsymbol{I}-\boldsymbol{A}|=0$知式(4.32)必有实基础解系，故$\boldsymbol{A}$的对应于特征值$\lambda_i$的特征向量也可取实向量.

定理 4.15　实对称矩阵$\boldsymbol{A}$的两个不同特征值对应的特征向量相互正交.

证明　设λ_1,λ_2为实对称矩阵$\boldsymbol{A}$的两个相异特征值，$\boldsymbol{X}_1,\boldsymbol{X}_2$分别为$\boldsymbol{A}$的对应于特征值$\lambda_1$和$\lambda_2$的特征向量，则$\boldsymbol{A}\boldsymbol{X}_1=\lambda_1\boldsymbol{X}_1,\boldsymbol{A}\boldsymbol{X}_2=\lambda_2\boldsymbol{X}_2$. 又因为$\boldsymbol{A}$为实对称阵，所以

$$\boldsymbol{X}_1^{\mathrm{T}}\boldsymbol{A}=\boldsymbol{X}_1^{\mathrm{T}}\boldsymbol{A}^{\mathrm{T}}=(\boldsymbol{A}\boldsymbol{X}_1)^{\mathrm{T}}=(\lambda_1\boldsymbol{X}_1)^{\mathrm{T}}=\lambda_1\boldsymbol{X}_1^{\mathrm{T}},$$

两端同时右乘$\boldsymbol{X}_2$，得

$$\lambda_1\boldsymbol{X}_1^{\mathrm{T}}\boldsymbol{X}_2=\boldsymbol{X}_1^{\mathrm{T}}\boldsymbol{A}\boldsymbol{X}_2=\boldsymbol{X}_1^{\mathrm{T}}\lambda_2\boldsymbol{X}_2=\lambda_2\boldsymbol{X}_1^{\mathrm{T}}\boldsymbol{X}_2,$$

即

$$(\lambda_1-\lambda_2)\boldsymbol{X}_1^{\mathrm{T}}\boldsymbol{X}_2=0,$$

但$\lambda_1\neq\lambda_2$，于是$\boldsymbol{X}_1^{\mathrm{T}}\boldsymbol{X}_2=0$，故$\boldsymbol{A}$的相异特征值$\lambda_1$与$\lambda_2$对应的特征向量相互正交.

定理 4.16　n阶实对称矩阵$\boldsymbol{A}$有n个线性无关的实特征值向量，且$\boldsymbol{A}$与实对角形相似.

证明略去. 在定理 4.16 的基础上，还有下面的定理：

定理 4.17　设$\boldsymbol{A}$为n阶实对称矩阵，则必有正交矩阵$\boldsymbol{P}$，使得

$$\boldsymbol{P}^{-1}\boldsymbol{A}\boldsymbol{P}=\boldsymbol{P}^{\mathrm{T}}\boldsymbol{A}\boldsymbol{P}=\boldsymbol{D}=\mathrm{diag}\{\lambda_1,\lambda_2,\cdots,\lambda_n\},\tag{4.33}$$

其中$\lambda_1,\lambda_2,\cdots,\lambda_n$恰为矩阵$\boldsymbol{A}$的$n$个特征值(重根按重数依次排列).

证明　设n阶实对称矩阵$\boldsymbol{A}$的互异特征值依次为$\lambda_1,\lambda_2,\cdots,\lambda_s$，$\boldsymbol{A}$对应$\lambda_i$有$r_i$个线性无关的实特征向量. 由定理 4.16 知：

$$r_1+r_2+\cdots+r_s=n,$$

分别将它们先正交化再单位化，即可求得$\boldsymbol{A}$的对应于特征值λ_i的r_i个相互正交的单位特征向量，且对$\boldsymbol{A}$这样的特征向量共有n个.

根据上述结论，求正交矩阵$\boldsymbol{P}$的步骤可概括为：

(1) 求出n阶实对称矩阵$\boldsymbol{A}$的相异特征值$\lambda_1,\lambda_2,\cdots,\lambda_s$.

(2) 对每个特征值$\lambda_i(i=1,2,\cdots,s)$，解方程组$(\lambda_i\boldsymbol{I}-\boldsymbol{A})\boldsymbol{X}=0$，求出它的一个基础解系，然后把它们先正交化再单位化.

(3) 将所求得的n个相互正交的单位特征向量$\boldsymbol{X}_1,\boldsymbol{X}_2,\cdots,\boldsymbol{X}_n$作为列向量依次排成的矩阵$\boldsymbol{P}$就是所要求的正交矩阵.

【例 4.20】 设三阶矩阵

$$\boldsymbol{A}=\begin{pmatrix}1&2&2\\2&1&2\\2&2&1\end{pmatrix},$$

求正交矩阵$\boldsymbol{P}$，使$\boldsymbol{P}^{\mathrm{T}}\boldsymbol{P}\boldsymbol{A}$为对角矩阵.

解 可求得

$$f_A(\lambda)=|\lambda\boldsymbol{I}-\boldsymbol{A}|=(\lambda-5)(\lambda+1)^2=0,$$

故$\boldsymbol{A}$的特征值为

$$\lambda_1=5,\ \lambda_2=\lambda_3=-1.$$

于是$\boldsymbol{A}$的对应于特征值$\lambda_1=5$的特征向量为$\boldsymbol{X}_1=(1,1,1)^{\mathrm{T}}$，将其单位化后得

$$\boldsymbol{p}_1=\left(\frac{1}{\sqrt{3}},\frac{1}{\sqrt{3}},\frac{1}{\sqrt{3}}\right)^{\mathrm{T}},$$

而对应于$\lambda_2=\lambda_3=-1$的两个线性无关的特征向量分别为

$$\boldsymbol{X}_2=(1,-1,0)^{\mathrm{T}},\ \boldsymbol{X}_3=(1,0,-1)^{\mathrm{T}}.$$

经由正交化再单位化即得

$$\boldsymbol{p}_2=\left(\frac{1}{\sqrt{2}},-\frac{1}{\sqrt{2}},0\right)^{\mathrm{T}},\ \boldsymbol{p}_3=\left(-\frac{1}{\sqrt{6}},-\frac{1}{\sqrt{6}},\frac{2}{\sqrt{6}}\right)^{\mathrm{T}}.$$

于是由正交矩阵

$$\boldsymbol{P}=(\boldsymbol{p}_1,\boldsymbol{p}_2,\boldsymbol{p}_3)=\begin{pmatrix}\frac{1}{\sqrt{3}}&\frac{1}{\sqrt{2}}&-\frac{1}{\sqrt{6}}\\\frac{1}{\sqrt{3}}&-\frac{1}{\sqrt{2}}&-\frac{1}{\sqrt{6}}\\\frac{1}{\sqrt{3}}&0&\frac{2}{\sqrt{6}}\end{pmatrix},$$

可得$\boldsymbol{P}^{-1}\boldsymbol{A}\boldsymbol{P}=\boldsymbol{P}^{\mathrm{T}}\boldsymbol{A}\boldsymbol{P}=\mathrm{diag}(5,-1,-1)$.

习题 4.3

1. 已知

$$\boldsymbol{\alpha}=(1,2,-1,1),\ \boldsymbol{\beta}=(2,3,1,-1),$$

求内积$\boldsymbol{\alpha}\boldsymbol{\beta}^{\mathrm{T}}$，$(3\boldsymbol{\alpha}-2\boldsymbol{\beta})(2\boldsymbol{\alpha}-3\boldsymbol{\beta})^{\mathrm{T}}$及长度$|\boldsymbol{\alpha}|$，$|\boldsymbol{\beta}|$.

2. 求一个四维的单位向量，使其与向量组

$$(1,1,-1,1),\ (1,-1,-1,1),\ (2,1,1,3)$$

正交.

3. 求$\mathbf{R}^3$中向量$\boldsymbol{\alpha}=(4,0,3)^{\mathrm{T}}$，$\boldsymbol{\beta}=(-\sqrt{3},3,2)^{\mathrm{T}}$之间的夹角$\theta$.

4. 证明：在n维向量组中不存在含有$n+1$个向量的正交向量组.

5. 将齐次线性方程组

$$\begin{cases}3x_1-x_2-x_3+x_4=0,\\x_1+2x_2-x_3-x_4=0\end{cases}$$

的基础解系先正交化再单位化.

6. 试用施密特法把下列向量组正交化：

(1) $(\boldsymbol{\alpha}_1,\boldsymbol{\alpha}_2,\boldsymbol{\alpha}_3)=\begin{pmatrix}1&1&1\\1&2&4\\1&3&9\end{pmatrix}$；　(2) $(\boldsymbol{\alpha}_1,\boldsymbol{\alpha}_2,\boldsymbol{\alpha}_3)=\begin{pmatrix}1&1&-1\\0&-1&1\\-1&0&1\\1&1&0\end{pmatrix}$.

7. 设有向量组

$$\boldsymbol{\alpha}_1=\begin{pmatrix}1\\2\\-1\end{pmatrix},\ \boldsymbol{\alpha}_2=\begin{pmatrix}-1\\3\\1\end{pmatrix},\ \boldsymbol{\alpha}_3=\begin{pmatrix}4\\-1\\0\end{pmatrix},$$

试用施密特正交化方法，将向量组 $\boldsymbol{\alpha}_1,\boldsymbol{\alpha}_2,\boldsymbol{\alpha}_3$ 正交规范化.

8. 判断下列矩阵是否为正交矩阵：

(1) $\begin{pmatrix}1&-\frac{1}{2}&\frac{1}{3}\\-\frac{1}{2}&1&\frac{1}{2}\\\frac{1}{3}&\frac{1}{2}&-1\end{pmatrix}$；　(2) $\begin{pmatrix}\frac{1}{9}&-\frac{8}{9}&-\frac{4}{9}\\-\frac{8}{9}&\frac{1}{9}&-\frac{4}{9}\\-\frac{4}{9}&-\frac{4}{9}&\frac{7}{9}\end{pmatrix}$.

9. 设 $\boldsymbol{A}$ 与 $\boldsymbol{B}$ 都是 n 阶正交矩阵，证明 $\boldsymbol{AB}$ 也是正交矩阵.

10. 已知 n 维非零向量 $\boldsymbol{\alpha}=(a_1,a_2,\cdots,a_n)$，且 $\boldsymbol{\alpha}\boldsymbol{\alpha}^{\mathrm{T}}=1$，证明：

(1) $\boldsymbol{A}=\boldsymbol{I}-2\boldsymbol{\alpha}^{\mathrm{T}}\boldsymbol{\alpha}$ 是 n 阶对称矩阵；

(2) $\boldsymbol{A}$ 也是 n 阶正交矩阵.

4.4　二次型及其标准形

4.4.1　二次型的基本概念

在解析几何中，中心在原点的二次曲线方程

$$ax^2+bxy+cy^2=d,$$

可以通过选择适当角度的旋转变换

$$\begin{cases}x=x'\cos\theta-y'\sin\theta,\\y=x'\sin\theta+y'\cos\theta,\end{cases}$$

化为标准形

$$mx'^2+ny'^2=1,$$

以便我们根据标准形更好地研究曲线的图形和各种几何性质.

上述问题可以归结为二次齐次多项式通过变量的可逆变换化简为标准形的问题.

定义 4.14　当 $a_{ij}\in\mathbf{R}(i,j=1,2,\cdots,n)$ 时，含有 n 个实变量 $x_1,x_2,\cdots,x_n$ 的二次齐次多

项式

$$f(x_1,x_2,\cdots,x_n)=a_{11}x_1^2+a_{22}x_2^2+\cdots+a_{nn}x_n^2 \\ +2a_{12}x_1x_2+2a_{13}x_1x_3+\cdots+2a_{n1}x_{n1}x_n \tag{4.34}$$

称为实数域 **R** 上的 n 元二次型，简称实二次型.

为方便起见，我们总是取 $a_{ij}=a_{ji}$，即 $2a_{ij}x_ix_j=a_{ij}x_ix_j+a_{ji}x_jx_i$，于是(4.34)式可改写为

$$f(x_1,x_2,\cdots,x_n)=\sum_{i=1}^{n}\sum_{j=1}^{n}a_{ij}x_ix_j, \tag{4.35}$$

再取向量 $\boldsymbol{X}=(x_1,x_2,\cdots,x_n)^{\mathrm{T}}$，矩阵 $\boldsymbol{A}=(a_{ij})_{n\times n}$，则 $\boldsymbol{A}$ 为 n 阶实对称矩阵. 且有

$$f(x)=(x_1,x_2,\cdots,x_n)\begin{pmatrix}a_{11} & a_{12} & \cdots & a_{1n}\\ a_{21} & a_{22} & \cdots & a_{2n}\\ \vdots & \vdots & & \vdots\\ a_{n1} & a_{n2} & \cdots & a_{nn}\end{pmatrix}\begin{pmatrix}x_1\\ x_2\\ \vdots\\ x_n\end{pmatrix}=\boldsymbol{X}^{\mathrm{T}}\boldsymbol{A}\boldsymbol{X}. \tag{4.36}$$

易见，n 元二次型 f 与 n 阶对称矩阵 $\boldsymbol{A}$ 之间是一一对应的. 因此，对二次型的讨论可以直接转化为关于对称矩阵的相关讨论. 为方便起见，我们把对称矩阵 $\boldsymbol{A}$ 称为二次型 f 的矩阵，也称二次齐次函数 f 为对称矩阵 $\boldsymbol{A}$ 的二次型.

【例 4.21】 将二次型

$$f(x_1,x_2,x_3)=x_1^2+x_2^2-3x_3^2+2x_1x_2+4x_1x_3+6x_2x_3$$

化为矩阵形式.

解 二次型 f 的矩阵形式为

$$f(x_1,x_2,x_3)=(x_1,x_2,x_3)\begin{pmatrix}1 & 1 & 2\\ 1 & 1 & 3\\ 2 & 3 & -3\end{pmatrix}\begin{pmatrix}x_1\\ x_2\\ x_3\end{pmatrix}.$$

若记

$$\boldsymbol{X}=(x_1,x_2,x_3)^{\mathrm{T}},$$

$$\boldsymbol{A}=\begin{pmatrix}1 & 1 & 2\\ 1 & 1 & 3\\ 2 & 3 & -3\end{pmatrix},$$

则二次型

$$f=\boldsymbol{X}^{\mathrm{T}}\boldsymbol{A}\boldsymbol{X}.$$

4.4.2 二次型的标准形

设有两组 n 个变量 $x_1,x_2,\cdots,x_n$ 与 $y_1,y_2,\cdots,y_n$ 之间的一个线性变换

$$\begin{cases}y_1=c_{11}x_1+c_{12}x_2+\cdots+c_{1n}x_n,\\ y_2=c_{21}x_1+c_{22}x_2+\cdots+c_{2n}x_n,\\ \quad\cdots\cdots\\ y_n=c_{n1}x_1+c_{n2}x_2+\cdots+c_{nn}x_n,\end{cases} \tag{4.37}$$

相应地，称该线性变换的系数矩阵

$$C=\begin{pmatrix} c_{11} & c_{12} & \cdots & c_{1n} \\ c_{21} & c_{22} & \cdots & c_{2n} \\ \vdots & \vdots & & \vdots \\ c_{n1} & c_{n2} & \cdots & c_{nn} \end{pmatrix}$$

为线性变换矩阵. 当 $\boldsymbol{C}$ 可逆时，称该线性变换为可逆变换.

对实二次型 $f=\boldsymbol{X}^{\mathrm{T}}\boldsymbol{A}\boldsymbol{X}$，下面要讨论的主要问题是：寻求可逆变换

$$\boldsymbol{X}=\boldsymbol{P}\boldsymbol{Y}, \tag{4.38}$$

其中 $\boldsymbol{P}=(p_{ij})_{n\times n}$ 为 n 阶可逆矩阵，使二次型(4.35)只含有平方项，即

$$\begin{aligned} f&=k_1y_1^2+k_2y_2^2+\cdots+k_ny_n^2 \\ &=(y_1,y_2,\cdots,y_n)\begin{pmatrix} k_1 & & & \\ & k_2 & & \\ & & \ddots & \\ & & & k_n \end{pmatrix}\begin{pmatrix} y_1 \\ y_2 \\ \vdots \\ y_n \end{pmatrix}=\boldsymbol{Y}^{\mathrm{T}}\boldsymbol{D}\boldsymbol{Y}. \end{aligned} \tag{4.39}$$

定义 4.15　只含有平方项的二次型(4.39)称为二次型(4.37)的标准形.

易见，二次型的标准形(4.39)与对角矩阵 $\boldsymbol{D}$ 是一一对应的，因此化二次型为标准形的问题也就等价于化 n 阶对称矩阵 $\boldsymbol{A}$ 为对角矩阵 $\boldsymbol{D}$ 了. 一般地，将式(4.38)所给的可逆变换代入二次型，可得

$$f=\boldsymbol{X}^{\mathrm{T}}\boldsymbol{A}\boldsymbol{X}=(\boldsymbol{P}\boldsymbol{Y})^{\mathrm{T}}\boldsymbol{A}\boldsymbol{P}\boldsymbol{Y}=\boldsymbol{Y}^{\mathrm{T}}(\boldsymbol{P}^{\mathrm{T}}\boldsymbol{A}\boldsymbol{P})\boldsymbol{Y}=\boldsymbol{Y}^{\mathrm{T}}\boldsymbol{B}\boldsymbol{Y}.$$

此时我们有：

定理 4.18　任给可逆矩阵 $\boldsymbol{P}$，让 $\boldsymbol{B}=\boldsymbol{P}^{\mathrm{T}}\boldsymbol{A}\boldsymbol{P}$，若 $\boldsymbol{A}$ 为对称矩阵，则 $\boldsymbol{B}$ 也是对称矩阵，且

$$\mathrm{r}(\boldsymbol{B})=\mathrm{r}(\boldsymbol{A}).$$

证明　因 $\boldsymbol{A}$ 为对称矩阵，即 $\boldsymbol{A}^{\mathrm{T}}=\boldsymbol{A}$，于是

$$\boldsymbol{B}^{\mathrm{T}}=(\boldsymbol{P}^{\mathrm{T}}\boldsymbol{A}\boldsymbol{P})^{\mathrm{T}}=\boldsymbol{P}^{\mathrm{T}}\boldsymbol{A}^{\mathrm{T}}(\boldsymbol{P}^{\mathrm{T}})^{\mathrm{T}}=\boldsymbol{P}^{\mathrm{T}}\boldsymbol{A}\boldsymbol{P}=\boldsymbol{B},$$

所以 $\boldsymbol{B}$ 也是对称矩阵.

又因为 $\boldsymbol{P}$ 可逆，所以 $\boldsymbol{P}^{\mathrm{T}}$ 也可逆，由可逆矩阵乘以任一矩阵不改变该矩阵的秩，可得 $\mathrm{r}(\boldsymbol{B})=\mathrm{r}(\boldsymbol{A})$.

该定理说明，二次型经可逆变换(4.38)后仍为一个二次型，且两二次型矩阵的秩不变. 因此，我们也将二次型 f 所对应的对称矩阵 $\boldsymbol{A}$ 的秩称为二次型 f 的秩.

【例 4.22】　求二次型

$$f(x_1,x_2,x_3)=x_1^2-4x_1x_2+2x_1x_3-2x_2^2+6x_3^2$$

的秩.

解　将所给二次型表示为矩阵形式，有

$$\begin{aligned} f(x_1,x_2,x_3)&=x_1^2-4x_1x_2+2x_1x_3-2x_2^2+6x_3^2 \\ &=(x_1,x_2,x_3)\begin{pmatrix} 1 & -2 & 1 \\ -2 & -2 & 0 \\ 1 & 0 & 6 \end{pmatrix}\begin{pmatrix} x_1 \\ x_2 \\ x_3 \end{pmatrix}=\boldsymbol{X}^{\mathrm{T}}\boldsymbol{A}\boldsymbol{X}, \end{aligned}$$

所以二次型矩阵 $\boldsymbol{A}$ 的行列式为

$$|\boldsymbol{A}|=\begin{vmatrix} 1 & -2 & 1 \\ -2 & -2 & 0 \\ 1 & 0 & 6 \end{vmatrix}=-34\neq 0,$$

即 $r(\boldsymbol{A})=3$,故二次型的秩为 3.

4.4.3 实对称矩阵的合同关系

由前面的讨论知道,对实二次型 $f=\boldsymbol{X}^{\mathrm{T}}\boldsymbol{AX}$,我们总是希望寻求可逆变换 $\boldsymbol{X}=\boldsymbol{PY}$,使二次型化为只含有平方项,即

$$f=\boldsymbol{X}^{\mathrm{T}}\boldsymbol{AX}=(\boldsymbol{PY})^{\mathrm{T}}\boldsymbol{A}(\boldsymbol{PY})=\boldsymbol{Y}^{\mathrm{T}}(\boldsymbol{P}^{\mathrm{T}}\boldsymbol{AP})\boldsymbol{Y}=\boldsymbol{Y}^{\mathrm{T}}\boldsymbol{BY},$$

为了进一步提示 $\boldsymbol{P}^{\mathrm{T}}\boldsymbol{AP}$ 与 $\boldsymbol{A}$ 之间的关系,现给出以下定义:

定义 4.16 设 $\boldsymbol{A}$、$\boldsymbol{B}$ 为 n 阶实对称矩阵,若存在 n 阶可逆矩阵 $\boldsymbol{P}$,使得

$$\boldsymbol{P}^{\mathrm{T}}\boldsymbol{AP}=\boldsymbol{B},$$

则称 $\boldsymbol{A}$ 与 $\boldsymbol{B}$ 合同,其中 $\boldsymbol{P}$ 称为合同因子阵.

显然,两实对称矩阵间的合同关系也是一种特殊的等价关系,它具有以下性质:

(1) 自反性:$\boldsymbol{A}$ 与 $\boldsymbol{A}$ 合同.

(2) 对称性:$\boldsymbol{A}$ 与 $\boldsymbol{B}$ 合同,则 $\boldsymbol{B}$ 与 $\boldsymbol{A}$ 合同.

(3) 传递性:$\boldsymbol{A}$ 与 $\boldsymbol{B}$ 合同,$\boldsymbol{B}$ 与 $\boldsymbol{C}$ 合同,则 $\boldsymbol{A}$ 与 $\boldsymbol{C}$ 合同.

综上所述,有:

定理 4.19 任何一个 n 元二次型 $f=\boldsymbol{X}^{\mathrm{T}}\boldsymbol{AX}$ 经可逆变换 $\boldsymbol{X}=\boldsymbol{PY}$ 后变为新二次型 $f=\boldsymbol{Y}^{\mathrm{T}}\boldsymbol{BY}$,且所得二次型矩阵 $\boldsymbol{B}$ 与原矩阵 $\boldsymbol{A}$ 合同.

显然还有:

定理 4.20 合同矩阵有相同的秩.

习题 4.4

1. 用矩阵记号表示下列二次型:

(1) $f=x_1^2+4x_2^2+x_3^2+4x_1x_2+2x_1x_3+4x_2x_3$;

(2) $f=x_1^2+x_2^2-7x_3^2-2x_1x_2+4x_1x_3-4x_2x_3$;

(3) $f=x_1^2+x_2^2+x_3^2+x_4^2-2x_1x_2+4x_1x_3-2x_1x_4+6x_2x_3-4x_2x_4$;

(4) $f=x_1^2+x_2^2+x_3^2-2x_1x_2+6x_2x_3+4x_1x_3-2x_1x_4-4x_2x_4$.

2. 写出下列是二次型相应的对称阵:

(1) $f(x,y)=x^2+3xy+y^2$;

(2) $f(x_1,x_2,x_3,x_4)=x_1x_2+2x_1x_3-4x_1x_4+6x_2x_4$.

3. 求下列二次型的秩:

(1) $f=x^2+2y^2+3z^2-2xy-2xz+2yz$;

(2) $f=x^2+2y^2+z^2-2xy-2xz+2yz$.

4. 设 $\boldsymbol{M}$,$\boldsymbol{A}$ 为 n 阶矩阵,且 $\boldsymbol{A}$ 为对称矩阵. 证明:

(1) $\boldsymbol{M}'\boldsymbol{AM}$ 也是对称矩阵.

(2) 若 $\boldsymbol{A}$ 又是非奇异的,则 $\boldsymbol{A}^{-1}$ 也是对称矩阵.

5. 设有实对称矩阵

$$\boldsymbol{A}=\begin{pmatrix}-1 & 1 & 0\\ 1 & 0 & -1/2\\ 0 & -1/2 & \sqrt{2}\end{pmatrix},$$

求 $\boldsymbol{A}$ 对应的实二次型.

6. 设二次型 $f(x_1,x_2,x_3)=2x_1x_2-4x_1x_3+10x_2x_3$，且

$$\begin{cases}x_1=y_1-y_2-5y_3,\\ x_2=y_1+y_2+2y_3,\\ x_3=y_3.\end{cases}$$

求经过上述线性变换后的新二次型 $f(y_1,y_2,y_3)$.

4.5　化二次型为标准形

由 4.3 节的定理 4.17 知:对任一实对称矩阵 $\boldsymbol{A}$,总存在正交矩阵 $\boldsymbol{P}$,使

$$\boldsymbol{P}^{\mathrm{T}}\boldsymbol{A}\boldsymbol{P}=\boldsymbol{D},$$

即实对称矩阵总是合同于对角矩阵. 由于 n 元二次型 f 与 n 阶对称矩阵 $\boldsymbol{A}$ 之间是一一对应的,因而化二次型为标准形时,既可从 n 元二次型 f 出发直接经可逆变换 $\boldsymbol{X}=\boldsymbol{PY}$ 将 f 化为它的标准形,也可从 n 元二次型 f 的实对称矩阵 $\boldsymbol{A}$ 出发,通过正交矩阵 $\boldsymbol{P}$ 化实对称矩阵 $\boldsymbol{A}$ 为对角矩阵. 这样就保证了任何一个实二次型 $\boldsymbol{X}^{\mathrm{T}}\boldsymbol{AX}$ 都可经过可逆变换 $\boldsymbol{X}=\boldsymbol{PY}$ 化为它的标准形.

下面逐个介绍三种化二次型为标准形的方法.

4.5.1　拉格朗日配方法

该方法实际上是利用中学的配方法将二次齐式配成完全平方和的形式. 不失一般性,下面用实例来说明这种方法.

【例 4.23】 将二次型

$$f(x_1,x_2,x_3)=x_1^2+2x_2^2+5x_3^2+2x_1x_2+2x_1x_3+6x_2x_3$$

化成标准形.

解　由于上式右端含有变量 x_1 的平方项,故需先将含有 x_1 的各项合在一起配方,即

$$\begin{aligned}f(x_1,x_2,x_3)&=(x_1^2+2x_1x_2+2x_1x_3)+2x_2^2+5x_3^2+6x_2x_3\\&=(x_1+x_2+x_3)^2+x_2^2+4x_2x_3+4x_3^2,\end{aligned}$$

上式右端除第一项外,不再含有 x_1,继续对剩余各项配方,有

$$f(x_1,x_2,x_3)=(x_1+x_2+x_3)^2+(2x_2+2x_3)^2,$$

于是令

$$\begin{cases}y_1=x_1+x_2+x_3,\\ y_2=x_2+2x_3,\\ y_3=x_3,\end{cases}\tag{4.40}$$

则二次型 f 可化为

$$f=y_1^2+y_2^2.\tag{4.41}$$

再从式(4.40)中解出 $\boldsymbol{X}=(x_1,x_2,x_3)^{\mathrm{T}}$,可得可逆变换为

$$\boldsymbol{X}=\begin{pmatrix}x_1\\x_2\\x_3\end{pmatrix}=\begin{pmatrix}y_1-2y_2+y_3\\y_2-2y_3\\y_3\end{pmatrix}=\begin{pmatrix}1&-2&1\\0&1&-2\\0&0&1\end{pmatrix}\begin{pmatrix}y_1\\y_2\\y_3\end{pmatrix}=\boldsymbol{PY},$$

其中 $\boldsymbol{P}$ 的行列式 $|\boldsymbol{P}|=1\neq0$,故由 $\boldsymbol{X}=\boldsymbol{PY}$ 可将二次型化为标准形式(4.41).

将例 4.23 的配方法推广到一般情形,即知任意一个二次型都可以通过可逆变换化为它的

标准形.

值得指出的是:若二次型 $f=X^{\mathrm{T}}AX$ 中不含有变量的平方项,则需利用变量替换

$$\begin{cases}x_1=y_1+y_2,\\x_2=y_1-y_2,\end{cases}$$

可得 $x_1x_2=y_1^2-y_2^2$,从而产生出平方项 y_1^2 或 y_2^2 后再对二次型 f 的右端项配方.

【例 4.24】 化二次型

$$f(x_1,x_2,x_3)=x_1x_2+2x_1x_3-2x_2x_3$$

为标准形,并求所用的变换矩阵.

解 令

$$\begin{cases}x_1=y_1+y_2,\\x_2=y_1-y_2,\\x_3=y_3,\end{cases}$$

则二次型 f 可化为 $f=y_1^2-y_2^2+4y_2y_3$,再利用配方法,可得

$$f=y_1^2-(y_2-2y_3)^2+4y_3^2,$$

即只要令

$$\begin{cases}y_1=z_1,\\y_2-2y_3=z_2,\\y_3=z_3,\end{cases}\quad 或 \begin{cases}y_1=z_1,\\y_2=z_2+2z_3,\\y_3=z_3,\end{cases}$$

从而可得可逆变换

$$X=PY=PQZ=\begin{pmatrix}1&1&2\\1&-1&-2\\0&0&1\end{pmatrix}Z=RZ,$$

其中 $R=\begin{pmatrix}1&1&2\\1&-1&-2\\0&0&1\end{pmatrix}$ ($|R|=-2\neq0$)为所求的线性变换矩阵. 则 f 的标准形为

$$f=z_1^2-z_2^2+4z_3^2$$

4.5.2 初等变换法

由前面的讨论知道,任意一个实二次型都对应于唯一的一个实 n 阶对称矩阵 A,而实对称矩阵都合同于对角阵. 另一方面,实对称矩阵 A 所对应的二次型经可逆变换后所得二次型对应的矩阵 B 必与 A 合同,而可逆的合同因子阵 P 总可以表示成若干个初等矩阵的乘积,归纳起来,我们有:

(1) A 为实对称矩阵.

(2) 存在可逆矩阵 P,使

$$P^{\mathrm{T}}AP=D=\mathrm{diag}\{\mu_1,\mu_2,\cdots,\mu_n\}.$$

(3) $P=P_1,P_2,\cdots,P_m$,其中 $P_i(i=1,2,\cdots,m)$为初等矩阵,则有

$$\begin{pmatrix}A\\\cdots\\I\end{pmatrix}\frac{P_m^{\mathrm{T}}\cdots P_2^{\mathrm{T}}P_1^{\mathrm{T}}AP_1P_2\cdots P_m}{IP_1P_2\cdots P_m}\begin{pmatrix}D\\\cdots\\P\end{pmatrix},$$

由此即得 $P^{\mathrm{T}}AP=D$.

上述推导过程也等价于对二次型 f 作可逆变换 $\boldsymbol{X}=\boldsymbol{PY}$，使

$$f=\boldsymbol{X}^{\mathrm{T}}\boldsymbol{AX}=\boldsymbol{Y}^{\mathrm{T}}\boldsymbol{P}^{\mathrm{T}}\boldsymbol{APY}=\boldsymbol{Y}^{\mathrm{T}}\boldsymbol{DY},$$

我们把这一方法称为化二次型为标准形的初等变换法.

【例 4.25】 用初等变换法把二次型

$$f(x_1,x_2,x_3)=2x_1x_2+2x_1x_3-6x_2x_3$$

化为标准形.

解 由题设知，所给二次型的矩阵为

$$\boldsymbol{A}=\begin{pmatrix}0&1&1\\1&0&-3\\1&-3&0\end{pmatrix},$$

对其作初等变换，可得

$$\begin{pmatrix}\boldsymbol{A}\\\cdots\\\boldsymbol{I}\end{pmatrix}=\begin{pmatrix}0&1&1\\1&0&-3\\1&-3&0\\\cdots&\cdots&\cdots\\1&0&0\\0&1&0\\0&0&1\end{pmatrix}\Rightarrow\begin{pmatrix}2&1&-2\\1&0&-3\\-2&-3&0\\1&0&0\\1&1&0\\0&0&1\end{pmatrix}\Rightarrow\begin{pmatrix}2&0&0\\0&-\frac{1}{2}&-2\\0&-2&-2\\1&-\frac{1}{2}&1\\1&\frac{1}{2}&1\\0&0&1\end{pmatrix}\Rightarrow\begin{pmatrix}2&0&0\\0&-\frac{1}{2}&0\\0&0&6\\1&-\frac{1}{2}&3\\1&\frac{1}{2}&-1\\0&0&1\end{pmatrix}=\begin{pmatrix}\boldsymbol{D}\\\cdots\\\boldsymbol{P}\end{pmatrix},$$

因此 $\boldsymbol{P}=\begin{pmatrix}1&-\frac{1}{2}&3\\1&\frac{1}{2}&-1\\0&0&1\end{pmatrix}$ $(|\boldsymbol{P}|\neq0)$，且

$$\boldsymbol{P}^{\mathrm{T}}\boldsymbol{AP}=\begin{pmatrix}2&0&0\\0&-\frac{1}{2}&0\\0&0&6\end{pmatrix},$$

故二次型 f 的标准形为

$$f=2y_1^2-\frac{1}{2}y_2^2+6y_3^2.$$

【例 4.26】 用初等变换法把二次型

$$f(x_1,x_2,x_3)=x_1^2+2x_2^2+x_3^2+2x_1x_2+2x_1x_3+4x_2x_3$$

化为标准形.

解 由题设知，所给二次型的矩阵为

$$\boldsymbol{A}=\begin{pmatrix}1&1&1\\1&2&2\\1&2&1\end{pmatrix},$$

对其作初等变换，可得

$$\begin{pmatrix}\boldsymbol{A}\\\boldsymbol{I}\end{pmatrix}=\begin{pmatrix}1&1&1\\1&2&2\\1&2&1\\1&0&0\\0&1&0\\0&0&1\end{pmatrix}\to\begin{pmatrix}1&0&0\\1&1&1\\1&1&0\\1&-1&-1\\0&1&0\\0&0&1\end{pmatrix}\to\begin{pmatrix}1&0&0\\0&1&1\\0&1&0\\1&-1&-1\\0&1&0\\0&0&1\end{pmatrix}\to\begin{pmatrix}1&0&0\\0&1&0\\0&0&-1\\1&-1&0\\0&1&-1\\0&0&1\end{pmatrix},$$

因此，$\boldsymbol{P}=\begin{pmatrix}1&-1&0\\0&1&-1\\0&0&1\end{pmatrix}$（$|\boldsymbol{P}|=1\neq0$），令

$$\begin{cases}x_1=z_1-z_2,\\x_2=z_2-z_3,\\x_3=z_3,\end{cases}$$

故二次型 f 的标准形为

$$f=z_1^2+z_2^2-z_3^2.$$

4.5.3 正交变换法

将 4.3 节定理 4.17 应用于化二次型为标准形上，即得：

定理 4.21（主轴定理） *实二次型 $f=\boldsymbol{X}^{\mathrm{T}}\boldsymbol{A}\boldsymbol{X}$ 总可以通过正交交换 $\boldsymbol{X}=\boldsymbol{P}\boldsymbol{Y}$ 化为标准形，即*

$$f(x)=\boldsymbol{X}^{\mathrm{T}}\boldsymbol{A}\boldsymbol{X}\xlongequal{X=PY}f(\boldsymbol{P}\boldsymbol{Y})=\boldsymbol{Y}^{\mathrm{T}}\boldsymbol{D}\boldsymbol{Y}$$
$$=\lambda_1y_1^2+\lambda_2y_2^2+\cdots+\lambda_ny_n^2.$$

归纳上述结论，可得正交变换法化二次型为标准形的基本步骤为：

(1) 将二次型表写成矩阵形式 $f=\boldsymbol{X}^{\mathrm{T}}\boldsymbol{A}\boldsymbol{X}$，求出实对称阵 $\boldsymbol{A}$.

(2) 求得 $\boldsymbol{A}$ 的 n 个特征值 $\lambda_1,\lambda_2,\cdots,\lambda_n$（重根按重数列出）.

(3) 对每一个相异的 λ_i，由齐次方程组 $(\lambda_i\boldsymbol{I}-\boldsymbol{A})\boldsymbol{X}=\boldsymbol{0}$，求得 $\boldsymbol{A}$ 的对应于 λ_i 的线性无关的特征向量.

(4) 将所求特征向量先正交化再单位化，并表写出正交矩阵 $\boldsymbol{P}$.

(5) 写出相应的正交变换 $\boldsymbol{X}=\boldsymbol{P}\boldsymbol{Y}$ 及二次型的标准形.

【例 4.27】 用正交变换化二次型

$$f(x_1,x_2,x_3,x_4)=2x_1x_2+2x_1x_3-2x_1x_4-2x_2x_3+2x_3x_4+2x_2x_4$$

为标准形.

解 二次型的矩阵形式为

$$f=\boldsymbol{X}^{\mathrm{T}}\boldsymbol{A}\boldsymbol{X}=(x_1,x_2,x_3,x_4)\begin{pmatrix}0&1&1&-1\\1&0&-1&1\\1&-1&0&1\\-1&1&1&0\end{pmatrix}\begin{pmatrix}x_1\\x_2\\x_3\\x_4\end{pmatrix},$$

由 $\boldsymbol{A}$ 的特征多项式

$$|\lambda\boldsymbol{I}-\boldsymbol{A}|=(\lambda-1)^3(\lambda+3)=0$$

可得 $\boldsymbol{A}$ 的特征值为

$$\lambda_1=\lambda_2=\lambda_3=1,\ \lambda_4=-3.$$

当 $\lambda=1$ 时,解 $(\boldsymbol{I}-\boldsymbol{A})\boldsymbol{X}=\boldsymbol{0}$,可得三个正交的特征向量为

$$\boldsymbol{\alpha}_1=(1,1,0,0)^{\mathrm{T}},$$
$$\boldsymbol{\alpha}_2=(0,0,1,1)^{\mathrm{T}},$$
$$\boldsymbol{\alpha}_3=(1,-1,1,-1)^{\mathrm{T}}.$$

当 $\lambda=-3$ 时,解 $(-3\boldsymbol{I}-\boldsymbol{A})\boldsymbol{X}=\boldsymbol{0}$,可求得一个正交的特征向量

$$\boldsymbol{\alpha}_4=(1,-1,-1,1)^{\mathrm{T}}.$$

再单位化,即得

$$\boldsymbol{\beta}_1=\left(\frac{1}{\sqrt{2}},\frac{1}{\sqrt{2}},0,0\right)^{\mathrm{T}},$$
$$\boldsymbol{\beta}_2=\left(\frac{1}{\sqrt{6}},-\frac{1}{\sqrt{6}},\frac{2}{\sqrt{6}},0\right)^{\mathrm{T}},$$
$$\boldsymbol{\beta}_3=\left(-\frac{1}{2\sqrt{3}},\frac{1}{2\sqrt{3}},\frac{1}{2\sqrt{3}},\frac{\sqrt{3}}{2}\right)^{\mathrm{T}},$$
$$\boldsymbol{\beta}_4=\left(\frac{1}{2},-\frac{1}{2},-\frac{1}{2},\frac{1}{2}\right)^{\mathrm{T}},$$

于是,相应的正交变换为

$$\boldsymbol{X}=\boldsymbol{P}\boldsymbol{Y}=\begin{pmatrix}\frac{1}{\sqrt{2}} & \frac{1}{\sqrt{6}} & -\frac{1}{2\sqrt{3}} & \frac{1}{2}\\ \frac{1}{\sqrt{2}} & -\frac{1}{\sqrt{6}} & \frac{1}{2\sqrt{3}} & -\frac{1}{2}\\ 0 & \frac{2}{\sqrt{6}} & \frac{1}{2\sqrt{3}} & -\frac{1}{2}\\ 0 & 0 & \frac{\sqrt{3}}{2} & \frac{1}{2}\end{pmatrix}\boldsymbol{Y},$$

其中 $\boldsymbol{P}=(\boldsymbol{\beta}_1,\boldsymbol{\beta}_2,\boldsymbol{\beta}_3,\boldsymbol{\beta}_4)$ 为正交矩阵,且二次型的标准形为

$$f=y_1^2+y_2^2+y_3^2-3y_4^2.$$

习题 4.5

1. 化下列二次型为标准形,并求所用的变换矩阵:

(1) $f=x_1^2+x_2^2+x_3^2+4x_2x_3$;

(2) $f=x_1^2+x_2^2+x_3^2+x_4^2+2x_1x_2-2x_1x_4-2x_2x_3+2x_3x_4$;

(3) $f=2x_1x_2+2x_1x_3-6x_2x_3$.

2. 用配方法或合同变换化下列二次型为法式:

(1) $f=x_1^2+6x_1x_2+5x_2^2-4x_1x_3+4x_3^2-4x_2x_4-8x_3x_4-x_4^2$;

(2) $f=x_1x_2+x_1x_3+x_2x_3$.

3. 用正交变换化下列二次型为法式:

(1) $f=2x_1^2+3x_2^2+4x_2x_3+3x_3^2$;

(2) $f=x_1^2+x_2^2+x_3^2+x_4^2+2x_1x_2-2x_1x_4-2x_2x_3+2x_3x_4$.

4. 设矩阵为

$$A=\begin{pmatrix}1&1&1\\1&2&2\\1&2&1\end{pmatrix},$$

求非奇异矩阵 C，使 $C^{T}AC$ 为对角矩阵.

5. 将二次型

$$f=x_1^2+x_2^2+x_3^2+2ax_1x_2+2bx_2x_3+2x_1x_3$$

经正交变换 $X=CY$ 化为标准型

$$f=y_2^2+2y_3^2,$$

求常数 a,b 及二次型 f.

6. 设二次型的矩阵为

$$A=\begin{pmatrix}3&4-a&2b-1\\a-2b&c&2-c\\c-1&0&2\end{pmatrix},$$

其中 a,b,c 为常数,则:

(1) 写出二次型 $f(x_1,x_2,x_3)$的具体形式;

(2) 求 A 的特征值与线性无关的特征向量;

(3) 求一个正交变换 $X=PY$,把二次型 f 化为标准形.

4.6 正定二次型

上节介绍的三种化二次型为标准形的方法表明:利用不同的合同变换,可以求得二次型的相异标准形,但标准形中所含项数是不变的(即合同变换不改变二次型的秩).不仅如此,在实可逆变换下,标准形中的正平方项与负平方项的项数也是不变的.

*4.6.1 惯性定理

定理 4.22(惯性定理) 设实二次型为 $f=X^{T}AX$,且 $r(A)=r$.则利用任意一个可逆变换将其化为标准形时,标准形中的正负平方项个数都是确定的,且其和为 r.即由实可逆变换 $X=BY$ 与 $X=CZ$ 分别把二次型化为标准形

$$f=b_1y_1^2+b_2y_2^2+\cdots+b_py_p^2-b_{p+1}y_{p+1}^2-\cdots-b_ry_r^2, \tag{4.42}$$

$$f=c_1z_1^2+c_2z_2^2+\cdots+c_sz_s^2-c_{s+1}z_{s+1}^2-\cdots-c_rz_r^2 \tag{4.43}$$

时(其中 $b_i>0,c_i>0$; $i=1,2,\cdots,r$),必有 $p=s$.

证明略去.

由惯性定理知:

(1) 在实可逆变换下,若记标准形中的正平方项个数为 p,负平方项个数为 q,则其和也是不变的,且等于二次型的秩,即 $p+q=r$.

(2) 若经过正交变换 $X=PY$ 将实二次型 $f=X^{T}AX$ 变为

$$f=\lambda_1y_1^2+\cdots+\lambda_ny_n^2, \tag{4.44}$$

则 $\lambda_i(i=1,2,\cdots,n)$为 A 的特征值,因此二次型 f 的标准形中含正平方项个数 p 等于 A 的正特征值个数,负平方项个数 q 等于 A 的负特征值个数,缺项的个数等于 A 的零特征值个数,且

等于 $n-\mathrm{r}(\boldsymbol{A})$.

(3) 若经过可逆变换把在几何上的二次方程化为标准方程,则方程的系数可能与所作的可逆变换有关,但二次曲线的类型(椭圆型、双曲型等)不会因所作可逆变换的不同而改变.

定义 4.17　在实二次型 $f=\boldsymbol{X}^{\mathrm{T}}\boldsymbol{A}\boldsymbol{X}$ 的标准形

$$f=y_1^2+\cdots+y_p^2-y_{p+1}^2-\cdots-y_{p+q}^2 \tag{4.45}$$

中,正平方项个数 p 称为该二次型的正惯性指数,负平方项个数 q 称为该二次型的负惯性指数,$p-q$ 称为二次型的符号差.

进而,我们把二次型的正负惯性指数、符号差及秩统称为二次型的惯性指数.

【例 4.28】　将二次型

$$f(x_1,x_2,x_3)=4x_1x_2-2x_1x_3-2x_2x_3+3x_3^2$$

化为标准形,并求相应的可逆变换和二次型的惯性指数.

解　将二次型变形为

$$\begin{aligned} f&=3\left(x_3^2-2x_3\left(\frac{1}{3}x_1+\frac{1}{3}x_2\right)+\left(\frac{1}{3}x_1+\frac{1}{3}x_2\right)^2\right)-3\left(\frac{1}{3}x_1+\frac{1}{3}x_2\right)^2+4x_1x_2\\ &=3\left(x_3-\frac{1}{3}x_1-\frac{1}{3}x_2\right)^2-\frac{1}{3}(x_1-5x_2)^2+8x_2^2, \end{aligned}$$

于是若令

$$\begin{pmatrix}y_1\\y_2\\y_3\end{pmatrix}=\begin{pmatrix}\frac{1}{3}&\frac{1}{3}&-1\\1&-5&0\\0&1&0\end{pmatrix}\begin{pmatrix}x_1\\x_2\\x_3\end{pmatrix}\Rightarrow\begin{pmatrix}x_1\\x_2\\x_3\end{pmatrix}=\begin{pmatrix}0&1&5\\0&0&1\\-1&\frac{1}{3}&2\end{pmatrix}\begin{pmatrix}y_1\\y_2\\y_3\end{pmatrix},$$

则

$$f=3y_1^2-\frac{1}{3}y_2^2+8y_3^2,$$

故所求二次型 f 的正惯性指数为 $p=2$,负惯性指数为 $q=1$,秩为 $r=3$,且符号差为

$$p-q=2-1=1.$$

若将惯性定理的结论表写成矩阵形式,可得:

定理 4.23　设 $\boldsymbol{A}$ 为实对称矩阵,且 $\mathrm{r}(\boldsymbol{A})=r$. 若存在两个不同的可逆矩阵 $\boldsymbol{B}$ 和 $\boldsymbol{C}$,使得

$$\boldsymbol{B}^{\mathrm{T}}\boldsymbol{A}\boldsymbol{B}=\begin{pmatrix}\boldsymbol{I}_p&&\\&\boldsymbol{I}_{r-p}&\\&&\boldsymbol{0}\end{pmatrix},\ \boldsymbol{C}^{\mathrm{T}}\boldsymbol{A}\boldsymbol{C}=\begin{pmatrix}\boldsymbol{I}_q&&\\&\boldsymbol{I}_{r-q}&\\&&\boldsymbol{0}\end{pmatrix}, \tag{4.46}$$

则 $p=q$.

证明略去.

4.6.2　二次型的正定性

定义 4.18　设实对称矩阵 $\boldsymbol{A}$ 的 n 元二次型为

$$f(\boldsymbol{X})=\boldsymbol{X}^{\mathrm{T}}\boldsymbol{A}\boldsymbol{X}. \tag{4.47}$$

(1) 若对任何的 $\boldsymbol{X}\neq\boldsymbol{0}$,都有

$$f(\boldsymbol{X})>0\quad(\text{或 } f(\boldsymbol{X})<0),$$

则称 f 为正定(或负定)二次型,相应地称 $\boldsymbol{A}$ 为正定(或负定)矩阵.

(2) 若对任何的 $\boldsymbol{X}\neq\boldsymbol{0}$,都有

$$f(\boldsymbol{X})\geqslant 0\quad(\text{或 } f(\boldsymbol{X})\leqslant 0),$$

则称 f 为半正定(或半负定)二次型,相应地称 $\boldsymbol{A}$ 是半正定(或半负定)矩阵.

一般地,二次型的正定、负定、半正定及半负定统称为二次型的有定性;相应地,实对称矩阵的正定、负定、半正定及半负定统称为实对称矩阵的有定性.

注意到二次型的标准形具有的不唯一性和判别的复杂性,下面我们将主要讨论二次型的标准形各项系数全为正($p=r=n$)的正定型或全为负($q=r=n$)的负定型两种情形,并约定这两种情形的讨论为正定性判别(事实上,负定情形加负号即变为正定性).

【例 4.29】 判别下列二次型(标准形)正定性:

(1) $f_1(x_1,x_2,x_3,x_4)=3x_1^2+x_2^2+2x_3^2+5x_4^2$.

(2) $f_2(x_1,x_2,x_4)=x_1^2-2x_2^2+3x_3^2$.

(3) $f_3(x_1,x_2,x_3)=-2x_1^2-3x_2^2-x_3^2$.

(4) $f_4(x_1,x_2,x_3)=2x_1^2+x_2^2$.

解 (1) 因为对任意的 $\boldsymbol{X}=(x_1,x_2,x_3,x_4)^{\mathrm{T}}\neq\boldsymbol{0}$,恒有 $f_1(x_1,x_2,x_3,x_4)>0$,所以 $f_1(x_1,x_2,x_3,x_4)$为正定二次型.

(2) 特别取 $\boldsymbol{X}_1=(1,0,1)^{\mathrm{T}},\boldsymbol{X}_2=(0,1,0)^{\mathrm{T}}$,则

$$f_2(1,0,1)=4>0,\ f_2(0,1,0)=-2<0,$$

这说明二次型 f_2 取值的符号不确定.由定义,它不是正定二次型也不是负定二次型.

(3) 因 $f_3(x_1,x_2,x_3)<0$,故 f_3 是负定二次型.

(4) 因 $f_4(x_1,x_2,x_3)\geqslant 0$,故由定义知 f_4 是半正定二次型.

一般地,我们有:

定理 4.24 设 $\boldsymbol{A}$ 为正定矩阵,若 $\boldsymbol{A}$ 与 $\boldsymbol{B}$ 合同,则 $\boldsymbol{B}$ 也是正定矩阵.

证明 因为 $\boldsymbol{A}$ 与 $\boldsymbol{B}$ 合同,所以存在可逆矩阵 $\boldsymbol{C}$,使得 $\boldsymbol{B}=\boldsymbol{C}^{\mathrm{T}}\boldsymbol{AC}$,若令 $\boldsymbol{X}=\boldsymbol{CY}$,则

$$\boldsymbol{Y}^{\mathrm{T}}\boldsymbol{BY}=\boldsymbol{Y}^{\mathrm{T}}(\boldsymbol{C}^{\mathrm{T}}\boldsymbol{AC})\boldsymbol{Y}=(\boldsymbol{CY})^{\mathrm{T}}\boldsymbol{A}(\boldsymbol{CY})=\boldsymbol{X}^{\mathrm{T}}\boldsymbol{AX}>0,$$

即证 $\boldsymbol{B}$ 为正定矩阵.

由定理 4.24 的证明可以看出:若 $\boldsymbol{A}$ 与 $\boldsymbol{B}$ 合同,则 $\boldsymbol{A}$ 必与 $\boldsymbol{B}$ 具有相同的有定性.即有:

推论 1 设 $\boldsymbol{A}$ 为负定矩阵,若 $\boldsymbol{A}$ 与 $\boldsymbol{B}$ 合同,则 $\boldsymbol{B}$ 也是负定矩阵.

* **定理 4.25** n 元实二次型 $f=\boldsymbol{X}^{\mathrm{T}}\boldsymbol{AX}$ 正定的充要条件是其正惯性指数等于 n.

证明 设有可逆变换 $\boldsymbol{X}=\boldsymbol{PY}$,使得二次型可化为标准形,即

$$f=\boldsymbol{X}^{\mathrm{T}}\boldsymbol{AX}=\boldsymbol{Y}^{\mathrm{T}}(\boldsymbol{P}^{\mathrm{T}}\boldsymbol{AP})\boldsymbol{Y}=\boldsymbol{Y}^{\mathrm{T}}\boldsymbol{DY}=d_1y_1^2+d_2y_2^2+\cdots+d_ny_n^2,\tag{4.48}$$

因 $\boldsymbol{P}$ 可逆,故对任意的 $\boldsymbol{X}\neq\boldsymbol{0}$,恒有 $\boldsymbol{Y}=\boldsymbol{P}^{-1}\boldsymbol{X}\neq\boldsymbol{0}$;反之亦然.因此,将 $\boldsymbol{X}\neq\boldsymbol{0}$ 代入式(4.48)左端,等于将对应的 $\boldsymbol{Y}=\boldsymbol{P}^{-1}\boldsymbol{X}\neq\boldsymbol{0}$ 代入式(4.48)右端.于是,容易证明 $f>0$ 的充要条件是 $d_i>0$ $(i=1,2,\cdots,n)$,即正惯性指数等于 n.

* **推论 2** n 元实二次型 $f=\boldsymbol{X}^{\mathrm{T}}\boldsymbol{AX}$ 负定的充要条件是其负惯性指数等于 n.

定理 4.26 n 元实二次型 $f=\boldsymbol{X}^{\mathrm{T}}\boldsymbol{AX}$ 正定的充要条件是二次型矩阵 $\boldsymbol{A}$ 的特征值全为正.

证明 由主轴定理,存在正交变换 $\boldsymbol{X}=\boldsymbol{PY}$,使得

$$f=\boldsymbol{X}^{\mathrm{T}}\boldsymbol{AX}=\boldsymbol{Y}^{\mathrm{T}}\boldsymbol{DY}=\lambda_1y_1^2+\lambda_2y_2^2+\cdots+\lambda_ny_n^2,\tag{4.49}$$

这里 $\lambda_1,\lambda_2,\cdots,\lambda_n$ 是 $\boldsymbol{A}$ 的 n 个特征值,且满足

$$\boldsymbol{P}^{-1}\boldsymbol{AP}=\boldsymbol{P}^{\mathrm{T}}\boldsymbol{AP}=\boldsymbol{D}=\mathrm{diag}\{\lambda_1,\lambda_2,\cdots,\lambda_n\},\tag{4.50}$$

再由定理 4.23,$\boldsymbol{A}$ 正定的充要条件是正惯性指数等于 n,即 $\lambda_i>0(i=1,2,\cdots,n)$.

由矩阵的特征值与行列式的关系，即可证明

推论 3　若矩阵 $\boldsymbol{A}$ 正定，则 $\boldsymbol{A}$ 的行列式必大于零.

定义 4.19　设 $\boldsymbol{A}=(a_{ij})_{n\times n}$ 为 n 阶矩阵，依次取 $\boldsymbol{A}$ 的前 k 行、前 k 列所成的 k 阶矩阵为

$$\boldsymbol{A}_k=\begin{pmatrix} a_{11} & a_{12} & \cdots & a_{1k} \\ a_{21} & a_{22} & \cdots & a_{2k} \\ \vdots & \vdots & & \vdots \\ a_{k1} & a_{k2} & \cdots & a_{kk} \end{pmatrix}, \quad k=1,2,\cdots,n, \tag{4.51}$$

则称 $\boldsymbol{M}_k=|\boldsymbol{A}_k|$ 为矩阵 $\boldsymbol{A}$ 的 k 阶顺序主子式.

易见 n 阶方阵 $\boldsymbol{A}$ 的顺序主子式共有 n 个，依次为 $\boldsymbol{M}_1,\boldsymbol{M}_2,\cdots,\boldsymbol{M}_n$.

定理 4.27　n 元实二次型 $f=\boldsymbol{X}^{\mathrm{T}}\boldsymbol{AX}$ 正定的充要条件是二次型矩阵 $\boldsymbol{A}$ 的各阶顺序主子式都大于零，n 元实二次型 $f=\boldsymbol{X}^{\mathrm{T}}\boldsymbol{AX}$ 负定的充要条件是二次型矩阵 $\boldsymbol{A}$ 的奇数阶主子式小于零，而偶数阶主子式大于零.

证明略去.

【例 4.30】　证明三阶方阵 $\boldsymbol{A}=\begin{pmatrix} 1 & 1 & 2 \\ 1 & 3 & 2 \\ 2 & 2 & 5 \end{pmatrix}$ 正定.

证明　因为

$$\boldsymbol{M}_1=a_{11}=1>0,$$

$$\boldsymbol{M}_2=\begin{vmatrix} 1 & 1 \\ 1 & 3 \end{vmatrix}=2>0,$$

$$\boldsymbol{M}_3=|\boldsymbol{A}|=2>0,$$

故矩阵 $\boldsymbol{A}$ 为正定矩阵.

【例 4.31】　判定二次型

$$f(x,y,z)=-5x^2-6y^2-4z^2+4xy+4xz$$

的正定性.

解　因为二次型 f 的矩阵为

$$\boldsymbol{A}=\begin{pmatrix} -5 & 2 & 2 \\ 2 & -6 & 0 \\ 2 & 0 & 4 \end{pmatrix},$$

于是

$$a_{11}=-5<0,$$

$$\begin{vmatrix} a_{11} & a_{12} \\ a_{21} & a_{22} \end{vmatrix}=\begin{vmatrix} -5 & 2 \\ 2 & -6 \end{vmatrix}=26>0,$$

$$|\boldsymbol{A}|=-80<0,$$

由定理 4.27 知 f 是负定的.

【例 4.32】　证明：若 $\boldsymbol{A}$ 为正定矩阵，则 $\boldsymbol{A}^{-1}$ 也是正定矩阵.

证法 1　因为 $\boldsymbol{A}$ 正定，所以 $\boldsymbol{A}^{\mathrm{T}}=\boldsymbol{A}$，于是

$$(\boldsymbol{A}^{-1})^{\mathrm{T}}=(\boldsymbol{A}^{\mathrm{T}})^{-1}=\boldsymbol{A}^{-1},$$

故 $\boldsymbol{A}^{-1}$ 是对称矩阵.

设 $\boldsymbol{A}$ 的特征值为 $\lambda_1,\lambda_2,\cdots,\lambda_n$，由 $\boldsymbol{A}$ 正定知 $\lambda_i>0(i=1,2,\cdots,n)$. 又因为 $\boldsymbol{A}^{-1}$ 的特征

值是

$$\frac{1}{\lambda_1}, \frac{1}{\lambda_2}, \cdots, \frac{1}{\lambda_n},$$

故 $\boldsymbol{A}^{-1}$ 的特征值全大于零,所以 $\boldsymbol{A}^{-1}$ 是正定矩阵.

证法 2 因为 $\boldsymbol{A}$ 正定,于是存在可逆矩阵 $\boldsymbol{C}$,使 $\boldsymbol{C}^{\mathrm{T}}\boldsymbol{A}\boldsymbol{C}=\boldsymbol{I}_n$,对两边分别求逆得

$$\begin{aligned}\boldsymbol{C}^{-1}\boldsymbol{A}^{-1}(\boldsymbol{C}^{\mathrm{T}})^{-1} &= (\boldsymbol{C}^{\mathrm{T}}\boldsymbol{A}\boldsymbol{C})^{-1}\\ &= (\boldsymbol{I}_n)^{-1}=\boldsymbol{I}_n,\end{aligned}$$

又因为 $(\boldsymbol{C}^{\mathrm{T}})^{-1}=(\boldsymbol{C}^{-1})^{\mathrm{T}}$,$((\boldsymbol{C}^{-1})^{\mathrm{T}})^{\mathrm{T}}=\boldsymbol{C}^{-1}$,所以

$$((\boldsymbol{C}^{-1})^{\mathrm{T}})^{\mathrm{T}}\boldsymbol{A}^{-1}(\boldsymbol{C}^{-1})^{\mathrm{T}}=\boldsymbol{I}_n,$$

且 $|(\boldsymbol{C}^{-1})^{\mathrm{T}}|=|\boldsymbol{C}|^{-1}\neq 0$,故 $\boldsymbol{A}^{-1}$ 与 $\boldsymbol{I}_n$ 合同,即证 $\boldsymbol{A}^{-1}$ 为正定矩阵.

【例 4.33】 确定 t 的取值范围,使二次型

$$f(x,y,z)=x^2+y^2+5z^2+2txy-2xz+4yz$$

为正定二次型.

解 因为二次型 f 的矩阵为

$$\boldsymbol{A}=\begin{pmatrix}1 & t & -1\\ t & 1 & 2\\ -1 & 2 & 5\end{pmatrix},$$

由定理 4.27,所给二次型 f 正定的充要条件是 $\boldsymbol{A}$ 的各阶顺序主子式都大于零,即

$$\boldsymbol{M}_1=1>0,$$

$$\boldsymbol{M}_2=\begin{vmatrix}1 & t\\ t & 1\end{vmatrix}=1-t^2>0,$$

$$\boldsymbol{M}_3=|\boldsymbol{A}|=-5t^2-4t>0,$$

即

$$\begin{cases}t^2-1<0,\\ 5t^2+4t<0,\end{cases}$$

解之得 $-4/5<t<0$,故 t 为区间 $(-4/5,0)$ 内的任一值时,f 是正定二次型.

习题 4.6

1. 判别下列二次型是否正定:

(1) $f=-2x_1^2-6x_2^2-4x_3^2+2x_1x_2+2x_1x_3$;

(2) $f(x_1,x_2,x_3)=x_1^2+2x_1x_2+4x_1x_3+2x_2^2+6x_2x_3+6x_3^2$;

(3) $f=5x_1^2+x_2^2+5x_3^2+4x_1x_2-8x_1x_3-4x_2x_3$;

(4) $f=x_1^2+x_2^2+14x_3^2+7x_4^2+6x_1x_3+4x_1x_4-4x_2x_3$.

2. 当 a 为何值时,下列实二次型:

(1) $f(x_1,x_2,x_3)=x_1^2+ax_2^2+17x_3^2+2x_1x_2-8x_1x_3+6x_2x_3$;

(2) $f(x_1,x_2,x_3)=x_1^2+ax_2^2+ax_3^2+2x_1x_2+4x_1x_3$

是正定的?

3. 判断下列矩阵的正定性.

(1) $\boldsymbol{A}=\begin{pmatrix}2 & -2 & 0\\ -2 & 1 & -2\\ 0 & -2 & 0\end{pmatrix}$；　(2) $\begin{pmatrix}-6 & 2 & 1\\ 2 & -6 & 0\\ 1 & 0 & -6\end{pmatrix}$.

4. t 取何值，$\boldsymbol{A}=\begin{pmatrix}1 & t & 1\\ t & 2 & 0\\ 1 & 0 & 1-t\end{pmatrix}$是正定的.

5. 设$\boldsymbol{U}$为可逆矩阵，$\boldsymbol{A}=\boldsymbol{U}^{\mathrm{T}}\boldsymbol{U}$，则$f=\boldsymbol{x}^{\mathrm{T}}\boldsymbol{A}\boldsymbol{x}$为正定二次型.

6. 设$\boldsymbol{A}$为正定矩阵，$\boldsymbol{M}$为非奇异矩阵，则$\boldsymbol{M}^{\mathrm{T}}\boldsymbol{A}\boldsymbol{M}$与$\boldsymbol{A}^{-1}$皆为正定矩阵.

7. 设$\boldsymbol{A}$是n阶正定矩阵，则$|\boldsymbol{A}+\boldsymbol{I}|>1$，其中$\boldsymbol{I}$是$n$阶单位矩阵.

8. 证明：二次型$f=\boldsymbol{x}^{\mathrm{T}}\boldsymbol{A}\boldsymbol{x}$在$|\boldsymbol{x}|=1$时的最大值为矩阵$\boldsymbol{A}$的最大特征值.

4.7　典型和扩展例题

【例 4.34】　已知三阶矩阵$\boldsymbol{A}$的特征值为$1,-1,2$. 设矩阵$\boldsymbol{B}=\boldsymbol{A}^3-5\boldsymbol{A}^2$，试计算

(1) $|\boldsymbol{B}|$；

(2) $|\boldsymbol{A}-5\boldsymbol{I}|$.

解　(1) $\boldsymbol{B}$的三个特征值为$-4,-6,-12$，则

$$|\boldsymbol{B}|=(-4)(-6)(12)=-288.$$

(2) **解法 1**　令$f(\boldsymbol{A})=\boldsymbol{A}-5\boldsymbol{I}$，因$\boldsymbol{A}$的所有特征值$\lambda=1,-1,2$，故$f(\boldsymbol{A})$的所有特征值为$f(\lambda)=\lambda-5$，即

$$f(1)=1-5=-4,\ f(-1)=-1-5=-6,\ f(2)=2-5=-3,$$

故

$$|\boldsymbol{A}-5\boldsymbol{I}|=|f(\boldsymbol{A})|=f(1)f(-1)f(2)=-72.$$

解法 2　因$\boldsymbol{A}$的三个特征值为$1,-1,2$，故$|\boldsymbol{A}|=-2$，又

$$\boldsymbol{B}=\boldsymbol{A}^3-5\boldsymbol{A}^2=\boldsymbol{A}^2(\boldsymbol{A}-5\boldsymbol{I}),$$

故$|\boldsymbol{B}|=|\boldsymbol{A}-5\boldsymbol{I}|$，即

$$|\boldsymbol{A}-5\boldsymbol{I}|=|\boldsymbol{B}|/|\boldsymbol{A}|^2=(-288)/4=-72.$$

解法 3　因$\boldsymbol{A}$的三个特征值为$1,-1,2$，故

$$|\lambda\boldsymbol{I}-\boldsymbol{A}|=(\lambda-1)(\lambda+1)(\lambda+2),$$

令$\lambda=5$，由上式得到$|5\boldsymbol{I}-\boldsymbol{A}|=(5-1)(5+1)(5-2)=72$，故

$$|\boldsymbol{A}-5\boldsymbol{I}|=(-1)^3|5\boldsymbol{I}-\boldsymbol{A}|=-72.$$

【例 4.35】　设$\boldsymbol{A}=\begin{pmatrix}-1 & 2 & -2\\ 2 & -1 & -2\\ 2 & -2 & -1\end{pmatrix}$.

(1) 试求$\boldsymbol{A}$的特征值；

(2) 利用(1)的结果，求矩阵$\boldsymbol{I}+\boldsymbol{A}^{-1}$的特征值，其中$\boldsymbol{I}$为三阶单位矩阵.

解　(1) 由$|\lambda\boldsymbol{I}-\boldsymbol{A}|=\begin{vmatrix}\lambda+1 & -2 & -2\\ -2 & \lambda+1 & 2\\ -2 & 2 & \lambda+1\end{vmatrix}=(\lambda-1)^2(\lambda+5)=0$,

得到 $\boldsymbol{A}$ 的所有特征值为 $\lambda_1=\lambda_2=1,\lambda_3=-5$.

(2) 由 $\boldsymbol{A}$ 的特征值即得 $\boldsymbol{A}^{-1}$ 的所有特征值为 $1,1,-1/5$. 再求 $\boldsymbol{I}+\boldsymbol{A}^{-1}$ 的特征值. 因为 $\boldsymbol{A}^{-1}$ 的特征值为 $1,1,-1/5$,故 $\boldsymbol{I}+\boldsymbol{A}^{-1}$ 的特征值分别为 $1+1,1+1,1-1/5$,即 $\boldsymbol{E}+\boldsymbol{A}^{-1}$ 的特征值为 $2,2,4/5$.

【例 4.36】 设 n 阶可逆矩阵 $\boldsymbol{A}$ 的特征值为 n 个非零数 $\lambda_1,\cdots,\lambda_n$,试证伴随矩阵 $\boldsymbol{A}^*$ 的特征值为 $\lambda_1^{-1}|\boldsymbol{A}|,\cdots,\lambda_n^{-1}|\boldsymbol{A}|$.

证明 1 因 λ_i 为 $\boldsymbol{A}$ 的特征值,故 $|\lambda_i\boldsymbol{I}-\boldsymbol{A}|=0$. 欲证 $\lambda_i^{-1}|\boldsymbol{A}|$ 为 $\boldsymbol{A}^*$ 的特征值,只需证 $|(\lambda_i^{-1}|\boldsymbol{A}|)\boldsymbol{I}-\boldsymbol{A}^*|=0$. 事实上:

$$0=|\lambda_i\boldsymbol{I}-\boldsymbol{A}|=|\lambda_i\boldsymbol{I}-(\boldsymbol{A}^{-1})^{-1}|=|\lambda_i\boldsymbol{I}-(|\boldsymbol{A}|^{-1}\boldsymbol{A}^*)^{-1}|=|\lambda_i\boldsymbol{I}-|\boldsymbol{A}|(\boldsymbol{A}^*)^{-1}|,$$

故

$$\begin{aligned}0&=|\lambda_i\boldsymbol{I}-|\boldsymbol{A}|(\boldsymbol{A}^*)^{-1}|(-1)^n|\boldsymbol{A}^*|=(-1)^n|\lambda_i\boldsymbol{A}^*-|\boldsymbol{A}|(\boldsymbol{A}^*)^{-1}\boldsymbol{A}^*|\\&=||\boldsymbol{A}|\boldsymbol{I}-\lambda_i\boldsymbol{A}^*|=\lambda_i^n|(\lambda_i^{-1}|A|)\boldsymbol{I}-\boldsymbol{A}^*|,\end{aligned}$$

因 $\lambda\neq0$,故 $|(\lambda_i^{-1}|\boldsymbol{A}|)\boldsymbol{I}-\boldsymbol{A}^*|=0$,即 $\lambda_i^{-1}|\boldsymbol{A}|(i=1,2,\cdots,n)$ 为 $\boldsymbol{A}^*$ 的所有特征值.

证明 2 在 $\boldsymbol{A}\boldsymbol{\alpha}_i=\lambda_i\boldsymbol{\alpha}_i$ 的两边左乘 $\boldsymbol{A}^*$,利用 $\boldsymbol{A}^*\boldsymbol{A}=|\boldsymbol{A}|\boldsymbol{I}$,有

$$\boldsymbol{A}^*\boldsymbol{A}\boldsymbol{\alpha}_i=\lambda_i\boldsymbol{A}^*\boldsymbol{\alpha}_i;\ \boldsymbol{A}^*\boldsymbol{\alpha}_i=\lambda_i^{-1}|\boldsymbol{A}|\boldsymbol{\alpha}_i,$$

故 $\lambda_i^{-1}|\boldsymbol{A}|(i=1,2,\cdots,n)$ 为 $\boldsymbol{A}^*$ 的特征值.

证明 3 由 $\boldsymbol{A}\boldsymbol{\alpha}_i=\lambda_i\boldsymbol{\alpha}_i$ 得 $\boldsymbol{A}^{-1}\boldsymbol{\alpha}_i=\lambda_i^{-1}\boldsymbol{\alpha}_i$,两边乘 $|\boldsymbol{A}|$,即得

$$\boldsymbol{A}^*\boldsymbol{\alpha}_i=\lambda_i^{-1}|\boldsymbol{A}|\boldsymbol{\alpha}_i,$$

故 $\lambda_i^{-1}|\boldsymbol{A}|(i=1,2,\cdots,n)$ 为 $\boldsymbol{A}^*$ 的特征值.

证明 4 在 $\boldsymbol{A}\boldsymbol{\alpha}_i=\lambda_i\boldsymbol{\alpha}_i$ 两边也可左乘 $|\boldsymbol{A}|\boldsymbol{A}^{-1}$ 证之(留给读者自行补充).

【例 4.37】 已知

$$\boldsymbol{A}=\begin{pmatrix}-2&1&1\\0&2&0\\-4&1&3\end{pmatrix},\ \boldsymbol{\beta}=\begin{pmatrix}2\\2\\3\end{pmatrix},$$

试求 $\boldsymbol{A}^{10}\boldsymbol{\beta}$.

解法 1 矩阵 $\boldsymbol{A}$ 的特征多项式

$$\begin{aligned}|\lambda\boldsymbol{I}-\boldsymbol{A}|&=\begin{vmatrix}\lambda+2&-1&-1\\0&\lambda-2&0\\4&-1&\lambda-3\end{vmatrix}\\&=(\lambda-2)(\lambda^2-\lambda-2)=(\lambda-2)^2(\lambda+1),\end{aligned}$$

所以 $\boldsymbol{A}$ 的特征值为

$$\lambda_1=\lambda_2=2,\ \lambda_3=-1,$$

将 $\lambda_1=\lambda_2=2$ 代入 $(\lambda_1\boldsymbol{I}-\boldsymbol{A})\boldsymbol{X}=\boldsymbol{0}$ 中,不难求出对应于特征值 2 的特征向量

$$\boldsymbol{\xi}_1=\begin{pmatrix}0\\1\\-1\end{pmatrix},\ \boldsymbol{\xi}_2=\begin{pmatrix}1\\0\\4\end{pmatrix}.$$

类似可求出对应于特征值 -1 的特征向量

$$\boldsymbol{\xi}_3=\begin{pmatrix}1\\0\\1\end{pmatrix}.$$

令 $\boldsymbol{P}=(\boldsymbol{\xi}_1,\boldsymbol{\xi}_2,\boldsymbol{\xi}_3)=\begin{pmatrix}0&1&1\\1&0&0\\-1&4&1\end{pmatrix}$，则有

$$\boldsymbol{P}^{-1}=\frac{1}{3}\begin{pmatrix}0&3&0\\-1&1&1\\4&-1&-1\end{pmatrix},$$

而 $\boldsymbol{P}^{-1}\boldsymbol{A}\boldsymbol{P}=\begin{pmatrix}2&&\\&2&\\&&-1\end{pmatrix}=\boldsymbol{B}$，于是

$$\boldsymbol{A}=\boldsymbol{P}\begin{pmatrix}2&&\\&2&\\&&-1\end{pmatrix}\boldsymbol{P}^{-1}.$$

$$\begin{aligned}\boldsymbol{A}^{10}&=(\boldsymbol{PBP}^{-1})^{10}\boldsymbol{PB}^{10}\boldsymbol{P}^{-1}\\&=\frac{1}{3}\begin{pmatrix}0&1&1\\1&0&0\\-1&4&1\end{pmatrix}\begin{pmatrix}2^{10}&&\\&2^{10}&\\&&(-1)^{10}\end{pmatrix}\begin{pmatrix}0&3&0\\-1&1&1\\4&-1&-1\end{pmatrix}\\&=\frac{1}{3}\begin{pmatrix}4-2^{10}&2^{10}-1&2^{10}-1\\0&3\times2^{10}&0\\4-2^{12}&2^{10}-1&2^{12}-1\end{pmatrix},\end{aligned}$$

因此

$$\boldsymbol{A}^{10}\boldsymbol{\beta}=\begin{pmatrix}2^{10}+1\\2^{11}\\2^{11}+1\end{pmatrix}.$$

解法 2　同前，求出 $\boldsymbol{A}$ 的特征值、特征向量. 设 $x_1\boldsymbol{\xi}_1+x_2\boldsymbol{\xi}_2+x_3\boldsymbol{\xi}_3=\boldsymbol{\beta}$，解得

$$\boldsymbol{\beta}=2\boldsymbol{\xi}_1+\boldsymbol{\xi}_2+\boldsymbol{\xi}_3,$$

则

$$\boldsymbol{A\beta}=2\boldsymbol{A\xi}_1+\boldsymbol{A\xi}_2+\boldsymbol{A\xi}_3=2\lambda_1\boldsymbol{\xi}_1+\lambda_2\boldsymbol{\xi}_2+\lambda_3\boldsymbol{\xi}_3,$$

$$\boldsymbol{A}^2\boldsymbol{\beta}=2\lambda_1\boldsymbol{A\xi}_1+\lambda_2\boldsymbol{A\xi}_2+\lambda_3\boldsymbol{A\xi}_3=2\lambda_1^2\boldsymbol{A\xi}_1+\lambda_2^2\boldsymbol{A\xi}_2+\lambda_3^2\boldsymbol{A\xi}_3,$$

类似地

$$\begin{aligned}\boldsymbol{A}^{10}\boldsymbol{\beta}&=2\lambda_1^{10}\boldsymbol{\xi}_1+\lambda_2^{10}\boldsymbol{\xi}_2+\lambda_3^{10}\boldsymbol{\xi}_3\\&=2\cdot2^{10}\begin{pmatrix}0\\1\\-1\end{pmatrix}+2^{10}\begin{pmatrix}1\\0\\4\end{pmatrix}+\begin{pmatrix}1\\0\\1\end{pmatrix}=\begin{pmatrix}2^{10}+1\\2^{11}\\2^{11}+1\end{pmatrix}.\end{aligned}$$

注　利用矩阵与对角矩阵相似知识，可以将一般矩阵的方幂计算转化为对角矩阵的方幂计算. 解法 2 利用 $\boldsymbol{\beta}$ 与 $\boldsymbol{\xi}_1,\boldsymbol{\xi}_2,\boldsymbol{\xi}_3$ 之间的特殊关系，大大减少了运算量. 解法 1 则具有普遍性.

【例 4.38】　已知两个三维向量 $\boldsymbol{\alpha}_1=(1,1,1)^{\mathrm{T}}$，$\boldsymbol{\beta}=(1,-2,1)^{\mathrm{T}}$ 正交，试求一个非零向量 $\boldsymbol{\gamma}$，使得 $\boldsymbol{\gamma}$ 与 $\boldsymbol{\alpha}$，$\boldsymbol{\beta}$ 两两正交.

解　设 $\boldsymbol{\gamma}=(x_1,x_2,x_3)^{\mathrm{T}}$，则由

$$\boldsymbol{\alpha}^{\mathrm{T}}\boldsymbol{\gamma}=\boldsymbol{\beta}^{\mathrm{T}}\boldsymbol{\gamma}=0$$

可得方程组

$$\begin{pmatrix}1 & 1 & 1\\ 1 & -2 & 1\end{pmatrix}\begin{pmatrix}x_1\\ x_2\\ x_3\end{pmatrix}=0,$$

解得基础解系为 $\boldsymbol{x}_0=(1,0,-1)^{\mathrm{T}}$,故取

$$\boldsymbol{\gamma}=\boldsymbol{x}_0=(1,0,-1)^{\mathrm{T}},$$

即为所求.

【例 4.39】 化二次型

$$f(x_1,x_2,x_3)=2x_1x_2-2x_1x_3+2x_2x_3$$

为标准形,并写出所用满秩线性变换.

解法 1 配方法.

先作变换化出平方项,令$\begin{cases}x_1=y_1+y_2,\\ x_2=y_1-y_2,\\ x_3=y_3,\end{cases}$则

$$\begin{aligned}f&=2(y_1+y_2)(y_1-y_2)-2(y_1+y_2)y_3+2(y_1-y_2)y_3\\ &=2y_1^2-2y_2^2-4y_2y_3,\end{aligned}$$

再用配方法有

$$\begin{aligned}f&=2y_1^2-2(y_2^2+2y_2y_3+y_3)^2+2y_3^2\\ &=2y_1^2-2(y_2+y_3)^2+2y_3^2,\end{aligned}$$

令$\begin{cases}z_1=y_1,\\ z_2=y_2+y_3,\\ z_3=y_3,\end{cases}$则二次型化为标准形

$$f=2z_1^2-2z_2^2+2z_3^2,$$

此时所用坐标变换

$$\begin{cases}x_1=y_1+y_2=z_1+z_2-z_3,\\ x_2=y_1-y_2=z_1-z_2+z_3,\\ x_3=y_3=z_3,\end{cases}$$

用矩阵表示为

$$\begin{pmatrix}x_1\\ x_2\\ x_3\end{pmatrix}=\begin{pmatrix}1 & 1 & -1\\ 1 & -1 & 1\\ 0 & 0 & 1\end{pmatrix}\begin{pmatrix}z_1\\ z_2\\ z_3\end{pmatrix},$$

易见

$$\begin{aligned}|\boldsymbol{C}|&=\begin{vmatrix}1 & 1 & -1\\ 1 & -1 & 1\\ 0 & 0 & 1\end{vmatrix}\\ &=-2\neq 0,\end{aligned}$$

故 $\boldsymbol{X}=\boldsymbol{C}\boldsymbol{Y}$ 是满秩线性变换.

解法 2 初等变换法.

$$\begin{pmatrix}\boldsymbol{A}\\\boldsymbol{I}\end{pmatrix}=\begin{pmatrix}0&1&-1\\1&0&1\\-1&1&0\\1&0&0\\0&1&0\\0&0&1\end{pmatrix}\xrightarrow{c_1+c_2}\begin{pmatrix}1&1&-1\\1&0&1\\0&1&0\\1&0&0\\1&1&0\\0&0&1\end{pmatrix}\xrightarrow{r_1+r_2}\begin{pmatrix}2&1&0\\1&0&1\\0&1&0\\1&0&0\\1&1&0\\0&0&1\end{pmatrix}$$

$$\xrightarrow{c_2-\frac{1}{2}c_1}\begin{pmatrix}2&0&0\\1&-\frac{1}{2}&1\\0&1&0\\1&-\frac{1}{2}&0\\1&\frac{1}{2}&0\\0&0&1\end{pmatrix}\xrightarrow{r_2-\frac{1}{2}r_1}\begin{pmatrix}2&0&0\\0&-\frac{1}{2}&1\\0&1&0\\1&-\frac{1}{2}&0\\1&\frac{1}{2}&0\\0&0&1\end{pmatrix}$$

$$\xrightarrow{c_3+2c_2}\begin{pmatrix}2&0&0\\0&-\frac{1}{2}&0\\0&1&2\\1&-\frac{1}{2}&-1\\1&\frac{1}{2}&1\\0&0&1\end{pmatrix}\xrightarrow{r_3+2r_2}\begin{pmatrix}2&0&0\\0&-\frac{1}{2}&0\\0&0&2\\1&-\frac{1}{2}&-1\\1&\frac{1}{2}&1\\0&0&1\end{pmatrix},$$

这样经坐标变换 $\boldsymbol{X}=\boldsymbol{CY}$,其中

$$\boldsymbol{C}=\begin{pmatrix}1&-\frac{1}{2}&-1\\1&\frac{1}{2}&1\\0&0&1\end{pmatrix},$$

二次型化为标准形

$$2y_1^2-\frac{1}{2}y_2^2+2y_3^2.$$

注意 将二次型化为标准形的方法不是唯一的,其标准形也不是唯一的.通常可用配方法、初等变换法及正交变换法.但正交变换法更常见,因而也是更重要的一种方法.

【例 4.40】 将二次型

$$f=17x_1^2+14x_2^2+14x_3^2-4x_1x_2-4x_1x_3-8x_2x_3$$

通过正交变换 $\boldsymbol{x}=\boldsymbol{PY}$ 化成标准形.

解 二次型的矩阵为

$$\boldsymbol{A}=\begin{pmatrix}17 & -2 & -2\\ -2 & 14 & -4\\ -2 & -4 & 14\end{pmatrix},$$

于是由

$$|\lambda\boldsymbol{I}-\boldsymbol{A}|=\begin{vmatrix}\lambda-17 & 2 & 2\\ 2 & \lambda-14 & 4\\ 2 & 4 & \lambda-14\end{vmatrix}=(\lambda-18)^2(\lambda-9)=0,$$

可求得 $\boldsymbol{A}$ 的特征值为

$$\lambda_1=9,\ \lambda_2=\lambda_3=18.$$

由此可解得三个线性无关的特征向量分别为

$$\boldsymbol{\xi}_1=(1/2,1,1)^{\mathrm{T}},\ \boldsymbol{\xi}_2=(-2,1,0)^{\mathrm{T}},\ \boldsymbol{\xi}_3=(-2,0,1)^{\mathrm{T}}.$$

将特征向量先正交化再单位化得：

$$\boldsymbol{\eta}_1=\begin{pmatrix}1/3\\ 2/3\\ 2/3\end{pmatrix},\ \boldsymbol{\eta}_2=\begin{pmatrix}-2/\sqrt{5}\\ 1/\sqrt{5}\\ 0\end{pmatrix},\ \boldsymbol{\eta}_3=\begin{pmatrix}-2/\sqrt{45}\\ -4/\sqrt{45}\\ 5/\sqrt{45}\end{pmatrix}.$$

作正交矩阵

$$\boldsymbol{P}=\begin{pmatrix}1/3 & -2/\sqrt{5} & -2/\sqrt{45}\\ 2/3 & 1/\sqrt{5} & -4/\sqrt{45}\\ 2/3 & 0 & 5/\sqrt{45}\end{pmatrix},$$

故所求正交变换为

$$\begin{pmatrix}x_1\\ x_2\\ x_3\end{pmatrix}=\begin{pmatrix}1/3 & -2/\sqrt{5} & -2/\sqrt{45}\\ 2/3 & 1/\sqrt{5} & -4/\sqrt{45}\\ 2/3 & 0 & 5/\sqrt{45}\end{pmatrix}\begin{pmatrix}y_1\\ y_2\\ y_3\end{pmatrix},$$

且在该正交变换下可将原二次型化为标准形

$$f=9y_1^2+18y_2^2+18y_3^2.$$

【例 4.41】 设 $\boldsymbol{A}$ 为 $m\times n$ 实矩阵，且秩$(\boldsymbol{A})=n$，证明 $\boldsymbol{A}^{\mathrm{T}}\boldsymbol{A}$ 正定.

证法 1 （1）因$(\boldsymbol{A}^{\mathrm{T}}\boldsymbol{A})^{\mathrm{T}}=\boldsymbol{A}^{\mathrm{T}}\boldsymbol{A}$，故 $\boldsymbol{A}^{\mathrm{T}}\boldsymbol{A}$ 为实对称矩阵.

（2）下证对任意 $\boldsymbol{X}\neq\boldsymbol{0}$，恒有

$$f=\boldsymbol{X}^{\mathrm{T}}\boldsymbol{A}\boldsymbol{X}>0,$$

令 $\boldsymbol{A}=[\boldsymbol{\alpha}_1,\boldsymbol{\alpha}_2,\cdots,\boldsymbol{\alpha}_n]$，其中 $\boldsymbol{\alpha}_i$ 为 $\boldsymbol{A}$ 的列向量，则

$$\boldsymbol{A}\boldsymbol{X}=[\boldsymbol{\alpha}_1,\boldsymbol{\alpha}_2,\cdots,\boldsymbol{\alpha}_n]\begin{bmatrix}x_1\\ x_2\\ \cdots\\ x_n\end{bmatrix}=x_1\boldsymbol{\alpha}_1+x_2\boldsymbol{\alpha}_2+\cdots+x_n\boldsymbol{\alpha}_n.$$

因秩$(\boldsymbol{A})=n$,故$\boldsymbol{\alpha}_1,\boldsymbol{\alpha}_2,\cdots,\boldsymbol{\alpha}_n$线性无关.根据线性无关的定义,对任一组不全为0的数$x_1,x_2,\cdots,x_n$,即任意的$\boldsymbol{X}\neq\boldsymbol{0}$,有$\boldsymbol{AX}=x_1\boldsymbol{\alpha}_1+x_2\boldsymbol{\alpha}_2+\cdots+x_n\boldsymbol{\alpha}_n\neq\boldsymbol{0}$,从而

$$f=\boldsymbol{X}^{\mathrm{T}}\boldsymbol{A}^{\mathrm{T}}\boldsymbol{AX}=(\boldsymbol{AX})^{\mathrm{T}}(\boldsymbol{AX})>0,$$

即$f=\boldsymbol{X}^{\mathrm{T}}\boldsymbol{A}^{\mathrm{T}}\boldsymbol{AX}$为正定二次型,$\boldsymbol{A}^{\mathrm{T}}\boldsymbol{A}$为正定矩阵.

证法2　因秩$(\boldsymbol{A})=n$,$\boldsymbol{A}$为$m\times n$矩阵,故$\boldsymbol{AX}=\boldsymbol{0}$只有零解,于是任意的$\boldsymbol{X}\neq\boldsymbol{0}$都不是$\boldsymbol{AX}=\boldsymbol{0}$的解,从而$\boldsymbol{AX}\neq\boldsymbol{0}$,又$\boldsymbol{A}$为实矩阵,故$(\boldsymbol{AX})^{\mathrm{T}}(\boldsymbol{AX})>0$,所以对任意$\boldsymbol{X}\neq\boldsymbol{0}$,有

$$\boldsymbol{X}^{\mathrm{T}}(\boldsymbol{A}^{\mathrm{T}}\boldsymbol{A})\boldsymbol{X}=(\boldsymbol{AX})^{\mathrm{T}}(\boldsymbol{AX})>0.$$

由定义知,$\boldsymbol{X}^{\mathrm{T}}(\boldsymbol{A}^{\mathrm{T}}\boldsymbol{A})\boldsymbol{X}$为正定二次型,$\boldsymbol{A}^{\mathrm{T}}\boldsymbol{A}$为正定矩阵.

【例4.42】　设n阶实对称矩阵$\boldsymbol{A}\neq\boldsymbol{0}$,且其特征值全为非负数,$\boldsymbol{I}$为$n$阶单位阵,则行列式$|\boldsymbol{A}+\boldsymbol{I}|>1$.

证法1　设$\boldsymbol{A}$的n个特征值为$\lambda_1,\lambda_2,\cdots,\lambda_n$,则$\lambda_i\geqslant 0(i=1,2,\cdots,n)$.因$\boldsymbol{A}\neq\boldsymbol{0}$,故$\boldsymbol{A}$至少有一个特征值$\lambda_j>0$.

事实上,若所有特征值$\lambda_i=0(i=1,2,\cdots,n)$,则

$$\boldsymbol{A}=\boldsymbol{Q}\operatorname{diag}(\lambda_1,\lambda_2,\cdots,\lambda_n)\boldsymbol{Q}^{-1}=\boldsymbol{Q}\cdot\boldsymbol{0}\cdot\boldsymbol{Q}^{-1}=\boldsymbol{0}.$$

这与$\boldsymbol{A}\neq\boldsymbol{0}$矛盾.因$\boldsymbol{A}$为实对称矩阵,故

$$\boldsymbol{A}=\boldsymbol{Q}\operatorname{diag}(\lambda_1,\cdots,\lambda_j,\cdots,\lambda_n)\boldsymbol{Q}^{-1}.$$

又$\boldsymbol{I}=\boldsymbol{Q}\operatorname{diag}(1,\cdots,1,\cdots,1)\boldsymbol{Q}^{-1}$,于是

$$\begin{aligned}|\boldsymbol{A}+\boldsymbol{I}|&=|\boldsymbol{Q}\operatorname{diag}(\lambda_1+1,\cdots,\lambda_j+1,\cdots,\lambda_n+1)\boldsymbol{Q}^{-1}|\\&=|\boldsymbol{Q}||\boldsymbol{Q}|^{-1}|\operatorname{diag}(\lambda_1+1,\cdots,\lambda_j+1,\cdots,\lambda_n+1)|\\&=(\lambda_1+1)(\lambda_2+1)\cdots(\lambda_j+1)\cdots(\lambda_{n-1}+1)(\lambda_n+1)>1.\end{aligned}$$

证法2　因$\boldsymbol{A}+\boldsymbol{I}$的特征值为$\lambda_i+1,\lambda_2+1,\cdots,\lambda_j+1,\cdots,\lambda_n+1$,且至少有一个特征值$\lambda_j+1>1$(由证法1可知),而其余的特征值有

$$\lambda_i+1\geqslant 1\quad(i=1,2,\cdots,n,\ i\neq j),$$

从而

$$|\boldsymbol{A}+\boldsymbol{I}|=(\lambda_1+1)(\lambda_2+1)\cdots(\lambda_j+1)\cdots(\lambda_n+1)>1.$$

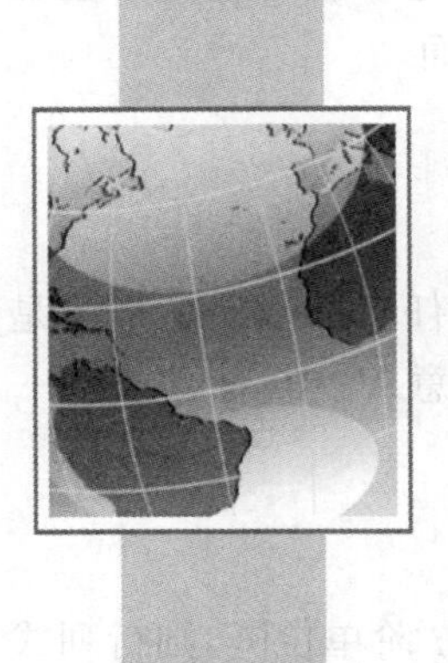

第五章 线性空间与线性变换

本章是线性代数中空间理论的基础知识. 其中,线性空间是研究物理学中满足可加性原理和其他各种线性系统的一般数学模型,也是对线性运算封闭的各种法则抽象所得的一个基本概念. 线性变换则是研究线性空间中元素间各种联系并保持其线性运算的一个主要工具,线性变换的理论和方法在数学及其他应用学科都有极其广泛的应用.

本章主要讨论线性空间的定义及其性质、n 维线性空间的基与向量坐标间的关系、线性变换的定义及其性质、线性变换的矩阵表示等. 除了特别指明之外,本章仍然限定在实数域内讨论.

5.1 线性空间的定义及其性质

5.1.1 线性空间的定义

为了使下面关于线性空间的讨论更易于理解,我们先给出数域的定义如下:

定义 5.1 设 P 是由一些复数组成的集合,其中包括 0 与 1,若 P 中任意两个数(可相同)的和、差、积、商(除数不为零)仍在 P 中,则称 P 为一个数域.

【例 5.1】 容易看出,有理数集 **Q**、实数集 **R**、复数集 **C** 皆为数域,通常称之为有理数域 **Q**、实数域 **R** 和复数域 **C**.

结合到更一般的线性系统(通俗地说是在其上定义了线性运算的集合)的讨论,我们可以给出比向量空间更一般的定义:

定义 5.2 设 V 是一个非空集,F 是一个数域,若在集合 V 的元素间定义了一种称为加法的代数运算,即对 V 中任意两个元素 $\boldsymbol{\alpha}$ 与 $\boldsymbol{\beta}$,在 V 中都有唯一的一个元素 $\boldsymbol{\gamma}$ 与之对应,称为 $\boldsymbol{\alpha}$ 与 $\boldsymbol{\beta}$ 的和,记为

$$\boldsymbol{\gamma}=\boldsymbol{\alpha}+\boldsymbol{\beta}. \tag{5.1}$$

又在数域 F 与集合 V 的元素间定义了一种叫作数量乘法的运算(简称数乘),即对数域 F 中任一数 k 与 V 中任一元素 $\boldsymbol{\alpha}$,在 V 中都有唯一的一个元素 $\boldsymbol{\delta}$ 与之对应,称为 k 与 α 的数量乘积,记为

$$\boldsymbol{\delta}=k\boldsymbol{\alpha}, \tag{5.2}$$

并且满足:

(1) $\boldsymbol{\alpha}+\boldsymbol{\beta}=\boldsymbol{\beta}+\boldsymbol{\alpha}$ (交换律).

(2) $(\boldsymbol{\alpha}+\boldsymbol{\beta})+\boldsymbol{\gamma}=\boldsymbol{\alpha}+(\boldsymbol{\beta}+\boldsymbol{\gamma})$ (结合律).

(3) 在 V 中存在零元素 $\mathbf{0}$,使对 V 中任一元素 $\boldsymbol{\alpha}$,都有 $\boldsymbol{\alpha}+\mathbf{0}=\boldsymbol{\alpha}$.

(4) 对 V 中每一个元素 $\boldsymbol{\alpha}$，都有 V 中的元素 $\boldsymbol{\beta}$，它称为 $\boldsymbol{\alpha}$ 的负元素，使得 $\boldsymbol{\alpha}+\boldsymbol{\beta}=\mathbf{0}$.

(5) $1\boldsymbol{\alpha}=\boldsymbol{\alpha}$（单位数乘不变律）.

(6) $k(\ell\boldsymbol{\alpha})=(\ell k)\boldsymbol{\alpha}$（结合律）.

(7) $(k+\ell)\boldsymbol{\alpha}=k\boldsymbol{\alpha}+\ell\boldsymbol{\alpha}$（对数加的分配律）.

(8) $k(\boldsymbol{\alpha}+\boldsymbol{\beta})=k\boldsymbol{\alpha}+k\boldsymbol{\beta}$（对元素加的分配律）.

其中 k,ℓ 为数域 F 中的任何数，1 为 F 中的单位元，$\boldsymbol{\alpha},\boldsymbol{\beta},\boldsymbol{\gamma}$ 为 V 中任何元素，则称 V 为数域 F 上的线性空间(简称为线性空间).

值得指出的是：这里只说 F 为某个数域，并未指明该数域是 $\mathbf{Q}$(有理数域)还是 $\mathbf{R}$(实数域)或是 $\mathbf{C}$(复数域). 容易看出：若不论 V 的元素如何，只要 F 是 $\mathbf{C}$，则线性空间 V 就称为复线性空间，而当 F 是 $\mathbf{R}$ 或 $\mathbf{R}$ 中的任一数域(例如 $\mathbf{Q}$)时，就称 V 为实线性空间.

【例 5.2】 实数域 $\mathbf{R}$ 按照自身的线性运算也构成 $\mathbf{R}$ 上的一个线性空间.

【例 5.3】 向量空间 $\mathbf{R}^n$ 对于通常的线性运算

$$\boldsymbol{\alpha}+\boldsymbol{\beta}=(a_1+b_1,a_2+b_2,\cdots,a_n+b_n),\ k\boldsymbol{\alpha}=(ka_1,ka_2,\cdots,ka_n)$$

构成实数域 $\mathbf{R}$ 上的线性空间. 特别地，$\mathbf{R},\mathbf{R}^2,\mathbf{R}^3$ 分别对于各自的加法与数乘构成线性空间.

为讨论方便，线性空间中的元素也称为向量，相应地，线性空间也称为向量空间. 在这里：

(1) 向量不再一定是有序数组.

(2) 向量空间中的两种运算(见式 5.1 和式 5.2)也称为线性运算.

【例 5.4】 次数不超过自然数 n 的所有实系数多项式的集合

$$\mathbf{P}[x]_n=\{p(x)=a_nx^n+a_{n-1}x^{n-1}+\cdots+a_1x+a_0\,|\,a_n,\cdots,a_1,a_0\in\mathbf{R}\} \tag{5.3}$$

对于通常的多项式加法和数乘以多项式构成一个实线性空间. 但是次数等于 n 的多项式集合

$$\mathbf{Q}[x]_n=\{p(x)=a_nx^n+\cdots+a_1x+a_0\,|\,a_n,\cdots,a_1,a_0\in\mathbf{R},\text{且 } a_n\neq 0\} \tag{5.4}$$

对于通常的多项式加法和数乘以多项式都不封闭，故 $\mathbf{Q}[x]_n$ 不是线性空间.

上例表明，一个集合 V 是否构成线性空间，本质上表现为集合 V 非空，相伴有一个数域 F，对线性运算封闭并满足 8 条基本运算规律，其中对线性运算封闭更重要.

为了进一步理解线性空间的概念，下面举一个更抽象且有趣的例子.

【例 5.5】 设 V 为正实数的集合 $\mathbf{R}^+$，F 为实数域 $\mathbf{R}$. 在 $\mathbf{R}^+$ 上定义加法与数乘运算为

$$a\oplus b=ab,\ \forall a,b\in\mathbf{R}^+;\ k\otimes a=a^k,\ \forall k\in\mathbf{R},a\in\mathbf{R}^+, \tag{5.5}$$

容易验证 $\mathbf{R}^+$ 对上述两种运算构成 $\mathbf{R}$ 上的一个线性空间.

事实上，对任意的 $\forall a,b\in\mathbf{R}^+$，$\forall k\in\mathbf{R}$，有

$$a\oplus b=ab\in\mathbf{R}^+,\ k\otimes a=a^k\in\mathbf{R}^+.$$

于是 $\mathbf{R}^+$ 对所给定义的加法与数乘运算封闭. 另外，8 条性质也可逐一验证(留作习题). 有趣的是，$\mathbf{R}^+$ 中的零元为正实数 1，$\mathbf{R}^+$ 中元 a 的负元为正实数 a^{-1}.

5.1.2　线性空间的性质

线性空间 V 还具有如下简单性质：

性质 1　线性空间 V 中的零元是唯一的.

证明　设 $\mathbf{0}_1,\mathbf{0}_2$ 是线性空间 V 中的两个零元，则由零元的定义可得

$$\mathbf{0}_1=\mathbf{0}_1+\mathbf{0}_2,\ \mathbf{0}_2=\mathbf{0}_2+\mathbf{0}_1,$$

再由交换性，可得

$$\mathbf{0}_1=\mathbf{0}_1+\mathbf{0}_2=\mathbf{0}_2+\mathbf{0}_1=\mathbf{0}_2,$$

于是 $\mathbf{0}_1=\mathbf{0}_2$,零元唯一.

性质 2 *线性空间 V 中任一元素 $\boldsymbol{\alpha}$ 的负元是唯一的.*

证明 设 $\boldsymbol{\beta},\boldsymbol{\gamma}$ 是 $\boldsymbol{\alpha}$ 的两个负元,则由负元的定义可得

$$\boldsymbol{\alpha}+\boldsymbol{\beta}=\boldsymbol{\beta}+\boldsymbol{\alpha}=\mathbf{0},\ \boldsymbol{\alpha}+\boldsymbol{\gamma}=\boldsymbol{\gamma}+\boldsymbol{\alpha}=\mathbf{0},$$

于是

$$\boldsymbol{\beta}=\boldsymbol{\beta}+\mathbf{0}=\boldsymbol{\beta}+(\boldsymbol{\alpha}+\boldsymbol{\gamma})=(\boldsymbol{\beta}+\boldsymbol{\alpha})+\boldsymbol{\gamma}=\mathbf{0}+\boldsymbol{\gamma}=\boldsymbol{\gamma}.$$

故 $\boldsymbol{\beta}=\boldsymbol{\gamma}$,即 $\boldsymbol{\alpha}$ 的负元唯一.

向量 $\boldsymbol{\alpha}$ 的负元记为 $-\boldsymbol{\alpha}$.

利用负元,我们可以定义 V 中的减法为

$$\boldsymbol{\alpha}-\boldsymbol{\beta}=\boldsymbol{\alpha}+(-\boldsymbol{\beta}).\tag{5.6}$$

性质 3 $0\boldsymbol{\alpha}=\mathbf{0}$; $(-1)\boldsymbol{\alpha}=-\boldsymbol{\alpha}$; $k\mathbf{0}=\mathbf{0}$.

证明 因为

$$\boldsymbol{\alpha}+0\boldsymbol{\alpha}=1\boldsymbol{\alpha}+0\boldsymbol{\alpha}=(1+0)\boldsymbol{\alpha}=1\boldsymbol{\alpha}=\boldsymbol{\alpha},$$

所以 $0\boldsymbol{\alpha}=0$,又因为

$$\boldsymbol{\alpha}+(-1)\boldsymbol{\alpha}=1\boldsymbol{\alpha}+(-1)\boldsymbol{\alpha}=[1+(-1)]\boldsymbol{\alpha}=0\boldsymbol{\alpha}=\mathbf{0}.$$

所以

$$(-1)\boldsymbol{\alpha}=-\boldsymbol{\alpha}.$$

同理可得

$$k\mathbf{0}=k[\boldsymbol{\alpha}+(-1)\boldsymbol{\alpha}]=k\boldsymbol{\alpha}+(-k)\boldsymbol{\alpha}=[k+(-k)]\boldsymbol{\alpha}=0\boldsymbol{\alpha}=\mathbf{0}.$$

性质 4 *若 $k\boldsymbol{\alpha}=\mathbf{0}$,则 $k=0$ 或 $\boldsymbol{\alpha}=\mathbf{0}$.*

证明 若 $k\neq0$,则由 $k\boldsymbol{\alpha}=\mathbf{0}$,两边同乘以 $\frac{1}{k}$,得

$$\boldsymbol{\alpha}=\frac{1}{k}(k\boldsymbol{\alpha})=\frac{1}{k}\cdot\mathbf{0}=\mathbf{0}.$$

同理可证:$\boldsymbol{\alpha}\neq\mathbf{0}$,则 $k=0$.

值得指出的是:我们在第三章讨论向量组的线性关系时,凡是涉及向量组的线性表示、线性组合、线性相关、线性无关等概念及其与向量线性运算有关的所有性质,在线性空间中都仍然适用.这里不再重复给出.

为方便起见,以后有关线性空间的讨论,如不特别说明,都是表示在实线性空间中展开的.

5.1.3 子空间

在几何空间 $\mathbf{R}^3$ 中,一个通过原点的平面是该几何空间的一个子集,它关于向量的加法与数乘运算构成一个二维线性空间.这一性质对于我们认识线性空间自身的结构是十分重要的,即对一般线性空间,我们有:

定义 5.3 *若数域 F 上线性空间 V 的一个非空子集 W 关于 V 中的加法与数乘运算也构成 F 上的一个线性空间,则称 W 为 V 的线性子空间(简称为子空间).*

【例 5.6】 设 V 为数域 F 上的线性空间,则由 V 的零元构成的子集 $\{\mathbf{0}\}$ 是 V 的子空间,称为零空间;此外,V 也是它自身的一个子空间.

该例表明,任何线性空间 V 都有零空间和自身作为它的子空间,称为 V 的平凡子空间.以下若未指明,子空间均指非平凡的子空间.

【例 5.7】 齐次线性方程组

$$\mathbf{AX}=\mathbf{0} \tag{5.7}$$

的全部解向量构成线性空间 $\mathbf{R}^n$ 的一个子空间，称为式(5.7)的解空间.

【例 5.8】 在闭区间$[a,b]$上所有连续实函数组成的线性空间 $\mathbf{C}[a,b]$中，所有$[a,b]$上的实系数多项式 $\mathbf{R}[x]_{[a,b]}$构成 $\mathbf{C}[a,b]$的一个子空间.

由定义 5.3 易见，线性空间 V 的非空子集 W 只要对 V 的两种线性运算封闭，则它的元素作为 V 的元素，当然满足定义 5.2 中的所有条件. 而且，利用性质 1、性质 2 和$(-1)\alpha\in W$，也容易证明其他条件. 特别地，W 的零向量就是 V 的零向量，W 中元α 的负元素$-\alpha$ 就是 V 中元 α 的负元素. 因此有以下定理：

定理 5.1 数域 $\mathbf{R}$ 上线性空间 V 的非空子集 W 构成 V 的子空间的充要条件是 W 对于 V 中的两种线性运算封闭.

证明留作练习.

【例 5.9】 设 $\boldsymbol{\alpha}_1,\boldsymbol{\alpha}_2,\cdots,\boldsymbol{\alpha}_m$是数域 F 上线性空间 V 的一组向量，它的一切线性组合所生成的子集

$$W=\{k_1\boldsymbol{\alpha}_1+k_2\boldsymbol{\alpha}_2+\cdots+k_m\boldsymbol{\alpha}_m \mid k_i\in F, i=1,2,\cdots,m\} \tag{5.8}$$

是非空的，且对两种运算封闭.

事实上，$0\in W$，且$\forall\boldsymbol{\alpha},\boldsymbol{\beta}\in W$，$\exists k_i,\ell_i(i=1,2,\cdots,m)\in F$，使得

$$\boldsymbol{\alpha}=k_1\boldsymbol{\alpha}_1+k_2\boldsymbol{\alpha}_2+\cdots+k_m\boldsymbol{\alpha}_m,\ \boldsymbol{\beta}=\ell_1\boldsymbol{\alpha}_1+\ell_2\boldsymbol{\alpha}_2+\cdots+\ell_m\boldsymbol{\alpha}_m,$$

所以

$$\boldsymbol{\alpha}+\boldsymbol{\beta}=(k_1+\ell_1)\boldsymbol{\alpha}_1+(k_2+\ell_2)\boldsymbol{\alpha}_2+\cdots+(k_m+\ell_m)\boldsymbol{\alpha}_m\in W_1,$$

又 $\forall\lambda\in F$，乘积

$$\lambda\boldsymbol{\alpha}=\lambda k_1\boldsymbol{\alpha}_1+\lambda k_2\boldsymbol{\alpha}_2+\cdots+\lambda k_m\boldsymbol{\alpha}_m\in W,$$

故 W 是 V 的一个子空间，记为 $L(\boldsymbol{\alpha}_1,\boldsymbol{\alpha}_2,\cdots,\boldsymbol{\alpha}_m)$，并称之为由向量组 $\boldsymbol{\alpha}_1,\boldsymbol{\alpha}_2,\cdots,\boldsymbol{\alpha}_m$ 生成的子空间.

线性空间 V 的生成子空间还有以下性质：

性质 5 若 $\boldsymbol{\alpha}_1,\boldsymbol{\alpha}_2,\cdots,\boldsymbol{\alpha}_m\in V$，则

$$L(\boldsymbol{\alpha}_1,\boldsymbol{\alpha}_2,\cdots,\boldsymbol{\alpha}_m)\subseteq V.$$

证明 事实上，由子空间的定义可直接得证.

性质 6 若 $\boldsymbol{\alpha}_1,\boldsymbol{\alpha}_2,\cdots,\boldsymbol{\alpha}_m\in V,\boldsymbol{\beta}_1,\boldsymbol{\beta}_2,\cdots,\boldsymbol{\beta}_s\in V$，则

$$L(\boldsymbol{\alpha}_1,\boldsymbol{\alpha}_2,\cdots,\boldsymbol{\alpha}_m)=L(\boldsymbol{\beta}_1,\boldsymbol{\beta}_2,\cdots,\boldsymbol{\beta}_s) \tag{5.9}$$

的充要条件是 $\boldsymbol{\alpha}_1,\boldsymbol{\alpha}_2,\cdots,\boldsymbol{\alpha}_m$ 与 $\boldsymbol{\beta}_1,\boldsymbol{\beta}_2,\cdots,\boldsymbol{\beta}_s$ 等价.

证明略去.

习题 5.1

1. 检验下列集合对于指定的线性运算是否构成实数域上的线性空间：

(1) 全体二阶矩阵的集合

$$\mathbf{R}^{2\times 2}=\{\mathbf{A}=(a_{ij})_{2\times 2} \mid a_{ij}\in\mathbf{R};\ i,j=1,2\}$$

对于通常的矩阵加法与数乘运算；

(2) 二维向量空间

$$\mathbf{R}^2=\{\boldsymbol{\alpha}=(x,y) \mid x,y\in\mathbf{R}\}$$

对于通常的向量加法和如下定义的数乘运算：

$$\lambda\otimes(x,y)=(\lambda x,y),\ \forall\boldsymbol{\alpha}\in\mathbf{R}^2,\lambda\in\mathbf{R}.$$

2. 验证例 5.5 中所给集合对于指定的线性运算构成实数域上的线性空间.

3. 下列集合能否构成 $\mathbf{R}$ 上的线性空间,为什么?

(1) 全体二维实向量集合 V,加法和数乘运算定义为

$$(\boldsymbol{a},\boldsymbol{b})\oplus(\boldsymbol{c},\boldsymbol{d})=(\boldsymbol{a}+\boldsymbol{c},\boldsymbol{b}+\boldsymbol{d}+\boldsymbol{ac}),\ k\mathbf{0}(\boldsymbol{a},\boldsymbol{b})=\left(k\boldsymbol{a},k\boldsymbol{b}+\frac{k(k-1)}{2}\boldsymbol{a}^2\right).$$

(2) 全体实 n 维向量集合 $\mathbf{V}$,对于通常的向量加法和如下定义的数乘运算

$$k\mathbf{0}\boldsymbol{\alpha}=\boldsymbol{\alpha},\ \forall\boldsymbol{\alpha}\in V,\ k=\mathbf{R}.$$

4. 判断下列子集合是否为给定线性空间的子空间(对 $\mathbf{R}^3$ 中的子集并说明其几何意义).

(1) $W=\{(x_1,x_2,\cdots,x_n)\in F^n\mid a_1x_1+\cdots+a_nx_n=0\}$,其中 a_i 为 F 中固定的数;

(2) $W=\{(x,1,0)\in\mathbf{R}^3\}$;

(3) $W=\{(x,y,z)\in\mathbf{R}^3\mid x-y=0,\ 2x+y+z=0\}$.

5. 设 $\boldsymbol{\alpha}_1,\boldsymbol{\alpha}_2,\boldsymbol{\alpha}_3\in\mathbf{R}^n$,$c_1,c_2,c_3\in\mathbf{R}$,如果 $c_1\boldsymbol{\alpha}_1+c_2\boldsymbol{\alpha}_2+c_3\boldsymbol{\alpha}_3=0$ 且 $c_1c_3\neq0$,证明

$$L(\boldsymbol{\alpha}_1,\boldsymbol{\alpha}_2)=L(\boldsymbol{\alpha}_2,\boldsymbol{\alpha}_3).$$

6. 试证:在 $\mathbf{R}^4$ 中,由向量组

$$\boldsymbol{\alpha}_1=(1,1,0,0),\ \boldsymbol{\alpha}_2=(1,0,1,1)$$

生成的子空间与由向量组

$$\boldsymbol{\beta}_1=(2,-1,3,3),\ \boldsymbol{\beta}_2=(0,1,-1,-1)$$

生成的子空间是一致的.

5.2 基、维数与坐标

由第三章知道,n 维向量空间中线性无关的向量至多有 n 个,而任意 $n+1$ 个向量都线性相关,即在无穷多个向量中存在极大线性无关组(不唯一),且其个数 n(不变量)是该向量空间的一个重要属性,通过它们可以引入基向量和线性表示等重要概念. 在线性空间中我们也可作类似的讨论,这就是线性空间中的基、维数和坐标.

5.2.1 n 维线性空间的基与维数

定义 5.4 在线性空间 V 中,若存在 n 个向量 $\boldsymbol{\alpha}_1,\boldsymbol{\alpha}_2,\cdots,\boldsymbol{\alpha}_n$,使得

(1) $\boldsymbol{\alpha}_1,\boldsymbol{\alpha}_2,\cdots,\boldsymbol{\alpha}_n$ 线性无关;

(2) V 中的任何元素 $\boldsymbol{\alpha}$ 都可由 $\boldsymbol{\alpha}_1,\boldsymbol{\alpha}_2,\cdots,\boldsymbol{\alpha}_n$ 线性表示. 则称 $\boldsymbol{\alpha}_1,\boldsymbol{\alpha}_2,\cdots,\boldsymbol{\alpha}_n$ 为线性空间 V 的一个基,基所含向量个数 n 称为线性空间 V 的维数,记为 $\dim V$,并称 V 为 n 维线性空间.

【例 5.10】 由定义知:

(1) $\mathbf{R}^2$ 是二维线性空间,二维向量组 $\boldsymbol{i}=(1,0)$,$\boldsymbol{j}=(0,1)$是它的一个基.

(2) $\mathbf{R}^3$ 是三维线性空间,三维向量组 $\boldsymbol{i}=(1,0,0)$,$\boldsymbol{j}=(0,1,0)$,$\boldsymbol{k}=(0,0,1)$是它的一个基.

(3) $\mathbf{R}^n$ 是 n 维线性空间,且 n 维向量组

$$\boldsymbol{e}_1=(1,0,\cdots,0),\ \boldsymbol{e}_2=(0,1,\cdots,0),\ \cdots,\ \boldsymbol{e}_n=(0,0,\cdots,1)$$

是它的一个基.

(4) 在实数域 **R** 上由次数不超过 n 的多项式全体所构成的线性空间 $\mathbf{R}[x]_n$ 中，多项式组

$$1, x, x^2, \cdots, x^n$$

是 $\mathbf{R}[x]_n$ 的一个基，维数 $\dim\mathbf{R}[x]_n = n+1$.

(5) 只含有零向量的线性空间 $\{\mathbf{0}\}$ 是 0 维的，它没有基.

定义 5.5 若线性空间 V 的维数是有限的，则称 V 为有限维线性空间，否则称 V 为无限维线性空间.

例如，上面讨论的 $\mathbf{R}, \mathbf{R}^2, \mathbf{R}^3, \mathbf{R}^n, \mathbf{R}[x]_n$ 及 $\{\mathbf{0}\}$ 皆是有限维线性空间，而所有实系数多项式加上零多项式所成的线性空间 $\mathbf{R}[x]$ 是一个无限维线性空间，多项式组

$$1, x, x_1^2, \cdots, x^n, \cdots$$

是它的一个基.

【例 5.11】 求齐次线性方程组

$$\begin{cases} x_1 + 2x_2 + 3x_3 - x_4 = 0, \\ x_1 + 3x_2 + 10x_3 - 5x_4 = 0 \end{cases} \tag{5.10}$$

的解空间 $N(\mathbf{A})$ 的维数.

解 对系数矩阵 $\mathbf{A}$ 作行初等变换，有

$$\mathbf{A} = \begin{pmatrix} 1 & 2 & 3 & -1 \\ 1 & 3 & 10 & -5 \end{pmatrix} \to \begin{pmatrix} 1 & 2 & 3 & -1 \\ 0 & 1 & 7 & -4 \end{pmatrix} \to \begin{pmatrix} 1 & 0 & -11 & 7 \\ 0 & 1 & 7 & -4 \end{pmatrix},$$

所以 $\mathrm{r}(\mathbf{A}) = 2 < 4$，该齐次线性方程组 $\mathbf{AX} = \mathbf{0}$ 的基础解系中含有 2 个线性无关的解向量，从而可求得所给齐次方程组的通解为

$$\mathbf{X} = \begin{pmatrix} x_1 \\ x_2 \\ x_3 \\ x_4 \end{pmatrix} = \begin{pmatrix} 11x_3 - 7x_4 \\ -7x_3 + 4x_4 \\ x_3 \\ x_4 \end{pmatrix} = x_3 \begin{pmatrix} 11 \\ -7 \\ 1 \\ 0 \end{pmatrix} + x_4 \begin{pmatrix} -7 \\ 4 \\ 0 \\ 1 \end{pmatrix},$$

故 $\dim\{N(\mathbf{A})\} = 2$，即解空间 $N(\mathbf{A})$ 为二维线性空间.

该例表明：二维线性空间的维数与其中元素 $\mathbf{X}$ 所含分量的个数有时并不一致.

【例 5.12】 求 **R** 上二阶方阵的集合

$$\mathbf{R}^{2\times2} = \{\mathbf{A} = (a_{ij})_{2\times2} \mid a_{ij} \in \mathbf{R}\} \tag{5.11}$$

所成线性空间的基与维数.

解 用 $\mathbf{E}_{ij}$ 表示二阶位置矩阵，对数组 $k_{ij} \in \mathbf{R}(i, j = 1, 2)$，设有线性关系：

$$k_{11}\mathbf{E}_{11} + k_{12}\mathbf{E}_{12} + k_{21}\mathbf{E}_{21} + k_{22}\mathbf{E}_{22} = \mathbf{0},$$

即

$$\begin{pmatrix} k_{11} & 0 \\ 0 & 0 \end{pmatrix} + \begin{pmatrix} 0 & k_{11} \\ 0 & 0 \end{pmatrix} + \begin{pmatrix} 0 & 0 \\ k_{11} & 0 \end{pmatrix} + \begin{pmatrix} 0 & 0 \\ 0 & k_{11} \end{pmatrix} = \begin{pmatrix} k_{11} & k_{12} \\ k_{21} & k_{22} \end{pmatrix} = \begin{pmatrix} 0 & 0 \\ 0 & 0 \end{pmatrix},$$

于是

$$k_{11} = k_{12} = k_{21} = k_{22} = 0,$$

即证 $\mathbf{E}_{11}, \mathbf{E}_{12}, \mathbf{E}_{21}, \mathbf{E}_{22}$ 线性无关.

若任取矩阵 $\mathbf{A} = \begin{pmatrix} a_{11} & a_{12} \\ a_{21} & a_{22} \end{pmatrix} \in \mathbf{R}^{2\times2}$，则有

$$\mathbf{A} = a_{11}\begin{pmatrix} 1 & 0 \\ 0 & 1 \end{pmatrix} + a_{12}\begin{pmatrix} 0 & 1 \\ 0 & 0 \end{pmatrix} + a_{21}\begin{pmatrix} 0 & 0 \\ 1 & 0 \end{pmatrix} + a_{22}\begin{pmatrix} 0 & 0 \\ 0 & 1 \end{pmatrix},$$

因此

$$\mathbf{R}^{2\times 2}=L(\boldsymbol{E}_{11},\boldsymbol{E}_{12},\boldsymbol{E}_{21},\boldsymbol{E}_{22}),$$

故 $\boldsymbol{E}_{11},\boldsymbol{E}_{12},\boldsymbol{E}_{21},\boldsymbol{E}_{22}$ 为 $\mathbf{R}^{2\times 2}$ 的基，且维数为

$$\dim(\mathbf{R}^{2\times 2})=4.$$

类似可得

$$\mathbf{R}^{m\times n}=\{\boldsymbol{A}=(a_{ij})_{m\times n}\,|\,a_{ij}\in\mathbf{R},i=1,2,\cdots,m;j=1,2,\cdots,n\}$$

的基为 $\{\boldsymbol{E}_{ij}(i=1,2,\cdots,m;j=1,2,\cdots,n)\}$，其中 E_{ij} 也表示 $m\times n$ 的位置矩阵，且维数为

$$\dim(\mathbf{R}^{m\times n})=m\times n.$$

【例 5.13】 求生成子空间 $L(\boldsymbol{\alpha}_1,\boldsymbol{\alpha}_2,\cdots,\boldsymbol{\alpha}_m)$ 的基与维数.

解 不妨设 $\boldsymbol{\alpha}_1,\boldsymbol{\alpha}_2,\cdots,\boldsymbol{\alpha}_m$ 的一个极大线性无关组为 $\boldsymbol{\alpha}_1',\boldsymbol{\alpha}_2',\cdots,\boldsymbol{\alpha}_r'$，则 $\boldsymbol{\alpha}_1,\boldsymbol{\alpha}_2,\cdots,\boldsymbol{\alpha}_m$ 与 $\boldsymbol{\alpha}_1',\boldsymbol{\alpha}_2',\cdots,\boldsymbol{\alpha}_r'$ 等价，故由 5.1.3 节中的性质 1 及定理 5.1 知

$$L(\boldsymbol{\alpha}_1,\boldsymbol{\alpha}_2,\cdots,\boldsymbol{\alpha}_m)=L(\boldsymbol{\alpha}_1',\boldsymbol{\alpha}_2',\cdots,\boldsymbol{\alpha}_r'),$$

且 $\boldsymbol{\alpha}_1',\boldsymbol{\alpha}_2',\cdots,\boldsymbol{\alpha}_r'$ 为 $L(\boldsymbol{\alpha}_1,\boldsymbol{\alpha}_2,\cdots,\boldsymbol{\alpha}_m)$ 的一个基，从而也有

$$\dim L(\boldsymbol{\alpha}_1,\boldsymbol{\alpha}_2,\cdots,\boldsymbol{\alpha}_m)=r.$$

5.2.2 向量在基下的坐标

根据线性空间的基的定义，n 维线性空间 V 中的每个向量 $\boldsymbol{\alpha}$ 都可由 V 的一个基 $\boldsymbol{\alpha}_1,\boldsymbol{\alpha}_2,\cdots,\boldsymbol{\alpha}_n$ 线性表示，且这种表示法还是唯一的. 事实上，若 $\boldsymbol{\alpha}$ 有两种线性表示：

$$\boldsymbol{\alpha}=k_1\boldsymbol{\alpha}_1+k_2\boldsymbol{\alpha}_2+\cdots+k_n\boldsymbol{\alpha}_n,\ \boldsymbol{\alpha}=\ell_1\boldsymbol{\alpha}_1+\ell_2\boldsymbol{\alpha}_2+\cdots+\ell_n\boldsymbol{\alpha}_n,$$

两式相减，有

$$(k_1-\ell_1)\boldsymbol{\alpha}_1+(k_2-\ell_2)\boldsymbol{\alpha}_2+\cdots+(k_n-\ell_n)\boldsymbol{\alpha}_n=\mathbf{0},$$

因 $\boldsymbol{\alpha}_1,\boldsymbol{\alpha}_2,\cdots,\boldsymbol{\alpha}_n$ 线性无关，知

$$k_i-\ell_i=0(0=1,2,\cdots,n),$$

即

$$k_i=\ell_i(i=1,2,\cdots,n),$$

这就证明了线性表示的唯一性.

定义 5.6 设 $\boldsymbol{\alpha}_1,\boldsymbol{\alpha}_2,\cdots,\boldsymbol{\alpha}_n$ 为 n 维线性空间的一个基，若任取 $\boldsymbol{\alpha}\in V$，总有且仅有一组有序数 $x_1,x_2,\cdots,x_n$ 使得

$$\boldsymbol{\alpha}=x_1\boldsymbol{\alpha}_1+x_2\boldsymbol{\alpha}_2+\cdots+x_n\boldsymbol{\alpha}_n=(\boldsymbol{\alpha}_1,\boldsymbol{\alpha}_2,\cdots,\boldsymbol{\alpha}_n)\begin{pmatrix}x_1\\x_2\\\vdots\\x_n\end{pmatrix}\tag{5.12}$$

成立，则称这组有序数 $x_1,x_2,\cdots,x_n$ 为向量 $\boldsymbol{\alpha}$ 在给定基 $\boldsymbol{\alpha}_1,\boldsymbol{\alpha}_2,\cdots,\boldsymbol{\alpha}_n$ 下的坐标，记作 $(x_1,x_2,\cdots,x_n)^{\mathrm{T}}$，并称之为 $\boldsymbol{\alpha}$ 在给定基 $\boldsymbol{\alpha}_1,\boldsymbol{\alpha}_2,\cdots,\boldsymbol{\alpha}_n$ 下的坐标向量，也简称坐标.

【例 5.14】 已知 $\mathbf{R}^3$ 是一个三维线性空间，对于它的一个基

$$\boldsymbol{e}_1=(1,0,0),\ \boldsymbol{e}_2=(0,1,0),\ \boldsymbol{e}_3=(0,0,1)$$

及任意的向量 $\boldsymbol{\alpha}=(a_1,a_2,a_3)\in\mathbf{R}^3$，我们有：

$$\boldsymbol{\alpha}=(a_1,a_2,a_3)=a_1\boldsymbol{e}_1+a_2\boldsymbol{e}_2+a_3\boldsymbol{e}_3=(\boldsymbol{e}_1,\boldsymbol{e}_2,\boldsymbol{e}_3)\begin{pmatrix}a_1\\a_2\\a_3\end{pmatrix}.$$

由定义知:$\boldsymbol{\alpha}$ 在给定基下的坐标为$(a_1,a_2,a_3)^T$.

特别地,当向量 $\boldsymbol{\alpha}$ 的分量与给定基下的坐标对应相等时,我们称这个给定的基为线性空间的自然基.如例 5.10、例 5.12、例 5.14 中所给的基皆为所在线性空间的自然基.

值得指出的是:式(5.12)右端的$(\boldsymbol{\alpha}_1,\boldsymbol{\alpha}_2,\cdots,\boldsymbol{\alpha}_n)$虽然不是矩阵,但借助于矩阵乘法运算来形式地表示向量在基下的坐标是有意义的,由于向量 $\boldsymbol{\alpha}$ 在这个选定的基下的坐标的唯一性,这给线性空间 V 中向量间的运算及向量的坐标表示可带来极大的便利.

【例 5.15】 设 $\mathbf{R}^3$ 中的向量 α 在自然基

$$\boldsymbol{e}_1=(1,0,0)^T,\ \boldsymbol{e}_2=(0,1,0)^T,\ \boldsymbol{e}_3=(0,0,1)^T$$

下的坐标为$(1,2,3)^T$,试求 $\boldsymbol{\alpha}$ 在另一个基

$$\boldsymbol{\alpha}_1=(1,0,-1)^T,\ \boldsymbol{\alpha}_2=(-1,1,0)^T,\ \boldsymbol{\alpha}_3=(1,-2,2)^T$$

下的坐标.

解 设向量 $\boldsymbol{\alpha}$ 在基 $\boldsymbol{\alpha}_1,\boldsymbol{\alpha}_2,\boldsymbol{\alpha}_3$ 下的坐标为$(x_1,x_2,x_3)^T$,则

$$\boldsymbol{\alpha}=x_1\boldsymbol{\alpha}_1+x_2\boldsymbol{\alpha}_2+x_3\boldsymbol{\alpha}_3=\boldsymbol{e}_1+2\boldsymbol{e}_2+3\boldsymbol{e}_3,$$

即

$$(\boldsymbol{\alpha}_1,\boldsymbol{\alpha}_2,\boldsymbol{\alpha}_3)\begin{pmatrix}x_1\\x_2\\x_3\end{pmatrix}=(\boldsymbol{e}_1,\boldsymbol{e}_2,\boldsymbol{e}_3)\begin{pmatrix}1\\2\\3\end{pmatrix},$$

所以

$$\begin{pmatrix}1&-1&1\\0&1&-2\\-1&0&2\end{pmatrix}\begin{pmatrix}x_1\\x_2\\x_3\end{pmatrix}=\begin{pmatrix}1\\2\\3\end{pmatrix},$$

解之得 $\boldsymbol{\alpha}$ 在基 $\boldsymbol{\alpha}_1,\boldsymbol{\alpha}_2,\boldsymbol{\alpha}_3$ 下的坐标为$(9,14,6)^T$.

上例表明,线性空间 V 的任一给定向量 $\boldsymbol{\alpha}$ 在 V 的不同基下的坐标一般来说是不同的.

【例 5.16】 求四维空间 $\mathbf{R}^{2\times 2}$ 中矩阵

$$\boldsymbol{\alpha}=\begin{pmatrix}1&2\\3&4\end{pmatrix}$$

在自然基$\{\boldsymbol{I}_{11},\boldsymbol{I}_{12},\boldsymbol{I}_{21},\boldsymbol{I}_{22}\}$下的坐标.

解 因

$$\begin{pmatrix}1&2\\3&4\end{pmatrix}=\boldsymbol{I}_{11}+2\boldsymbol{I}_{12}+3\boldsymbol{I}_{21}+4\boldsymbol{I}_{22}=(\boldsymbol{I}_{11},\boldsymbol{I}_{12},\boldsymbol{I}_{21},\boldsymbol{I}_{22})\begin{pmatrix}1\\2\\3\\4\end{pmatrix},$$

故向量 $\boldsymbol{\alpha}$ 在所给基 $\boldsymbol{I}_{11},\boldsymbol{I}_{12},\boldsymbol{I}_{21},\boldsymbol{I}_{22}$ 下的坐标为$(1,2,3,4)^T$.

5.2.3 线性空间的同构

【例 5.17】 试证在线性空间 V 中任何一个给定的基下,向量和的坐标等于它们坐标的和,向量数乘的坐标等于它们坐标的数乘.

证明 设 $\boldsymbol{\alpha}_1,\boldsymbol{\alpha}_2,\cdots,\boldsymbol{\alpha}_n$ 是 $\boldsymbol{V}$ 中任何一个给定的基,对任意的向量 $\boldsymbol{\alpha},\boldsymbol{\beta}\in V$,它们在给定基下的坐标分别为$(x_1,x_2,\cdots,x_n)^T$,$(y_1,y_2,\cdots,y_n)^T$,于是对任意的 $k\in\mathbf{R}$,有

$$\boldsymbol{\alpha}+\boldsymbol{\beta}=(\boldsymbol{\alpha}_1,\boldsymbol{\alpha}_2,\cdots,\boldsymbol{\alpha}_n)\begin{pmatrix}x_1\\x_2\\\vdots\\x_n\end{pmatrix}+(\boldsymbol{\alpha}_1,\boldsymbol{\alpha}_2,\cdots,\boldsymbol{\alpha}_n)\begin{pmatrix}y_1\\y_2\\\vdots\\y_n\end{pmatrix}$$

$$=x_1\boldsymbol{\alpha}_1+x_2\boldsymbol{\alpha}_2+\cdots+x_n\boldsymbol{\alpha}_n+y_1\boldsymbol{\alpha}_1+y_2\boldsymbol{\alpha}_2+\cdots+y_n\boldsymbol{\alpha}_n$$

$$=(x_1+y_1)\boldsymbol{\alpha}_1+(x_2+y_2)\boldsymbol{\alpha}_2+\cdots+(x_n+y_n)\boldsymbol{\alpha}_n$$

$$=(\boldsymbol{\alpha}_1,\boldsymbol{\alpha}_2,\cdots,\boldsymbol{\alpha}_n)\begin{pmatrix}x_1+y_1\\x_2+y_2\\\vdots\\x_n+y_n\end{pmatrix},$$

$$k\boldsymbol{\alpha}=k_1(\boldsymbol{\alpha}_1,\boldsymbol{\alpha}_2,\cdots,\boldsymbol{\alpha}_n)\begin{pmatrix}x_1\\x_2\\\vdots\\x_n\end{pmatrix}=kx_1\boldsymbol{\alpha}_1+kx_2\boldsymbol{\alpha}_2+\cdots+kx_n\boldsymbol{\alpha}_n$$

$$=(\boldsymbol{\alpha}_1,\boldsymbol{\alpha}_2,\cdots,\boldsymbol{\alpha}_n)\begin{pmatrix}kx_1\\kx_2\\\vdots\\kx_n\end{pmatrix},$$

故向量和与向量数乘的坐标分别为

$$(x_1+y_1,x_2+y_2,\cdots,x_n+y_n)^{\mathrm{T}}\text{ 和 }(kx_1,kx_2,\cdots,kx_n)^{\mathrm{T}}.$$

上例表明，在 n 维线性空间 V 中取定的一个基 $\boldsymbol{\alpha}_1,\boldsymbol{\alpha}_2,\cdots,\boldsymbol{\alpha}_n$ 下，V 中的向量 $\boldsymbol{\alpha}$ 与 n 维向量空间 $\mathbf{R}^n$ 中的有序数组作为 $\boldsymbol{\alpha}$ 的坐标 $(x_1,x_2,\cdots,x_n)^{\mathrm{T}}$ 之间存在一一对应的关系，且这个对应关系还具备下述性质：

设 $\boldsymbol{\alpha}\leftrightarrow(x_1,\cdots,x_n)^{\mathrm{T}}$，$\boldsymbol{\beta}\leftrightarrow(y_1,\cdots,y_n)^{\mathrm{T}}$，$\lambda\in F$，则：

(1) $\boldsymbol{\alpha}+\boldsymbol{\beta}\leftrightarrow(x_1,\cdots,x_n)^{\mathrm{T}}+(y_1,\cdots,y_n)^{\mathrm{T}}=(x_1+y_1,\cdots,x_n+y_n)^{\mathrm{T}}$.

(2) $\lambda\boldsymbol{\alpha}\leftrightarrow\lambda(x_1,\cdots,x_n)^{\mathrm{T}}=(\lambda x_1,\lambda x_2,\cdots,\lambda x_n)^{\mathrm{T}}$.

这意味着该对应关系保持向量与坐标各自的线性组合关系对应不变. 因此我们可以认为 V 与 $\mathbf{R}^n$ 具有相同的结构.

定义 5.7 设 V_1 与 V_2 是两个线性空间，若在 V_1 与 V_2 的元素之间存在一个一一对应关系，且该对应关系保持两线性空间各自的线性组合关系一一对应，则称线性空间 V_1 与 V_2 同构.

由定义，任何 n 维线性空间 V_n 与 $\mathbf{R}^n$ 同构，因而维数相等的线性空间也都同构，即维数相等决定了线性空间之间的同构关系.

【例 5.18】 设 $V=\mathbf{R}[x]_3$，且向量组

$$\boldsymbol{\alpha}_1=x^3+x+1,\ \boldsymbol{\alpha}_2=x^2+1,\ \boldsymbol{\alpha}_3=3x^3+2x^2-1,$$

试讨论 $\boldsymbol{\alpha}_1,\boldsymbol{\alpha}_2,\boldsymbol{\alpha}_3$ 的线性相关性.

解 取定 $\mathbf{R}[x]_3$ 中的一个基 $1,x,x^2,x^3$，则

$$\boldsymbol{\alpha}_1=(1,x,x^2,x^3)\begin{pmatrix}1\\1\\0\\1\end{pmatrix},\ \boldsymbol{\alpha}_2=(1,x,x^2,x^3)\begin{pmatrix}1\\0\\1\\0\end{pmatrix},\ \boldsymbol{\alpha}_3=(1,x,x^2,x^3)\begin{pmatrix}-1\\0\\2\\3\end{pmatrix},$$

于是由向量组 $\boldsymbol{\alpha}_1,\boldsymbol{\alpha}_2,\boldsymbol{\alpha}_3$ 的坐标 $\boldsymbol{X}_1,\boldsymbol{X}_2,\boldsymbol{X}_3$ 所成的矩阵

$$\boldsymbol{A}=(\boldsymbol{X}_1,\boldsymbol{X}_2,\boldsymbol{X}_3)=\begin{pmatrix}1&1&-1\\1&0&0\\0&1&2\\1&0&3\end{pmatrix}\to\begin{pmatrix}1&0&0\\0&1&0\\0&0&1\\0&0&0\end{pmatrix},$$

即 $\mathrm{r}(\boldsymbol{A})=3$，所以 $\boldsymbol{X}_1,\boldsymbol{X}_2,\boldsymbol{X}_3$ 线性无关，从而 $\boldsymbol{\alpha}_1,\boldsymbol{\alpha}_2,\boldsymbol{\alpha}_3$ 也线性无关.

5.2.4　基变换与坐标变换

由例 5.16 知道，n 维线性空间中的向量在不同的基下的坐标一般是不同的，即基的变化会引起坐标的相应变化. 现在我们来讨论一下这种相应变化的一般规律.

设 $\boldsymbol{\alpha}_1,\boldsymbol{\alpha}_2,\cdots,\boldsymbol{\alpha}_n$ 与 $\boldsymbol{\beta}_1,\boldsymbol{\beta}_2,\cdots,\boldsymbol{\beta}_n$ 是 n 维线性空间 V 的两个基，且

$$\begin{cases}\boldsymbol{\beta}_1=a_{11}\boldsymbol{\alpha}_1+a_{21}\boldsymbol{\alpha}_2+\cdots+a_{n1}\boldsymbol{\alpha}_n,\\ \boldsymbol{\beta}_2=a_{12}\boldsymbol{\alpha}_1+a_{22}\boldsymbol{\alpha}_2+\cdots+a_{n2}\boldsymbol{\alpha}_n,\\ \qquad\cdots\cdots\\ \boldsymbol{\beta}_n=a_{1n}\boldsymbol{\alpha}_1+a_{2n}\boldsymbol{\alpha}_2+\cdots+a_{nn}\boldsymbol{\alpha}_n\end{cases}\tag{5.13}$$

将式(5.13)用矩阵形式表示，我们有

$$(\boldsymbol{\beta}_1,\boldsymbol{\beta}_2,\cdots,\boldsymbol{\beta}_n)=(\boldsymbol{\alpha}_1,\boldsymbol{\alpha}_2,\cdots,\boldsymbol{\alpha}_n)\boldsymbol{A},\tag{5.14}$$

其中

$$\boldsymbol{A}=\begin{pmatrix}a_{11}&a_{12}&\cdots&a_{1n}\\a_{21}&a_{22}&\cdots&a_{2n}\\\vdots&\vdots&&\vdots\\a_{n1}&a_{n1}&\cdots&a_{nn}\end{pmatrix}=(a_{ij})_{n\times n}.$$

定义 5.8　若 $\boldsymbol{\alpha}_1,\boldsymbol{\alpha}_2,\cdots,\boldsymbol{\alpha}_n$ 与 $\boldsymbol{\beta}_1,\boldsymbol{\beta}_2,\cdots,\boldsymbol{\beta}_n$ 为 n 维线性空间 V 的两个基，且满足：

$$\boldsymbol{\beta}_i=\sum_{j=1}^{n}a_{ij}\boldsymbol{\alpha}_j\quad(i=1,2,\cdots,n),\tag{5.15}$$

则称由(5.15)式中的系数所排成的矩阵 $\boldsymbol{A}=(a_{ij})$ 为由基 $\boldsymbol{\alpha}_1,\boldsymbol{\alpha}_2,\cdots,\boldsymbol{\alpha}_n$ 到 $\boldsymbol{\beta}_1,\boldsymbol{\beta}_2,\cdots,\boldsymbol{\beta}_n$ 的过渡矩阵.

定义 5.8 表明：n 维线性空间 V 中两个基之间的关系可以由这两个基之间的过渡矩阵来刻画，我们称式(5.14)为基变换公式.

另设向量 $\boldsymbol{\alpha}$ 在这两个基下的坐标分别是$(x_1,x_2,\cdots,x_n)^{\mathrm{T}}$ 和$(y_1,y_2,\cdots,y_n)^{\mathrm{T}}$，即

$$\boldsymbol{\alpha}=x_1\boldsymbol{\alpha}_1+x_2\boldsymbol{\alpha}_2+\cdots+x_n\boldsymbol{\alpha}_n=y_1\boldsymbol{\beta}_1+y_2\boldsymbol{\beta}_2+\cdots+y_n\boldsymbol{\beta}_n,\tag{5.16}$$

则式(5.13)中各式的系数$(a_{1j},a_{2j},\cdots,a_{nj})$实际上是基向量 $\boldsymbol{\beta}_j\,(j=1,2,\cdots,n)$在基 $\boldsymbol{\alpha}_1,\boldsymbol{\alpha}_2,\cdots,\boldsymbol{\alpha}_n$ 下的坐标，又因为 $\boldsymbol{\beta}_1,\boldsymbol{\beta}_2,\cdots,\boldsymbol{\beta}_n$ 线性无关，所以式(5.13)中系数所排成的矩阵 $\boldsymbol{A}=(a_{ij})_{n\times n}$ 的行列式不为零，换句话说，这个矩阵是可逆的.

进一步将式(5.14)改写成

$$\boldsymbol{\alpha}=(\boldsymbol{\alpha}_1,\boldsymbol{\alpha}_2,\cdots,\boldsymbol{\alpha}_n)\boldsymbol{X}=(\boldsymbol{\beta}_1,\boldsymbol{\beta}_2,\cdots,\boldsymbol{\beta}_n)\boldsymbol{Y},\tag{5.17}$$

则

$$\boldsymbol{\alpha}=(\boldsymbol{\beta}_1,\boldsymbol{\beta}_2,\cdots,\boldsymbol{\beta}_n)\boldsymbol{Y}=(\boldsymbol{\alpha}_1,\boldsymbol{\alpha}_2,\cdots,\boldsymbol{\alpha}_n)\boldsymbol{A}\boldsymbol{Y},\tag{5.18}$$

比较式(5.17)与式(5.18)即得：

定理 5.2　设 $\boldsymbol{\alpha}_1,\boldsymbol{\alpha}_2,\cdots,\boldsymbol{\alpha}_n$ 与 $\boldsymbol{\beta}_1,\boldsymbol{\beta}_2,\cdots,\boldsymbol{\beta}_n$ 是 n 维线性空间 V 的两个基，V 中向量 $\boldsymbol{\alpha}$ 在

这两个基下的坐标分别为列向量$\boldsymbol{X}$与$\boldsymbol{Y}$，若这两个基还满足基变换公式(5.15)，则有坐标变换公式

$$\boldsymbol{X}=\boldsymbol{A}\boldsymbol{Y} \text{ 或 } \boldsymbol{Y}=\boldsymbol{A}^{-1}\boldsymbol{X}.$$

【例 5.19】 在$\boldsymbol{P}[x]_2$中取定两个基

$$\boldsymbol{\alpha}_1=1,\ \boldsymbol{\alpha}_2=x-1,\ \boldsymbol{\alpha}_3=(x-1)^2$$

及

$$\boldsymbol{\beta}_1=2,\ \boldsymbol{\beta}_2=x-2,\ \boldsymbol{\beta}_3=(x-2)^2,$$

试求$\boldsymbol{P}[x]_2$向量在这两个基下的坐标变换公式.

解 将$\boldsymbol{\beta}_1,\boldsymbol{\beta}_2,\boldsymbol{\beta}_3$用$\boldsymbol{\alpha}_1,\boldsymbol{\alpha}_2,\cdots,\boldsymbol{\alpha}_n$线性表示，则有

$$(\boldsymbol{\beta}_1,\boldsymbol{\beta}_2,\boldsymbol{\beta}_3)=(\boldsymbol{\alpha}_1,\boldsymbol{\alpha}_2,\boldsymbol{\alpha}_3)\boldsymbol{A},$$

若取定$\boldsymbol{P}[x]_2$的另一个基$1,x,x^2$，则可求得

$$(\boldsymbol{\alpha}_1,\boldsymbol{\alpha}_2,\boldsymbol{\alpha}_3)=(1,x,x^2)\boldsymbol{B},$$

$$(\boldsymbol{\beta}_1,\boldsymbol{\beta}_2,\boldsymbol{\beta}_3)=(1,x,x^2)\boldsymbol{C},$$

其中

$$\boldsymbol{B}=\begin{pmatrix}1&-1&1\\0&1&-2\\0&0&1\end{pmatrix},\quad \boldsymbol{C}=\begin{pmatrix}2&-2&4\\0&1&-4\\0&0&1\end{pmatrix},$$

由此可解得

$$(\boldsymbol{\beta}_1,\boldsymbol{\beta}_2,\boldsymbol{\beta}_3)=(\boldsymbol{\alpha}_1,\boldsymbol{\alpha}_2,\boldsymbol{\alpha}_3)\boldsymbol{B}^{-1}\boldsymbol{C},$$

即由$\boldsymbol{\alpha}_1,\boldsymbol{\alpha}_2,\cdots,\boldsymbol{\alpha}_n$到$\boldsymbol{\beta}_1,\boldsymbol{\beta}_2,\boldsymbol{\beta}_3$的过渡矩阵为

$$\boldsymbol{A}=\boldsymbol{B}^{-1}\boldsymbol{C},$$

故所求坐标变换公式为

$$\boldsymbol{X}=\begin{pmatrix}x_1\\x_2\\x_3\end{pmatrix}=\boldsymbol{B}^{-1}\boldsymbol{C}\begin{pmatrix}y_1\\y_2\\y_3\end{pmatrix}=\boldsymbol{B}^{-1}\boldsymbol{C}\boldsymbol{Y}.$$

下面我们利用矩阵的初等行变换来求过渡矩阵$\boldsymbol{B}^{-1}\boldsymbol{C}$. 先将矩阵$(\boldsymbol{B}\vdots\boldsymbol{C})$中的$\boldsymbol{B}$变成$\boldsymbol{I}$，则$\boldsymbol{C}$就可变成$\boldsymbol{B}^{-1}\boldsymbol{C}$，于是我们有

$$(\boldsymbol{B}\vdots\boldsymbol{C})=\begin{pmatrix}1&-1&1&\vdots&2&-2&4\\0&1&-2&\vdots&0&1&-4\\0&0&1&\vdots&0&0&1\end{pmatrix}\to\begin{bmatrix}1&0&0&\vdots&2&-1&1\\0&1&0&\vdots&0&1&-2\\0&0&1&\vdots&0&0&1\end{bmatrix},$$

从而

$$\begin{pmatrix}x_1\\x_2\\x_3\end{pmatrix}=\begin{pmatrix}2&-1&1\\0&1&-2\\0&0&1\end{pmatrix}\begin{pmatrix}y_1\\y_2\\y_3\end{pmatrix},$$

或

$$\begin{pmatrix}y_1\\y_2\\y_3\end{pmatrix}=\boldsymbol{Y}=\boldsymbol{C}^{-1}\boldsymbol{B}\boldsymbol{X}=\frac{1}{2}\begin{pmatrix}1&1&1\\0&2&4\\0&0&2\end{pmatrix}\begin{pmatrix}x_1\\x_2\\x_3\end{pmatrix}.$$

习题 5.2

1. 求下列线性空间的维数与一个基：

(1) $\mathbf{R}^+ : a\oplus b=ab,\lambda\otimes a=a^\lambda$；

(2) $\boldsymbol{W}=\{(x_1,x_2,x_3)\in\mathbf{R}^3\mid x_1+x_2+x_3=0,x_1-x_2+x_3=0\}$.

2. 求下列向量生成子空间的维数与一个基：

$\boldsymbol{\alpha}_1=(-1,3,4,7)^{\mathrm{T}}$，$\boldsymbol{\alpha}_2=(2,1,-1,0)^{\mathrm{T}}$，$\boldsymbol{\alpha}_3=(1,2,1,3)^{\mathrm{T}}$，$\boldsymbol{\alpha}_4=(-4,1,5,6)^{\mathrm{T}}$.

3. 设 $\boldsymbol{\alpha}_1,\boldsymbol{\alpha}_2,\cdots,\boldsymbol{\alpha}_n$ 是 $\mathbf{R}^n$ 的基，

(1) 证明 $\boldsymbol{\alpha}_1,\boldsymbol{\alpha}_1+\boldsymbol{\alpha}_2,\boldsymbol{\alpha}_1+\boldsymbol{\alpha}_2+\boldsymbol{\alpha}_3,\cdots,\boldsymbol{\alpha}_1+\boldsymbol{\alpha}_2+\cdots+\boldsymbol{\alpha}_n$ 也是 $\mathbf{R}^n$ 的基；

(2) 求由基 $\boldsymbol{\alpha}_1,\boldsymbol{\alpha}_2,\cdots,\boldsymbol{\alpha}_n$ 到 $\boldsymbol{\alpha}_1,\boldsymbol{\alpha}_1+\boldsymbol{\alpha}_2,\boldsymbol{\alpha}_1+\boldsymbol{\alpha}_2+\boldsymbol{\alpha}_3,\cdots,\boldsymbol{\alpha}_1+\boldsymbol{\alpha}_2+\cdots+\boldsymbol{\alpha}_n$ 的过渡矩阵.

4. 次数不超过 2 的 x 的多项式对多项式加法与实数的数乘形成的线性空间中，向量 $1+x+x^2$ 对于基 $1,x-1,x^2-3x+2$ 的坐标.

5. 设 U 是线性空间 V 的一个子空间，试证：若 U 与 V 的维数相等，则 $U=V$.

6. 设 V_r 是 n 维线性空间 V_n 的一个子空间，$\boldsymbol{\alpha}_1,\cdots,\boldsymbol{\alpha}_r$ 是 V_r 的一个基. 试证：V_n 中存在元素 $\boldsymbol{\alpha}_{r+1},\cdots,\boldsymbol{\alpha}_n$，使 $\boldsymbol{\alpha}_1,\cdots,\boldsymbol{\alpha}_r,\boldsymbol{\alpha}_{r+1},\cdots,\boldsymbol{\alpha}_n$ 成为 V_n 的一个基.

7. 设 $\mathbf{R}^3$ 中的两个基分别为

$$\boldsymbol{\alpha}_1=(1,0,-1)^{\mathrm{T}},\ \boldsymbol{\alpha}_2=(2,1,1)^{\mathrm{T}},\ \boldsymbol{\alpha}_3=(1,1,1)^{\mathrm{T}};$$
$$\boldsymbol{\beta}_1=(0,1,1)^{\mathrm{T}},\ \boldsymbol{\beta}_2=(-1,1,0)^{\mathrm{T}},\ \boldsymbol{\beta}_3=(1,2,1)^{\mathrm{T}}.$$

(1) 求由基 $\boldsymbol{\alpha}_1,\boldsymbol{\alpha}_2,\boldsymbol{\alpha}_3$ 到基 $\boldsymbol{\beta}_1,\boldsymbol{\beta}_2,\boldsymbol{\beta}_3$ 的过渡矩阵；

(2) 求向量 $\boldsymbol{\alpha}=3\boldsymbol{\alpha}_1+2\boldsymbol{\alpha}_2+\boldsymbol{\alpha}_3$ 在基 $\boldsymbol{\beta}_1,\boldsymbol{\beta}_2,\boldsymbol{\beta}_3$ 下的坐标.

8. 设 $\mathbf{R}^3$ 中的两个基分别为 $\boldsymbol{\alpha}_1,\boldsymbol{\alpha}_2,\boldsymbol{\alpha}_3$ 和 $\boldsymbol{\beta}_1,\boldsymbol{\beta}_2,\boldsymbol{\beta}_3$，且有基变换

$$\boldsymbol{\beta}_1=\boldsymbol{\alpha}_1-\boldsymbol{\alpha}_2,\ \boldsymbol{\beta}_2=2\boldsymbol{\alpha}_1+3\boldsymbol{\alpha}_2+2\boldsymbol{\alpha}_3,\ \boldsymbol{\beta}_3=\boldsymbol{\alpha}_1+3\boldsymbol{\alpha}_2+2\boldsymbol{\alpha}_3,$$

求 $\boldsymbol{\alpha}=2\boldsymbol{\beta}_1-\boldsymbol{\beta}_2+3\boldsymbol{\beta}_3$ 在基 $\boldsymbol{\alpha}_1,\boldsymbol{\alpha}_2,\boldsymbol{\alpha}_3$ 下的坐标.

5.3　线性变换的定义及其性质

5.3.1　线性变换的定义

线性空间中元素间的相互联系，可以通过线性空间上的变换来刻画.

定义 5.9　设 V 是一个线性空间，若有对应关系 T，使得 V 中的任一元素 $\boldsymbol{\alpha}$ 都按照一定的规则对应于 V 自身的一个确定元素 $\boldsymbol{\beta}$，即 $T:V\to V$，总有 $\boldsymbol{\beta}=T\boldsymbol{\alpha}$，则称 T 为 V 上的一个变换. 称 $\boldsymbol{\beta}$ 为 $\boldsymbol{\alpha}$ 在变换 T 下的像，$\boldsymbol{\alpha}$ 为 $\boldsymbol{\beta}$ 在变称 T 下的源.

为方便起见，当 T 为 V 上的一个变换时，称 V 为变称 T 的源集合，称变称 T 下像的全体所成之集为 T 的像集合.

【例 5.20】　将 $\mathbf{R}^3$ 中的每个向量 $\boldsymbol{\alpha}=(a_1,a_2,a_3)$ 向 O_{xy} 平面作垂直投影变为向量 $\boldsymbol{\beta}=(a_1,a_2,0)$ 的对应关系 T 就是 $\mathbf{R}^3$ 上的一个变换，即

$$T:\mathbf{R}^3\to\mathbf{R}^3\text{，且}\ \forall\boldsymbol{\alpha}\in\mathbf{R}^3:\boldsymbol{\beta}=T\boldsymbol{\alpha}\in\mathbf{R}^3.$$

【例 5.21】 将 $\mathbf{R}^n$ 中各向量 $\boldsymbol{\alpha}=(a_1,a_2,\cdots,a_n)$ 变为向量 $\boldsymbol{\beta}=(a_1^2,a_2^2,\cdots,a_n^2)$ 的对应关系 T 也是 $\mathbf{R}^n$ 上的一个变换.

线性空间 V 上的变换是很多的，这里我们讨论它的一种最简单最基本的变换——线性变换.

定义 5.10 设 V 是实数域 $\mathbf{R}$ 上的线性空间，若 V 上的一个变换 T 满足：

(1) 可加性：$\forall\boldsymbol{\alpha},\boldsymbol{\beta}\in V,T(\boldsymbol{\alpha}+\boldsymbol{\beta})=T\boldsymbol{\alpha}+T\boldsymbol{\beta}.$ (5.19)

(2) 齐次性：$\forall\boldsymbol{\alpha}\in V,\forall k\in F,T(k\boldsymbol{\alpha})=kT\boldsymbol{\alpha}.$ (5.20)

则称 T 为 V 的一个线性变换.

【例 5.22】 平面上的向量构成二维实线性空间 $\mathbf{R}^2$，把平面绕坐标原点按逆时针方向旋转 θ 角，可得关系式

$$T\begin{pmatrix}x\\y\end{pmatrix}=\begin{pmatrix}\cos\theta & -\sin\theta\\ \sin\theta & \cos\theta\end{pmatrix}\begin{pmatrix}x\\y\end{pmatrix},\tag{5.21}$$

易证式(5.21)中的 T 就是一个线性变换，称为旋转变换，并记为 $\boldsymbol{I}_\theta$.

【例 5.23】 在线性空间 $\mathbf{R}[x]_3$ 中，若令变换 D 为

$$D(f(x))=f'(x),\ \forall f\in\mathbf{P}[x]_3,\tag{5.22}$$

则此变换 D 是 $\mathbf{R}[x]_3$ 上的一个线性变换，这是因为：

任取 $f(x),g(x)\in\mathbf{R}[x]_3,k\in\mathbf{R}$，令

$$f(x)=a_3x^3+a_2x^2+a_1x+a_0,g(x)=b_3x^3+b_2x^2+b_1x+b_0,$$

由所给微分变换的式(5.22)，有

$$D(f)=3a_3x^2+2a_2x+a_1,\ D(g)=3b_3x^2+2b_2x+b_1,$$

所以

$$\begin{aligned}D(f+g)&=D[(a_3+b_3)x^3+(a_2+b_2)x^2+(a_1+b_1)x+(a_0+b_0)]\\&=3(a_3+b_3)x^2+2(a_2+b_2)x+(a_1+b_1)\\&=(3a_3x^2+2a_2x+a_1)+(3b_3x^2+2b_2x+b_1)\\&=D(f)+D(g),\end{aligned}$$

即证 $D(f+g)=D(f)+D(g)$；同理可得：

$$D(kf)=D(ka_3x^3+ka_2x^2+ka_1x+ka_0)=k(3a_3x^2+2a_2x+a_1)=kD(f).$$

故 D 是 $\mathbf{P}[x]_3$ 上的线性变换.

【例 5.24】 定义在闭区间 $[a,b]$ 上的连续函数 $f(x)$ 的全体组成一个实线性空间，记为 $\boldsymbol{C}[a,b]$，若定义它的一个变换为

$$J(f(x))=\int_a^x f(x)\mathrm{d}x,\ \forall f(x)\in\boldsymbol{C}[a,b]\tag{5.23}$$

则此变换 J 是 $\boldsymbol{C}[a,b]$ 上的一个线性变换，这是因为：

任取 $f(x),g(x)\in\boldsymbol{C}[a,b],k\in\mathbf{R}$，由式(5.23)有

$$\begin{aligned}J(f+g)&=\int_a^x[f(x)+g(x)]\mathrm{d}x=\int_a^x f(x)\mathrm{d}x+\int_a^x g(x)\mathrm{d}x\\&=J(f)+J(g),\end{aligned}$$

$$J(kf)=\int_a^x kf(x)\mathrm{d}x=k\int_a^x f(x)\mathrm{d}x=kJ(f),$$

由定义知 J 是数域 $\mathbf{R}$ 上线性空间 $\boldsymbol{C}[a,b]$ 的一个线性变换.

【例 5.25】　在线性空间 $\mathbf{P}[x]_3$ 中,若令变换 T 为

$$T(f)=1,\ \forall f\in\mathbf{P}[x]_3,$$

则 T 不是线性变换. 这是因为

$$T(f+g)=1,\text{而 } T(f)+T(g)=1+1=2,$$

故

$$T(f+g)\neq Tf+Tg.$$

定理 5.3　线性空间 V 上的变换 T 是线性变换的充要条件为:对任意数 k,ℓ 与 $\mathbf{V}$ 中任意向量 $\boldsymbol{\alpha},\boldsymbol{\beta}$,恒成立

$$T(k\boldsymbol{\alpha}+\ell\boldsymbol{\beta})=kT\boldsymbol{\alpha}+\ell T\boldsymbol{\beta} \tag{5.24}$$

证明　若 T 是 V 上的线性变换,则由定义 5.10 知

$$T(k\boldsymbol{\alpha}+\ell\boldsymbol{\beta})=T(k\boldsymbol{\alpha})+T(\ell\boldsymbol{\beta})=kT\boldsymbol{\alpha}+\ell T\boldsymbol{\beta},$$

必要性即证. 充分性只需对式(5.24)特别取 $k=\ell=1$ 即得式(5.19),再取 $\ell=0$ 亦得式(5.20)成立. 据定义 5.10,即证 T 是一个线性变换.

【例 5.26】　设 V 是数域 F 上的线性空间,λ 是 F 中某个给定的数,定义变换为

$$T\boldsymbol{\alpha}=\lambda\boldsymbol{\alpha},\ \forall\boldsymbol{\alpha}\in V \tag{5.25}$$

则 T 是 V 上的一个线性变换.

事实上,任取 $\boldsymbol{\alpha},\boldsymbol{\beta}\in V,k,\ell\in F$,则

$$\begin{aligned}T(k\boldsymbol{\alpha}+\ell\boldsymbol{\beta})&=\lambda(k\boldsymbol{\alpha}+\ell\boldsymbol{\beta})\\&=k\lambda\boldsymbol{\alpha}+\ell\lambda\boldsymbol{\beta}\\&=kT\boldsymbol{\alpha}+\ell T\boldsymbol{\beta},\end{aligned}$$

由定理 5.3 即证 T 是 V 上的线性变换. 称 T 为相似变换(或数乘变换).

特别地,在式(5.25)中:

(1) 当 $\lambda=0$ 时,有

$$T\boldsymbol{\alpha}=\mathbf{0},\ \forall\boldsymbol{\alpha}\in V, \tag{5.26}$$

此时称线性变换 T 为 V 上的零变换.

(2) 当 $\lambda=1$ 时,有

$$T\boldsymbol{\alpha}=\boldsymbol{\alpha},\ \forall\boldsymbol{\alpha}\in V, \tag{5.27}$$

此时称线性变换 T 为 V 上的恒等变换.

5.3.2　线性变换的性质

实线性空间 V 的线性变换 T 还具有以下基本性质:

性质 1　在线性变换 T 下,V 中的零向量变为零向量,即

$$T\mathbf{0}=\mathbf{0}. \tag{5.28}$$

证明　由定义 5.10 中 $T(k\boldsymbol{\alpha})=kT\boldsymbol{\alpha}$,取 $k=0$ 即知式(5.28)成立.

性质 2　在线性变换 T 下,负向量变为象的负向量,即

$$T(-\boldsymbol{\alpha})=-T\boldsymbol{\alpha}. \tag{5.29}$$

证明　同理,在 $T(k\boldsymbol{\alpha})=kT\boldsymbol{\alpha}$ 中取 $k=-1$,即知(5.29)式成立.

性质 3　在线性变换 T 下,元素的线性组合变为对应象的相同线性组合. 即

$$T(k_1\boldsymbol{\alpha}_1+k_2\boldsymbol{\alpha}_2+\cdots+k\boldsymbol{\alpha}_m)=k_1T\boldsymbol{\alpha}_1+k_2T\boldsymbol{\alpha}_2+\cdots+k_mT\boldsymbol{\alpha}_m. \tag{5.30}$$

证明　由定理 5.3 中式(5.24)递推地有

$$T(k_1\boldsymbol{\alpha}_1+k_2\boldsymbol{\alpha}_2+\cdots+k\boldsymbol{\alpha}_m)=k_1T\boldsymbol{\alpha}_1+T(k_2\boldsymbol{\alpha}_2+\cdots+k\boldsymbol{\alpha}_m)$$
$$=k_1T\boldsymbol{\alpha}_1+k_2T\boldsymbol{\alpha}_2+\cdots+k_mT\boldsymbol{\alpha}_m,$$

即证式(5.30)成立.

性质 4 在线性变换 T 下,若 V 中元素 $\boldsymbol{\alpha}_1,\boldsymbol{\alpha}_2,\cdots,\boldsymbol{\alpha}_m$ 线性相关,则对应像所成的向量组 $T\boldsymbol{\alpha}_1,T\boldsymbol{\alpha}_2,\cdots,T\boldsymbol{\alpha}_m$ 也线性相关.

证明 设 $\boldsymbol{\alpha}_1,\boldsymbol{\alpha}_2,\cdots,\boldsymbol{\alpha}_m$ 线性相关,则存在一组不全为零的数 $k_1,k_2,\cdots,k_m$ 使得

$$k_1\boldsymbol{\alpha}_1+k_2\boldsymbol{\alpha}_2+\cdots+k_m\boldsymbol{\alpha}_m=\boldsymbol{0}, \tag{5.31}$$

将式(5.31)代入式(5.30),必有

$$\boldsymbol{0}=T(\boldsymbol{0})=T(k_1\boldsymbol{\alpha}_1+k_2\boldsymbol{\alpha}_2+\cdots+k_m\boldsymbol{\alpha}_m)$$
$$=k_1T\boldsymbol{\alpha}_1+k_2T\boldsymbol{\alpha}_2+\cdots+k_mT\boldsymbol{\alpha}_m,$$

从而 $T\boldsymbol{\alpha}_1,T\boldsymbol{\alpha}_2,\cdots,T\boldsymbol{\alpha}_m$ 线性相关.

值得指出的是,尽管线性变换把线性相关的向量组变为线性相关的向量组,但其逆不一定成立,即线性变换 T 有可能把线性无关的向量组也变为线性相关的向量组,如零变换就是如此.

性质 5 在线性变换 T 下,V 中全体元素的像所成的集合

$$T(V)=\{\boldsymbol{\beta}=T\boldsymbol{\alpha}\,|\,\boldsymbol{\alpha}\in V\} \tag{5.32}$$

是 V 的一个子空间,称 $T(V)$ 为线性变换 T 的像空间.

证明 因为 $T\boldsymbol{0}=\boldsymbol{0}\in T(V)$,所以 $T(V)$ 非空.

进而对任意的 $\boldsymbol{\beta}_1,\boldsymbol{\beta}_2\in T(V)$,必有 $\boldsymbol{\alpha}_1,\boldsymbol{\alpha}_2\in V$,使得

$$T\boldsymbol{\alpha}_1=\boldsymbol{\beta}_1,\ T\boldsymbol{\alpha}_2=\boldsymbol{\beta}_2,\ 且\ \boldsymbol{\alpha}_1+\boldsymbol{\alpha}_2\in V,$$

于是

$$\boldsymbol{\beta}_1+\boldsymbol{\beta}_2=T\boldsymbol{\alpha}_1+T\boldsymbol{\alpha}_2=T(\boldsymbol{\alpha}_1+\boldsymbol{\alpha}_2)\in T(V),$$
$$k\boldsymbol{\beta}_1=kT\boldsymbol{\alpha}_1=T(k\boldsymbol{\alpha}_1)\in T(V)\ (\forall k\in F,k\boldsymbol{\alpha}_1\in V),$$

注意到 $T(V)\subset V$,由上述证明知 $T(V)$ 对 V 中的线性运算封闭,故 $T(V)$ 是 V 的一个子空间.

性质 6 在线性变换 T 下,满足 $T\boldsymbol{\alpha}=\boldsymbol{0}$ 的全体源 $\boldsymbol{\alpha}$ 所成集合

$$\boldsymbol{S}(T)=\{\boldsymbol{\alpha}\,|\,\boldsymbol{\alpha}\in V,T\boldsymbol{\alpha}=\boldsymbol{0}\} \tag{5.33}$$

是 V 的一个子空间,称 $\boldsymbol{S}(T)$ 为线性变换 T 的核.

证明 因为 $T\boldsymbol{0}=\boldsymbol{0}$,所以 $\boldsymbol{0}\in\boldsymbol{S}(T)$,即 $\boldsymbol{S}(T)$ 非空,再由式(5.33)知 $\boldsymbol{S}(T)\subset\boldsymbol{V}$,且对任意的 $\boldsymbol{\alpha}_1,\boldsymbol{\alpha}_2\in\boldsymbol{S}(T)$,及任意的 $k,\ell\in F$,有

$$T\boldsymbol{\alpha}_1=\boldsymbol{0},\ T\boldsymbol{\alpha}_2=\boldsymbol{0}\Rightarrow T(k\boldsymbol{\alpha}_1+\ell\boldsymbol{\alpha}_2)=kT\boldsymbol{\alpha}_1+\ell T\boldsymbol{\alpha}_2=\boldsymbol{0}+\boldsymbol{0}=\boldsymbol{0},$$

所以 $k\boldsymbol{\alpha}_1+\ell\boldsymbol{\alpha}_2\in\boldsymbol{S}(T)$,即证 $\boldsymbol{S}(T)$ 对 V 中的线性运算封闭,故 $\boldsymbol{S}(T)$ 也是 V 的一个子空间.

【例 5.27】 在线性空间 $\mathbf{R}^n$ 中,定义变换 $y=T(x)$ 为

$$T(\boldsymbol{X})=\boldsymbol{A}\boldsymbol{X}\quad(\forall\boldsymbol{X}\in\mathbf{R}^n), \tag{5.34}$$

其中 $\boldsymbol{A}$ 为一个给定的 n 阶方阵. 即

$$\boldsymbol{A}=\begin{pmatrix}a_{11}&a_{12}&\cdots&a_{1n}\\a_{21}&a_{22}&\cdots&a_{2n}\\a_{n1}&a_{n2}&\cdots&a_{nn}\end{pmatrix}=(\boldsymbol{\alpha}_1,\boldsymbol{\alpha}_2,\cdots,\boldsymbol{\alpha}_n),$$

这里 $\boldsymbol{\alpha}_i=(\boldsymbol{\alpha}_{1i},\boldsymbol{\alpha}_{2i},\cdots,\boldsymbol{\alpha}_{ni})^{\mathrm{T}}\quad(i=1,2,\cdots,n)$ 为 $\boldsymbol{A}$ 的列向量. 则

(1) T 是 $\mathbf{R}^n$ 上的线性变换. 这是因为 $\forall\boldsymbol{\alpha},\boldsymbol{\beta}\in\mathbf{R}^n,\forall k,\ell\in F$,有

$$\begin{aligned} T(k\boldsymbol{\alpha}+\ell\boldsymbol{\beta}) &= \boldsymbol{A}(k\boldsymbol{\alpha}+\ell\boldsymbol{\beta}) \\ &= \boldsymbol{A}(k\boldsymbol{\alpha})+\boldsymbol{A}(\ell\boldsymbol{\beta})=k\boldsymbol{A}\boldsymbol{\alpha}+\ell\boldsymbol{A}\boldsymbol{\beta} \\ &= kT\boldsymbol{\alpha}+\ell T\boldsymbol{\beta}, \end{aligned}$$

故 T 是 $\mathbf{R}^n$ 上的线性变换.

(2) T 的像空间为

$$T(\mathbf{R}^n)=\{\boldsymbol{Y}=\boldsymbol{A}\boldsymbol{X}\mid x\in\mathbf{R}^n\}=\{x_1\boldsymbol{\alpha}_1+x_2\boldsymbol{\alpha}_2+\cdots+x_n\boldsymbol{\alpha}_n\mid\forall x_i\in\mathbf{R}\}, \tag{5.35}$$

即 $T(\mathbf{R}^n)$是由 $\boldsymbol{A}$ 的列向量线性生成的子空间,又称为 $\boldsymbol{A}$ 的列空间. 而 T 的核为

$$\boldsymbol{S}(T)=\{\boldsymbol{\alpha}\mid\boldsymbol{A}\boldsymbol{\alpha}=\boldsymbol{0},\text{且 }\boldsymbol{\alpha}\in\mathbf{R}^n\} \tag{5.36}$$

即 $\boldsymbol{S}(T)$是由齐次线性方程组 $\boldsymbol{AX}=\boldsymbol{0}$ 的全体解组成的子空间,又称为 $\boldsymbol{AX}=\boldsymbol{0}$ 的解空间.

习题 5.3

1. 判断下列变换中,哪些是线性变换?

(1) 在 $\mathbf{R}^3$ 中:$T(a_1,a_2,a_3)=(a_1^2,a_1+a_2,a_3)$;

(2) 在 $\mathbf{R}^3$ 中: $T(x_1,x_2,x_3)^{\mathrm{T}}=(x_1+2,x_1-x_2,2x_3)^{\mathrm{T}}$;

(3) 在 $\mathbf{R}^{n\times n}$ 中:$T(\boldsymbol{X})=\boldsymbol{PXQ}$,这里 $\boldsymbol{P},\boldsymbol{Q}$ 是 $\mathbf{R}^{2\times 2}$ 中固定的矩阵;

(4) 在 $\mathbf{R}^{2\times 2}$ 中:$T\boldsymbol{A}=\boldsymbol{A}^*$,$\boldsymbol{A}^*$ 为 $\boldsymbol{A}$ 的伴随矩阵;

(5) 在实系数多项式空间 $P[x]$中:$T[f(x)]=f'(x)$.

2. 设 $\boldsymbol{A}$ 为二阶方阵,试验证 xOy 坐标面上的变换

$$T\begin{pmatrix}x\\y\end{pmatrix}=A\begin{pmatrix}x\\y\end{pmatrix}$$

为线性变换,并说明当 $\boldsymbol{A}$ 为以下方阵时该线性变换的几何意义:

(1) $\boldsymbol{A}=\begin{pmatrix}1&0\\0&-1\end{pmatrix}$;　　(2) $\boldsymbol{A}=\begin{pmatrix}0&0\\0&1\end{pmatrix}$.

3. 定义线性变换 $T:\mathbf{R}^2\to\mathbf{R}^2$ 为

$$T(x)=\begin{pmatrix}0&-1\\1&0\end{pmatrix}\begin{pmatrix}x\\y\end{pmatrix}=\begin{pmatrix}-y\\x\end{pmatrix},$$

求 $\boldsymbol{\alpha}_1=\begin{pmatrix}4\\1\end{pmatrix}$,$\boldsymbol{\alpha}_2=\begin{pmatrix}2\\3\end{pmatrix}$和 $\boldsymbol{\alpha}_1+\boldsymbol{\alpha}_2$ 在变换 T 下的像,并说明变换 T 的几何意义.

4. 已知 $\mathbf{R}^3$ 中的变换为

$$T(x,y,z)=(0,x,y),\ \forall x,y,z\in\mathbf{R},$$

试证 T 为 $\mathbf{R}^3$ 的线性变换,并求 T^2 的像集合.

5. n 阶对称矩阵的全体 V 对于矩阵的线性运算构成一个$\dfrac{n(n+1)}{2}$维线性空间,给出 n 维矩阵$\boldsymbol{P}$,以 $\boldsymbol{A}$ 表示 V 中的任一元素,变换

$$T(\boldsymbol{A})=\boldsymbol{P}^{\mathrm{T}}\boldsymbol{AP}$$

称为合同变换,试证合同变换 T 是 V 中的线性变换.

6. 线性变换是否把零元变为零元,能否变非零元为零元?一个非零元的所有像源能否构成一个子空间?

5.4 线性变换的矩阵表示

n 维线性空间 V 中的线性变换往往很抽象. 为方便起见,下面我们利用线性变换保持线性关系的特点,通过矩阵来表示线性变换在给定基下的像组,进而考察线性变换的性质.

5.4.1 线性变换在给定基下的矩阵

设 V 是实数域 $\mathbf{R}$ 上的 n 维线性空间,则 V 中任一向量 $\boldsymbol{\alpha}$ 都可由基 $\boldsymbol{\alpha}_1,\boldsymbol{\alpha}_2,\cdots,\boldsymbol{\alpha}_n$ 线性表示,即

$$\boldsymbol{\alpha}=x_1\boldsymbol{\alpha}_1+x_2\boldsymbol{\alpha}_2+\cdots+x_n\boldsymbol{\alpha}_n \tag{5.37}$$

且式(5.37)中系数 $x_1,x_2,\cdots,x_n$ 是唯一确定的,它们就是 $\boldsymbol{\alpha}$ 在给定基 $\boldsymbol{\alpha}_1,\boldsymbol{\alpha}_2,\cdots,\boldsymbol{\alpha}_n$ 下的坐标,又因为线性变换保持线性关系不变,所以对 V 中的线性变换 T,总有

$$T(\boldsymbol{\alpha})=x_1T\boldsymbol{\alpha}_1+x_2T\boldsymbol{\alpha}_2+\cdots+x_nT\boldsymbol{\alpha}_n,$$

即只要知道了基 $\boldsymbol{\alpha}_1,\boldsymbol{\alpha}_2,\cdots,\boldsymbol{\alpha}_n$ 的像,那么线性空间中任意一个向量的像也就知道了. 由于向量组 $T\boldsymbol{\alpha}_1,T\boldsymbol{\alpha}_2,\cdots,T\boldsymbol{\alpha}_n$ 不一定线性无关,因此它不再是 V 的一个基. 为方便起见,我们称 $T\boldsymbol{\alpha}_1,T\boldsymbol{\alpha}_2,\cdots,T\boldsymbol{\alpha}_n$ 为线性变换 T 下的一个基像组.

定理 5.4 *设 $\boldsymbol{\alpha}_1,\boldsymbol{\alpha}_2,\cdots,\boldsymbol{\alpha}_n$ 是 n 维线性空间 V 的一个基,$\boldsymbol{\beta}_1,\boldsymbol{\beta}_2,\cdots,\boldsymbol{\beta}_n$ 是 V 中任意 n 个向量,则存在唯一的线性变换 T,使得*

$$T\boldsymbol{\alpha}_i=\boldsymbol{\beta}_i\quad(i=1,2,\cdots,n). \tag{5.38}$$

证明 定义

$$T\boldsymbol{\alpha}=x_1\boldsymbol{\beta}_1+x_2\boldsymbol{\beta}_2+\cdots+x_n\boldsymbol{\beta}_n, \tag{5.39}$$

则 T 是 V 上的一个线性变换,且当 $\boldsymbol{\alpha}=\boldsymbol{\alpha}_i$ 时,即在式(5.37)右端取坐标 $x_i=1$,其余的分量皆取为 0,代入(5.39)式即知(5.38)式成立. 若还存在 V 的另一个线性变换 T_1 使得

$$T_1\boldsymbol{\alpha}_i=\boldsymbol{\beta}_i\quad(i=1,2,\cdots,n),$$

则对任意的 $\boldsymbol{\alpha}\in V$,有

$$\begin{aligned}T_1\boldsymbol{\alpha}&=T_1(x_1\boldsymbol{\alpha}_1+x_2\boldsymbol{\alpha}_2+\cdots+x_n\boldsymbol{\alpha}_n)\\&=x_1T_1\boldsymbol{\alpha}_1+x_2T_1\boldsymbol{\alpha}_2+\cdots+x_nT_1\boldsymbol{\alpha}_n\\&=x_1\boldsymbol{\beta}_1+x_2\boldsymbol{\beta}_2+\cdots+x_n\boldsymbol{\beta}_n,\end{aligned}$$

从而 $T_1=T$,结论成立.

定理 5.4 表明,只要知道了线性空间 V 的给定基 $\boldsymbol{\alpha}_1,\boldsymbol{\alpha}_2,\cdots,\boldsymbol{\alpha}_n$ 在线性变换 T 下的基像组 $T\boldsymbol{\alpha}_1,T\boldsymbol{\alpha}_2,\cdots,T\boldsymbol{\alpha}_n$,线性变换 T 也就由 $\boldsymbol{\alpha}_i$ 与其像 $T\boldsymbol{\alpha}_i(i=1,2,\cdots,n)$的对应关系确定了. 注意到 $T\boldsymbol{\alpha}_i(i=1,2,\cdots,n)$仍然是 V 中的向量,因而可设

$$\begin{cases}T\boldsymbol{\alpha}_1=a_{11}\boldsymbol{\alpha}_1+a_{21}\boldsymbol{\alpha}_2+\cdots+a_{n1}\boldsymbol{\alpha}_n,\\T\boldsymbol{\alpha}_2=a_{12}\boldsymbol{\alpha}_1+a_{22}\boldsymbol{\alpha}_2+\cdots+a_{n2}\boldsymbol{\alpha}_n,\\\quad\cdots\cdots\\T\boldsymbol{\alpha}_n=a_{1n}\boldsymbol{\alpha}_1+a_{2n}\alpha_2+\cdots+a_{nn}\boldsymbol{\alpha}_n.\end{cases} \tag{5.40}$$

若记

$$T_1\boldsymbol{\alpha}_i=(\boldsymbol{\alpha}_1,\boldsymbol{\alpha}_2,\cdots,\boldsymbol{\alpha}_n)\boldsymbol{A}_i\quad(i=1,2,\cdots,n), \tag{5.41}$$

其中 $\boldsymbol{A}_i=(a_{1i},a_{2i},\cdots,a_{ni})^{\mathrm{T}}$,若记 $T(\boldsymbol{\alpha}_1,\boldsymbol{\alpha}_2,\cdots,\boldsymbol{\alpha}_n)=(T\boldsymbol{\alpha}_1,T\boldsymbol{\alpha}_2,\cdots,T\boldsymbol{\alpha}_n)$,则将其写成矩阵形式,可得

$$
\begin{aligned}
T(\boldsymbol{\alpha}_1,\boldsymbol{\alpha}_2,\cdots,\boldsymbol{\alpha}_n)&=(T\boldsymbol{\alpha}_1,T\boldsymbol{\alpha}_2,\cdots,T\boldsymbol{\alpha}_n)\\
&=(\boldsymbol{\alpha}_1,\boldsymbol{\alpha}_2,\cdots,\boldsymbol{\alpha}_n)(\boldsymbol{A}_1,\boldsymbol{A}_2,\cdots,\boldsymbol{A}_n)\\
&=(\boldsymbol{\alpha}_1,\boldsymbol{\alpha}_2,\cdots,\boldsymbol{\alpha}_n)\begin{pmatrix}a_{11}&a_{12}&\cdots&a_{1n}\\a_{21}&a_{22}&\cdots&a_{2n}\\\vdots&\vdots&&\vdots\\a_{n1}&a_{n2}&\cdots&a_{nn}\end{pmatrix}\\
&=(\boldsymbol{\alpha}_1,\boldsymbol{\alpha}_2,\boldsymbol{\alpha}_n)\boldsymbol{A}.
\end{aligned}\tag{5.42}
$$

定义 5.11　设 $\boldsymbol{\alpha}_1,\boldsymbol{\alpha}_2,\cdots,\boldsymbol{\alpha}_n$ 是实数域 $\mathbf{R}$ 上 n 维线性空间 V 的一个基，T 是 V 的线性变换，若有 n 阶方阵 $\boldsymbol{A}=(a_{ij})_{n\times n}$，使得

$$T(\boldsymbol{\alpha}_1,\boldsymbol{\alpha}_2,\cdots,\boldsymbol{\alpha}_n)=(\boldsymbol{\alpha}_1,\boldsymbol{\alpha}_2,\cdots,\boldsymbol{\alpha}_n)\boldsymbol{A},\tag{5.43}$$

则称 $\boldsymbol{A}$ 为线性变换 T 在基 $\boldsymbol{\alpha}_1,\boldsymbol{\alpha}_2,\cdots,\boldsymbol{\alpha}_n$ 下的矩阵.

对给定的线性变换 T，矩阵 $\boldsymbol{A}$ 的列向量可以由 V 中的基像组 $T\boldsymbol{\alpha}_1,T\boldsymbol{\alpha}_2,\cdots,T\boldsymbol{\alpha}_n$ 在基 $\boldsymbol{\alpha}_1,\boldsymbol{\alpha}_2,\cdots,\boldsymbol{\alpha}_n$ 下的坐标唯一确定. 反之，若给定矩阵 $\boldsymbol{A}$ 作为线性变换 T 在基 $\boldsymbol{\alpha}_1,\boldsymbol{\alpha}_2,\cdots,\boldsymbol{\alpha}_n$ 下的矩阵，也就给出了该基在线性变换 T 下的基像组.

设 $\boldsymbol{\alpha}$ 与 $T\boldsymbol{\alpha}$ 在给定基 $\boldsymbol{\alpha}_1,\boldsymbol{\alpha}_2,\cdots,\boldsymbol{\alpha}_n$ 下的坐标分别为 $\boldsymbol{X}$ 和 $\boldsymbol{Y}$，即

$$\boldsymbol{\alpha}=(\boldsymbol{\alpha}_1,\boldsymbol{\alpha}_2,\cdots,\boldsymbol{\alpha}_n)\boldsymbol{X},\ T\boldsymbol{\alpha}=(\boldsymbol{\alpha}_1,\boldsymbol{\alpha}_2,\cdots,\boldsymbol{\alpha}_n)\boldsymbol{Y},$$

于是由 $T\boldsymbol{\alpha}=T(\boldsymbol{\alpha}_1,\boldsymbol{\alpha}_2,\cdots,\boldsymbol{\alpha}_n)\boldsymbol{X}=(\boldsymbol{\alpha}_1,\boldsymbol{\alpha}_2,\cdots,\boldsymbol{\alpha}_n)\boldsymbol{AX}$，可得

$$\boldsymbol{Y}=\boldsymbol{AX}\tag{5.44}$$

根据式(5.44)，我们可以将 $\boldsymbol{\alpha}$ 与 $T\boldsymbol{\alpha}$ 在基下的坐标表示简单地表示为 $\mathbf{R}^n$ 中的一个线性变换 T_A：$\boldsymbol{Y}=\boldsymbol{AX}$，即对任意的 $\boldsymbol{X}\in\mathbf{R}^N$，有

$$T_A\boldsymbol{X}=\boldsymbol{AX}\quad(\forall\boldsymbol{X}\in\mathbf{R}^n).\tag{5.45}$$

【例 5.28】　在线性空间 $\mathbf{P}[x]_3$ 中，定义微分变换为

$$D[f(x)]=f'(x),\ \forall f(x)\in\mathbf{P}[x]_3,\tag{5.46}$$

则 D 是 $\mathbf{P}[x]_3$ 上的一个线性变换，取定 $\mathbf{P}[x]_3$ 的一个基

$$f_1=1,\ f_2=x,\ f_3=x^2,\ f_4=x^3.$$

试求微分变换 D 在该基下的矩阵.

解　因为

$$\begin{cases}D(f_1)=0=0f_1+0f_2+0f_3+0f_4,\\D(f_2)=1=1f_1+0f_2+0f_3+0f_4,\\D(f_3)=2x=0f_1+2f_2+0f_3+0f_4,\\D(f_4)=3x^2=0f_1+0f_2+3f_3+0f_4,\end{cases}$$

于是由

$$D(f_1,f_2,f_3,f_4)=(f_1,f_2,f_3,f_4)\begin{pmatrix}0&1&0&0\\0&0&2&0\\0&0&0&3\\0&0&0&0\end{pmatrix}$$

知所求微分变换 D 在取定基 $1,x,x^2,x^3$ 下的矩阵为

$$\boldsymbol{A}=\begin{pmatrix}0&1&0&0\\0&0&2&0\\0&0&0&3\\0&0&0&0\end{pmatrix}.$$

【例 5.29】 定义 $\mathbf{R}^3$ 中的线性变换 T 为

$$T[(x,y,z)^{\mathrm{T}}]=(2x-y,y+z,x)^{\mathrm{T}}, \tag{5.47}$$

求 T 在基 $\boldsymbol{e}_1=(1,0,0)^{\mathrm{T}}$, $\boldsymbol{e}_2=(0,1,0)^{\mathrm{T}}$, $\boldsymbol{e}_3=(0,0,1)^{\mathrm{T}}$ 下的矩阵.

解 因为

$$T\boldsymbol{\alpha}=T\begin{pmatrix}x\\y\\z\end{pmatrix}=\begin{pmatrix}2x-y\\y+z\\x\end{pmatrix}=\begin{pmatrix}2&-1&0\\0&1&1\\1&0&0\end{pmatrix}\begin{pmatrix}x\\y\\z\end{pmatrix}=A\boldsymbol{\alpha},$$

所以 T 在给定基 $\boldsymbol{e}_1,\boldsymbol{e}_2,\boldsymbol{e}_3$ 下的矩阵为

$$\mathbf{A}=\begin{pmatrix}2&-1&0\\0&1&1\\1&0&0\end{pmatrix}.$$

定义 5.12 若线性变换 T 在基下对应的矩阵 $\boldsymbol{A}$ 的行列式 $|\boldsymbol{A}|$ 不为零,则称 T 是满秩线性变换;否则称 T 是降秩线性变换.

易见例 5.28 中的线性变换 D 为降秩线性变换,例 5.29 中的线性变换 T 则是满秩线性变换.

5.4.2 线性变换在不同基下的矩阵

【例 5.30】 在三维向量空间 $\mathbf{R}^3$ 中的线性变换 T 表示将向量 $\boldsymbol{\alpha}$ 向 O_{xy} 坐标面作垂直投影,即

$$T(\boldsymbol{\alpha})=T(xi+yj+zk)=xi+yj, \tag{5.48}$$

其中 i,j,k 分别为直角坐标轴上的三个上相互垂直单位向量,它也是 $\mathbf{R}^3$ 的一个基.

(1) 求线性变换 T 在基 i,j,k 下的矩阵;

(2) 求线性变换 T 在基 $i,i+j,i+j+k$ 下的矩阵.

解 (1) 因为

$$Ti=i,\ Tj=j,\ Tk=0,$$

所以

$$T(i,j,k)=(i,j,k)\begin{pmatrix}1&0&0\\0&1&0\\0&0&0\end{pmatrix}.$$

(2) 因为

$$\begin{cases}Ti=i,\\T(i+j)=i+j,\\T(i+j+k)=i+j,\end{cases}$$

所以

$$T(i,j,k)=(i,j,k)\begin{pmatrix}1&0&0\\0&1&0\\0&0&0\end{pmatrix}.$$

上例说明:线性变换 T 的矩阵是与给定的基相对应的,基的改变,必然会导致线性变换 T 的矩阵作相应的变化. 换言之,同一个线性变换在不同基下的矩阵不一定相同. 为此,下面讨论 n 维线性空间中同一个线性变换在不同基下的矩阵之间的关系.

定理 5.5　设在 n 维线性空间 V 中取定两个基 $\boldsymbol{\alpha}_1,\boldsymbol{\alpha}_2,\cdots,\boldsymbol{\alpha}_n$ 与 $\boldsymbol{\beta}_1,\boldsymbol{\beta}_2,\cdots,\boldsymbol{\beta}_n$，$T$ 为 V 的线性变换，且由基 $\boldsymbol{\alpha}_1,\boldsymbol{\alpha}_2,\cdots,\boldsymbol{\alpha}_n$ 到基 $\boldsymbol{\beta}_1,\boldsymbol{\beta}_2,\cdots,\boldsymbol{\beta}_n$ 的过渡矩阵为 $\boldsymbol{P}$，线性变换 T 在两基下的矩阵分别为 $\boldsymbol{A}$ 和 $\boldsymbol{B}$，则

$$\boldsymbol{B}=\boldsymbol{P}^{-1}\boldsymbol{A}\boldsymbol{P} \tag{5.49}$$

证明　由已知，有

$$\begin{cases}T(\boldsymbol{\alpha}_1,\boldsymbol{\alpha}_2,\cdots,\boldsymbol{\alpha}_n)=(\boldsymbol{\alpha}_1,\boldsymbol{\alpha}_2,\cdots,\boldsymbol{\alpha}_n)\boldsymbol{A},\\ T(\boldsymbol{\beta}_1,\boldsymbol{\beta}_2,\cdots,\boldsymbol{\beta}_n)=(\boldsymbol{\beta}_1,\boldsymbol{\beta}_2,\cdots,\boldsymbol{\beta}_n)\boldsymbol{B},\\ (\boldsymbol{\beta}_1,\boldsymbol{\beta}_2,\cdots,\boldsymbol{\beta}_n)=(\boldsymbol{\alpha}_1,\boldsymbol{\alpha}_2,\cdots,\boldsymbol{\alpha}_n)\boldsymbol{P},\end{cases}$$

且 $\boldsymbol{P}$ 可逆. 于是

$$\begin{aligned}(\boldsymbol{\beta}_1,\boldsymbol{\beta}_2,\cdots,\boldsymbol{\beta}_n)\boldsymbol{B}&=T(\boldsymbol{\beta}_1,\boldsymbol{\beta}_2,\cdots,\boldsymbol{\beta}_n)=T(\boldsymbol{\alpha}_1,\boldsymbol{\alpha}_2,\cdots,\boldsymbol{\alpha}_n)\boldsymbol{P}\\ &=(T\boldsymbol{\alpha}_1,T\boldsymbol{\alpha}_2,\cdots,T\boldsymbol{\alpha}_n)\boldsymbol{P}=(\boldsymbol{\alpha}_1,\boldsymbol{\alpha}_2,\cdots,\boldsymbol{\alpha}_n)\boldsymbol{A}\boldsymbol{P}\\ &=(\boldsymbol{\beta}_1,\boldsymbol{\beta}_2,\cdots,\boldsymbol{\beta}_n)\boldsymbol{P}^{-1}\boldsymbol{A}\boldsymbol{P},\end{aligned}$$

由 T 在基 $(\boldsymbol{\beta}_1,\boldsymbol{\beta}_2,\cdots,\boldsymbol{\beta}_n)$ 下矩阵的唯一性知 $\boldsymbol{B}=\boldsymbol{P}^{-1}\boldsymbol{A}\boldsymbol{P}$.

定理 5.5 说明：线性变换 T 在不同基下的矩阵尽管不一定相同，但它们总是相似的，且两基间的过渡矩阵就是两变换矩阵的相似因子阵.

【例 5.31】　设 $\mathbf{R}^3$ 上的线性变换 T 为

$$T(x,y,z)=(x+2y+z,y-z,x+z), \tag{5.50}$$

求 T 在基

$$\boldsymbol{\alpha}_1=(1,0,1),\ \boldsymbol{\alpha}_2=(0,1,1),\ \boldsymbol{\alpha}_3=(1,-1,1)$$

下的矩阵 $\boldsymbol{B}$.

解　取 $\mathbf{R}^3$ 的另一个基

$$\boldsymbol{e}_1=(1,0,0),\ \boldsymbol{e}_2=(0,1,0),\ \boldsymbol{e}_3=(0,0,1),$$

则由基 $\boldsymbol{e}_1,\boldsymbol{e}_2,\boldsymbol{e}_3$ 到基 $\boldsymbol{\alpha}_1,\boldsymbol{\alpha}_2,\boldsymbol{\alpha}_3$ 的过渡矩阵 $\boldsymbol{P}$ 及其逆矩阵分别为

$$\boldsymbol{P}=\begin{pmatrix}1&0&1\\0&1&-1\\1&1&1\end{pmatrix},\ \boldsymbol{P}^{-1}=\begin{pmatrix}2&1&-1\\-1&0&1\\-1&-1&1\end{pmatrix};$$

又因为

$$\begin{cases}T(\boldsymbol{e}_1)=T(1,0,0)=(1,0,1),\\ T(\boldsymbol{e}_2)=T(0,1,0)=(2,1,0),\\ T(\boldsymbol{e}_3)=T(0,0,1)=(1,-1,1),\end{cases}$$

于是，由 $T(\boldsymbol{e}_1,\boldsymbol{e}_2,\boldsymbol{e}_3)=(\boldsymbol{e}_1,\boldsymbol{e}_2,\boldsymbol{e}_3)\boldsymbol{A}$ 知：线性变换 T 在基 $\boldsymbol{e}_1,\boldsymbol{e}_2,\boldsymbol{e}_3$ 下的矩阵为

$$\boldsymbol{A}=\begin{pmatrix}1&2&1\\0&1&-1\\1&0&1\end{pmatrix},$$

所以由定理 5.5 知线性变换 T 在基 $\boldsymbol{\alpha}_1,\boldsymbol{\alpha}_2,\boldsymbol{\alpha}_3$ 下的矩阵为

$$\boldsymbol{B}=\boldsymbol{P}^{-1}\boldsymbol{A}\boldsymbol{P}=\begin{pmatrix}1&5&-4\\0&-2&2\\1&-2&4\end{pmatrix}.$$

习题 5.4

1. 求下列线性变换对所指定基的矩阵:

(1) $\mathbf{R}^3$ 中的线性变换 T 满足:

$$T(a_1,a_2,a_3)=(2a_1-a_2,a_2+a_3,a_1),$$

求 T 在基

$$\boldsymbol{e}_1=(1,0,0),\ \boldsymbol{e}_2=(0,1,0),\ \boldsymbol{e}_3=(0,0,1)$$

下的矩阵.

(2) $\mathbf{R}^3$ 中的线性变换 T 满足:

$$T\boldsymbol{\alpha}_1=(-5,0,3),\ T\boldsymbol{\alpha}_2=(0,-1,6),\ T\boldsymbol{\alpha}_3=(-5,-1,9),$$

求 T 在基

$$\boldsymbol{\alpha}_1=(-1,0,2),\ \boldsymbol{\alpha}_2=(0,1,1),\ \boldsymbol{\alpha}_3=(3,-1,0)$$

下的矩阵.

2. T 是 $\mathbf{R}^3$ 上的线性变换,且

$$T(x,y,z)=(2x+y,x-y,3z).$$

(1) 求 T 在基

$$\boldsymbol{e}_1=(1,0,0),\ \boldsymbol{e}_2=(0,1,0),\ \boldsymbol{e}_3=(0,0,1)$$

下的矩阵.

(2) 求 T 在基

$$\boldsymbol{\varepsilon}_1=(1,0,0),\ \boldsymbol{\varepsilon}_2=(1,1,0),\ \boldsymbol{\varepsilon}_3=(1,1,1)$$

下的矩阵.

3. 在三维线性空间

$$V=\{\alpha=(a_2x^2+a_1x+a_0)\boldsymbol{e}^x\,|\,a_2,a_1,a_0\in\mathbf{R}\}$$

中取一个基

$$\boldsymbol{\alpha}_1=x^2\boldsymbol{e}^x,\ \boldsymbol{\alpha}_2=x\boldsymbol{e}^x,\ \boldsymbol{\alpha}_3=\boldsymbol{e}^x.,$$

求微分运算 D 在这个基下的矩阵.

4. 若线性变 T 对线性空间 V 的基 $\boldsymbol{\alpha}_1,\boldsymbol{\alpha}_2,\cdots,\boldsymbol{\alpha}_n$ 的矩阵是

$$\begin{pmatrix} & & & 1\\ & & 1 & \\ & \cdot^{\cdot^{\cdot}} & & \\ 1 & & & \end{pmatrix},$$

求 T 在基

$$\boldsymbol{\beta}_1=\boldsymbol{\alpha}_2,\ \boldsymbol{\beta}_2=\boldsymbol{\alpha}_3,\ \cdots,\ \boldsymbol{\beta}_{n-1}=\boldsymbol{\alpha}_n,\ \boldsymbol{\beta}_n=\boldsymbol{\alpha}_1$$

下的矩阵.

5. 设三维线性空间 V 上的线性变换 T 在基 $\boldsymbol{\varepsilon}_1,\boldsymbol{\varepsilon}_2,\boldsymbol{\varepsilon}_3$ 下的矩阵为

$$\mathbf{A}=\begin{pmatrix} a_{11} & a_{12} & a_{13}\\ a_{21} & a_{22} & a_{23}\\ a_{31} & a_{32} & a_{33}\end{pmatrix}.$$

(1) 求 T 在基 $\boldsymbol{\varepsilon}_3,\boldsymbol{\varepsilon}_1,\boldsymbol{\varepsilon}_2$ 下的矩阵.

(2) 求 T 在基 $\boldsymbol{\varepsilon}_1+\boldsymbol{\varepsilon}_2,\boldsymbol{\varepsilon}_2,\boldsymbol{\varepsilon}_3$ 下的矩阵.

6. 给定 $\boldsymbol{P}^3$ 的两个基:

$$\begin{cases}\boldsymbol{\varepsilon}_1=(1,0,1),\\ \boldsymbol{\varepsilon}_2=(2,1,0),\\ \boldsymbol{\varepsilon}_3=(1,1,1),\end{cases}\quad \begin{cases}\boldsymbol{\eta}_1=(1,2,-1),\\ \boldsymbol{\eta}_2=(2,2,-1),\\ \boldsymbol{\eta}_3=(2,-1,-1),\end{cases}$$

定义线性变换 T 为 $T(\boldsymbol{\varepsilon}_i)=\boldsymbol{\eta}_i\quad(i=1,2,3)$.

(1) 写出 T 在基 $\boldsymbol{\varepsilon}_1,\boldsymbol{\varepsilon}_2,\boldsymbol{\varepsilon}_3$ 下的矩阵;

(2) 写出 T 在基 $\boldsymbol{\eta}_1,\boldsymbol{\eta}_2,\boldsymbol{\eta}_3$ 下的矩阵.

5.5　典型和扩展例题

【例 5.32】 试证:在线性空间 $\mathbf{R}^4$ 中,由向量组

$$\boldsymbol{\alpha}_1=(1,2,-1,3),\ \boldsymbol{\alpha}_2=(2,4,1,-2),\ \boldsymbol{\alpha}_3=(3,6,3,-7)$$

及

$$\boldsymbol{\beta}_1=(1,2,-4,11),\ \boldsymbol{\beta}_2=(2,4,-5,14)$$

生成的子空间相等,即

$$L(\boldsymbol{\alpha}_1,\boldsymbol{\alpha}_2,\boldsymbol{\alpha}_3)=L(\boldsymbol{\beta}_1,\boldsymbol{\beta}_2).$$

证法 1　由 5.1 节性质 5,只需证明

$$\begin{cases}\boldsymbol{\alpha}_i=k_{i1}\boldsymbol{\beta}_1+k_{i2}\boldsymbol{\beta}_2, & i=1,2,3,\\ \boldsymbol{\beta}_j=\ell_{j1}\boldsymbol{\alpha}_1+\ell_{j2}\boldsymbol{\alpha}_2+\ell_{j3}\boldsymbol{\alpha}_3, & j=1,2,\end{cases}$$

即知 $L(\boldsymbol{\alpha}_1,\boldsymbol{\alpha}_2,\boldsymbol{\alpha}_3)$ 与 $L(\boldsymbol{\beta}_1,\boldsymbol{\beta}_2)$ 相互包含(留给读者自行补充),故有

$$L(\boldsymbol{\beta}_1,\boldsymbol{\beta}_2)=L(\boldsymbol{\alpha}_1,\boldsymbol{\alpha}_2,\boldsymbol{\alpha}_3).$$

证法 2　由 5.1 节性质 6,有

$$\begin{pmatrix}\boldsymbol{\alpha}_1\\ \boldsymbol{\alpha}_2\\ \boldsymbol{\alpha}_3\end{pmatrix}=\begin{pmatrix}1&2&-1&3\\2&4&1&-2\\3&6&3&-7\end{pmatrix}\to\begin{pmatrix}1&2&-1&3\\0&0&3&-8\\0&0&0&0\end{pmatrix}\to\begin{pmatrix}1&2&0&\frac{1}{3}\\0&0&1&-\frac{8}{3}\\0&0&0&0\end{pmatrix},$$

$$\begin{pmatrix}\boldsymbol{\beta}_1\\ \boldsymbol{\beta}_2\end{pmatrix}=\begin{pmatrix}1&2&-4&11\\2&4&-5&14\end{pmatrix}\to\begin{pmatrix}1&2&-4&11\\0&0&3&-8\end{pmatrix}\to\begin{pmatrix}1&2&0&\frac{1}{3}\\0&0&1&-\frac{8}{3}\end{pmatrix},$$

可见 $\boldsymbol{\alpha}_1,\boldsymbol{\alpha}_2,\boldsymbol{\alpha}_3$ 与 $\boldsymbol{\beta}_1,\boldsymbol{\beta}_2$ 等价,故有

$$L(\boldsymbol{\alpha}_1,\boldsymbol{\alpha}_2,\boldsymbol{\alpha}_3)=L(\boldsymbol{\beta}_1,\boldsymbol{\beta}_2).$$

【例 5.33】 设 $V_1=L(\boldsymbol{\alpha}_1,\boldsymbol{\alpha}_2)$, $V_2=L(\boldsymbol{\beta}_1,\boldsymbol{\beta}_2)$,其中

$$\boldsymbol{\alpha}_1=(2,1,3,-1),\ \boldsymbol{\alpha}_2=(0,2,0,1);\ \boldsymbol{\beta}_1=(1,3,1,0),\ \boldsymbol{\beta}_2=(1,-6,2,-3).$$

求 V_1+V_2 与 $V_1\cap V_2$ 的基与维数.

解　对 $(\boldsymbol{\alpha}_1^{\mathrm{T}},\boldsymbol{\alpha}_2^{\mathrm{T}},\boldsymbol{\beta}_1^{\mathrm{T}},\boldsymbol{\beta}_2^{\mathrm{T}})$ 作初等行变换,可得

$$(\boldsymbol{\alpha}_1^{\mathrm{T}},\boldsymbol{\alpha}_2^{\mathrm{T}},\boldsymbol{\beta}_1^{\mathrm{T}},\boldsymbol{\beta}_2^{\mathrm{T}})=\begin{pmatrix}2&0&1&1\\1&2&3&-6\\3&0&1&2\\-1&1&0&-3\end{pmatrix}\to\begin{pmatrix}-1&1&0&-3\\0&3&3&-9\\0&3&1&-7\\0&2&1&-5\end{pmatrix}\to\begin{pmatrix}1&-1&0&3\\0&1&1&-3\\0&0&1&-1\\0&0&0&0\end{pmatrix},$$

故 $\dim(V_1+V_2)=3$，且 $\boldsymbol{\alpha}_1,\boldsymbol{\alpha}_2,\boldsymbol{\beta}_1$ 是 V_1+V_2 的一组基. 又显然有

$$\dim(\boldsymbol{V}_1)=2,\ \dim(\boldsymbol{V}_2)=2,$$

由维数公式得 $\dim(V_1\cap V_2)=1$. 考虑齐次线性方程组

$$x_1\boldsymbol{\alpha}_1+x_2\boldsymbol{\alpha}_2=y_1\boldsymbol{\beta}_1+y_2\boldsymbol{\beta}_2,$$

得基础解 $(1,-2,1,1)^{\mathrm{T}}$，进而得 $V_1\cap V_2$ 的基为

$$\boldsymbol{\alpha}_1-2\boldsymbol{\alpha}_2=(2,-3,3,-3).$$

【例 5.34】 设 $\mathbf{R}^{2\times2}$ 中的线性变换 T 在基 $\boldsymbol{\alpha},\boldsymbol{\beta}$ 下的矩阵为：

$$\boldsymbol{A}=\begin{pmatrix}a_{11}&a_{12}\\a_{21}&a_{22}\end{pmatrix},$$

求 T 在基 $\boldsymbol{\beta},\boldsymbol{\alpha}$ 下的矩阵.

解 $(\boldsymbol{\beta},\boldsymbol{\alpha})=(\boldsymbol{\alpha},\boldsymbol{\beta})\begin{pmatrix}0&1\\1&0\end{pmatrix}$，即 $\boldsymbol{P}=\begin{pmatrix}0&1\\1&0\end{pmatrix}$，求得 $\boldsymbol{P}^{-1}=\begin{pmatrix}0&1\\1&0\end{pmatrix}$，

于是 T 在基 $\boldsymbol{\beta},\boldsymbol{\alpha}$ 下的矩阵为：

$$\boldsymbol{B}=\begin{pmatrix}0&1\\1&0\end{pmatrix}\begin{pmatrix}a_{11}&a_{12}\\a_{21}&a_{22}\end{pmatrix}\begin{pmatrix}0&1\\1&0\end{pmatrix}=\begin{pmatrix}a_{21}&a_{22}\\a_{11}&a_{12}\end{pmatrix}\begin{pmatrix}0&1\\1&0\end{pmatrix}=\begin{pmatrix}a_{22}&a_{21}\\a_{12}&a_{11}\end{pmatrix}.$$

【例 5.35】 设 σ 是 n 维线性空间 V 上的线性变换，且满足 $\sigma^{n-1}(\boldsymbol{\alpha})\neq\boldsymbol{0}$，但 $\sigma^n(\boldsymbol{\alpha})=\boldsymbol{0}$.

(1) 证明 $\boldsymbol{\alpha},\sigma(\boldsymbol{\alpha}),\sigma^2(\boldsymbol{\alpha}),\cdots,\sigma^{n-1}(\boldsymbol{\alpha})$ 是 $\boldsymbol{V}$ 的一个基；

(2) 求线性变换 σ 在这组基下的矩阵 $\boldsymbol{A}$；

(3) 讨论 $\boldsymbol{A}$ 能否和对角阵相似.

(1) **证明** 作线性组合

$$k\boldsymbol{\alpha}+k_1\sigma(\boldsymbol{\alpha})+k_2\sigma^2(\boldsymbol{\alpha})+\cdots+k_{n-1}\sigma^{n-1}(\boldsymbol{\alpha})=\boldsymbol{0},$$

依次用 $\sigma^{n-1},\sigma^{n-2},\cdots,\sigma$ 作用于上式两边，即可得 $k=k_1=\cdots=k_{n-1}=0$.

(2) **解** $\boldsymbol{A}=\begin{pmatrix}0&0&\cdots&0&0\\1&0&\cdots&0&0\\0&1&\cdots&0&0\\\vdots&\vdots&&\vdots&\vdots\\0&0&\cdots&1&0\end{pmatrix}.$

(3) **解** 由于 $\boldsymbol{A}$ 只有零特征值(n 重)，而 $\boldsymbol{Ax}=\boldsymbol{0}$ 的基础解系仅含一个解向量，没有 n 个线性无关的特征向量，故不能与对角阵相似.

【例 5.36】 设 n 阶方阵 $\boldsymbol{A}$ 有 n 个互不相同的特征值. 证明：$\boldsymbol{AB}=\boldsymbol{BA}$ 的充要条件是 $\boldsymbol{A}$ 的特征向量也是 $\boldsymbol{B}$ 的特征向量.

证明 必要性. 设 λ 是 $\boldsymbol{A}$ 的特征值，$\boldsymbol{X}$ 是对应的特征向量. 则 $\boldsymbol{AX}=\lambda\boldsymbol{X}$，故

$$\boldsymbol{ABX}=\boldsymbol{BAX}=\lambda\boldsymbol{BX},$$

即 $\boldsymbol{BX}\in\boldsymbol{V}_\lambda$. 而 $\boldsymbol{V}_\lambda$ 是一维子空间，故 $\boldsymbol{BX}=k\boldsymbol{X}$，即 $\boldsymbol{X}$ 也是 $\boldsymbol{B}$ 的特征向量.

充分性. $\boldsymbol{A},\boldsymbol{B}$ 有 n 个相同的线性无关的特征向量 $\boldsymbol{\alpha}_1,\boldsymbol{\alpha}_2,\cdots,\boldsymbol{\alpha}_n$. 取 $\boldsymbol{P}=(\boldsymbol{\alpha}_1,\boldsymbol{\alpha}_2,\cdots,\boldsymbol{\alpha}_n)$，则有

$$\boldsymbol{P}^{-1}\boldsymbol{AP}=\begin{pmatrix}\lambda_1&&&\\&\lambda_2&&\\&&\ddots&\\&&&\lambda_n\end{pmatrix},\ \boldsymbol{P}^{-1}\boldsymbol{BP}=\begin{pmatrix}k_1&&&\\&k_2&&\\&&\ddots&\\&&&k_n\end{pmatrix},$$

或

$$\boldsymbol{A}=\boldsymbol{P}\begin{pmatrix}\lambda_1&&&\\&\lambda_2&&\\&&\ddots&\\&&&\lambda_n\end{pmatrix}\boldsymbol{P}^{-1},\ \boldsymbol{B}=\boldsymbol{P}\begin{pmatrix}k_1&&&\\&k_2&&\\&&\ddots&\\&&&k_n\end{pmatrix}\boldsymbol{P}^{-1},$$

由此即得 $\boldsymbol{AB}=\boldsymbol{BA}$.

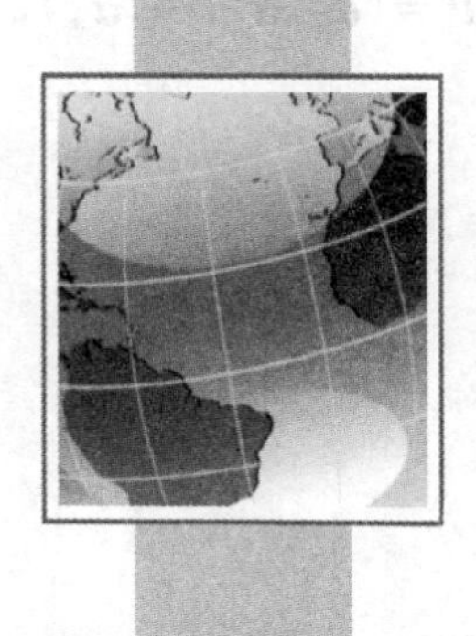

习题参考答案

习题 1.1

1. (1) 逆序数为 4,偶排列； (2) 逆序数为 6,偶排列；
   (3) 逆序数为 13,奇排列；(4) 逆序数为 $n(n-1)$,偶排列.
2. 选择 $i,k(1<i,k<9)$,使(1) $i=8,k=3$； (2) $i=3,k=6$.
3. (1) 18； (2) $x^3+y^3+z^3-3xyz$.
4. ～ 5. 略.
6. $D_n=(-1)^{\frac{n(n-1)}{2}}a_{1n}a_{2n-1}\cdots a_{n1}$..

习题 1.2

1. ～2. 略.
3. (1) 160； (2) $-4abcdef$； (3) 8； (4) 1；
   (5) $n=1:a_1+b_1,n=2:(a_1-a_2)(b_2-b_1),n\geqslant 3:0$.
4. 略.
5. (1) $b_1b_2\cdots b_n$； (2) $a_1a_2\cdots a_n(a_0-\sum\limits_{i=1}^{n}\frac{1}{a_i})$.
6. (1) $x_1=1,x_2=-1,x_3=2,x_4=-2$； (2) $x_1=0,x_2=1,\cdots,x_{n-1}=n-2$.

习题 1.3

1. $A_{11}=7,A_{12}=-12,A_{13}=3,A_{21}=6,A_{22}=4,A_{23}=-1,A_{31}=-5,A_{32}=5,A_{33}=5$.

*2. (1) $ab-cd$； (2) 0.

3. (1) x^2y^2； (2) $(d-a)(d-b)(d-c)(c-a)(c-b)(b-a)$；
   (3) $x^n+(-1)^{n+1}y^n$； (4) $(-1)^n(n+1)a_1a_2\cdots a_n$； (5) $1!\ 2!\ \cdots n!$.
4. 40.

习题 1.4

1. (1) $x_1=-8,x_2=3,x_3=6,x_4=0$； (2) $x_1=0,x_2=2,x_3=0,x_4=0$.

2. 设 $\boldsymbol{A}=(a_{ij})_{4\times4}$，$\boldsymbol{A}_{ij}$ 为 a_{ij} 的代数余子式，则有 $y_j=\sum\limits_{i=1}^{4}A_{ij}x_i/|A|\,(j=1,2,3,4)$.

3. 略.

4. 齐次线性方程组仅有零解.

5. $\lambda=1$ 或 $\mu=0$.

习题 2.1

$x=1,y=2,z=-2$.

习题 2.2

1. (1) $2\boldsymbol{A}-5\boldsymbol{B}=\begin{pmatrix}25 & -14 & 2\\ 16 & 3 & -7\end{pmatrix}$，$\boldsymbol{AB}^{\mathrm{T}}=\begin{pmatrix}-19 & -11\\ -1 & -3\end{pmatrix}$；

   (2) $2\boldsymbol{A}-5\boldsymbol{B}=\begin{pmatrix}-8 & 14\\ 0 & -13\end{pmatrix}$，$\boldsymbol{AB}^{\mathrm{T}}=\begin{pmatrix}-2 & 6\\ -2 & 3\end{pmatrix}$.

2. (1) $\boldsymbol{AB}=\begin{pmatrix}6 & 2 & -2\\ 6 & 1 & 0\\ 8 & -1 & 2\end{pmatrix}$，$\boldsymbol{BA}=\begin{pmatrix}4 & 0 & 0\\ 4 & 1 & 0\\ 4 & 3 & 4\end{pmatrix}$，$\boldsymbol{AB}-\boldsymbol{BA}=\begin{pmatrix}2 & 2 & -2\\ 2 & 0 & 0\\ 4 & -4 & -2\end{pmatrix}$；

   (2) $\boldsymbol{AB}=\begin{pmatrix}a+b+c & a^2+b^2+c^2 & 2ac+b^2\\ a+b+c & 2ac+b^2 & a^2+b^2+c^2\\ 3 & a+b+c & a+b+c\end{pmatrix}$，

   $\boldsymbol{BA}=\begin{pmatrix}a+ac+c & b+ab+c & 2c+a^2\\ a+bc+b & 2b+b^2 & c+ab+b\\ 2a+c^2 & b+bc+a & c+ac+a\end{pmatrix}$，

   $\boldsymbol{AB}-\boldsymbol{BA}=\begin{pmatrix}b-ac & a^2+b^2+c^2-b-ab-c & b^2+2ac-a^2-2c\\ c-bc & 2ac-2b & a^3+b^2+c^2-ab-b-c\\ 3-c^2-2a & c-bc & b-ac\end{pmatrix}$.

3. (1) $\begin{pmatrix}7\\ 11\\ -3\end{pmatrix}$； (2) 0； (3) $\begin{pmatrix}a_{11} & 2a_{12} & 3a_{13}\\ a_{21} & 2a_{22} & 3a_{23}\end{pmatrix}$；

   (4) $a_{11}x_1^2+a_{22}x_2^2+a_{33}x_3^2+2a_{12}x_1x_2+2a_{13}x_1x_3+2a_{23}x_2x_3$；

   (5) $a_1b_1+a_2b_2+\cdots+a_nb_n$； (6) $\begin{pmatrix}a_1b_1 & a_1b_2 & \cdots & a_1b_n\\ a_2b_1 & a_2b_2 & \cdots & a_2b_n\\ \vdots & \vdots & & \vdots\\ a_nb_1 & a_nb_2 & \cdots & a_nb_n\end{pmatrix}$.

4. $\begin{pmatrix}b_1+\frac{1}{3}a_1 & 0 & 0\\ a_1 & b_1 & c_1\\ \frac{3}{2}c_1 & \frac{1}{2}c_1 & b_1+\frac{1}{2}c_1\end{pmatrix}$，其中 a_1,b_1,c_1 为任意常数.

5. (1) $\begin{pmatrix}7&4&4\\9&4&3\\3&3&4\end{pmatrix}$； (2) $\begin{pmatrix}3&-2\\4&8\end{pmatrix}$； (3) $\begin{pmatrix}\cos n\varphi&-\sin n\varphi\\\sin n\varphi&\cos n\varphi\end{pmatrix}$；

(4) $\begin{pmatrix}\lambda^n&n\lambda^{n-1}&\frac{n(n-1)}{2}\lambda^{n-2}\\0&\lambda^n&n\lambda^{n-1}\\0&0&\lambda^n\end{pmatrix}$.

6. (1) 设$\boldsymbol{A}^2=\boldsymbol{B}=(b_{ij})$，则$b_{ii}=a_{i1}a_{1i}+a_{i2}a_{2i}+\cdots+a_{in}a_{ni}(i=1,2,\cdots,n)$；

(2) 设$\boldsymbol{A}\boldsymbol{A}^{\mathrm{T}}=\boldsymbol{C}=(c_{ij})$，则$c_{ii}=a_{i1}^2+a_{i2}^2+\cdots+a_{in}^2(i=1,2,\cdots,n)$.

7. $\boldsymbol{A}^2=3\begin{pmatrix}1&1/2&1/3\\2&1&2/3\\3&3/2&1\end{pmatrix}$；$\boldsymbol{A}^n=3^{n-1}\begin{pmatrix}1&1/2&1/3\\2&1&2/3\\3&3/2&1\end{pmatrix}$.

8. ～10. 略.

11. $f(\boldsymbol{A})=\boldsymbol{0}$.

习题 2.3

1. (1) $\begin{pmatrix}3/2&-1\\-5/2&2\end{pmatrix}$； (2) $\begin{pmatrix}0&1/3&1/3\\0&1/3&-2/3\\-1&2/3&-1/3\end{pmatrix}$； (3) $\begin{bmatrix}1&-2&1&0\\0&1&-2&1\\0&0&1&-2\\0&0&0&1\end{bmatrix}$.

2. $\begin{cases}y_1=-7x_1-4x_2+9x_3,\\y_2=6x_1+3x_2-7x_3,\\y_3=3x_1+2x_2-4x_3.\end{cases}$

3. (1) $x_1=1$，$x_2=0$，$x_3=0$； (2) $x_1=5$，$x_2=0$，$x_3=3$.

4. (1) $\begin{pmatrix}-2&1\\10&-4\\-10&4\end{pmatrix}$； (2) $\begin{pmatrix}2&-1&0\\1&3&-4\\1&0&-2\end{pmatrix}$.

5. $|\boldsymbol{A}|^{n-2}\boldsymbol{A}$.

6. ～8. 略.

9. $\boldsymbol{B}=\begin{pmatrix}2&0&1\\0&3&0\\1&0&2\end{pmatrix}$.

习题 2.4

1. (1) $\begin{bmatrix}1&0&0&0\\0&1&0&0\\0&2&3&0\\2&0&0&3\end{bmatrix}$； (2) $\begin{bmatrix}a&0&ac&0\\0&a&0&ac\\1&0&c+bd&0\\0&1&0&c+bd\end{bmatrix}$.

2. $\begin{pmatrix}\boldsymbol{0}&B^{-1}\\A^{-1}&\boldsymbol{0}\end{pmatrix}$.

3. （1）$\begin{pmatrix} 1 & -2 & 0 & 0 \\ -2 & 5 & 0 & 0 \\ 0 & 0 & 2 & -3 \\ 0 & 0 & -5 & 8 \end{pmatrix}$； （2）$\begin{pmatrix} 0 & 0 & \cdots & 0 & a_n^{-1} \\ a_1^{-1} & 0 & \cdots & 0 & 0 \\ 0 & a_2^{-1} & \cdots & 0 & 0 \\ \vdots & \vdots & \ddots & \vdots & \vdots \\ 0 & 0 & \cdots & a_{n-1}^{-1} & 0 \end{pmatrix}$.

4. $\boldsymbol{A}^4=\begin{pmatrix} 11 & 10 & 0 & 0 \\ 5 & 6 & 0 & 0 \\ 0 & 0 & 76 & 99 \\ 0 & 0 & 33 & 43 \end{pmatrix}$； $|\boldsymbol{A}^8|=256$.

5. （1）-4； （2）6.

6. 略.

习题 2.5

1. $\begin{pmatrix} 4 & 5 & 2 \\ 1 & 2 & 2 \\ 7 & 8 & 2 \end{pmatrix}$.

2. （1）$\begin{pmatrix} 1 & -1 & 0 & 2 & -3 \\ 0 & 0 & 1 & -2 & 2 \\ 0 & 0 & 0 & 0 & 0 \\ 0 & 0 & 0 & 0 & 0 \end{pmatrix}$； （2）$\begin{pmatrix} 1 & 0 & 2 & 0 & -2 \\ 0 & 1 & -2 & 0 & 3 \\ 0 & 0 & 0 & 1 & 4 \\ 0 & 0 & 0 & 0 & 0 \end{pmatrix}$.

3. （1）$\begin{pmatrix} 1 & 0 & 0 \\ 0 & 1 & 0 \\ 0 & 0 & 0 \end{pmatrix}$； （2）$\begin{pmatrix} 1 & 0 & 0 & 0 \\ 0 & 1 & 0 & 0 \\ 0 & 0 & 0 & 0 \end{pmatrix}$.

4. （1）$\begin{pmatrix} 1 & 0 & 0 \\ -1/2 & 1/2 & 0 \\ 0 & -1/3 & 1/3 \end{pmatrix}$； （2）$\dfrac{1}{12}\begin{pmatrix} 3 & 3 & 0 \\ 4 & 0 & -4 \\ -1 & 3 & -8 \end{pmatrix}$； （3）$\begin{pmatrix} 1 & 1 & -2 & -4 \\ 0 & 1 & 0 & -1 \\ -1 & -1 & 3 & 6 \\ 2 & 1 & -6 & -10 \end{pmatrix}$.

5. $\boldsymbol{A}\to\boldsymbol{B}=\begin{pmatrix} 1 & 2 & 1 \\ 0 & -1 & -2 \\ 0 & 0 & 6 \end{pmatrix}$；$\boldsymbol{E}(32(-3))\boldsymbol{E}(31(-1))\boldsymbol{E}(12(1))\boldsymbol{A}=\boldsymbol{B}$.

6. （1）$\begin{pmatrix} 11/6 & 1/2 & 1 \\ -1/6 & -1/2 & 0 \\ 2/3 & 1 & 0 \end{pmatrix}$； （2）$\begin{pmatrix} 2 & 0 & -1 \\ -7 & -4 & 3 \\ -4 & -2 & 1 \end{pmatrix}$.

7. $\begin{pmatrix} 1 & 2 & 5 \\ 0 & 1 & 2 \\ 0 & 0 & 1 \end{pmatrix}$.

习题 2.6

1. $\boldsymbol{A}$ 的三阶子式全为零，且 $r(\boldsymbol{A})=2$.

2. （1）2； （2）4； （3）3； （4）3.

3. 0.

4. $k=-3$.

5. 略.

6. (1) $r=2$, $\begin{vmatrix}3 & 1\\ 1 & -1\end{vmatrix}=-4\neq 0$; (2) $r=3$, $\begin{vmatrix}3 & 2 & -1\\ 2 & -1 & -3\\ 7 & 0 & -8\end{vmatrix}=7\neq 0$.

7. 当 $\lambda=3$ 时, $r(\boldsymbol{A})=2$; 当 $\lambda\neq 3$ 时, $r(\boldsymbol{A})=3$.

8. 略.

习题 3.1

1. (1) $k\begin{pmatrix}4\\ -12\\ 4\\ 3\end{pmatrix}, k\in\mathbf{R}$; (2) $k_1\begin{pmatrix}2\\ -1\\ 0\\ 0\end{pmatrix}+k_2\begin{pmatrix}1\\ 0\\ 0\\ 1\end{pmatrix}, k_1,k_2\in\mathbf{R}$;

(3) 仅有零解; (4) 仅有零解.

2. (1) 无解; (2) 唯一解 $x_1=1, x_2=2, x_3=1$;

(3) 有唯一解 $x_1=-8, x_2=3, x_3=6, x_4=0$;

(4) $k_1\begin{pmatrix}3/2\\ 3/2\\ 1\\ 0\end{pmatrix}+k_2\begin{pmatrix}-3/4\\ 7/4\\ 0\\ 1\end{pmatrix}+\begin{pmatrix}5/4\\ -1/4\\ 0\\ 0\end{pmatrix}$.

3. 当 $a=1$ 时, 方程组有非零解 $k_1\begin{pmatrix}1\\ -1\\ 0\end{pmatrix}+k_2\begin{pmatrix}1\\ 0\\ -1\end{pmatrix}, k_1,k_2\in\mathbf{R}$;

当 $a=-2$ 时, 方程组有非零解 $k\begin{pmatrix}1\\ 1\\ 1\end{pmatrix}, k\in\mathbf{R}$.

4. (1) 当 $a\neq -2$ 且 $a\neq 1$ 时有唯一解

$$x_1=-\frac{a+1}{a+2},\ x_2=\frac{1}{a+2},\ x_3=\frac{(1+a)^2}{a+2},$$

当 $a=1$ 时, 有无穷多解 $\begin{cases}x_1=1-c_1-c_2,\\ x_2=c_1,\\ x_3=c_2,\end{cases}\quad (c_1,c_2\in\mathbf{R})$;

(2) 当 $a=5$ 时有无穷多组解

$$\begin{cases}x_1=-\dfrac{1}{5}c_1-\dfrac{6}{5}c_2+\dfrac{4}{5},\\ x_2=\dfrac{3}{5}c_1-\dfrac{7}{5}c_2+\dfrac{3}{5},\\ x_3=c_1,\\ x_4=c_2,\end{cases}\quad (c_1, c_2 \text{ 为任意常数}).$$

5. 当 $a\neq 0$ 且 $b\neq\pm 1$ 时有唯一解

$$x_1=\frac{5-b}{a(b+1)},\ x_2=-\frac{2}{b+1},\ x_3=\frac{2(b-1)}{b+1};$$

当 $b=-1$ 时无解；

当 $a\neq 0$ 且 $b=1$ 时有无穷多解

$$x_1=(1-c)/a,\ x_2=c,\ x_3=0(c\in\mathbf{R});$$

当 $a=0$ 且 $b=1$ 时有无穷多解

$$x_1=c,\ x_2=1,\ x_3=0(c\in\mathbf{R});$$

当 $a=0$ 且 $b\neq\pm 1$ 时有无穷多解

$$x_1=c,\ x_2=4/3-b/3,\ x_3=-1/3+b/3(c\in\mathbf{R}).$$

6. 略.

习题 3.2

1. $(3,5,2)^{\mathrm{T}}$.
2. 能；$\boldsymbol{\beta}=\frac{5}{4}\boldsymbol{\alpha}_1+\frac{1}{4}\boldsymbol{\alpha}_2-\frac{1}{4}\boldsymbol{\alpha}_3-\frac{1}{4}\boldsymbol{\alpha}_4$.
3. $\boldsymbol{\beta}=-11\boldsymbol{\alpha}_1+14\boldsymbol{\alpha}_2+9\boldsymbol{\alpha}_3$.
4. $\lambda\neq -3$,且 $\lambda\neq 0$.
5. (1) 线性相关； (2) 线性无关； (3) 线性相关.
6. $a=1$,或 $a=-2$.
7. ～ 12. 略.

习题 3.3

1. (1) 错误;例如,$\mathbf{A}=\begin{pmatrix}1&0&0\\0&1&0\\0&0&0\end{pmatrix}$为三阶矩阵,$r(\mathbf{A})=2<3$,但矩阵 $\mathbf{A}$ 的后两列线性相关.

   (2) 错误;例如:当向量组 $\boldsymbol{\alpha}_1,\boldsymbol{\alpha}_2,\cdots,\boldsymbol{\alpha}_s$ 与 $\boldsymbol{\beta}_1,\boldsymbol{\beta}_2,\cdots,\boldsymbol{\beta}_t$ 相同时,有 $s=t$.

   (3) 正确,$\boldsymbol{\alpha}_1,\boldsymbol{\alpha}_2,\cdots,\boldsymbol{\alpha}_s$ 线性无关,则向量组 $\boldsymbol{\alpha}_1,\boldsymbol{\alpha}_2,\cdots,\boldsymbol{\alpha}_s$ 中任一部分组都线性无关.
2. $\boldsymbol{\alpha}_1,\boldsymbol{\alpha}_2,\boldsymbol{\alpha}_3$.
3. (1) $r(\boldsymbol{\alpha}_1,\boldsymbol{\alpha}_2,\boldsymbol{\alpha}_3,\boldsymbol{\alpha}_4)=3$,一个极大无关组为 $\boldsymbol{\alpha}_1,\boldsymbol{\alpha}_2,\boldsymbol{\alpha}_3$,且 $\boldsymbol{\alpha}_4=2\boldsymbol{\alpha}_1-\boldsymbol{\alpha}_2+3\boldsymbol{\alpha}_3$;

   (2) $r(\boldsymbol{\alpha}_1,\boldsymbol{\alpha}_2,\boldsymbol{\alpha}_3,\boldsymbol{\alpha}_4)=3$,一个极大无关组为 $\boldsymbol{\alpha}_1,\boldsymbol{\alpha}_2,\boldsymbol{\alpha}_4$,且 $\boldsymbol{\alpha}_3=3\boldsymbol{\alpha}_1+\boldsymbol{\alpha}_2$.
4. 求下列矩阵的列向量组的秩和一个极大无关组：

   (1) 设 $\mathbf{A}=(\boldsymbol{\alpha}_1,\boldsymbol{\alpha}_2,\boldsymbol{\alpha}_3,\boldsymbol{\alpha}_4)$,则:

   当 $a\neq 1$ 且 $a\neq -3$ 时,$r=4$,$\boldsymbol{\alpha}_1,\boldsymbol{\alpha}_2,\boldsymbol{\alpha}_3,\boldsymbol{\alpha}_4$ 为极大无关组;

   当 $a=1$ 时,$r=1$,$\boldsymbol{\alpha}_1$ 就是一个极大无关组;

   当 $a=-3$ 时,$r=3$,$\boldsymbol{\alpha}_1,\boldsymbol{\alpha}_2,\boldsymbol{\alpha}_3$ 为一个极大无关组.

   (2) $r=3$,$\boldsymbol{\alpha}_1,\boldsymbol{\alpha}_2,\boldsymbol{\alpha}_3$ 为一个极大无关组.
5. $a=2,b=5$.
6. ～8. 略.

习题 3.4

1. (1) $\boldsymbol{\eta}_1=(1,-2,1,0,0)^{\mathrm{T}}$, $\boldsymbol{\eta}_2=(1,-2,0,1,0)^{\mathrm{T}}$, $\boldsymbol{\eta}_3=(5,-6,0,0,1)^{\mathrm{T}}$;
   (2) $\boldsymbol{\eta}=(1/2,1,2/3,13/12,1/4)^{\mathrm{T}}$.
2. 略.
3. $\begin{cases}x_1-2x_2+x_3=0,\\2x_1-3x_2+x_4=0.\end{cases}$
4. (1) 特解:$\boldsymbol{\eta}_0=(0,2/5,0,-1/5)^{\mathrm{T}}$;
   基础解系:$\boldsymbol{\eta}=(1,-7/5,1,6/5)^{\mathrm{T}}$.
   (2) 特解:$\boldsymbol{\eta}_0=(1,-2,0,0)^{\mathrm{T}}$;
   基础解系:$\boldsymbol{\eta}_1=(-9/7,1/7,1,0)^{\mathrm{T}}$, $\boldsymbol{\eta}_2=(1/2,-1/2,0,1)^{\mathrm{T}}$.
5. $\frac{1}{2}(\boldsymbol{\eta}_1+\boldsymbol{\eta}_2)+k_1[(\boldsymbol{\eta}_1+\boldsymbol{\eta}_2)-(\boldsymbol{\eta}_3+\boldsymbol{\eta}_4)]+k_2[(\boldsymbol{\eta}_2+\boldsymbol{\eta}_3)-(\boldsymbol{\eta}_3+\boldsymbol{\eta}_4)]$
   $=(1,2,0,4)^{\mathrm{T}}+k_1(0,3,0,7)^{\mathrm{T}}+k_2(1,-1,3,2)^{\mathrm{T}}$(其中 k_1,k_2 为任意常数).
6. $\boldsymbol{\xi}_1=(1,-1,1,0)^{\mathrm{T}}$, $\boldsymbol{\xi}_2=(0,-1,0,1)^{\mathrm{T}}$.
7. 略.
8. (1) $\lambda=1$:有无穷多解,且解为

$$\begin{cases}x_1=1-k_1-k_2\\x_2=k_1\\x_3=k_2\end{cases}\quad(\text{其中 } k_1,k_2 \text{ 为任意常数});$$

   $\lambda=-2$ 时:无解;
   $\lambda\neq1$ 且 $\lambda\neq-2$:有唯一解,且解为

$$x_1=-\frac{\lambda+1}{\lambda+2},\ x_2=\frac{1}{\lambda+2},\ x_3=\frac{(\lambda+1)^2}{\lambda+2}.$$

   (2) $\lambda=0$:无解;
   $\lambda=1$:无解;
   $\lambda\neq0$,且 $\lambda\neq1$ 时,方程组有唯一解,且解为

$$x_1=\frac{\lambda^3+3\lambda^3-15\lambda+9}{\lambda^2(\lambda-1)},\ x_2=\frac{\lambda^3-6\lambda-9}{\lambda^2(\lambda-1)},\ x_3=-\frac{4\lambda^3-3\lambda^2-12\lambda+9}{\lambda^2(v-1)}.$$

9. $a\neq0$,有唯一解:$x_1=2-\frac{b}{a}$, $x_2=-1-\frac{b}{a}$, $x_3=\frac{b}{a}$;
   $b\neq0$,且 $a=0$:无解;
   $a=b=0$:有无穷多解:$(x_1,x_2,x_3)^{\mathrm{T}}=k(-1,-1,1)^{\mathrm{T}}+(2,-1,0)^{\mathrm{T}}(k\in\mathbf{R})$.
10. $\begin{cases}x_1=a_1+a_2+a_3+a_4+k,\\x_2=a_2+a_3+a_4+k,\\x_3=a_3+a_4+k,\\x_4=a_4+k,\\x_5=k,\end{cases}$ (其中 k 为任意常数).

习题 3.5

1. V_1:是;V_2:不是.

2. 略.
3. $\boldsymbol{\beta}=2\boldsymbol{\alpha}_1+\boldsymbol{\alpha}_2-\boldsymbol{\alpha}_3$.
4. 略.
5. (1) $a\neq 1$;

   (2) 设 $\boldsymbol{A}=(\boldsymbol{\alpha}_1,\boldsymbol{\alpha}_2,\boldsymbol{\alpha}_3,\boldsymbol{\alpha}_4)$, $\boldsymbol{B}=(\boldsymbol{\beta}_1,\boldsymbol{\beta}_2,\boldsymbol{\beta}_3,\boldsymbol{\beta}_4)$,则

$$\boldsymbol{P}=\boldsymbol{A}^{-1}\boldsymbol{B}=\begin{pmatrix}2 & -2 & -2 & 1\\ -1-a & a-1 & 1 & 0\\ a-1 & 1-a & 0 & 0\\ 1 & 1 & 0 & 0\end{pmatrix}.$$

6. (1) $\boldsymbol{P}=\begin{pmatrix}-2 & -3/2 & 3/2\\ 1 & 3/2 & 3/2\\ 1 & 1/2 & -5/2\end{pmatrix}$; (2) $\boldsymbol{P}^{-1}(x_1,x_2,x_3)^{\mathrm{T}}$.
7. 略.
8. 存在 $\boldsymbol{\alpha}_1\notin V_2$,但 $\boldsymbol{\alpha}_1\in V_1$,且 $\boldsymbol{\alpha}_2\notin V_1$,但 $\boldsymbol{\alpha}_2\in V_2$,则 $\boldsymbol{\alpha}_1+\boldsymbol{\alpha}_2$满足要求.

习题 4.1

1. (1) $\lambda_1=\lambda_2=\lambda_3=2$;

   对应于 2 的全部特征向量为 $k_1(1,0,-1)^{\mathrm{T}}+k_2(0,1,0)^{\mathrm{T}}$, k_1,k_2 不全为零.

   (2) $\lambda_1=\lambda_2=-3$;

   对应于-3 的全部特征向量为 $k_1(1,0,-1)^{\mathrm{T}}+k_2(1,-2,0)^{\mathrm{T}}$, k_1,k_2 不全为零.

   $\lambda_3=6$;对应于 6 的全部特征向量为 $k(2,1,2)^{\mathrm{T}}(k\neq 0)$.

   (3) $\lambda_1=\lambda_2=\lambda_3=1$;

   对应于 1 的全部特征向量为 $k_1(1,1,0,0)^{\mathrm{T}}+k_2(1,0,1,0)^{\mathrm{T}}+k_3(1,0,0,-1)^{\mathrm{T}}$.

   $\lambda_4=-3$;对应于-3 的全部特征向量为 $k(1,-1,-1,1)^{\mathrm{T}}$.

   (4) $\lambda_1=\sum\limits_{i=1}^{n}a_i^2$;对应于 λ_1 的全部特征向量为 $k(a_1,a_2,\cdots,a_n)^{\mathrm{T}}$;

   $\lambda_2=\lambda_3=\cdots=\lambda_n=0$;对应于 λ_i 的全部特征向量为:

   $k_1(-a_2,a_1,0,\cdots,0)^{\mathrm{T}}+k_2(-a_3,0,a,\cdots,0)^{\mathrm{T}}+\cdots+k_{n-1}(-a_n,0,\cdots,a_1)^{\mathrm{T}}$.
2. $x+y=0$.
3. $a=1$;

   $\lambda_1=\lambda_2=1$,且对应于 1 的全部特征向量为:$k_1(1,0,1)^{\mathrm{T}}+k_2(0,1,0)^{\mathrm{T}}$, k_1,k_2 不全为零;

   $\lambda_3=0$,且对应于 0 的全部特征向量为 $k(1,0,-1)^{\mathrm{T}}(k\neq 0)$.
4. ~5. 略.
6. (1) $\lambda_1=-2,\lambda_2=8,\lambda_3=-4$; (2) $|\boldsymbol{B}|=64$; (3) $|\boldsymbol{A}-5\boldsymbol{I}|=-72$.
7. $\lambda=2$.
8. ~9. 略.
10. $a=2,b=-3,c=2,\lambda_0=1$.

习题 4.2

1. 略.

2. $x=4,y=5$.

3. $x=0,y=1,\boldsymbol{P}=\begin{pmatrix}1&0&0\\0&1&1\\0&1&-1\end{pmatrix}$.

4. 能.

5.～6. 略.

7. $\boldsymbol{A}^{100}=\begin{pmatrix}1&0&0\\50&1&0\\50&0&1\end{pmatrix}$.

8. $\varphi(\boldsymbol{A})=-2\begin{pmatrix}1&1\\1&1\end{pmatrix}$.

习题 4.3

1. $6;54;\sqrt{7};\sqrt{15}$.

2. $\pm\dfrac{1}{\sqrt{26}}(4,0,1,-3)$.

3. $\theta=\arccos\dfrac{3-2\sqrt{3}}{10}$.

4. 略.

5. $\boldsymbol{\beta}_1=\dfrac{1}{\sqrt{6}}(1,0,2,-1)^{\mathrm{T}}$,

$\boldsymbol{\beta}_2=\dfrac{1}{\sqrt{498}}(1,12,8,17)^{\mathrm{T}}$.

6. (1) $\boldsymbol{\beta}_1=\begin{pmatrix}1\\1\\1\end{pmatrix},\boldsymbol{\beta}_2=\begin{pmatrix}-1\\0\\1\end{pmatrix},\boldsymbol{\beta}_3=\dfrac{1}{3}\begin{pmatrix}1\\-2\\1\end{pmatrix}$;

(2) $\boldsymbol{\beta}_1=\begin{bmatrix}1\\0\\-1\\1\end{bmatrix},\boldsymbol{\beta}_2=\dfrac{1}{3}\begin{bmatrix}1\\-3\\2\\1\end{bmatrix},\boldsymbol{\beta}_3=\dfrac{1}{5}\begin{bmatrix}-1\\3\\3\\4\end{bmatrix}$.

7. $\boldsymbol{\beta}_1=\dfrac{1}{\sqrt{6}}\begin{pmatrix}1\\2\\-1\end{pmatrix},\boldsymbol{\beta}_2=\dfrac{1}{\sqrt{3}}\begin{pmatrix}-1\\1\\1\end{pmatrix},\boldsymbol{\beta}_3=\dfrac{1}{\sqrt{2}}\begin{pmatrix}1\\0\\1\end{pmatrix}$.

8. (1) 不是； (2) 是.

9.～10. 略.

习题 4.4

1. (1) $f=\boldsymbol{X}^{\mathrm{T}}\boldsymbol{A}\boldsymbol{X}=(x_1,x_2,x_3)\begin{pmatrix}1&2&1\\2&4&2\\1&2&1\end{pmatrix}\begin{pmatrix}x_1\\x_2\\x_3\end{pmatrix}$;

(2) $f=\boldsymbol{X}^{\mathrm{T}}\boldsymbol{A}\boldsymbol{X}=(x_1,x_2,x_3)\begin{pmatrix}1 & -1 & 2\\ -1 & 1 & -2\\ 2 & -2 & -7\end{pmatrix}\begin{pmatrix}x_1\\ x_2\\ x_3\end{pmatrix}$;

(3) $f=\boldsymbol{X}^{\mathrm{T}}\boldsymbol{A}\boldsymbol{X}=(x_1,x_2,x_3,x_4)\begin{pmatrix}1 & -1 & 2 & -1\\ -1 & 1 & 3 & -2\\ 2 & 3 & 1 & 0\\ -1 & -2 & 0 & 1\end{pmatrix}\begin{pmatrix}x_1\\ x_2\\ x_3\\ x_4\end{pmatrix}$;

(4) $f=\boldsymbol{X}^{\mathrm{T}}\boldsymbol{A}\boldsymbol{X}=(x_1,x_2,x_3,x_4)\begin{pmatrix}1 & -1 & 2 & -1\\ -1 & 1 & 3 & -2\\ 2 & 3 & 1 & 0\\ -1 & -2 & 0 & 0\end{pmatrix}\begin{pmatrix}x_1\\ x_2\\ x_3\\ x_4\end{pmatrix}$.

2. (1) $\boldsymbol{A}=\begin{pmatrix}1 & 3/2\\ 3/2 & 1\end{pmatrix}$; (2) $\boldsymbol{A}=\begin{pmatrix}0 & 1/2 & 1 & -2\\ 1/2 & 0 & 0 & 3\\ 1 & 0 & 0 & 0\\ -2 & 3 & 0 & 0\end{pmatrix}$.

3. (1) 3; (2) 2.

4. 略.

5. $f(x_1,x_2,x_3)=-x_1^2+2x_1x_2-x_2x_3+\sqrt{2}x_3^2$.

6. $f(y_1,y_2,y_3)=2y_1^2-2y_2^2+20y_3^2$.

习题 4.5

1. (1) $f=y_1^2+y_2^2-3y_3^2 \quad \boldsymbol{X}=\begin{pmatrix}1 & 0 & 0\\ 0 & 1 & -2\\ 0 & 0 & 1\end{pmatrix}\boldsymbol{Y}$;

(2) $f=2y_1^2-2y_2^2+6y_3^2 \quad \boldsymbol{X}=\begin{pmatrix}1/2 & 1/2 & 1/\sqrt{2} & 0\\ -1/2 & 1/2 & 0 & 1/\sqrt{2}\\ -1/2 & -1/2 & 1/\sqrt{2} & 0\\ 1/2 & -1/2 & 0 & 1/\sqrt{2}\end{pmatrix}\boldsymbol{Y}$;

(3) $f=2y_1^2-2y_2^2+6y_3^2 \quad \boldsymbol{X}=\begin{pmatrix}1 & 1 & 3\\ 1 & -1 & -1\\ 0 & 0 & 1\end{pmatrix}\boldsymbol{Y}$.

2. (1) $f=y_1^2-4y_2^2+9y_3^2-\dfrac{49}{9}y_4^2$;

(2) $f=y_1^2-y_2^2-y_3^2$.

3. (1) $f=2y_1^2+y_2^2+5y_3^2$;

(2) $f=y_1^2+y_2^2-y_3^2+3y_4^2$.

4. $\boldsymbol{C}=\begin{pmatrix}1 & -1 & 0\\ 0 & 1 & -1\\ 0 & 0 & 1\end{pmatrix}$; $\boldsymbol{C}^{\mathrm{T}}\boldsymbol{A}\boldsymbol{C}=\begin{pmatrix}1 & 0 & 0\\ 0 & 1 & 0\\ 0 & 0 & -1\end{pmatrix}$.

5. $a=b=0$;　$f=x_1^2+x_2^2+x_3^2+2x_1x_3$.

6. (1) $a=3,b=1,c=2$,则 $f(x_1,x_2,x_3)=3x_1+2x_2+2x_3+2x_1x_2+2x_1x_3$.

(2) 特征值:$\lambda_1=1,\lambda_2=2,\lambda_3=4$;

特征向量:$\boldsymbol{\xi}_1=\begin{pmatrix}-1\\1\\1\end{pmatrix}$, $\boldsymbol{\xi}_2=\begin{pmatrix}0\\-1\\1\end{pmatrix}$, $\boldsymbol{\xi}_3=\begin{pmatrix}2\\1\\1\end{pmatrix}$.

(3) 正交变换:$\boldsymbol{X}=\begin{pmatrix}-\frac{1}{\sqrt{3}} & 0 & \frac{2}{\sqrt{6}}\\ \frac{1}{\sqrt{3}} & -\frac{1}{\sqrt{2}} & \frac{1}{\sqrt{6}}\\ \frac{1}{\sqrt{3}} & \frac{1}{\sqrt{2}} & \frac{1}{\sqrt{6}}\end{pmatrix}\boldsymbol{Y}$,标准形:$f=y_1^2+2y_2^2+4y_3^2$.

习题 4.6

1. (1) 负定;　(2) 正定;　(3) 正定;　(4) 不定.
2. (1) $a>50$;　(2) $a>5$.
3. (1) 不定;　(2) 正定.
4. $-1<t<0$.
5. ~8. 略.

习题 5.1

1. (1) 是;　(2) 是.
2. 略.
3. (1) 是;　(2) 否.
4. (1) 是;　(2) 否;　(3) 是.
5. ~8. 略.

习题 5.2

1. (1) $\dim(\mathbf{R}^+)=1$;基可取$\{2\}$;　(2) $(1,0,-1)$;$\dim\boldsymbol{W}=1$;基可取$(1,0,-1)$.
2. $\dim L(\boldsymbol{\alpha}_1,\boldsymbol{\alpha}_2,\boldsymbol{\alpha}_3,\boldsymbol{\alpha}_4)=2$;基可取$\{\boldsymbol{\alpha}_1,\boldsymbol{\alpha}_2\}$.
3. (1) 略;　(2) $\begin{pmatrix}1 & 1 & \cdots & 1\\ 0 & 1 & \cdots & 1\\ \vdots & \vdots & \ddots & \vdots\\ 0 & 0 & \cdots & 1\end{pmatrix}$.
4. $(3,4,1)^{\mathrm{T}}$.
5. ~6. 略.
7. (1) $\begin{pmatrix}0 & 1 & 1\\ -1 & -3 & -2\\ 2 & 4 & 4\end{pmatrix}$;　(2) $\frac{1}{2}\begin{pmatrix}11\\-5\\11\end{pmatrix}$.
8. $(11/2,-5,13/2)^{\mathrm{T}}$.

习题 5.3

1. (1) 不是； (2) 是； (3) 是； (4) 是； (5) 是.

2. 几何意义：(1) 关于 x 轴对称； (2) 把点 $(x,y)^{\mathrm{T}}$ 投影到 y 轴.

3. (1) $\begin{pmatrix}-1\\4\end{pmatrix}$； (2) $\begin{pmatrix}-3\\2\end{pmatrix}$； (3) $T(\boldsymbol{\alpha}_1)+T(\boldsymbol{\alpha}_2)=\begin{pmatrix}-4\\6\end{pmatrix}$.

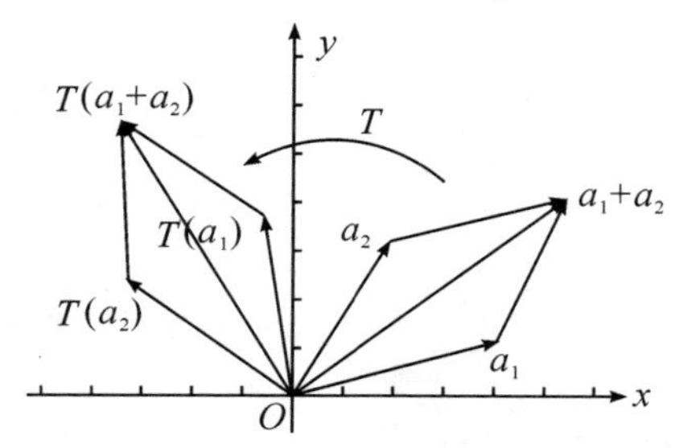

上图表明：线性变换 T 把 $\boldsymbol{\alpha}_1,\boldsymbol{\alpha}_2$ 和 $\boldsymbol{\alpha}_1+\boldsymbol{\alpha}_2$ 绕原点逆时针旋转了 $90°$.

4. ～5. 略.

6. 是；不一定；不能.

习题 5.4

1. (1) $\begin{pmatrix}2&-1&0\\0&1&1\\1&0&0\end{pmatrix}$； (2) $\begin{pmatrix}2&3&5\\-1&0&-1\\-1&1&0\end{pmatrix}$.

2. (1) $\begin{pmatrix}2&1&0\\1&-1&0\\0&0&3\end{pmatrix}$； (2) $\begin{pmatrix}1&3&3\\1&0&-3\\0&0&3\end{pmatrix}$.

3. $\begin{pmatrix}1&0&0\\2&1&0\\0&1&1\end{pmatrix}$.

4. $\boldsymbol{P}=\begin{pmatrix}0&\cdots&0&1\\1&\cdots&0&0\\\vdots&\ddots&\vdots&\vdots\\0&\cdots&1&0\end{pmatrix}$，$\boldsymbol{B}=\boldsymbol{P}^{-1}\boldsymbol{A}\boldsymbol{P}=\begin{pmatrix}0&\cdots&1&0&0\\\vdots&\ddots&\vdots&\vdots&\vdots\\1&\cdots&0&0&0\\0&\cdots&0&0&1\\0&\cdots&0&1&0\end{pmatrix}$.

5. (1) $\begin{pmatrix}a_{33}&a_{31}&a_{32}\\a_{13}&a_{11}&a_{12}\\a_{23}&a_{21}&a_{22}\end{pmatrix}$； (2) $\begin{pmatrix}a_{11}+a_{12}&a_{12}&a_{13}\\a_{21}+a_{22}-a_{11}-a_{12}&a_{22}-a_{12}&a_{23}-a_{13}\\a_{31}+a_{32}&a_{32}&a_{33}\end{pmatrix}$.

6. (1) $\dfrac{1}{2}\begin{pmatrix}-4&-3&3\\2&3&3\\2&1&-5\end{pmatrix}$； (2) 同(1).